白蚁防治技术与管理现状

中国·美国·欧洲·东南亚

主　编：宋晓钢
副主编：李志强　葛　科
组　编：全国白蚁防治中心

ZHEJIANG UNIVERSITY PRESS
浙江大学出版社

编　委　会

主　　编：宋晓钢

副 主 编：李志强　葛　科

参　　编：(按姓氏笔画排序)

阮冠华　吴文静　张　媚　张大羽　郑荣伟

胡　寅　莫建初　钱明辉

序

"千里之堤,毁于蚁穴。"白蚁是世界五大害虫之一,危害极大。白蚁在我国南方地区散布,我国有470余种白蚁。从全球来看,白蚁在五大洲均有分布,共有3000余种。白蚁主要分布在热带、亚热带地区,对各类资源、工程设施设备和房屋造成极大的破坏,也给人类生活带来极大的困扰。

我国的白蚁防治工作起步较早,积累了许多经验和成果,但与国外同行的交流过少,对国外的白蚁防治工作情况了解不深,国际上对我国的白蚁防治工作情况也不太熟悉。按照"走出去,引进来"的总体思路,为加强国际交流和合作、增进互相信任和了解、促进互相学习和借鉴,全国白蚁防治中心组织了美国、欧洲及东南亚等国家和地区的白蚁防治技术及管理情况的专题调研,基本摸清了这些国家和地区的白蚁种类及分布、白蚁防治科研及技术、白蚁防治行业管理、白蚁防治产品等情况,对这些国家和地区总体情况有了较深入的了解。在改革开放四十年之际,全国白蚁防治中心组织编写了《白蚁防治技术及管理现状——中国、美国、欧洲、东南亚》一书,旨在推进我国白蚁防治行业人员与国外同行的互相交流和合作。

随着我国对"一带一路"倡议的大力推进,越来越多的国家响应"一带一路"倡议,可以预见,各国在各个领域的合作将越来越丰富和深入。我国作为"一带一路"倡议的发起国,在白蚁防治领域也应有自己的声音。此书不仅有利于我国白蚁防治行业人员了解国外的情况,而且详细介绍了我国多年来的白蚁防治经验、技术以及产品等情况,让国外同行对我国的白蚁防治情况也有更深的了解,尤其是那些与我国国情相近、环境相似的"一带一路"沿线国家的同行们。

本书除全面介绍了中国、美国、欧洲、东南亚等地的白蚁种类及分布、白蚁危害现状、白蚁防治管理及相关政策标准、白蚁防治科研及技术、白蚁防治药械及产品、白蚁防治发展趋势等之外,还专门概述了目前使用的各类白蚁防治技术,收录了生物防治、化学防治、监测控制等六个方面的内容,介绍了每种技术的概念、原理及应用方法,对国内外白蚁防治科研人员及技术人员均有较大的指导意义。

最后,感谢编写组成员付出的辛勤劳动。由于编写时间紧、任务重,难免存在不足和疏漏之处,请广大读者不吝指出。

2019年6月

目　录

第二篇　美国

1 美国白蚁的分布及危害

2 美国白蚁防治技术

3 美国白蚁防治管理

附　录　白蚁防治技术概述

1 蚁情调查

第一篇

中　国

1 中国白蚁的种类及分布

白蚁的种类

中国已发现白蚁473种，分属于4科（原白蚁科、木白蚁科、鼻白蚁科和白蚁科）41属。我国各地分布的白蚁种类数如表1-1所示。

表1-1　中国白蚁种类

地区	科	属	种	地区	科	属	种
吉林	1	1	1	福建	4	19	70
辽宁	1	1	1	重庆	3	9	23
北京	1	1	2	湖北	3	9	32
天津	1	1	2	湖南	4	13	56
河北	1	1	2	贵州	4	15	48
山西	2	2	3	四川	4	14	67
山东	1	1	6	广东	4	20	68
甘肃	2	5	9	海南	4	20	66
陕西	3	6	16	广西	4	25	130
河南	2	5	19	云南	4	33	123
上海	3	4	10	西藏	3	8	19
江苏	3	6	26	香港	3	10	32
安徽	2	9	54	澳门	3	8	9
江西	3	14	22	台湾	4	12	17
浙江	4	16	57				

白蚁的分布

迄今为止，除黑龙江、内蒙古、宁夏、青海和新疆5个省（自治区）尚未发现白蚁分布，其余各地均发现有白蚁分布。整体而言，中国白蚁分布呈南多北少和东多西少的特点，其中，以广西的白蚁种类最多，云南的白蚁种类居第二。随着全球气候变暖，中国白蚁分布的北界已由辽宁丹东（北纬40°）扩展到了吉林公主岭（北纬43°）。从吉林公主岭往南，经辽宁沈阳（北纬42°）、北京北部（约北纬40°）、山西介休（北纬37°）、陕西韩城（北纬35°）、甘肃文县（北纬33°），到达西藏墨脱（北纬29°），该界限的东南部是中国白蚁分布区域。

白蚁种类构成及白蚁分布的变动

近年来，随着全球气候变暖，一些白蚁种类不断适应温暖的气候，逐步扩大其分布区域。近年的白蚁种类和分布情况调查结果显示，与1997年以前相比，一些地区的白蚁种类数有了明显的增加。例如，东北地区的吉林省公主岭市新发现了散白蚁的分布；陕西和甘肃中南部地区原来只有白蚁4属9种，现有白蚁6属16种。陕西现分布陕西树白蚁、黑翅土白蚁、巴山象白蚁、黑胸散白蚁、黄胸散白蚁、栖北散白蚁、似暗散白蚁、周氏散白蚁、圆唇散白蚁、扩头散白蚁、尖唇散白蚁、大别山散白蚁等4属12种白蚁；甘肃现分布陇南树白蚁、川西树白蚁、黑翅土白蚁、山林原白蚁、黑胸散白蚁、黄胸散白蚁、圆唇散白蚁、尖唇散白蚁、细颚杆白蚁等5属9种白蚁；山西原有白蚁2属2种（黑胸散白蚁和黑翅土白蚁），现有白蚁2属3种，增加了圆唇散白蚁；山东原有白蚁1属4种，现有1属6种，增加了扩头散白蚁和尖唇散白蚁；江苏原有白蚁6属11种，现有6属26种；安徽原有白蚁6属10种，现有9属54种；浙江原有白蚁13属37种，现有16属57种；福建原有白蚁15属61种，现有19属70种；上海原有白蚁3属5种，现有4属10种；河南原有白蚁5属11种，现有5属19种；湖北原有白蚁6属16种，现有9属32种；湖南原有白蚁13属31种，现有13属56种；广西原有白蚁22属66种，现有25属130种（其中，原白蚁科1属1种，木白蚁科3属8种，鼻白蚁科5属51种，白蚁科16属70种）；广东原有白蚁20属67种，现有20属68种，增加了长头新白蚁；海南原有白蚁20属65种，现有20属66种，增加了原黑翅土白蚁；重庆原有白蚁9属20种，现有白蚁9属23种，增加了圆唇散白蚁、黑胸散白蚁和尖唇散白蚁；四川原有白蚁13属48种，现有14属67种；香港现有白蚁10属32种；澳门现有白蚁8属9种（其中，铲头堆砂白蚁、丘颔新白蚁、海南土白蚁、台湾华扭白蚁、新渡户近扭白蚁等为新记录种）；台湾现有白蚁12属17种。

在气候变暖的情况下，中国一些白蚁种类的分布和活动情况也发生了显著的变化，部分白蚁种类的分布区逐渐北移和西移。例如，散白蚁的分布区从原分界线北京市、辽宁丹东市移到了吉林省公主岭市；乳白蚁的分布区由江苏省的建湖县北移到了沭阳县；以前在四川成都难以见到的台湾乳白蚁现在在居民区也有发现；在川西、陇南和豫西等地，以前仅有分布但危害轻微的黑翅土白蚁现已给农林作物和水利工程带来了较大的威胁；原来仅在中国东部地区较为常见的黄胸散白蚁现已在中部、西部和西南部的多个地区均有分布。

在多种因素的影响下，中国的白蚁分布将出现以下变化。

（1）气候变化影响白蚁分布的范围。从白蚁分布上看，中国高纬度地区，如东北、西北、华北只有低等白蚁分布（黑翅土白蚁是例外）。在黄河以南地区，高等白蚁（白蚁科白蚁）才开始出现。近年来，随着气温的上升，白蚁分布范围开始向北扩大。如2012

年，吉林省公主岭市首次报道散白蚁有翅成虫分飞；2013年，江苏省泗阳县发现首例台湾乳白蚁危害。

（2）人类活动导致外来物种的侵入。随着中国木材大量进口，不断有国外的白蚁种类在中国被发现。1997年，安徽省铜陵入口岸动植物检疫局曾在从美国进口的松木（拟作保龄球馆的地板）中发现狭颈动白蚁；2009年，相关人员在江苏省常州市从国外引进的集装箱内采集到格斯特乳白蚁。国内物流业的迅速发展，也促进了白蚁在国内的传播。2010年，安徽蚌埠某企业从广东顺德购进货物，其木质包装箱上发现了上海乳白蚁，这种白蚁原在安徽省没有分布。

（3）同种异名的证实纠正了某些白蚁种类的分布区域。现已证实黑翅土白蚁与囟土白蚁、洛阳土白蚁、紫阳土白蚁是同一物种，这也导致黑翅土白蚁的分布区域比《中国动物志》中记述的要大得多。类似的事例还有台湾乳白蚁等。

（4）白蚁新物种、新记录种相继被发现。近年来，屏山新白蚁、宜宾近扭白蚁、罗夫顿古白蚁等种类相继被发现，进一步证实中国仍有可能发现一些白蚁新种，或发现一些白蚁在中国的新分布区域。

2 中国白蚁的危害

白蚁危害现状

随着人类活动不断破坏、侵占白蚁栖息地及全球气候变暖，白蚁对人类社会、经济的影响日益严重，并且呈现逐年加重的趋势，特别是在中国长江以南的地区，白蚁危害已十分严重。据调查，白蚁现在的危害已涉及房屋建筑、文物古迹、水利工程、农林作物、电线电缆、桥梁隧道、市政设施等多个领域。

2.1.1　对房屋建筑的危害

房屋建筑是白蚁危害的主要对象，在白蚁分布区内的木结构、砖木结构、钢筋混凝土结构、钢结构等各种类型和结构的房屋建筑都有可能遭受白蚁的危害。近十几年，各白蚁危害区纷纷开展了新建、改建和扩建房屋建筑的白蚁预防工作，房屋建筑的白蚁危害得到了有效的控制。例如，四川省宜宾市开展新建房屋白蚁预防工作后，房屋建筑遭受白蚁危害的比例由原来的的23.64％下降为5.88％。

2.1.2　对文物古迹的危害

中国历史悠久，有着古老而灿烂的文明，不少名胜古迹闻名中外，但普遍受到白蚁危害。据调查，浙江省杭州市86％的名胜古迹遭受白蚁危害，舟山市普陀山法雨寺内48根直径80cm的大梁有26根被白蚁蛀空，金华市84.6％以上的古建筑受散白蚁危害；江苏省苏州市252处文物保护古建筑的白蚁危害率达80％，镇江市古寺庙宇的白蚁危害率达93.3％，南京市国家、省、市三级重点保护古建筑几乎百分之百受到白蚁的危害；湖北省襄樊市对20多处国家级、省级文物进行普查，发现全部文物均遭受白蚁危害；福建省泉州市开元寺白蚁危害面积占总面积的94.25％；四川省成都市青羊区古建筑的白蚁危害率达92.6％，主城区古建筑的白蚁危害率达85.71％，全市首批及新增历史建筑的白蚁危害率达86.67％；安徽九华山的寺庙、湖南长沙爱晚亭、江西上饶茅家岭烈士陵园与赤峰岩、重庆红岩村等名胜古迹和革命烈士纪念圣地都不同程度地遭受白蚁危害，损失难以估量。

2.1.3 对水利工程的危害

白蚁对中国南方水利工程的危害较为严重。据广西水利厅调查，在115座大中型水库中，90%以上受白蚁危害。云南省对10个县的26座水库大坝的调查发现，除海拔2000m以上的2宗无白蚁危害外，其余均受白蚁危害，多数大坝因白蚁危害出现了管漏险情。在江苏省淮河以南的776座水库中，遭受白蚁危害的有358座，占总数的46%；安徽省40%以上的大中型水库有白蚁筑巢危害，造成结构隐患，其中，36%的大中型水库白蚁危害已达到严重程度；浙江省宁波市遭受白蚁危害的水库占比达到67%，杭州市遭受白蚁危害的山塘、水库和堤防占比达到60%；四川省和重庆市所属的6200座水库土坝中，有白蚁危害的占57%；湖南省湘潭市堤坝白蚁危害率达100%，其中，危害程度严重的占14%，较严重的占50%，一般的占36%。

2.1.4 对园林植被的危害

据初步统计，白蚁常危害300多种树木，其中以香樟、檫树、桉树、刺槐、柳杉、钩栗、垂柳、银桦、悬铃木、白杨、黑荆、重阳木、拐枣等树木的受害最常见。白蚁在树干内筑巢，是周围房屋遭受白蚁危害的主要根源。据报道，浙江省宁波市古树名木的白蚁危害率为17.28%，温州市区9个公园的树木的白蚁危害率为10%～56%，杭州植物园有56科120多种植物不同程度地受白蚁危害。安徽省合肥市环城公园内树木的白蚁危害率为40.75%。四川省宜宾市某公园白蚁上树率在70%以上，成都市城区行道绿化树木的白蚁危害率为26.42%。重庆市沙坪公园绿化树木的白蚁危害率为54.9%。随着全球气候变暖，园林植被遭受白蚁危害的程度会日益加剧。由于有些园林植被位于房屋建筑周围，因此，随着白蚁种群的壮大，它们可能会入侵建筑内，给人们的财产造成损失。

2.1.5 对农作物的危害

甘蔗、木薯、花生、芋头、桑、茶、玉米、小麦、烟草等农作物经常受到白蚁的危害。广西崇左甘蔗受白蚁危害的平均株率达26.32%，部分高达41.71%。在海南岛北部和西北部蔗区的萌芽期的蔗种受害率为5%～10%，在东部和南部蔗区的受害率为10%～15%。在云南，白蚁危害花生造成的损失率可达40%。另外，白蚁危害造成的茯苓和天麻减产率轻者为5%～20%，重者可达80%。

2.1.6 对电线电缆的危害

目前，城市电网已普遍采用电缆化供电，随着电缆使用数量的增加，电缆外护套遭受白蚁破坏的问题日益突出。据统计，中国南方地区白蚁危害引起的电路故障约占电缆故障总数的60%～70%，广东最高，占80%；通信电缆因白蚁危害发生故障，轻者降低通信质量，重者导致通信中断。电力电缆遭白蚁咬穿护层后，易引起短路事故，导致电力输送中断，甚至酿成火灾；铁路信号电缆遭白蚁蛀蚀，会严重威胁运输安全。目前，中国发现白蚁破坏埋地电缆的主要是广东、广西、福建、湖南、湖北、江西、浙江、安徽、四川、云南和上海11个省（自治区、直辖市）。

2.1.7 对交通设施的危害

白蚁对交通设施的危害主要表现在对木质桥梁、电线杆、枕木、车厢、船舶等的危害。据调查，广西船只受白蚁危害的比例达43.6％，船只被危害后，轻者不能航行，重者造成航海事故。浙江省温州港务局一艘木机帆船被白蚁蛀蚀，停修4个月，耗资16万元。洞头县运输站一艘由温州航行上海的船，因船板被白蚁蛀空，不幸在吴淞海面下沉。1998年9月，湖北某集团公司的一条铁路专用线上的179根枕木被白蚁严重蛀蚀。

2.1.8 对市政设施及其他领域的危害

燃气管道也易遭白蚁危害。2015年5月13日，广西北海市北海南岸小区旁煤气管道因受台湾乳白蚁危害，导致燃气泄漏；2016年12月25日，广西南宁欣隆盛世小区的燃气管道因受台湾乳白蚁危害而发生泄漏事故。

白蚁危害优势种

白蚁危害优势种在学术上至今尚缺乏权威而明确的定义。基于害虫优势种的概念和内涵，白蚁危害优势种可定义为：对目标对象进行危害情况调查统计中，那些表现出种群数量大、危害能力强、危害广泛而严重的白蚁种类，为白蚁危害优势种。白蚁危害优势种是一个抽象的学术名称，具有以下特性。

（1）时间性。对白蚁危害优势种的调查统计和分析判断应建立在某一时间点的基础上。白蚁危害是动态发展的过程，同一地区、同一危害对象的白蚁优势种在不同的时期可能是不同的，因此白蚁危害优势种的确定必须强调时间性。

（2）地域性。白蚁危害优势种的分析必须有明确的地域范围。由于调研目的和作用的不同，所以虽然调研地域的范围可以很大，可大到全国，也可小到某地市、某城镇住宅小区，甚至某一幢具体建筑，但都必须有明确的区域。这是开展优势种认定的前提。

（3）对象性。白蚁危害涉及国民经济的多个领域，不同领域因生态环境、食物来源等的不同而导致危害种类也存在较大的差异，因此不同领域的白蚁危害优势种往往是不同的。在实际防治工作中，对危害优势种的确定通常关联的具体调研或防治对象，如房屋建筑白蚁危害优势种、水利设施白蚁危害优势种等。

（4）指标性。白蚁危害优势种的确定需要通过科学的调查研究与系统的分析统计。因此，必须有较为明确和量化的评价指标，才能确保认定工作的科学性与合理性。

在中国，无论是在城区，还是在城郊和乡村，白蚁危害的对象主要是房屋建筑、园林绿化、水利工程、农林作物、旱地作物、通信设施和市政设施等。

2008年全国白蚁防治中心组织的蚁情调查结果表明，危害中国房屋建筑最严重的白蚁种类，在黄河流域以北主要是栖北散白蚁和黑胸散白蚁，在长江流域以南主要是台湾乳白蚁、黄胸散白蚁、黑胸散白蚁、黑翅土白蚁，在黄河流域与长江流域之间是散白蚁和乳白蚁，在广东、海南及部分南方省份还有截头堆砂白蚁和铲头堆砂白蚁等干木白蚁危害房屋建筑。因此，从白蚁的危害严重性来讲，中国危害房屋建筑的白蚁种类主要是鼻白蚁科散白蚁属的黑胸散白蚁、黄胸散白蚁、栖北散白蚁、圆唇散白蚁、尖唇散白蚁和乳白蚁属的台湾乳白蚁。台湾乳白蚁可在20层以上的高处危害；黑胸散白蚁的危害也可达3层或更高处；黄胸散白蚁的危害则通常在2层以下。原白蚁科、木白蚁科各类白蚁危害比例相对较小；白蚁科的土白蚁属和大白蚁属虽然也有危害房屋建筑的报道，但总体危害水平较低。

危害古建筑的白蚁种类主要是台湾乳白蚁、黑胸散白蚁、黄胸散白蚁、柠黄散白蚁、尖唇散白蚁和栖北散白蚁；在个别地区，黑翅土白蚁和黄翅大白蚁也危害古建筑的贴地木质结构。

危害园林绿化的主要是台湾乳白蚁、黑胸散白蚁、黄胸散白蚁、黑翅土白蚁、黄翅大白蚁和土垅大白蚁。台湾乳白蚁、黑胸散白蚁、黄胸散白蚁主要在树干内危害，且台湾乳白蚁通常只危害主干粗大的树木；黑翅土白蚁、黄翅大白蚁和土垅大白蚁则在树干表面危害，不论树木主干大小如何，均可遭其危害。

危害水利工程的白蚁主要是黑翅土白蚁、海南土白蚁和黄翅大白蚁。

危害农林作物的白蚁主要是黑翅土白蚁、海南土白蚁和小头钩白蚁等。

危害通信设施和市政设施的主要是台湾乳白蚁。它们往往造成通信中断和管道煤气泄漏。

环境变化对白蚁危害的影响

2.3.1　城市化对白蚁危害的影响

大量的研究结果表明，城市的发展改变了城内生物和物理环境的外貌，使得气候、水文、动物群落和植物覆盖度都发生了变化。一般来说，城区天气倾向于阴、雨和低湿。与郊区相比，城区雨天多10%，阴天多10%，平均风速低25%，夏雾多30%，冬雾多100%以上，相对湿度低6%，气温高3℃。城市化程度的增加显著增大了人们对河堤和其他水资源管理设施，尤其是大坝和水库的利用，这就为白蚁的繁衍生息提供了良好的环境条件。空调、中央加热系统的使用，给白蚁的越冬和生存、繁殖提供了良好的温湿度条件。建筑材料和结构的改变使乳白蚁的发生率有所下降，而散白蚁成为城镇危害房屋建筑的重要类群。同时，白蚁的危害方式也发生了一定的变化。大量危害实例表明，城市高层建筑遭受白蚁危害多数在1～3层，尤以第1层最多，其中以厨房、卫生间木门框、地脚板受害最严重。由于城市中高楼繁多，部分道路及地坪为混凝土结构，所以白蚁为了生存，大多建巢于室外树木处，然后通过地下蚁道到室内危害各种物品。实践证明，室外植物与室内白蚁息息相关。城市绿化面积的扩大，为白蚁提供了良好的生境和寄主。随着人类城乡建设、经济活动不断侵蚀白蚁栖息地以及全球气候不断变暖，白蚁对人类社会、经济的影响日益严重，并且呈现逐年加重的趋势。

在城镇化建设过程中，移山填河、毁林平地、筑路修桥较快地改变了原有地形地貌，使得一些白蚁种类的生存受到了威胁。特别是老城区改造过程中大规模的房屋拆迁，使得白蚁的生存条件发生了巨变，一些散白蚁群体随旧木料搬迁而扩大分布范围，一部分白蚁种类因不适应环境条件的变化逐渐从城镇中消失。多层和高层建筑对白蚁生存发展既有不利的一面，也有有利的一面。不利方面有：原先丰富的食料相对减少；原先适宜的生境遭到破坏；有的蚁群在拆迁木料或房屋施工时被杀死；有的蚁群由于新建筑物生境条件发生剧变而生存困难；砖混、钢混建筑不断增加，室内木构件减少，铝合金及其他金属构件增多，水泥地坪普遍，通风透光条件改善，白蚁的生存条件恶化；在室内分群的繁殖蚁很难找到适宜场所配对、建群、存活。这些均使白蚁危害高层建筑物的概率相对减少，尤其以散白蚁为主的蚁害城区，蚁害率一般趋于下降的趋势。有利的一面有：随着建筑内装饰工程的兴起，天花板、墙纸、墙裙、地毯和拼木地板等为白蚁提供了充足的食物，空调的安装使白蚁生存具有更好的温湿度条件。同时，由于城市迅速发展，生物群落发生了深刻的变化，白蚁天敌的种类和数量大大减少，如燕子、蝙蝠、蚂蚁、蜘蛛、青蛙、蟾蜍、穿山甲等天敌基本在城区不再存在，即使有，数量也较少，令白蚁有翅成虫分群时被天敌捕食的概率大大降低。

2.3.2 环境改变对园林植被白蚁危害的影响

随着人类活动对环境的改变，白蚁的组成与结构发生了很大的变化。与原始林相比，被牲畜严重践踏和人类择伐的林分的白蚁的种群密度明显下降。森林改为种植园后，土壤含水量和凋落物的生物量受到影响，与森林生态系统比较，白蚁的物种丰富度降低，单种白蚁的种群数量则相对较多，但与稀树草原林地相比，物种丰富度没有显著差异，相对多度则明显下降，说明白蚁多样性对森林结构的改变具有明显的反应。不同功能类群的组成直接反映土地使用情况、干扰强度或环境变异的影响。生境的片断化是造成大量生物面临威胁或灭绝的首要原因，但对于以植物为食的白蚁来说，可利用植物资源的增加可能引起某些种类发生积极的反应。在新热带区森林片断化早期，生境的破碎导致木食性和凋落物食性的白蚁多样性提高，以及腐殖质程度的降低导致土食性白蚁相对多度的下降，但生境片断化总体上对白蚁没有显著影响。

2.3.3 水资源开发利用对水利工程白蚁危害的影响

近年来，中国经济快速发展，旱涝洪灾等因水利工程的建设逐步减少。水利工程已逐渐建设成集供水、发电、防洪、排涝等一体化的多功能基础设施，成为农业与经济发展的中流砥柱。据统计，截至2015年底，中国已建成各类水库97988座，总库容$8581 \times 10^8 \mathrm{m}^3$。其中，大型水库707座，总库容$6812 \times 10^8 \mathrm{m}^3$；中型水库3844座，总库容$1068 \times 10^8 \mathrm{m}^3$。全国

灌溉面积共有 $7206.1 \times 10^8 m^2$，其中，耕地面积有 $6587.3 \times 10^8 m^2$，全国节水灌溉工程面积 $3106.0 \times 10^8 m^2$。然而，兴建水利工程会对局部的气候（包括降雨、气温等）产生影响。河道的改流将使区域生态水循环发生改变，从而使空气中水分增多，空气交换程度增强，年平均气温则会增高。环境中温湿度条件的变化，既会导致区域内白蚁的种类组成和群落结构发生改变，又会导致某些种类种群的急剧增加，从而对水利工程造成危害。例如，黄河小浪底水利枢纽工程的建设导致其附近区域内黑翅土白蚁的危害不断加剧就是这方面的典型例证。

3 中国白蚁防治的发展历程

白蚁防治的概念及特性

3.1.1 白蚁防治的概念

白蚁防治是指人们采取一定的措施阻止白蚁接近、取食木材及其他人类需要的纤维材料，消除白蚁觅食对人类生命财产安全造成损失的活动。广义上，白蚁防治涵盖相关的法规、技术标准、蚁情调研、白蚁生物学及其防治技术研究、防治人员培训、防治业务实施等内容。狭义上，白蚁防治是指事前预防与事后治理。事前预防是指为达到免受白蚁危害的目的，对白蚁危害地区的对象提供白蚁预防措施的服务；事后治理是指针对蚁害发生的实际情况，对特定对象实施白蚁灭治措施的服务。目前，中国白蚁防治的主要业务是城市房屋建筑的白蚁预防和白蚁治理。

房屋建筑白蚁预防的目的是通过对整个地区（城市）新建（含改建、扩建、装饰装修）的房屋建筑采取预防措施，营造不利于白蚁生存的环境，来控制整个地区的蚁害率，使房屋建筑所有者和使用者的利益不因白蚁危害而受损。因此，白蚁预防服务不具特定性和针对性，属于公共服务的范畴。同时，对房屋建筑进行白蚁预防后，不仅减少了预防区域白蚁发生危害的可能性，而且减少了白蚁向其他地区传播扩散的可能性，"溢出"效应十分明显。此外，在当前社会经济条件下，为了确保社会福利的最大化、最大限度地减少区域内白蚁危害的损失，房屋建筑的白蚁预防应采用公共供给的方式来进行。因此，中国房屋建筑白蚁预防工作目前主要由各级政府来组织完成。

白蚁的治理作为事后的灭杀，是针对蚁害发生的实际情况，采取针对性的措施，及时将白蚁危害消除或控制在可承受的水平。这一种针对特定对象实施的服务，具有一一对应的性质。目前，中国白蚁的分布区内的白蚁治理工作均采用市场手段，由用户委托白蚁防治机构来完成。

3.1.2 白蚁防治的社会属性

白蚁防治工作作为一种社会分工，既具有公共产品特性，又具有私人产品特性，是一种典型的准公共产品。它具有如下三个重要的社会属性。

（1）白蚁防治是防灾减灾工作的重要组成部分。防灾减灾是构建中国和谐社会的重要组成部分，事关人民群众生命财产安全和经济社会可持续发展。白蚁危害与人们的生活息息相关，涉及农林、水利、交通、电力、通信、图书档案及房屋建筑等诸多方面，危害面广，堪称虫害之冠。白蚁危害又具有隐蔽性，在早期不易被人们察觉，一旦发现，往往已十分严重，有时甚至已屋塌人伤。白蚁危害险恶，故民间有言："蚁害猛于虎。"随着白蚁防治技术的进步，白蚁危害可防可控。在全面开展白蚁防治工作，特别是已开展新建房屋白蚁预防工作的地区，白蚁的危害率已大幅度地下降。如江西省白蚁危害严重的19个县（市）在开展白蚁预防工作后，城市房屋建筑的白蚁危害率由70%下降到了30%。湖北省建设厅曾对全省11个白蚁防治单位进行的40km²房屋建筑白蚁预防效果进行调查，结果显示，无白蚁危害出现，在源头上控制了白蚁危害，极大地减少了白蚁危害造成的经济损失。

（2）白蚁防治是涉及公共安全的工作。公共安全是指人的生命、健康和公私财产的安全。白蚁危害不仅造成经济损失，而且会对人们的生命安全构成威胁。在现实生活中，白蚁危害造成的房屋倒塌、堤坝溃决、树干折断等现象时有发生，经常导致人员伤亡和财产损失事故。因此，白蚁防治是涉及公共安全的公益性工作，涉及房屋建筑、水利设施、电线电缆、绿化树木等的使用安全。目前，在杭州、南京、宁波等城市的城市房屋安全管理条例中，从房屋使用安全的角度明确规定了房屋白蚁防治的相关管理办法，为大幅度减少白蚁危害所带来的潜在公共安全威胁提供了法律依据。

（3）白蚁防治是保护文化遗产的工作。随着中国经济的快速发展，包括古建筑、古树名木等在内的文化遗产越来越受到各级政府和社会的重视。然而，古建筑、古树名木等由于本身结构的特点和所处环境的特殊性，往往容易遭受白蚁的危害。据调查，白蚁危害地区的古建筑、古树名木等受白蚁危害的比例均较高。一些很有影响力的古建筑群均受白蚁的危害。古建筑、古树名木等不可复制，存世稀少，一旦遭受破坏，损失无法挽回。中国白蚁防治技术人员经过几十年的探索与实践，基本形成了具有中国特色的古建筑和古树名木白蚁防治技术，对许多古建筑和古树名木进行了治理，取得了良好的效果，为文化遗产的保护做出了较大的贡献。

白蚁防治的发展历程

中国的白蚁防治工作发展史大体上可分为四个阶段。

第一阶段 20世纪30年代以前，为以天然材料和简单手段防治白蚁的时期。白蚁危害在中国历史悠久，记载散见各书。在《汉书·五行志》中记载了白蚁危害房屋建筑和水利工程的大量史实，并对柱下垫石、石灰拌土、青栀子浇木、桐油注木和青矾浸木等预防白蚁危害房屋建筑的方法及采用检查堤防洞穴、循蚁患挖巢等防治堤坝白蚁的方法进行了较为详细的描述。

第二阶段 20世纪30年代至80年代中期，为以白蚁灭治为主的时期。1930年，澳大利亚传教士最先在中国香港开办了专灭白蚁公司。1956年左右，广州出现了一大批防治白蚁专家，为中国白蚁防治事业的发展做出了重要的贡献。1958年，李始美将自己的白蚁防治技术献给广东政府，引起了中国政府对白蚁防治工作的重视，长江以南各大中城市，以及广东、广西、浙江、福建的不少市、县先后成立了白蚁防治机构。

20世纪50年代末，合成了环戊二烯类杀虫剂——氯丹、艾氏剂、狄氏剂和灭蚁灵等，为中国白蚁防治工作提供了新的药剂产品。70年代初，灭蚁灵及灭蚁灵饵剂的生产极大地促进了灭蚁灵在全国白蚁防治中的应用。1983年11月，在浙江省杭州市成立了"中国白蚁防治科技协作中心"，江苏、江西、广西等省（自治区）分别成立了分中心。1984年，中国白蚁防治科技协作中心创办了专业刊物《白蚁科技》。全国白蚁防治和研究工作开展以来，房屋建筑的蚁害率逐年下降，白蚁灭治工作取得了显著的成效。

第三阶段 1986—1999年，为"以防为主、综合防治"的时期。20世纪80年代初期，各地在旧城区改造的基础上建设了许多钢筋混凝土结构的房屋建筑，人们认为不会再产生白蚁危害，但事实上白蚁的危害逐年上升。由于房屋结构方面原因，钢筋混凝土结构的房屋遭白蚁危害后，实施补救性防治措施十分困难，故白蚁预防便是这类房屋的优先选择。1986年，浙江省建设厅、建设银行下发《关于认真做好新建房屋白蚁预防工作的通知》，浙江省在全国率先开展了新建房屋的白蚁预防工作。1987年，在建设部的推动下，很多市、县先后成立了白蚁防治单位，开始了新建房屋的白蚁预防工作。1993年，建设部下发文件《关于认真做好新建房屋白蚁预防工作的通知》，这是中国第一个针对城市新建房屋白蚁预防工作的法规性文件。这一阶段的工作推动了中国白蚁防治服务业的发展，为中国全面开展房屋白蚁预防打下了基础。

第四阶段 1999年至今，为"以防为主、防治结合、综合治理"的时期。1999年10月，建设部第72号令《城市房屋白蚁防治管理规定》（2005年修订为130号令）发布，要求蚁害地区开展新建房屋建筑白蚁预防工作，中国白蚁防治事业进入了一个新阶段。2004年8月，中国加入了《关于持久性有机污染物的斯德哥尔摩公约》（简称POPs公约）。为了切实履行POPs公约，全国白蚁防治中心联合国家环保总局开展了一系列研究评估工作，并开展了中国白蚁防治氯丹灭蚁灵替代示范项目，推动了环保型白蚁防治新技术的应用，促进了中国白蚁防治事业的转型升级。2011年10月，全国白蚁防治标准化技术委员会成立，此后，该委员会协助制定了一批标准。各地以标准为依托，不断开展科技创新，提高服务质量，人民群众满意度显著提高。同时，整个行业的管理水平不断提升，白蚁防治工作迈入了规范、高效、可持续发展的道路。

4 中国白蚁防治技术

白蚁防治药械

4.1.1 白蚁活动探测设备

由于白蚁生活的特殊性，所以白蚁防治有别于其他独栖性昆虫防治。对白蚁活动处的木结构或土体进行探测来了解白蚁筑巢、危害情况是白蚁防治工作的一个重要环节。目前在探测白蚁活动方面的设备主要是探地雷达和声频探测仪等。

探地雷达是一种利用雷达波探测堤坝内白蚁巢位置的设备。应用该设备可以较准确地确定蚁巢在地下的空间位置，掌握蚁巢的影像特征和蚁巢规模大小。探地雷达在匀质堤坝上对土栖白蚁巢具有较好的定位效果。

声频探测仪是将探测到的白蚁活动时发出的微弱声音，通过一定的介质，产生电信号并放大，通过耳机发音，从而判断是否有白蚁等昆虫存在。声频探测仪在探测乳白蚁巢位和木结构内白蚁的活动等方面具有较好的效果。

4.1.2 白蚁防治药剂

据中国农药信息网数据库记载的信息，截至2018年9月30日，中国共有40家白蚁防治药物生产企业登记了76个白蚁防治药剂（见表1-2）。在这些产品中，喷洒用的白蚁防治药剂较多（有效成分包括毒死蜱、氰戊菊酯、氯菊酯、联苯菊酯、吡虫啉、氟虫腈、伊维菌素、虫螨腈、硼酸锌、四水八硼酸二钠等），喷粉和投饵用得较少。产品剂型包括乳油、悬浮剂、水分散粒剂、水乳剂、微囊悬浮剂、微乳剂、可溶粉剂、饵剂（饵片、浓饵剂）、粉剂、膏剂等。

表1-2 中国已登记的白蚁防治药剂（2018年9月30日止）

序号	登记证号	登记名称	剂型	总含量	生产企业
1	WP20090034	毒死蜱	乳油	40%	浙江新安化工集团股份有限公司
2	WP20080450	毒死蜱	乳油	40%	浙江新农化工股份有限公司
3	WP20080246	毒死蜱	乳油	40%	江苏宝灵化工股份有限公司
4	WP20080508	毒死蜱	乳油	40%	江苏省苏州市江枫白蚁防治有限公司

（续表）

序号	登记证号	登记名称	剂型	总含量	生产企业
5	WP20180051	毒死蜱	乳油	45%	广东广康生化科技股份有限公司
6	WP20130194	毒死蜱	乳油	45%	江门市大光明农化新会有限公司
7	WP20080342	氰戊菊酯	乳油	20%	湖南惠民生物科技有限公司
8	WP20090276	氰戊菊酯	乳油	20%	杭州颖泰生物科技有限公司
9	WP20090100	氯菊酯	微乳剂	10%	中山凯中有限公司
10	WP20160033	氯菊酯	水乳剂	10%	上海升联化工有限公司
11	PD86138	氯菊酯	乳油	10%	上海升联化工有限公司
12	WP20160065	联苯菊酯	水乳剂	10%	江苏辉丰生物农业股份有限公司
13	WP20170094	联苯菊酯	悬浮剂	0.50%	江苏辉丰生物农业股份有限公司
14	WP20170106	联苯菊酯	微囊悬浮剂	5%	江苏辉丰生物农业股份有限公司
15	WP20180075	联苯菊酯	微乳剂	2.50%	江苏辉丰生物农业股份有限公司
16	WP20110041	联苯菊酯	悬浮剂	5%	上虞颖泰精细化工有限公司
17	WP20140077	联苯菊酯	悬浮剂	15%	江苏功成生物科技有限公司
18	WP20140154	联苯菊酯	水乳剂	7.50%	江苏功成生物科技有限公司
19	WP20150017	联苯菊酯	水乳剂	2.50%	江西中迅农化有限公司
20	WP20150088	联苯菊酯	悬浮剂	5%	山东恒利达生物科技有限公司
21	WP20150124	联苯菊酯	水乳剂	2.50%	四川沃野农化有限公司
22	WP20100136	联苯菊酯	悬浮剂	5%	江苏省常州晔康化学制品有限公司
23	WP20110030	联苯菊酯	悬浮剂	5%	江苏省南京荣诚化工有限公司
24	WP20110034	联苯菊酯	水乳剂	2.50%	江苏省苏州富美实植物保护剂有限公司
25	WP20160037	联苯菊酯	水乳剂	2.50%	湖南农大海特农化有限公司
26	WP20160048	联苯菊酯	水乳剂	5%	安徽康宇生物科技工程有限公司
27	WP20110195	联苯菊酯	水乳剂	2.50%	江苏功成生物科技有限公司
28	WP20120034	联苯菊酯	水乳剂	5%	江苏省苏州市江枫白蚁防治有限公司
29	WP20170140	联苯菊酯	水乳剂	4.50%	广东广康生化科技股份有限公司
30	WP20180063	联苯菊酯	微囊悬浮剂	10%	江苏功成生物科技有限公司
31	WP20130107	联苯菊酯	悬浮剂	100g/L	安徽康宇生物科技工程有限公司
32	WP20130128	联苯菊酯	微囊悬浮剂	5%	江苏常州晔康化学制品有限公司
33	WP20180151	联苯菊酯	水乳剂	5%	广西柳州市万友家庭卫生害虫防治所
34	WP20130231	联苯菊酯	水乳剂	5%	柳州市白云生物科技有限公司
35	WP20080364	联苯菊酯	悬浮剂	5%	江苏功成生物科技有限公司
36	WP20080557	联苯菊酯	乳油	100g/L	江苏苏州富美实植物保护剂有限公司
37	WP20150215	联苯·吡虫啉	水分散粒剂	60%	南通联农佳田作物科技有限公司
38	WP20130254	吡虫啉	水分散粒剂	80%	山东惠民中联生物科技有限公司
39	WP20140224	吡虫啉	悬浮剂	15%	安徽康宇生物科技工程有限公司
40	WP20150080	吡虫啉	悬浮剂	20%	澳大利亚拜迪斯有限公司
41	WP20150194	吡虫啉	悬浮剂	480g/L	江苏功成生物科技有限公司
42	WP20110035	吡虫啉	悬浮剂	350g/L	江苏省南京荣诚化工有限公司

（续表）

序号	登记证号	登记名称	剂型	总含量	生产企业
43	WP20160026	吡虫啉	水分散粒剂	80%	天津市华宇农药有限公司
44	WP20110249	吡虫啉	悬浮剂	20%	江苏功成生物科技有限公司
45	WP20110263	吡虫啉	悬浮剂	350g/L	山东恒利达生物科技有限公司
46	WP20120028	吡虫啉	悬浮剂	10%	江苏省农垦生物化学有限公司
47	WP20170028	吡虫啉	可分散粒剂	70%	安徽康宇生物科技工程有限公司
48	WP20120072	吡虫啉	水分散粒剂	80%	江苏省苏州市江枫白蚁防治有限公司
49	WP20120108	吡虫啉	悬浮剂	10%	柳州市白云生物科技有限公司
50	WP20170136	吡虫啉	水分散粒剂	70%	江门市大光明农化新会有限公司
51	WP20180069	吡虫啉	悬浮剂	350g/L	四川国光农化股份有限公司
52	WP20130082	吡虫啉	悬浮剂	10%	江苏省常州晔康化学制品有限公司
53	WP20130242	吡虫啉	悬浮剂	20%	山东省联合农药工业有限公司
54	WP20080355	吡虫啉	悬浮剂	10%	江苏功成生物科技有限公司
55	WP20140146	氟虫腈	悬浮剂	5%	江苏生久农化有限公司
56	WP20100012	氟虫腈	乳油	25g/L	拜耳有限责任公司
57	WP20150136	氟虫腈	微乳剂	6%	山东惠民中联生物科技有限公司
58	WP20130116	氟虫腈	悬浮剂	5%	江苏省常州晔康化学制品有限公司
59	WP20130169	氟虫腈	悬浮剂	5%	安徽华旗农化有限公司
60	WP20130170	氟虫腈	悬浮剂	2.50%	江苏功成生物科技有限公司
61	WP20130065	虫螨腈	悬浮剂	240g/L	巴斯夫欧洲公司
62	WP20140228	伊维菌素	乳油	0.30%	杭州颖泰生物科技有限公司
63	WP20080505	防蛀液剂	防蛀液剂	0.30%	四川国光农化股份有限公司
64	WP20130204	硼酸锌	粉剂	98.80%	美国硼砂集团
65	WP20120209	四水八硼酸二钠	可溶粉剂	98%	美国硼砂集团
66	PD86185	硫酰氟	原药	99.80%	临海市利民化工有限公司
67	WP20090384	杀白蚁饵剂	饵剂	0.50%	江苏省苏州市江枫白蚁防治有限公司
68	WP20070015	杀白蚁饵剂	饵剂	0.50%	美国陶氏益农公司
69	WP20100125	氟啶脲	浓饵剂	0.10%	美国恩斯特克斯公司
70	WP20120180	杀蚁饵片	饵片	0.08%	江苏省常州晔康化学制品有限公司
71	WP20110273	杀虫粉剂	粉剂	0.50%	江苏功成生物科技有限公司
72	WP20180022	杀虫粉剂	粉剂	0.50%	广西玉林市百能达日用粘胶制品厂
73	WP20180056	杀虫粉剂	粉剂	0.25%	江苏功成生物科技有限公司
74	WP20180169	杀虫粉剂	粉剂	0.50%	江苏省南京荣诚化工有限公司
75	WP20080158	杀虫粉剂	粉剂	0.50%	广西桂林市柏松卫生品有限责任公司
76	WP20070006	杀白蚁膏	膏剂	0.84%	广东省揭阳市榕城区榕东潮洲灭蚁药厂

4.1.3 白蚁监测控制装置

目前，中国有30多家单位研发和生产不同规格的白蚁监测控制装置产品。

（1）白蚁监测桩。该装置是一个中空的圆柱形或方柱形结构，上端开口用顶盖封闭，底部设有圆锥部，外壁开有供白蚁进入的长条形孔。有的装置内部放置木条诱饵，关闭顶盖，然后埋于地下，当白蚁进入该装置吃饵后，打开顶盖，将木条和诱饵倒出，更换毒饵，以杀灭白蚁。这类装置的缺点是检查时易干扰白蚁，不易投放毒饵或投放毒饵花时较长，需要挖开土表定期检查装置内是否有白蚁。也有一些在此基础上改进的装置，在装置内通过一定方式嵌入木片，然后直接在空腔内投放毒饵。由于外壳是一个整体，在取出饵剂时，饵剂和外壳容易发生粘连，不便观察白蚁灭杀效果。为了方便投放与取出饵料，有的装置被设计成外壳分瓣式的，或者先将饵料放在一个托盘上，或者将木条打孔。有的装置在盖子上有可密封的小孔洞供白蚁监测和饵料投放。

（2）白蚁监测盒。该装置包括盒体和盒盖两个主要部分，在盒体的侧壁和底部都有通孔。在盒内放入诱饵，白蚁能通过盒体表面的通孔进入盒体内，取食诱饵。当监测到有白蚁后，可在装置内直接喷粉或投放毒饵来对白蚁进行灭杀。该装置的优点是结构小巧、简单，方便操作，能同时或分别在盒体内投放诱饵和药饵，可重复使用，使用寿命长，特别适于室内白蚁监测或毒杀。缺点是饵木易霉变腐烂，影响引诱效果，在监测地下活动的白蚁时，需要定期挖开查看是否有白蚁活动。为了解决饵木霉变的问题，有的装置将饵木放在盒内一个有滤水孔的台面上，保证饵木不会被水淹。为了方便检查，有的装置会在整个壳体的外面再套一个不透光的、与地面相接的壳体，无需将盒子埋入地下。

（3）白蚁监测指示棒。该装置包括壳体和位于壳体内的内芯。壳的体上设有盖体和供白蚁进出的通孔，盖体为透明盖。内芯包括中空的筒体、套接在筒体上的套筒、诱导条和牵引绳。如果诱导条没有被啃食，牵引绳上的红色绸条会位于盖体不透明的环形部分，不会被观测到，一旦诱导条被啃食而断裂，牵引绳会发生移动，使红色绸条进入盖体的观察视野，可通过盖体是否能观测到红色绸条来判断此区域是否存在白蚁。当发现白蚁时，仅需将带诱芯的套筒替换为诱杀芯的套筒，即可对白蚁进行诱杀。该装置的优点是结构简单，不需运用电子传感器就能够方便地监测指示该区域是否有白蚁，费用低廉，易于在偏僻地区推广，诱杀效果良好。缺点是诱杀块加工工艺复杂，且需要诱杀液浸泡，易发生霉变。

（4）组装式白蚁监测装置。该装置只有侧板、盖板两种零部件。在装置内部放置诱饵，底部有漏水孔，白蚁通过侧板的孔洞进入装置内部。这是目前应用最为广泛的一类白蚁监测控制装置，是以巢群所有个体为靶标的白蚁防治新产品。它的主要优点有：能长久地对需保护的房屋、绿地、林地和堤坝进行白蚁入侵监控，能主动引诱白蚁进入监测控制装置，并在短时间内将整个巢群的白蚁全部消灭；与传统的毒土屏障技术相比，有毒化学品的用量减少99%以上；对水源无污染，对水生生物无影响，所有场所均适用；安全环保，施工人员操作时不需特殊保护，使用区的居民的健康不会受到任何负面影响；结构简单，加工、组装、运输、保存方便，在使用现场能快速地拼装，诱杀白蚁效果很好，锥形结构和底部的漏水孔可以防止积水，饵料投放简单。缺点是多次组装拆分后，组装部位容易变松或损坏。

（5）白蚁监测诱杀木块。其主体是天然纤维素材料，如纸板、木材等，表面有供白蚁进入的通道，内部放饵剂或诱杀剂。将该木块放入白蚁监测装置中作为饵料，配合相应的白蚁监测装置使用。该装置的优点有：结构简单，在环境中容易降解，饵料利用率高。缺点是加工相对复杂。

（6）白蚁电子监测装置。该装置主要是通过传感器来感知是否有白蚁危害。一种方法就是利用白蚁取食饵料，在饵料内设置电路，电路遭到破坏说明有白蚁，如将导电粉末注入木块中，孔端连接接线柱。当白蚁蛀蚀木块使粉末漏出后，会使监测到的电压发生变化，从而远程监控白蚁。另一种方法是监测空气中二氧化碳含量是否增加。该装置的优点是可以将装置连接网络，实现远程实时监测。缺点有：装置结构复杂，不易在偏远地区使用；传感器使用寿命短，电路易发生短路。

随着研究工作的进一步开展，白蚁监测控制产品会越来越多，将给白蚁防治工作者提供更多的白蚁防控手段。

房屋建筑白蚁防治技术

目前，中国的白蚁防治一般采用两种策略：一种是房屋建造过程中的白蚁预防处理；另一种是房屋建筑遭受白蚁入侵时的白蚁灭治处理。白蚁预防处理时，使用对白蚁驱避作用较强且杀灭效果较快的药剂；白蚁灭治处理时，用对白蚁无明显的驱避作用且具有慢性作用的药剂，这类药剂在白蚁觅食通道中可通过白蚁自身的传播而影响整个群体，从而达到灭杀整个巢群的效果。白蚁诱杀技术是白蚁灭治技术中最重要的一项措施。

过去几十年中，中国白蚁防治技术人员按照"白蚁防治工作应当贯彻预防为主、防治结合、综合治理的方针"的要求，经过几十年的探索、研究和总结，初步创建了符合中国实际的白蚁防治技术体系。

首先，根据中国房屋白蚁危害发生的特点，经过二十多年的推广应用和完善，创建了以药物屏障技术为主，建筑设计、地基清理、生态防治、植物检疫等技术为辅的房屋白蚁预防技术。为减少白蚁防治化学药品的使用，保护环境，借助履行《关于持久性有机污染物的斯德哥尔摩公约》的时机，国家环保总局、建设部、财政部会同世界银行于2006年启动了中国白蚁防治氯丹灭蚁灵替代示范项目，该项目以白蚁防治综合治理（IPM）理念为指导，以白蚁防治饵剂系统为核心技术。项目的深入和推广极大地促进了中国绿色环保的白蚁防治技术的开发与应用，完善了中国的房屋白蚁预防技术。

其次，针对不同白蚁种类的危害特点，形成了以液剂药杀、粉剂药杀、饵剂药杀和监测控制技术为主，密闭熏蒸和高温灭杀为辅的白蚁综合治理技术，为中国白蚁危害的控制奠定了坚实的技术基础。

近年来，中国白蚁防治单位认真贯彻"预防为主、防治结合、综合治理"的工作方针，以IPM理念为指导，积极推广应用环境友好型白蚁防治新技术、新药物、新产品，最大限度地减少白蚁防治中化学药物的使用。在江苏、安徽和湖南三省及杭州、南昌、广州、南宁和成都五市开展白蚁防治氯丹灭蚁灵替代示范项目后，又在多地推广应用以控制区域白蚁种群为目标的白蚁监测饵剂技术和白蚁监测喷粉技术。从推广应用的效果来看，该类技术均对应用区域内的白蚁种群具有良好的控制效果。浙江各地已全面推广应用白蚁监测喷粉技术来预防房屋建筑白蚁危害。

白蚁监测诱杀装置、白蚁监控诱杀系统、白蚁监测控制系统、白蚁监测控制技术等概念已被中国白蚁防治行业接受。白蚁监测控制技术是指运用适当的装置对白蚁进行诱集或监测，配合使用物理的、化学的、生物的等各种控制白蚁的措施消灭或抑制白蚁群体，并能对重新入侵的或恢复的白蚁群体再监测、再控制的一种技术。它是传统的白蚁诱集技术和应用饵剂、粉剂、生物制剂等白蚁控制技术的结合与发展。该技术监测白蚁时主要是通过在白蚁活动区域或潜在的活动区域安装监测装置，在装置内放置白蚁喜食的材料，促使大量白蚁个体向装置积聚。监测诱集到白蚁后，控制白蚁的措施可以选择喷施粉剂、投放饵剂或生物制剂，也可选择诱集—处理—释放（TTR）的处理方式等。

白蚁监测控制技术是一种新型的白蚁防治技术。一般认为，某一种由具体的监测站（监测控制装置）、监测诱集材料、饵剂或粉剂等控制白蚁的物质、操作规程等构成，用系统的方法监测和控制白蚁群体的产品，称为白蚁监测控制系统。它是一种按照具体的操作和管理方法，通过白蚁诱集装置和白蚁防治药剂（或杀灭方法）的相互配合，以诱集监测—控制—再监测的循环作用方式，实现监测或控制白蚁群体功能的一种产品化的白蚁防治技术。以白蚁饵剂作为控制物质的，称为白蚁饵剂监测控制系统；以白蚁粉剂作为控制物质的，称为白蚁监测喷粉控制系统。

白蚁监测控制技术主要应用于乳白蚁属、散白蚁属和土白蚁属白蚁的监测和控制，这三类白蚁对房屋建筑和水库堤坝的破坏性最大。这三类白蚁共同的生态学特性是群体的建立、发展离不开水分，主要在土壤中筑巢、觅食、活动。安装在白蚁活动区域范围内的白蚁监测站，可以成为白蚁的食物源、聚集点和栖息地。

有效的白蚁监测是科学防治白蚁并减少或避免化学用药的重要前提，对防治白蚁和环境保护有重要的意义。白蚁监测控制技术在有效抑制白蚁种群数量、长期保护建筑物的同时，又能够减少化学药剂的投放，减少环境污染。因此，这项技术对改善人居环境、降低白蚁种群密度、提高白蚁防治技术含量、实现从局部防御走向区域综合管理有着十分重要的意义。

房屋建筑的白蚁防治是中国白蚁防治行业的工作重心，对于保护经济建设成果、保障广大人民群众的切身利益具有重要意义。开展房屋建筑白蚁综合治理将进一步加快中国白蚁防治技术的转型升级，全面提升白蚁防治的生态效益与环境效益。为了更好地推动白蚁综合治理技术在房屋建筑领域的应用，应加强以下三个方面的工作：一是进一步完善白蚁防治相关政策法规保障体系，积极鼓励新技术、新药物、新产品的推广应用。二是加强白蚁防治基础性研究，进一步细化白蚁生物学、生态学和行为学研究，更好地掌握白蚁活动规律，开展白蚁食物消化机理研究，促进白蚁防治新药物、新技术的研发。三是加大白蚁监测控制技术的研究力度，开展高效、持久的白蚁引诱材料和饵剂研究，开发长久有效的白蚁监测控制装置和白蚁入侵自动检测技术等。通过这些工作，不断完善白蚁防治技术体系，从而为房屋建筑白蚁综合治理的开展提供良好的技术支持。

园林植被白蚁防治技术

园林植被白蚁的防治包括两个方面：园林植被白蚁的预防和园林植被白蚁的灭治。

4.3.1　园林植被白蚁的预防措施

包括植物检疫、植被养护管理、灯光诱杀白蚁有翅成虫、药泥蘸根和树干表面喷药等。

（1）植物检疫。白蚁可以隐匿在树木枝干内部，通过人为调运传播蔓延，特别是从南方调运来的大树内经常发现携带有白蚁。因此，对进出的树木进行严格的检查，可防止白蚁的传入或传出。在实际工作中，有时施工单位因不重视或忽略对新移栽树木白蚁的检疫而导致新移栽的树木在移栽后很短的时间里即遭受白蚁危害。

（2）植被养护管理。白蚁喜阴湿环境，加强养护管理，及时疏枝和清理病枝、枯枝，保证通风、透光可抑制白蚁的孳生。良好的养护管理可提高植株自身的抗性，有效减少白蚁上树危害的概率。在日常养护过程中要避免造成伤口，对已经产生的伤口或锯口要及时涂适量的防腐剂进行保护，以防止白蚁从伤口入侵。

（3）灯光诱杀白蚁有翅成虫。在白蚁分群的季节，用诱虫灯诱杀在晚上出飞的有翅成虫，可有效地减少白蚁新巢的产生，阻止白蚁种群的发展。

（4）药泥蘸根。对新植幼苗和珍贵树种，可用加有白蚁防治药剂的黄泥对其根系进行处理，使幼苗和珍贵树木的根系在种植后不被白蚁取食，达到提高幼苗和珍贵树种栽植存活率的目的。

（5）树干表面喷药。在白蚁危害前，用白蚁预防药剂对离地1m高范围内的树干表面及其周围2m范围内的土壤表面进行喷洒处理，可有效地减少土栖白蚁上树危害。

4.3.2　园林植被白蚁的灭治措施

包括喷粉处理、喷液处理和诱杀处理等。

（1）喷粉处理。这是目前非常重要的一种园林植被白蚁灭治措施。该措施的原理是用特制的喷粉工具将具有传递性的药粉喷在外出活动的白蚁身上，通过白蚁回巢将药粉带回巢内，传递给其他白蚁，达到消灭整巢白蚁的目的。采用喷粉方法灭治白蚁时要注意以下几点：一是要选择无驱避性且触杀作用较小的药粉；二是喷粉处理要在白蚁活动频繁的时期进行；三是选择在白蚁多的蚁路上或分飞孔内喷粉；四是喷粉时应遵循"少量、多点"的原则，不宜在同一点喷大量的药粉，否则容易使白蚁在回到蚁巢之前就中毒死亡，达不到灭杀整巢白蚁的效果。

（2）喷液处理。就是将配制好的液体白蚁药剂喷施在白蚁活动的地方。这种方法操作简单，在黑翅土白蚁或黄翅大白蚁等危害较为严重的地方可起到迅速减少白蚁种群数量的效果，但对在树干内部蛀蚀的散白蚁或台湾乳白蚁效果甚微。此外，大面积地喷洒药剂对环境污染比较严重。通常选用对树木无害的低浓度药液处理幼苗、成片低矮植物处的白蚁危害。

（3）诱杀处理。诱杀法简便易行，效果显著，是公园、街道、庭院等处古树名木及绿化植被白蚁灭治的一项重要措施。目前，诱杀法灭治白蚁主要有以下几种方式。一是设置引诱堆进行诱杀。二是安装引诱箱进行诱杀。三是引诱坑诱杀法。四是饵剂诱杀法。

水利工程白蚁防治技术

中国南方地区堤坝普遍有白蚁危害，多数水利工程建在山体林间，与白蚁孳生地紧密相连，白蚁入侵堤坝的途径畅通无阻，堤坝附近的白蚁可蔓延到坝体。每年白蚁分飞的季节，有翅成虫飞临坝体，白蚁在坝体营巢危害。白蚁在堤坝内筑巢和活动都在地下进行，故一般很难发现白蚁巢的具体位置。白蚁危害严重的堤坝，如得不到有效防治，白蚁巢从幼龄巢发育为成年巢，其有翅成虫再度扩散，致使堤坝的巢群逐年增加，堤坝的白蚁危害日益严重，造成安全隐患。据调查，水利工程堤坝内白蚁的蚁巢一般修筑在堤坝背水坡，距坝面2m以下、常水位浸润线以上位置。白蚁在堤坝内挖掘四通八达的蚁道、巢腔及众多的菌圃腔。当汛期水位上升时，水流便有可能进入隐藏在堤坝内的蚁道巢腔内，导致堤坝出现散浸、管漏、跌窝和滑坡等重大险情，酿成垮坝的灾难。

水利工程堤坝白蚁的防治方法有挖巢法、熏蒸法、灌浆法、诱杀法等。近年来，一些水利工程管理部门，在了解和掌握堤坝白蚁活动规律、白蚁危害堤坝的原理等基础上，经过不断的实践与总结，形成了不少堤坝白蚁综合治理的新技术。在这些新技术中，比较有代表性的有由广东省水利厅白蚁防治中心站总结形成的"三环节、八程序"法，由浙江省诸暨市白蚁防治所研究总结出的一套以"找、标、杀、灌、防、控"为主要内容的堤坝白蚁防治质量保证体系，由原浙江省白蚁防治所根据标准海塘的工程实际及海塘蚁情研究总结出的"药物灌浆与白蚁的检查灭杀相结合"的白蚁综合治理技术，以及由浙江省德清县白蚁防治研究所、湖州市水利水电工程管理处、德清县水利工程管理所等单位研发的堤坝白蚁综合治理技术。

堤坝白蚁综合控制技术的核心内容是利用监测控制装置来监测白蚁。该技术在水利工程上应用的优点有：①它极大地降低了药物的使用量，没有白蚁就不需要使用药物，即使有白蚁危害，也只要喷洒极少量的生物农药。②有效期长，装置利用塑料加工而成，可以达到对水库的长期监控。应用白蚁监测控制装置灭治和预防白蚁具有持续、安全的特点。当大坝内有白蚁存在时，能在最短时间内监测到白蚁，及时掌握白蚁动向。一旦发现白蚁，及时喷洒粉剂或用饵剂灭治，把大坝白蚁危害消灭在萌芽状态。当大坝内无白蚁时，又可起到长期有效地监测的目的。

公共设施白蚁防治技术

在城乡环境中，白蚁常危害电缆、光缆、燃气管道和轨道交通等公共设施。

4.5.1 电缆光缆

白蚁危害地下塑料护套电缆、光缆是一个世界性的问题，在中国南方热带、亚热带地区，这类问题也十分突出。据调查，危害电缆、光缆的白蚁主要是乳白蚁。目前防治电缆、光缆白蚁危害的方法主要有以下几种。

（1）埋引诱箱诱杀白蚁。这是根据乳白蚁具有交哺食物的生物学特性发展出来的白蚁防治方法。使用时，将乳白蚁喜食的物质（如松木板、松木屑、甘蔗渣、玉米芯等）与助食剂（如果糖、蜂蜜、蔗糖等）混合，制成30cm×30cm×30cm的木箱，然后将引诱箱埋在邻近电缆、光缆的蚁路旁或有白蚁活动的地方，通过投放饵剂或喷粉的方式让引诱箱诱集到的白蚁将药物带回巢内，使全巢白蚁死亡。

（2）毒土毒杀法。为了有效地杀灭入侵地下电缆、光缆的白蚁和预防白蚁再次入侵，可采用喷药处理电缆、光缆周围土壤的方法，或运用高射程喷射器将毒杀白蚁的药剂喷入敷设于地下电缆、光缆的管孔内。喷药时应注意将电缆、光缆管孔两端用黄泥堵塞，以免药剂流失，同时使药剂渗透至地下管道周围，形成毒土层，达到毒杀白蚁的目的。

（3）毒土预防法。由于大量使用塑料管道取代水泥电缆管道，塑料本身也是白蚁蛀食的材料，若在管道内施药，因塑料不吸收，药液难以向四周扩散形成毒土层，所以在建设地下电缆管道的同时，结合施工进行毒土处理。

（4）对电缆本身作防蚁处理。采用防白蚁药膜涂敷电缆、光缆的塑料护套或在电缆、光缆的塑料护套中加入药物来预防白蚁。

4.5.2 煤气管道

近年来，聚乙烯（PE）燃气管道遭受白蚁危害而造成燃气泄漏的事件时有发生。其中，南方地区的聚乙烯燃气管道以PE80为主，被害燃气管道主要类型为直通SDR11，外直径110～200mm，厚7～10mm。燃气管道和电线、电缆、水管等交错，多沿着绿化带，埋藏于城市道路主干道、机动车道或行人道地下，深约1m。受蚁害的PE管道埋管时间均超过5年，被害的燃气管道外壁多形成一片片大小不一、蜿蜒曲折的凹坑，凹坑深1～7mm，局部形成细小孔洞，穿透燃气管道内壁，导致燃气泄漏。危害燃气管道的白蚁种类为乳白蚁属的台湾乳白蚁。在每年5—6月白蚁分飞的季节，成千上万的有翅成虫从蚁巢飞离，由于其具有趋光性，纷纷聚集在明亮的路灯或亮灯的房屋附近，脱翅后配对，在湿润的绿化带中筑巢繁殖，取食燃气管道附近随房屋建设、装修等回填的纤维素物质。台湾乳白蚁群体数量大，觅食过程中沿燃气管道修筑蚁道，可能因蚁道内二氧化碳浓度较高，二氧化碳融入水中形成碳酸，逐渐使燃气管道洞穿，造成燃气泄漏。目前防止燃气管道遭受白蚁危害的措施主要有以下几种。

（1）选择合适的管道材质。白蚁危害的管材多为PE80，尤其是施工过程中表面严重受损且管龄超过5年的燃气管道。因此，建议选用PE100材质的燃气管道，其硬度好，表面光洁，抗白蚁啃咬能力强。

（2）清理场地，减少白蚁食源。埋设燃气管道的过程中，尽可能将其深埋于地表下1.5～2m处，同时清理挖掘出来的树根、木桩和建筑物等，减少燃气管道附近土层内白蚁食源。

（3）埋设过程处理，保护燃气管道。埋设燃气管道过程中，在管道四周填上厚约30cm的细沙，并将上方回填土夯实。对于含纤维素（如木屑、树根等）较多、较难清理的回填土，需进行换填处理。对于出地上升立管、庭院管、过路管等加装套管的部位，用细沙填实套管与燃气管道间的空隙，或将燃气管道置于水泥或硬质塑料护套中，再添加建筑用中性密封胶或沥青油使两端口封实，以降低白蚁危害。在通往建筑物的各种管道入口处，用毒土封口处理，防止白蚁从管道口进入。将药剂制成溶液，喷洒在燃气管道、管道阀门井壁和出地管、庭院管的套层中，形成保护圈，预防白蚁危害。

（4）后期监测维护。中国南方城市的燃气管道是沿绿化带及在绿化带附近铺设，并未开展白蚁预防工作。巡查时应重点关注埋地管网周边建筑物、绿化带、树木以及垃圾箱等极易孳生白蚁的场所，特别留意管道上方白蚁活动留下的泥被、泥线、透气孔和分飞孔等，通过向管线沿途的小区等了解当地的白蚁活动情况，在燃气管道周边进行可燃气体的浓度检测，及时发现和处理燃气泄漏隐患。

（5）加强科普宣传，及时发现白蚁危害。小区燃气泄漏事件的发现者通常是小区居民或者物业人员，所以，对社区居民进行白蚁科普知识宣传十分必要。让市民参与到监测维护工作中来，才能共建安全、美好、幸福的生活环境。

4.5.3 轨道交通

轨道交通的首层地面伸缩缝通常较多，电缆和设备集中，白蚁很易直接从自然地坪侵入建筑物内部。部分建筑物基础梁的木模底板无法拆除，回填材料中带有木质杂物，增加了日后白蚁孳生、蛀食的机会。危害轨道交通的白蚁防治主要按以化学药物防治为主、其他防治方法为辅的原则进行。具体措施包括以下几种。

（1）土层白蚁预防处理。所有建筑物在进行硬化地面施工前进行施药处理，并在铺设垫层前确保药液已被土层充分吸收，严禁在药液未完全渗透前铺设垫层或地面。土层的药物处理（水平和垂直方向）尽量一次设置完成，在屏障不能一次性设置完成时，依照工地情况分次处理，详细记录每次施药的范围、浓度和时间等，并和上一次施药位置接驳，以保证整个防蚁屏障的完整和连续。

（2）电缆系统、电缆廊道、电缆附属设施、电缆管线的白蚁预防处理。在埋地电缆沟的药物处理过程中，严格按照竖向和水平屏障施工要求分次进行，施工工序依次为：电缆沟底部及其两侧土层；在地面建筑的电缆廊道和夹层内壁全面喷淋处理白蚁预防药液；在电缆检修井和引入室内壁喷洒白蚁预防药液；在穿管敷设电缆的药物处理时，采用从电缆套管端口向套管内灌注白蚁预防药液的方法。为确保电缆不受白蚁危害，在所有电缆表面均进行药物喷洒处理。

（3）建筑物包括高架站、主变电站（所）等的施工质量控制。地铁建筑的所有木质结构物、装修体、装饰物，地铁线路的地面段、周边绿化带、距地面-3m以下的地下室、变形缝等均要进行处理；基坑或室内地坪回填前，对难以拆除或遗留废弃的木模板、木桩等易引起蚁蛀的木质杂物进行处理，需要处理而尚未能拆卸模板的区域则做好记录，在土建方拆卸后采取补救措施。处理墙面与地面接缝及所有变形缝时，配合土建施工进度分层沿缝向下灌注药液，并告知土建施工单位尽量拆除各类缝隙中的木模板等木质杂物，同时采取措施避免建筑垃圾遗留在缝隙中。对于无法拆除的木模板，在缝隙封闭前进行灌药处理。

（4）地下车站的白蚁监控诱杀系统设置。为以防万一，在每个地下车站均设置了白蚁监控诱杀系统，一旦出现白蚁，则白蚁被吸引至这些监控诱杀系统中，例行检查时就可知道白蚁是否已入侵，并根据检查结果采取相应的控制措施。在实际施工过程中，为保证施工质量和工期，降低施工成本和防止环境污染，白蚁防治施工单位还要注意以下问题：①当土层pH<4或pH>8时，可不必进行土层预防处理。②对于距地下站厅层3m以上的地下空间，若环境相对干燥，且没有可供白蚁生存的食物，每日还有保洁人员进行打扫，可不进行墙基、管线等处理。③对土层进行药物处理时，应尽可能使用低压喷雾设备，这样产生的药物雾滴较大，以减少污染环境。④在大雨前后不应进行基础的药物处理，防止因雨水冲刷和浸泡而造成返工或环境污染。⑤完工后的土层化学屏障在地面以下和电缆沟周围必须保持连续，防止白蚁利用空隙或漏洞进入建筑物或电缆系统。

白蚁区域控制技术

区域白蚁治理是指综合应用各种措施，有效控制某一特定区域内的白蚁危害。白蚁区域性综合治理的核心目标是区域内白蚁种群数量得到有效控制，而不是某一危害部位白蚁的彻底清除。实施白蚁区域性综合治理，无论是对白蚁防治机构，还是对业主，均有十分积极的意义。因为如果只对发现白蚁危害或者认为潜在的白蚁危害区域进行处理，白蚁种群很容易转移到附近未经处理的房屋、树木等，不仅增加白蚁防治工作的难度，影响整体防治效果，也可能使业主或其他附近的业主的财产遭受损失，引起白蚁防治机构和业主之间的纠纷。白蚁区域性综合治理是根据实际情况将白蚁危害地划分为不同的治理区域，不再是针对单一业主或单一危害部位来进行白蚁治理，可取得更好的控制效果。

白蚁治理的区域既可按自然区域、经济区域、社会和文化区域、生态区域、行政区域等来划分，又可按建筑、绿地、生态系统等为单位或以一幢建筑、具有特殊价值的古树、文物等为单位来划分。在划分好区域单位后，对区域内的白蚁种类、分布、危害程度、发生历史及需重点保护的对象等情况进行全面、系统的调查，然后针对不同区域制订相应的白蚁防治策略和实施方案。

　　具体的白蚁防治措施包括：①清理现场。改变白蚁适生环境，消除白蚁孳生场所。清除大的枯枝残桩、废弃树根、树洞，及时用防虫防腐剂对修枝、整形、中耕、整地及其他人为活动造成的树木伤口做防护处理，减少白蚁的入侵途径。②在树木周围安装地下型白蚁监测控制装置。在树木白蚁防治中，经常会发现受白蚁危害的树木表面无明显伤口和外露危害迹象，仅在树木表面有少量透气孔、分飞孔，蚁群也不外出取食，仅在树干内蛀食。在这种情况下，在树基周围土壤中安装地下型白蚁监测控制装置可对白蚁起到良好的监测作用。③在房屋周围安装地下型白蚁监测控制装置。为了防止室外的白蚁向室内蔓延、室内的白蚁向房屋周边蔓延，在房屋周边距外墙50～100cm处每隔3～5m安装1个地下型白蚁监测控制装置，在装置内观察到白蚁活动后，进行喷粉或投放饵剂处理。通过"监测—发现白蚁—投放饵剂/喷粉—灭杀白蚁—监测"的不断循环，从而达到长期监测、控制和预防白蚁危害的效果。地下型白蚁监测控制装置安装好后，每年5月和10月各全面检查1次。根据如下情况做相应的处理：①发现饵木发霉、腐烂时，对其进行更换。②发现白蚁进入监测控制装置内时，如果白蚁数量多，则对其进行喷粉处理，如果白蚁数量少，则对其进行投放饵剂处理。③喷粉或投放饵剂后，每2周检查1次，在饵剂即将被取食完时及时添加，直至没有白蚁进入装置内取食饵剂为止，然后更换饵木继续观察。④新换的饵木在白蚁活动季节连续3个月以上没有被再次取食，则视为该白蚁群体已被全部消灭。

5 中国白蚁防治管理

管理规章

白蚁防治属于有害生物治理的范畴，涉及卫生、城建、仓储、运输、馆藏、商贸、饮食、服务、生产等各行各业，关系到公共安全。白蚁防治相关的法规不仅能保证白蚁防治工作的有效进行，也能保障城乡居民的基本利益。经过多年的发展，目前中国房屋白蚁防治立法已涉及国务院部门规章、地方性法规、地方政府规章等多层次法规体系，以及具体操作实施的有关标准。

5.1.1 政策法规

在国家层面，为了加强房屋建筑白蚁防治的管理，保障住房安全，建设部在1999年发布了建设部第72号令《城市房屋白蚁防治管理规定》，在2004年发布建设部第130号令，对《城市房屋白蚁防治管理规定》的部分条款进行了修订。建设部第130号令是目前指导全国白蚁防治工作的纲领性文件。根据建设部第130号令的要求，房屋建筑白蚁预防的包治期为15年。城市房屋的白蚁预防属于涉及公共安全和公共利益的服务，各地由政府部门或其下属单位提供城市房屋白蚁预防服务，严格保障房屋安全。

为了规范白蚁防治收费，财政部和发改委多次发文规定保留白蚁防治费为行政事业性收费，以补偿成本非营利性为原则，收入全额上缴财政，实行收支两条线管理，白蚁防治费由市、县建设主管部门一次性收取，在15年内逐年分阶段、分项目用于白蚁防治及白蚁防治相关的技术创新和应用等工作。为切实减轻企业和个人负担，促进实体经济发展，经国务院批准，财政部和发改委于2017年3月下发《关于清理规范一批行政事业性收费有关政策的通知》，规定从2017年4月1日开始，取消涉企的行政事业性收费——白蚁防治费。白蚁防治费取消，各地白蚁防治机构应根据"依法履行管理职能所需经费，由同级财政预算予以保障，不得影响依法履行职责"的要求，做到减费不减服务，继续做好新建房屋的白蚁预防处理。

在省级层面，地方规章主要有2005年浙江省人民政府颁布的第201号令《浙江省房屋建筑白蚁防治管理办法》和2006年四川省人民政府颁布的第196号令《四川省城市房屋白蚁防治管理办法》等。浙江省在1997年即针对房屋建筑的白蚁防治和管理制定了《浙江省房屋建筑白蚁防治管理办法》；2005年，四川省出台了《四川省城市房屋白蚁防治办法》。在《浙江省绿色建筑条例》中提倡采用"白蚁生态防治技术"，并在《浙江省房屋使用安全管理条例》中明确了房屋使用安全责任人应按规定进行白蚁防治的相关内容。以上均为确保房屋建筑的安全打下了坚实的法律基础。

在市级层面，1993年6月3日，大连市政府出台了《大连市白蚁防治管理办法》，这是中国第一个白蚁防治的地方政府规章，标志着中国白蚁防治立法的起步。2010年，成都市在全国率先出台了《成都市农民集中居住区新建房屋实施白蚁预防规定》，将白蚁防治从城市延伸到农村，体现了社会和政府对白蚁危害造成的公共安全问题的重视。2013年，长沙市出台了《长沙市城镇房屋白蚁防治管理办法》。此后，许多白蚁危害地区制定本地的白蚁防治管理办法（规定），以加强城市房屋建筑白蚁防治管理，控制白蚁危害。同时，各大城市为加强房屋安全管理，保障房屋使用安全，维护公共安全和公众利益，分别结合本地区的实际情况，出台了房屋安全管理条例，对房屋使用过程中的修缮和改造安全管理、房屋安全鉴定管理、房屋白蚁防治管理做了规定。例如，2006年，杭州市和南京市分别出台了《杭州市城市房屋使用安全管理条例》和《南京市城市房屋安全管理条例》；2013年，武汉市出台了《武汉市城市房屋安全管理条例》；2014年，南宁市出台了《南宁市房屋使用安全管理规定》；此后，成都、西安、合肥、无锡、宁波等城市也出台了城市房屋安全相关的地方性法规。白蚁防治作为房屋安全管理中的重要部分，出台地方性法规管理白蚁防治，在加强房屋安全管理、保障房屋使用安全、维护公共安全和公众利益等方面发挥了积极的作用。

5.1.2　技术标准

在国家标准方面，中国先后颁布实施了《电线电缆白蚁试验方法》[GB/T 2951.38—1986，1986年12月19日发布，1987年12月1实施，该标准于2005年被废除使用，但相关内容被列入国家标准《防鼠和防蚁电线电缆通则》（GB/T 34016—2017）和行业标准《电线电缆机械和理化性能试验方法》（JB/T 10696.9—2011）中]、《木材防腐剂对白蚁毒效实验室试验方法》（GB/T 18260—2000，2000年12月4发布，2001年4月1日实施）、《白蚁防治工程基本术语标准》（GB/T 50768—2012，2012年5月28日发布，2012年10月1日实施）和《建设工程白蚁危害评定标准》（GB/T 51253—2017，2017年7月31日发布，2018年4月1日实施）四部国家标准。

在行业标准方面，2006年，农业部批准《农药登记用白蚁防治剂药效试验方法及评价》（NY/T1153.1-6—2006）为行业标准，该标准明确了不同用途白蚁防治剂的不同处理方式的药效试验内容和方法。2013年，对这一标准进行了修订，出台了行业标准《农药登记用白蚁防治剂药效试验方法及评价》（NY/T 1153—2013）。2011年，住房和城乡建设部批准《房屋白蚁预防技术规程》（JGJ/T 245—2011）为行业标准，该标准规范了中国白蚁危害地区新建、扩建、改建房屋及附属设施的白蚁预防工程的设计与施工。2013年，出入境检验检疫局批准《欧洲散白蚁检疫鉴定方法》（SN/T 3413—2012）为行业标准，该标准对欧洲散白蚁的检疫和鉴定程序、要求做了具体规范。2016年，住房和城乡建设部批准《白蚁防治工职业技能标准》（JGJ/T 373—2016）为行业标准，该标准是中国第一个有关白蚁防治人员的行业职业标准，对白蚁防治工的职业技能与评价指标做了具体要求。

在地方标准方面，各地为规范白蚁防治工作，加强白蚁防治工作的标准化建设，提高白蚁防治工程的质量，分别组织有关专家制定了房屋白蚁危害等级评定、白蚁防治技术规程、白蚁防治施工技术规程、预防工程药物土壤屏障检测和评价、药物防治白蚁效果、堤坝白蚁防治技术规程等方面的地方标准。

监管机制

根据国家有关规定，中国城市房屋白蚁防治的监督管理工作由国务院建设行政主管部门负责。省、自治区人民政府建设行政主管部门负责本行政区域内城市房屋白蚁防治的监督管理工作。直辖市、市、县人民政府房地产行政主管部门负责本行政区域内城市房屋白蚁防治的监督管理工作。其他领域的白蚁防治工作则由相应的政府部门负责监督管理。

目前，国家层面监管房屋建筑白蚁防治工作的机构主要是全国白蚁防治中心、全国白蚁防治标准化技术委员会和中国物业管理协会白蚁防治专业委员会。

5.2.1 全国白蚁防治中心

全国白蚁防治中心是住房和城乡建设部直属的事业单位，行使组织、指导与推动全国白蚁防治和研究的行业管理的职能，并直接从事白蚁防治与科研工作。

主要职能有：受住房和城乡建设部委托，承担白蚁防治行业政策法规的前期研究及行业政策规范、技术标准的编制任务；开展白蚁防治行业调研和行业统计，收集、整理和分析国内外相关信息资料，建立和完善国家级白蚁防治行业网络和信息数据库；负责对白蚁防治管理规范与技术标准贯彻执行情况的检查指导，督促引导从业单位建立健全白蚁防治质量安全保证体系；开展蚁害控制对策与技术创新研究，组织对行业相关产品与科研成果的评估与论证，推广应用新技术、新设备、新药物，并提供相关的咨询服务，定期发布相关信息；组织、指导、参与建立国家级蚁害控制示范项目和国家级重点项目的白蚁防治业务；开展全国白蚁防治专业人员职业技术与岗位培训；组织开展国内外技术信息交流与科技合作；组织开展有益于全国白蚁防治事业的其他活动。全国白蚁防治中心下设综合处、财务处、质量管理处、对外协作处、科技发展处和教育培训处6个处室。

5.2.2 全国白蚁防治标准化技术委员会

2009年7月，国家标准化管理委员会下发《关于批准筹建全国林业有害生物防治标准化技术委员会等98个全国专业标准化技术委员会的通知》，批准成立全国白蚁防治标准化技术委员会。2011年10月21日，全国白蚁防治中心在杭州主持召开了全国白蚁防治标准化技术委员会成立大会。

全国白蚁防治标准化技术委员会（以下称白蚁防治标委会）是由国家标准化管理委员会批准成立、在白蚁防治领域从事全国性标准化工作的技术组织，负责白蚁防治运行专业标准化的技术归口工作，并承担国际标准化组织相应技术委员会的国内对口工作。

白蚁防治标委会的职责有：根据国家标准化工作的方针政策，研究并提出有关白蚁防治运行专业标准化工作方针、政策和技术措施的建议；按照国家标准制定、修订原则，以及积极采用国际标准和国外先进标准的方针，制订和完善本专业的标准体系表；提出制定、修订本专业国家标准、行业标准的长远规划和年度计划的建议；根据批准的计划，组织白蚁防治专业国家标准和行业标准的制定、修订工作及标准化有关的科学研究工作；组织本专业国家标准和行业标准送审稿的审查工作，对标准中的技术内容负责，提出审查结论意见，定期复查本专业已发布的国家标准和行业标准，提出修订、补充、废止或继续执行的意见；受国家标准化管理委员会和有关主管部门的委托，负责本专业国家标准和行业标准的培训、宣传及解释工作，收集标准执行过程中的反馈意见，负责本专业标准化成果的审核，并提出奖励项目的建议；受国家标准化管理委员会委托，承担国际标准化组织相应技术委员会的国内对口技术业务工作；受国家标准化管理委员会和有关主管部门委托，在产品质量监督检验、认证和评优等工作中，承担本行业标准化范围内产品质量标准水平评价工作，本行业内项目的标准审查工作，承担本行业内的从业单位标准化执行情况的评价、评优等工作，并向项目主管部门提出标准化水平分析报告；受国家标准化管理委员会和有关主管部门委托，承担对本行业内标准化工作执行情况的检查、评估工作，督促引导本行业内的从业单位建立健全白蚁防治标准化、规范化管理体系，并向主管部门提交标准化工作情况报告；面向社会开展本专业标准化工作，接受有关省、市和企业的委托，承担本专业地方标准、企业标准的制定、审查、宣讲和咨询服务工作；承担国家标准化管理委员会和有关主管部门委托办理的与白蚁防治运行专业标准化有关的事宜。

5.2.3 中国物业管理协会白蚁防治专业委员会

中国物业管理协会白蚁防治专业委员会是中国物业管理协会的分支机构，简称中国物协白蚁防治专业委员会。会员包括在全国从事白蚁防治服务、研究或产品生产的单位和个人；业务范围包括白蚁防治行业管理、行业标准及规范制定，信息交流，业务培训，书刊编辑，国际合作，咨询服务，成果鉴定等。

中国物业管理协会白蚁防治专业委员会的宗旨是：坚持四项基本原则，遵守宪法、法律、法规和国家政策，遵守社会道德风尚；坚持为政府决策服务、为行业发展服务的"双向服务"方针，协助政府开展行业管理，反映会员的愿望和要求，努力在政府与会员之间发挥桥梁纽带作用，推动白蚁防治事业的发展。

5.2.4 其他管理机构

中国水利工程白蚁的防治工作由水利工程管理部门统一负责管理，一些地区的水利工程日常管理养护部门直接承担水利工程白蚁的检查和防治工作。对工程量大、施工复杂、资金投入大的水利工程白蚁防治业务，管理部门采用招投标的方式，从水利、建设等部门的白蚁防治机构和民营的害虫防治公司中挑选合格的单位来组织施工。

中国农林白蚁的防治由林业部门、园林部门和农业部门根据具体情况分别组织、实施。在工程量不大的情况下，各部门的白蚁防治单位负责解决本部门所属农林果木上出现的白蚁危害。在工程量较大的情况下，通过招投标的方式，从建设部门所属的白蚁防治机构或民营的害虫防治公司中选择合格的单位进行施工。

人员培训

白蚁防治是一项社会通用性强、专业性强、技能要求高的工作，是国民经济和社会发展的有机组成部分，是防灾减灾、保障经济建设成果的重要公益性事业，与群众利益密切相关。白蚁防治工作涉及建筑业、农林业、卫生环保等多个领域，要求从业人员必须具备房屋建筑、杀虫药剂学方面的基础知识，掌握白蚁防治专业知识、技术和相关器械操作、维护的技能，并具备良好的职业道德。1995年，建设部《关于实行白蚁防治专业技术管理人员岗位培训制度的通知》规定：白蚁防治专业技术、管理人员必须实行岗位培训持证上岗制度。各地白蚁防治部门在开展白蚁防治工作时，防治专业人员必须经过上岗培训，取得由全国白蚁防治中心核发的全国统一的《白蚁防治专业人员岗位证书》后方可上岗操作。目前，随着中国职业资格证书制度的逐步推行，白蚁防治行业的岗位证书制度也将逐步过渡转型到职业资格证书制度，这对于实现全国白蚁防治从业人员的规范化统一管理、加快人才培养、提高从业人员整体素质、促进行业发展、保障为民服务质量，均具有重要意义。

为了搞好从业人员培训工作，全国白蚁防治中心严格遵循住房和城乡建设部的各项政策法规，认真履行住房和城乡建设部所赋予的工作职能，陆续在全行业开展了各种形式的白蚁防治工作培训。全国白蚁防治中心教育培训处每年年初根据住房和城乡建设部培训的整体要求，结合行业发展的需要制订年度培训计划，适时开展白蚁防治人员职业培训和继续教育培训，并对考核合格人员颁发相应的证书和继续教育证明。全国白蚁中心在多年的教育培训工作中，不断总结经验，改进教学模式，规范教学管理，完善课程设置，充实更新教学内容，提高教学质量，已形成了一整套较为完善的教学管理体系，为行业的人才培养和队伍建设做了大量工作。截至2015年底，各类接受继续教育培训的人员达6000余人次，已获得白蚁防治专业人员职业证书的人员累计达4000余人。通过多年的人才队伍建设，中国已建立了一支专业的白蚁防治队伍。据统计，行业从业人员13300余人，其中，管理人员约占28.72%，科研人员约占9.83%，操作人员约占53.49%。在从业人员中，具有大专及以上学历的人员约占39.14%，具有初级及以上职称的人员约占41.73%。这些白蚁防治从业人员不仅拥有专业的白蚁防治技能，而且熟悉白蚁防治新药物、新技术和新器械的应用。白蚁防治专业人才队伍的建设，极大地推动了中国白蚁防治事业朝着规范化、标准化方向的发展，为中国白蚁防治方式的转型升级和环境友好型社会的建设发挥了积极的作用。

科普宣传

为了做好白蚁防治科普宣传工作，一些地区建立了白蚁防治科普基地。如南宁市建立了"南宁市白蚁防治科普基地"，杭州市余杭区建立了"全国白蚁防治科普宣传余杭基地"，杭州市萧山区建立了"全国白蚁防治科普宣传暨白蚁活体展示基地"等。科普基地的建立为行业人员和公众提供了可视化参观场所，为白蚁防治行业的创新、绿色、协调发展打下了良好的基础。

2013—2015年，全国白蚁防治中心连续三年在浙江省房地产博览会上专设以"加强白蚁防治，共建平安家园"为主题的白蚁科普展台，成为房博会"点睛之笔"。2016年，全国白蚁防治中心参加了首届"中国物业产业博览会"，通过全方位、多层次、多角度的展示，促进社会各界进一步认识白蚁的危害性，了解白蚁防治工作的必要性。为全面增加广大群众白蚁防治的知识，提高广大群众的白蚁防治意识和应对白蚁危害的能力，浙江省杭州市余杭区白蚁防治管理中心、浙江省杭州市萧山区白蚁防治管理中心、四川省宜宾市白蚁防治研究所、江苏省南通市白蚁防治管理中心等许多白蚁防治机构建立了专门的白蚁防治科普展厅。许多白蚁防治单位组织专业技术人员到社区、街道开展白蚁防治科普知识专题公益宣传活动。同时，各地在报纸、电台设立白蚁防治宣传专栏和投放白蚁危害公益公告，为市民提供白蚁防治政策咨询和防治服务。许多单位制作了科普宣传图板，印刷了宣传资料，将宣传资料免费发放给市民，每年全行业共发放宣传册（单）10余万份，接待群众咨询解答30余万人次。许多白蚁防治单位专门建立了网站、微信群和QQ群，受到行业从业人员和公众的广泛好评。

此外，白蚁防治专家学者撰写了大量的科研论文和专业书籍。较有代表性的专业书籍有《白蚁及其防治》（1979）、《中国白蚁》（1980）、《中国白蚁与防治方法》（1989）、《中国白蚁分类及生物学（等翅目）》（1989）、《中国白蚁学概论》（2001）、《中国白蚁防治专业培训教程》（2004）、《白蚁防治实用技术》（2009）、《河南白蚁及其防治》（2009）、《城乡白蚁防治实用技术》（2009）、《白蚁及其综合治理》（2010）、《水利白蚁防治》（2011）、《堤坝白蚁防治技术》（2011）、《白蚁学》（2014）、《浙江白蚁》（2014）、《白蚁综合治理示范项目案例选编》（2015）、《成都白蚁》（2016）、《绍兴白蚁》（2016）、《广西白蚁》（2017）、《白蚁防治论文选编》（2017）等。这些书籍为普及白蚁防治基础知识和白蚁防治技术做出了较大的贡献。全国白蚁防治中心主办的《城市害虫防治》期刊及时追踪前沿研究热点，宣传白蚁防治政策、行业信息，扩大了白蚁防治行业在社会上的影响，为白蚁防治行业的健康长远发展奠定了良好的社会基础。

6 中国白蚁防治技术研究

近年来，中国白蚁防治科研人员在创新性的基础理论研究与应用基础研究方面有不少成果，得到了国际上的认可。如浙江大学莫建初科研团队在培菌白蚁降解木质纤维素机制的研究中取得重大突破；华中农业大学黄求应研究小组在白蚁抵抗致病真菌感染的主动免疫研究方面取得了重要进展等。

基础研究

通过大量的野外调查和白蚁标本的鉴定研究，中国白蚁区系分布的研究取得了可喜的成绩。目前，已基本摸清了中国白蚁分布的现状，梳理了中国白蚁的种类名录，初步划分了中国白蚁的分布区域，确定了中国白蚁危害的优势种类，为中国白蚁防治政策的制定打下了较为坚实的基础。

在白蚁生殖与品级分化方面，华中农业大学和西北大学的科研人员研究了黑翅土白蚁和尖唇散白蚁等常见白蚁种类的生殖机理和品级分化机理，发现了一些影响这些白蚁品级分化的关键因子，明确了这些白蚁生殖和品级分化的基本生物学问题，揭示了保幼激素和蜕皮激素对白蚁生殖和品级分化的协同调控作用方式，为开发控制白蚁生殖和品级分化的调控剂提供了良好的基础。

在白蚁行为生物学方面，浙江大学和华中农业大学的研究人员针对黑翅土白蚁的觅食、抚育和筑巢等行为，开展了大量的白蚁个体和群体活动观察，基本摸清了巢群内不同年龄工蚁在食物采集、幼蚁哺育、菌圃构建、有害环境微生物免疫和天敌抵御等方面的作用，明确了这种白蚁觅食行为和筑巢行为的内在调控机制，为白蚁行为防控理论的建立提供了非常重要的基础性数据。

在白蚁种群间、种群内通信和群体识别机制方面，中国科学院西双版纳热带植物园和浙江大学的科研人员初步研究了台湾乳白蚁的同巢个体和异巢个体识别信息素，以及黑翅土白蚁、黄翅大白蚁、小头蛮白蚁等种类的踪迹信息素、分飞配对信息素和防御信息素，初步探明了这些白蚁种类的表皮烃类和腺体分泌物的化合物组成及肠道代谢物的差异，初步掌握了这些常见白蚁种类的生态行为调控因子，明确了干扰这些白蚁种类社会通信的化学因素，为新型白蚁防治剂的研发打下了良好的理论基础。

在白蚁种类鉴定和系统进化方面，浙江农林大学、广东省生物资源应用研究所和江西农业大学的研究人员从常见的白蚁种类入手，通过对各品级白蚁外部形态特征的分析，掌握不同种类的白蚁主要识别特征，然后采用分子生物学手段，对形态特征相近的种类进行分子序列分析，明确种的属性。在此基础上，开展主要白蚁种类的基因组学研究，为建立中国白蚁种类资源库打下了良好的基础。

在白蚁降解木质纤维素的机制方面，浙江大学、中国科学院上海植物生理生态研究所、华中师范大学、山东大学、江苏大学的科研人员对白蚁的食物选择行为与机制，内源性、外源性消化酶的种类与功能，共生微生物的群落结构、功能、协同作用机制做了大量的研究，揭示了白蚁在常温、常压下解构木质纤维素并将其转化为糖类的内在机制，为工业应用奠定了良好的技术基础。

基础研究是创新白蚁防治工作和推动白蚁资源化利用的重要手段，在今后的工作中，应加强气候变化对白蚁区系分布的影响及白蚁应对气候变化的内在机制研究、白蚁食物利用与环境微生物的互作机制研究、白蚁能量代谢相关功能基因组学研究、白蚁生殖与个体免疫机制研究等，以促进中国白蚁防治事业的创新发展。

应用研究

在过去的十多年里，一些白蚁防治单位，如全国白蚁防治中心、浙江省白蚁防治中心、南京市白蚁防治研究所、杭州市白蚁防治研究所、宁波市白蚁防治所、青岛市白蚁防治研究所、成都市白蚁防治研究所、宜昌市白蚁防治研究所、南宁市白蚁防治所等，除了协助有关高等院校和研究机构开展白蚁防治方面的基础性研究工作外，还结合本部门、本地区的工作实践，专门设置科研课题，开展白蚁生物学、生态学、防治药物、防治器械、防治技术等方面的应用基础研究与新技术、新设备、新产品的推广应用工作，取得了非常丰硕的科研成果。

在白蚁种群的饲养技术方面，杭州市白蚁防治研究所、杭州市萧山区白蚁防治管理中心和浙江大学城市昆虫学研究中心的专业技术人员一直致力于白蚁种群的室内外饲养技术研究，通过对大量的温度、湿度、土壤和食物等饲养条件的摸索，现已掌握了较为成熟的台湾乳白蚁、黄胸散白蚁、黑胸散白蚁、黑翅土白蚁、黄翅大白蚁、截头堆砂白蚁等20多种常见白蚁的饲养技术，为白蚁生理生化、行为、分子基础等的研究和白蚁资源的开发利用提供了可靠的保证。

在白蚁防治药剂方面，浙江省白蚁防治中心、杭州市白蚁防治研究所、南京市白蚁防治研究所、南宁市白蚁防治所、浙江大学城市昆虫学研究中心等单位在研究不同药物对白蚁毒性的基础上，研究了各种药物作为药物屏障时预防白蚁的效果。同时，为了给白蚁防治药物生产厂家提供新产品的研发思路，他们还对有效成分为氟虫腈、伊维菌素、氟铃脲等的灭白蚁粉剂和白蚁饵剂的效果进行了研究，极大地推动了白蚁防治新药剂的开发与生产。

在白蚁防治技术方面，全国白蚁防治中心组织浙江省白蚁防治中心、浙江大学、德清县白蚁防治研究所、杭州市白蚁防治研究所、南京市白蚁防治所、合肥市白蚁防治所、长沙市白蚁防治所、南宁市白蚁防治所、成都市白蚁防治研究所等单位，开展了大量的白蚁监测饵剂技术、白蚁监测喷粉技术的研究与示范推广应用工作，为中国白蚁防治行业的转型升级提供了极为重要的技术支撑，为美丽中国和美丽乡村的建设做出了应有的贡献。

此外，一些白蚁防治单位还在水利工程白蚁防治技术、蔗田白蚁防治技术、轨道交通白蚁防治技术、园林植被白蚁防治技术、古建筑白蚁防治技术、古树名木白蚁防治技术、传统古村落白蚁防治技术等方面开展了大量卓有成效的研究工作，取得了许多重要的研究成果，得到了社会各界的好评。

白蚁研究及试验基地

为了加强白蚁防治新药物、新技术研究，一些白蚁防治单位建立了白蚁研究和试验基地，如全国白蚁防治中心临平公园基地、全国白蚁防治中心海盐南北湖基地、全国白蚁防治综合科研南宁基地、浙江省杭州市萧山区白蚁防治管理中心黑翅土白蚁野外规模化饲养研究基地和野外白蚁科研基地、浙江省衢州市白蚁防治所野外科研试验基地、浙江省余姚市白蚁防治所白蚁防治试验基地、广西壮族自治区桂林市白蚁防治所野外科研试验基地、四川省成都市白蚁防治研究所野外试验基地、江苏省常州市白蚁防治研究所白蚁防治试验基地等。这些野外科研和试验基地在中国白蚁防治新药物的效果评价和防治新技术的效果验证中发挥了积极的作用。

7 中国白蚁防治事业发展策略

当前中国白蚁防治行业正根据党的十八届五中全会提出的五大发展理念，认真贯彻国务院"三去一降一补"的总体部署，按照《城市房屋白蚁防治管理规定》的要求，结合中国白蚁防治工作实际，破解发展难题，厚植发展优势，牢牢把握创新发展、绿色发展、共享发展理念，全面提升自主创新能力，培育发展新动力，激发创新活力，推进白蚁防治事业持续发展、转型发展、健康发展。

以创新发展引领白蚁防治事业可持续发展

白蚁防治行业需要深刻认识并准确把握中国经济发展新常态、新要求和国内外白蚁防治科技创新的新趋势，系统谋划全国白蚁防治事业创新发展的新路径。

（1）科技创新为引领。一要聚焦白蚁防治工作中的热点和难点，整合各地技术力量，集中力量开展技术攻关，加快构建"防、治、用"综合体系。二要开展基于"互联网+"的区域白蚁控制智能化技术集成与创新研究，建立以大区域为单位的智能化白蚁防治管理平台，开发与智能化管理平台相配套的白蚁自动监测控制技术及产品，提供更便捷、高效、优质的白蚁防治服务。三要开展白蚁生物资源特性研究，积极探索白蚁资源化养殖和利用的途径与方法，建立白蚁产品开发和深加工利用的产、学、研平台，促进白蚁资源产品广域性和深层次利用的多单位协同创新，实现由白蚁防治到利用的转变。

（2）管理创新为重点。一要总结各地成功的经验，着力加强白蚁防治机构规范化管理力度，改进白蚁防治工程质量监督管理方法，健全白蚁防治产品监管体系，强化白蚁防治监管机制。二要以标准化建设为抓手，完善标准的宣贯机制，促进白蚁防治单位的标准化建设。三要以白蚁防治的防灾减灾功能为根本，做好全国不同地区各领域蚁情的基础调研和蚁害的分级预测工作，不定期地向社会发布白蚁防治状况发展报告，建立与完善对外宣传与沟通平台，促进社会各界对白蚁防治行业的支持。四要强化新建房屋白蚁预防结果的运用，在完成新建房屋白蚁预防施工后，白蚁防治单位向建设单位主动出具相关的证明文本，确保白蚁防治公益属性功能的有效发挥。

（3）服务创新为导向。一要在重点做好城镇房屋建筑白蚁预防工作的基础上，积极开展传统村落和名镇、名村的白蚁防治工作，有序推进水利电力、风景园林、农林果木等领域的白蚁防治工作，使中国各领域的白蚁危害得到有效控制，发挥白蚁防治行业在文化遗产保护、新农村建设和美丽中国建设中的作用。二要进一步优化白蚁预防的公共服务程序，顺应新建房屋白蚁防治行政事业性收费取消的形势，结合各地实际，简化相关服务流程。三要强化白蚁防治的服务意识，进一步规范服务用语和操作行为等，大力提升白蚁防治的服务水平。

以绿色发展加快白蚁防治技术转型升级步伐

目前，白蚁防治行业正处于转型发展的关键时期，今后要加快推动以环保型白蚁防治技术替代传统的药物屏障技术，实现白蚁防治事业与生态文明建设协调发展。

（1）法规标准引领。一要牢固树立"绿水青山就是金山银山"的发展新理念，在制定白蚁防治政策、法规、标准时，注重人与自然的和谐平衡，建立绿色的白蚁防治模式，强化环境保护，减少白蚁防治药物对自然的干扰和损害。二要注重政策法规的建设，借鉴国外白蚁防治管理的先进经验，进一步完善中国的白蚁防治政策法规体系，确保中国白蚁防治事业的绿色、健康发展。三要总结白蚁监测控制技术推广应用的经验，制定基于白蚁绿色防治技术的白蚁防治行业标准和地方标准，利用绿色标准倒逼绿色技术的使用，同时加大白蚁防治相关标准的编研，逐步建立以推荐性国家和行业标准为核心、推荐性地方标准为配套、团体标准为支撑、企业标准为补充的新型白蚁防治标准体系。

（2）防治方式转变。一要引导各地白蚁防治新技术、新产品、新工艺的集成与产业化研究，选择一批适宜的环保型白蚁防治新技术，为白蚁防治方式的转变提供技术支撑。二要通过政策引导和建立白蚁防治用品推广应用平台，加大环保型白蚁防治新技术的推广应用力度，同时加大禁用药物和限制技术使用的检查与处罚力度。三要运用区域控制理念，采用综合治理技术进行不同领域的白蚁治理工作，促进白蚁防治与生态文明建设的协调发展。

（3）人才队伍保障。一要实行人才引进和在职人才培养并重的举措，着力打造一批年龄结构合理、技术过硬、素质全面的白蚁防治人才队伍。二要以白蚁防治职业技能鉴定和从业人员继续教育为重点，开展多层次、多学科的交叉培训，全面提升白蚁防治人员的服务水平，不断提高工作效率，降低服务成本，逐步实现白蚁防治的即时化服务。三要加强白蚁防治从业人员的诚信和职业道德教育，树立安全至上、质量第一的理念，坚持安全生产、文明施工，做好优质服务。

以共享发展提升白蚁防治公共服务水平

白蚁防治工作涉及公共安全，具有社会公益属性，是政府公共服务职能的具体体现。今后的工作中，白蚁防治行业应以共享发展理念为指导，做好公益服务。

（1）强化公共服务职能。一要坚持"防、治"分离原则，强化白蚁预防的政府公共服务职能，积极主动协调同级财政部门将白蚁防治工作经费纳入当地财政预算，保证白蚁防治经费的充足；高度重视，继续做好新建、改建、扩建房屋的白蚁预防工作，同时严格履行合同，做好原有新建房屋白蚁预防在十五年包治期内的回访复查工作。二要充分发挥白蚁防治事业单位的公共服务职能，协助当地政府做好白蚁防治的监督管理工作，最大限度地减少白蚁危害造成的损失，让全社会共享白蚁防治发展成果。三要建立白蚁防治公共信息平台，提高白蚁防治服务信息的透明度，建立白蚁防治数据共享机制。

（2）促进行业信息交流。一要加强白蚁危害基础信息调查，建立基于白蚁危害等级的白蚁防治区域管理新模式，为不同区域的居民提供更为合理的白蚁防治服务。二要加强行业机构、人员基础信息的收集、整理和利用工作，促进不同地区白蚁防治机构和人员的信息交流，实现新技术、新产品和新工艺的互利共享，全面提高整个行业从业人员的综合素质。三要加强国内外的白蚁防治技术管理的交流合作，借鉴国外的先进经验进行消化完善，充分利用国内的优势，加强与国外的合作，特别是借助"一路一带"的战略机会，做好与相关国家和地区的交流合作。

（3）共创良好工作氛围。一要以科普宣传方式创新为抓手，加大科普宣传基地的建设力度，全面提升科普宣传水平，充分运用各类媒体开展科普教育，提高公众对白蚁危害的认知度和开展白蚁防治工作的认可度，营造全社会支持白蚁防治工作的良好氛围。二要以区域信息共享平台建设为契机，构建覆盖白蚁基础知识、白蚁防治政策与标准、白蚁防治科学研究、白蚁防治技术与产品、白蚁防治管理与创新、对外合作与交流等多方面信息的查询与支持系统，为社会公众提供更多更有价值的信息，形成全社会参与白蚁防治的局面。

参考文献

包晓鹏,郑丽,贾平,等.论城市居住区园林环境的变迁.中国农学通报,2014,30(19):251-256.

蔡邦华,陈宁生.中国经济昆虫志(第八册)等翅目·白蚁.北京:科学出版社,1964:1-154.

蔡美仪.广东省水利工程白蚁防治现状、问题及对策.广东水利水电,2013(12):51-53.

曹莉,赵瑞华,陈镜华,等.白蚁防治技术.应用昆虫学报,2007,44(3):342-347.

曹婷婷,陈旭东,袁晓栋,等.白蚁入侵研究进展.中华卫生杀虫药械,2015,21(2):198-200.

曹婷婷,侯守鹏,袁晓栋,等.4种防腐剂对白蚁饵料霉变和引诱效果的影响.中国媒介生物学及控制杂志,2015,26(6):565-568.

曹永刚,李影丽,杨建伟,等.尼龙12在防白蚁电力电缆的应用.电线电缆,2012(6):32-34.

陈搏尧,吴建国.中国城市建设与白蚁种群变化、种群数量变动关系综述.白蚁科技,1994,11(3):16-21.

陈海江,方敏,莫建初.国内白蚁监测控制装置研究进展.河南科技学院学报(自然科学版),2016,44(2):36-39.

陈强,唐永光,罗忠东,等.电力电缆蚁害的有效防治技术.广东输电与变电技术,2005(2):50-52.

陈祯.昆虫趋光特性与粘虫色板应用的生态影响.昆明:云南大学,2016.

成都市白蚁防治研究所.白蚁防治行业基础知识和术语汇编.成都:四川辞书出版社,2010.

成都市白蚁防治研究所.成都白蚁.成都:成都时代出版社,2016.

程冬保,阮冠华,宋晓钢.中国白蚁种类调查研究进展.中华卫生杀虫药械,2014,20(2):186-190.

程冬保,杨兆芬.白蚁学.北京:科学出版社,2014.

程冬保.有害生物综合防治(IPM)在白蚁防治上的应用.安徽农业科学,2001,29(1):51-53.

程冬保.白蚁信息素研究进展.昆虫学报,2013,56(4):419-426.

崔江静,孙廷玺.珠海地区高压电缆的白蚁危害与防治.高电压技术,2004,30(136):23-24.

戴南洲,王威.埋地电缆白蚁危害及防治措施研究.大众用电,2003(11):22-23.

邓天福,莫建初.常规白蚁预防药物对黄胸散白蚁的毒杀效果.中国媒介生物学及控制杂志,2010,21(4):321-323.

丁芳,嵇保中,刘曙雯.白蚁的食物选择.中国农学通报,2015,31(2):166-173.

段东红.一种新型土白蚁巢探测仪及探测应用研究.第三届中国森林保护学术大会论文摘要集.2010,234-236.

冯成玉,刘立春.太阳能双波诱虫灯在水稻田的应用效果研究.中国稻米,2014,20(6):62-65.

高道蓉,高文,夏建军,等.中国白蚁化学防治的研究进展.中华卫生杀虫药械,2009,15(1):53-57.

高道蓉,张锡良,吴建国,等.特密得(Termidor)一种新的白蚁药剂.白蚁科技,2000,17(4):5-9.

龚斌,黄松英,游秀峰,等.白蚁预防与处理技术研究进展.安徽农业科学,2013,41(20):8536-8539.

郭建强,龚跃刚,雷阿桂.伊维菌素对台湾乳白蚁和黄胸散白蚁的毒效观察.中国媒介生物学及控制杂志,2005,16(4):284-286.

郭俊萍.土白蚁巢探测仪和防治仪一体化设计.林业实用技术,2012(7):38-40.

郭义.诸暨市经济林白蚁危害现状及其防治对策.浙江林业科技,2005,25(3):39-41.

何利文,林雁,张睿.虫螨腈用于白蚁防治的研究进展.中国媒介生物学及控制杂志,2014,25(5):486-488.

何利文,赵秦,林雁,等.吡虫啉在白蚁防治中的研究进展.中国媒介生物学及控制杂志,2009,20(1):85-87.

何乃烟,刘毅刚,许继葵.高压交联电缆的白蚁危害及对策.中国电工技术学会电线电缆专委会会,2001.

贺海洪,宋晓钢,莫建初,等.药物灌浆处理防治海塘白蚁的可行性探讨.中国媒介生物学及控制杂志,2008,19(3):227-230.

侯向秦,葛文宇.PE燃气管道蚁害事件分析与防治措施.科学大众:科学教育,2018(3):192.

胡剑,潘金春,谭文雅,等.黑翅土白蚁有翅成虫复眼的形态结构.应用昆虫学报,2009,46(2):272-276.

胡剑,钟俊鸿,郭明昉.物理屏障预防白蚁技术的研究及应用.应用昆虫学报,2006,43(1):27-32.

胡寅,宋晓钢,石勇.房屋建筑白蚁综合治理策略的探讨.中华卫生杀虫药械,2013,19(2):158-161.

黄复生,朱世模,平正明,等.中国动物志昆虫纲第十七卷等翅目.北京:科学出版社,2000,1-961.

黄海涛,何向阳,张世军.埋地电缆受白蚁危害的原因及其防治方法.广东电力,2008,21(7):12-14.

黄慧敏.人口城市化与图书馆发展.办公室业务,2016(238):167-168.

黄求应.黑翅土白蚁觅食行为学基础及诱杀系统的研究.武汉:华中农业大学,2006:1-192.

黄晓光.声频探测器的原理及其在白蚁探测中的应用.中华卫生杀虫药械,2005,11(5):355-355.

黄远达.白蚁的防治技术.粮油仓储科技通信,1998(4):48-52.

黄宗荣,董瑞芝.白蚁对中国地下塑料护套通信电缆、光缆的危害及防治.广东通信技术,1996(4):1-6.

纪昌艳.马尾松毛虫质型多角体病毒的流行病学研究.中国科学院研究生院(武汉病毒研究所),2007.

江建国,张文颖,江靖.3种几丁质合成抑制剂对黑翅土白蚁室内毒力测定.湖北林业科技,2011,2:28-30.

江智华.中国人口城市化综述.北方经济,2013(1):69-70.

金平强.白蚁对PE燃气管道的破坏及防治措施.煤气与热力,2013,33(12):4-5.

金勇.上海衡复历史文化风貌区白蚁危害与区域白蚁治理.世界农药,2017,39(5):39-41.

康宽政.城市电缆白蚁防治方法探讨.科技资讯,2007(29):225-226.

柯云玲,田伟金,庄天勇,等.林木白蚁的生物防治和生物源农药防治研究进展.环境昆虫学报,2011,33(3):396-404.

赖敏,贾豹,陈正麟,等.南方地区燃气管道白蚁危害及防治.中华卫生杀虫药械,2017,23(4):392-394.

李彬.广东省水利厅印发堤坝白蚁防治管理办法和堤坝白蚁防治技术指南.广东水利水电,2015(9):66-69.

李桂祥,肖维良.白蚁是最古老的社会昆虫和中国早期的防治概况.白蚁科技,1999,8(2):14-17.

李静.新型毒饵防治白蚁效果研究.杭州:浙江大学,2013.

李娜,包明臣,刘长垠.药物充填灌浆在大坝裂缝及白蚁治理中的应用.河南水利与南水北调,2017(6):60-61.

李秋剑,钟俊鸿,刘炳荣,等.土栖性白蚁的防治技术研究概况.江西农业学报,2016,28(2):74-77.

李少南,虞云龙,张大羽,等.密褐褶孔菌 *Gloeophyllum trabeum* 对几种杀虫剂跟踪反应及对水坝白蚁诱杀效果的影响.农药学学报,2001,3(2):35-40.

李为众,熊强,刘超华,等.中国白蚁监测控制技术的现状与展望.中华卫生杀虫药械,2015,21(5):520-522.

李为众,熊强,童严严,等.三峡大坝截流后库区农村住房白蚁危害调查分析.湖北植保,2011(3):26-28.

李为众,熊强,童严严,等.中国城市房屋白蚁防治的法规现状及展望.中华卫生杀虫药械,2015,21(3):314-316.

李小鹰.房屋白蚁控制IPM策略运用中的关键技术及现实意义.中华卫生杀虫药械,2011,11(1):7-12.

李志强,柯云玲,班大雄,等.白蚁生物多样性及其对生态环境变化的指示作用.生态学杂志,2016,34(2):557-561.

李志雄.水利工程白蚁防治技术管理的探讨.广东水利水电,2017(2):47-48.

连留青,陈文江.浙江省房屋建筑白蚁治理技术综述及发展趋势的探讨.浙江建筑,2011,28(2):75-78.

梁沃涛.城市电缆白蚁防治方法探讨.广东输电与变电技术,2008(1):53-55.

林超雄.电缆的白蚁防治.农村电气化,2009(11):54-54.

林明江,安玉兴,管楚雄,等.害虫诱捕器的研究与应用进展.广东农业科学,2011,38(9):68-71.

林树青,高道蓉.中国等翅目及其主要危害种类的治理.天津:天津科学技术出版社,1990.

林雁,郭红,张悦,等.阿维菌素类似物对白蚁生物防治研究概述.中华卫生杀虫药械,2012,18(6):465-470.

林雁,黄晓光,张锡良.毒死蜱、联苯菊酯在模拟房屋白蚁预防施工的野外试验地的残留动态研究.农药学学报,2006,8(2):143-146.

林雁,邬顺弟.常用白蚁防治药剂的降解、持效期的研究与探讨.农药,2007,46(9):586-590.

林雁,张睿,何利文.6种白蚁防治药物对散白蚁的室内毒力比较.中华卫生杀虫药械,2010,16(1):31-33.

林雁.白蚁种群控制药剂的研究概况.中华卫生杀虫药械,2015,21(2):118-124.

林雁.中国白蚁防治的研究进展.中华卫生杀虫药械,2015,21(6):537-544.

刘海明,周洪旭,李长友.荧光增白剂与增效蛋白对美国白蛾核型多角体病毒(HcNPV)的增效作用.农药学学报,2013(2):153-158.

刘吉敏,黄其椿,韦戈,等.房屋建筑白蚁防治工程新技术展望.生物灾害科学,2012,35(2):206-210.

刘军,王世伟,赵凯,等.白蚁的生物防治现状与研究进展.微生物学杂志,2010,30(2):91-94.

刘文军,徐正刚,汪国平,等.白蚁危害电子监测系统的开发与应用.中华卫生杀虫药械,2009,15(6):501-504.

刘文山,周华敏,何文.高压电力电缆白蚁防治的方法和措施.电线电缆,2009(5):41-43.

刘晓燕,钟国华.白蚁防治剂的现状和未来.农药学学报,2002,4(2):14-22.

刘永仓.水利工程建设对生态环境的影响.农业科技与信息,2018(16):32-33.

刘自力,黄雷,易俊骥.氟铃脲纸片实地诱杀乳白蚁试验.中国森林病虫,2005,4(2):44-47.

龙军.埋地燃气聚乙烯管道白蚁侵危害与防治.煤气与热力,2012,32(7):1-3.

罗亚萍,侯守鹏.吡虫啉毒饵对台湾乳白蚁的防治效果.农药,2014,53(3):217-218.

罗永春.电缆的蚁害问题及防治措施.广东科技,2007(177):140-141.

马星霞,蒋明亮,王洁瑛.气候变暖对中国木材腐朽及白蚁危害区域边界的影响.林业科学,2015,

51(11):83–90.

毛伟光,赵琪祥,王兴华.诸暨市堤坝白蚁危害情况的调查报告.白蚁科技,2000,17(4):28–30.

莫建初,郭建强,龚跃刚.城乡白蚁防治实用技术.北京:化学工业出版社,2008.

莫建初,吴俊,庄佩君,等.安全有效的白蚁防治方法—物理屏障法.世界农药,2003,25(2):40–43.

莫建初.堤坝白蚁防治技术.北京:化学工业出版社,2010.

潘海.水利工程建设对生态环境的影响探究.科技经济导刊,2018,26(24):239–239.

庞正平,刘建庆.白蚁监测控制技术及药剂的应用.中华卫生杀虫药械,2008,14(5):404–407.

钱掌清,方新亚.关于白蚁防治存在的问题及对策探析.科技创新与应用,2014(10):263–264.

区家辉.低压电缆白蚁危害的原因和防治措施.科技创新与应用,2012(29):127–127.

山野胜次.台湾家白蚁的物理防治.白蚁科技,1988,5(4):26–29.

沈颖,尉吉乾,莫建初,等.昆虫趋光行为研究进展.河南科技学院学报(自然科学版),2012,40(5):19–23.

史文懿.白蚁对广州市轨道交通四号线工程的危害及处理措施.广东土木与建筑,2008(11):57–58.

侍甜,何利文,黄晓光,等.氯虫苯甲酰胺在白蚁防治中的研究概述.中华卫生杀虫药械,2016,22(2):193–197.

帅移海,李俊辉,胡伟,等.规范水利工程白蚁防治技术的思考.华中昆虫研究,2012(1),347–349.

宋立.白蚁危害案例选编.北京:开明出版社,2016.

宋立.浙江白蚁.杭州:浙江教育出版社,2015.

宋腾耀,谭超,田文华.不同浓度的华法林对小鼠出血时间的影响.现代检验医学杂志,2007,22(5):124–125.

宋万里,吴国华,周兴苗.三种有机磷农药对黑胸散白蚁毒杀作用的研究.湖北植保,2000(4):4–6.

宋晓钢,阮冠华,林树青.白蚁防治新药剂对白蚁的药效研究.浙江林学院学报,2000,17(3):244–247.

宋晓钢,阮冠华,任火良,等.标准海塘白蚁综合治理.浙江农林大学学报,2006,23(1):85–88.

孙立峰.白蚁预防药剂在土壤化学屏障中的吸附和降解动态研究.杭州:浙江大学,2008.

孙玉诚,郭慧娟,戈峰.昆虫对全球气候变化的响应与适应性.应用昆虫学报,2017,54(4):539–552.

万利.昆虫趋光性在茶园害虫防治中的应用.武汉:华中农业大学,2014.

汪亦中,宋建新,周云,等.苯甲酰脲类杀虫剂防治白蚁效果的研究进展.中华卫生杀虫药械,2015,21(5):511–514.

汪亦中,宋建新,周云.4种硼酸盐对台湾乳白蚁的毒效研究.安徽农业科学.2014,42(32):11335,11365.

王春晓,田伟金,庄天勇,等.防白蚁电缆涂料抗台湾乳白蚁蛀蚀试验.环境昆虫学报,2012,34(2):174–177.

王京晶,蒋之宇,吴川东.中国水资源开发利用现状的问题及解决对策.研究探讨,2018(9):197–198.

韦戈,陆温,郑霞琳.广西白蚁.南宁:广西科学技术出版社,2017.

尉吉乾,莫建初,徐文,等.黑胸散白蚁的研究进展.中国媒介生物学及控制杂志,2010,21(6):635–637.

吴道军,王会平.白蚁生物农药防治研究进展.植物医生,2015,28(2):6–8.

夏诚,张民.白蚁防治——白蚁的生物与物理防治.中华卫生杀虫药械,2011,17(4):297–299.

夏诚,张民.白蚁防治——白蚁的危害和外部形态.中华卫生杀虫药械,2011,17(1):64–66.

谢晨.农业水利工程施工工程对生态环境的影响分析.中国农业文摘-农业工程,2018(5):19–20.

熊强,刘超华,童严严,等.白蚁区域性综合治理的实践与展望.中华卫生杀虫药械,2016,22(1):86–88.

熊强,童严严,刘超华,等.园林白蚁危害现状及综合治理.中华卫生杀虫药械,2016,22(2):198-201.

徐冬,宋晓钢,阮冠华.白蚁生物防治发展现状分析.中华卫生杀虫药械,2013,19(3):244-246.

徐俊玲,霍学红,赵金盘,等.物理方法预防园林病虫害的具体措施.现代园艺,2011(14):43-43.

许如银,袁晓栋.房屋建筑物的白蚁防治与环境管理.白蚁科技,2000,17(4):31-33.

严双顶,苏静,汪庆发."隐患探测仪"在大泉水库白蚁防治工作中的应用.江苏水利,2014(s1):56-57.

杨登良,杨登福,杨登松,等.浅谈年代和环境的变化与白蚁繁殖发展.江西植保,2000,23(2):46-48.

杨登良,杨登福.现代建筑的特点与白蚁的关系及防治意见.华东昆虫学报,1999,8(2):112-114.

杨卫贤.电缆的蚁害分析及防治方法.大众用电,2009(2):39-40.

叶勇,戴自荣,高积省.煤气塑料管抗白蚁蛀蚀的试验研究.煤气与热力,1994(6):15-16.

尹红,宋晓钢,莫建初.中国白蚁防治药剂应用现状及发展趋势探讨.中华卫生杀虫药械,2013,19(3):182-186.

于保庭,董萱,章珍,等.白蚁抗病原微生物侵染机制研究进展.昆虫学报,2012,55(8):994-998.

余华星.白捕特微胶囊防治白蚁药效试验.林业科学研究,2005,18(2):173-176.

袁薇薇.白蚁防治技术的最新研究进展.现代经济信息,2013(11):306-306.

原必荣,李为众,李功春,等.物理防治技术在白蚁防治中的研究与展望.湖北植保,2013(1):60-62.

张纯胄,杨捷.害虫趋光性及其应用技术的研究进展.生物安全学报,2007,16(2):131-135.

张大羽,宋晓钢.探测及防治白蚁技术的进展.白蚁科技,2000,17(1):23-26.

张国生.吡唑类、吡咯类杀虫剂的研发进展.农药科学与管理,2004,25(11):23-26.

张顺瑜,周云,邓亚芳,等.苜蓿银纹夜蛾核型多角体病毒悬浮剂防治台湾乳白蚁的效果研究.中国森林病虫,2014,33(3):18-21.

张慰峰,李统一,宋科明,等.耐白蚁聚乙烯燃气管道研究.中国塑料,2017,31(8):52-55.

张锡良,李小鹰,林雁.IPM在中国白蚁防治中的应用分析.白蚁防治,2005(6):62-63.

张先楷.乳白蚁不同品级的比例.昆虫知识,2005,42(3):321-323.

张向辉,彭心赋,左伟东,等.中国白蚁生物防治研究进展.中华卫生杀虫药械,2008,14(4):297-299.

章凯婴.氟虫腈防治白蚁研究进展.安徽农业科学,2015,43(21):134-135,153.

赵京阳,于保庭,宋晓钢.浙江省传统村落白蚁危害情况调查研究.中华卫生杀虫药械,2017,23(4):84-87.

赵凯,常志威,张小燕,等.白蚁肠道共生微生物多样性及其防治方法研究现状.应用与环境生物学报,2012,18(2):331-337.

赵秦,林雁,周健.氰戊菊酯和毒死蜱防治白蚁的持效期研究.中国媒介生物学及控制杂志,2013,19(2):122-123.

赵元.对挖巢方法消灭家白蚁(Coptotermes formosanus Shiraki)的商榷.应用昆虫学报,1964(2):45-47.

中国物业管理协会白蚁防治专业委员会.中国房屋白蚁防治综合治理培训教程.南京:南京大学出版社,2008.

中华人民共和国住房和城乡建设部.白蚁防治工程基本术语标准(GB/T 50768—2012).北京:中国建筑工业出版社,2012.

钟文锋.高压电缆白蚁危害及综合治理.华电技术,2007,29(11):133-134.

钟文锋.高压电力电缆白蚁危害及综合治理研究.电线电缆,2008(3):12-13.

邹琳.对加强中国古建筑白蚁防治的思考.中国物业管理,2007(5):62-63.

第二篇

1 美国白蚁的分布及危害

白蚁的种类及分布

美国的白蚁危害相当严重。有研究表明，美国每年由白蚁危害造成的损失高达50亿美元。美国南方的白蚁种类较北方多，除阿拉斯加州无白蚁分布之外，白蚁危害几乎遍及美国每个州。美国已发现白蚁4科17属45种（见表2-1），分别属于草白蚁科Hodotermitidae、木白蚁科Kalotermitidae、鼻白蚁科Rhinotermitidae、白蚁科Termitidae。

表2-1　美国白蚁种类名录

科名	属名	种名
草白蚁科 Hodotermitidae	动白蚁属 *Zootermopsis*	狭颈动白蚁 *Zootermopsis angusticollis*（Hagen）
		宽头动白蚁 *Zootermopsis laticeps*（Banks）
		内华达动白蚁 *Zootermopsis nevadensis*（Hagen）
木白蚁科 Kalotermitidae	距白蚁属 *Calcaritermes*	新北距白蚁 *Calcaritermes nearcticus*（Snyder）
	堆砂白蚁属 *Cryptotermes*	麻头堆砂白蚁 *Cryptotermes brevis*（Walker）
		凹额堆砂白蚁 *Cryptotermes cavifrons*（Banks）
	楹白蚁属 *Incisitermes*	亚利桑那楹白蚁 *Incisitermes arizonensis*（Snyder）
		班克斯楹白蚁 *Incisitermes banksi*（Snyder）
		Incisitermes fruticavus（Rust）
		移境楹白蚁 *Incisitermes immigrans*（Snyder）
		米勒楹白蚁 *Incisitermes milleri*（Emerson）
		小楹白蚁 *Incisitermes minor*（Hagen）
		斯奈德楹白蚁 *Incisitermes snyderi*（Light）
		施瓦茨氏楹白蚁 *Incisitermes schwarzi*（Banks）
	木白蚁属 *Kalotermes*	相似木白蚁 *Kalotermes appraximatus*（Synder）
	边白蚁属 *Marginitermes*	胡氏边白蚁 *Marginitermes hubbardi*（Banks）
	新白蚁属 *Neotermes*	栗色新白蚁 *Neotermes castaneus*（Burmeister）
		Neotermes connexus（Snyder）
		黑眼新白蚁 *Neotermes jouteli*（Banks）
		Neotermes luykxi Nickle et Collins
	近新白蚁属 *Paraneotermes*	*Paraneotermes simplicicornis*（Banks）
	翅白蚁属 *Pterotermes*	西方翅白蚁 *Pterotermes occidentis*（Walker）

（续表）

科名	属名	种名
鼻白蚁科 Rhinotermitidae	乳白蚁属 *Coptotermes*	台湾乳白蚁 *Coptotermes formosanus*（Shiraki）
	异白蚁属 *Hererotermes*	黄色异白蚁 *Hereotermes aureus*（Snyder）
	原鼻白蚁属 *Prorhinotermes*	简单原鼻白蚁 *Prorhinotermes simplex*（Hagen）
	散白蚁属 *Reticulitermes*	沙蜀散白蚁 *Reticulitermes arenincola*（Goellner）
		北美散白蚁 *Reticulitermes flavipes*（Kollar）
		哈根散白蚁 *Reticulitermes hageni*（Banks）
		西部散白蚁 *Reticulitermes hesperus*（Banks）
		黑胫散白蚁 *Reticulitermes tibialis*（Banks）
		弗吉尼亚散白蚁 *Reticulitermes virginicus*（Banks）
白蚁科 Termitidae	解甲白蚁属 *Anoptotermes*	烟色解甲白蚁 *Anoptotermes fumosus*（Hagen）
	弓白蚁属 *Amitermes*	*Amitermes coachellae* Light
		埃默森氏弓白蚁 *Amitermes emersoni* Light
		佛罗里达弓白蚁 *Amitermes floridensis* Scheffrahn
		微弓白蚁 *Amitermes minimus* Light
		淡白弓白蚁 *Amitermes pallidus* Light
		小弓白蚁 *Amitermes parvulus* Light
		斯奈德弓白蚁 *Amitermes snyderi* Light
		Amitermes silvestrianus Light
		惠勒弓白蚁 *Amitermes wheeleri*（Desneus）
	颚钩白蚁属 *Gnathamitermes*	*Gnathamitermes perplexus*（Banks）
		Gnathamitermes tubiformans（Buckley）
	薄嘴白蚁属 *Tenuirostritermes*	*Tenuirostritermes tenuirostris*（Desneux）
		Tenuirostritermes cinereus（Buckley）

注：由于白蚁分类体系的调整，草白蚁科动白蚁属已划归古白蚁科 Archotermopsidae

在常见的白蚁中，台湾乳白蚁、北美散白蚁、西部散白蚁、麻头堆砂白蚁、小楹白蚁5个品种为优势种（见图2-1），危害严重。

按照栖息特点，美国白蚁主要分为三大类。

（1）湿木白蚁。这些白蚁发生在太平洋沿岸、半干旱的西南部、佛罗里达的南部等，包括古白蚁科 Archotermopsidae、木白蚁科和鼻白蚁科的白蚁。古白蚁科的代表种为内华达动白蚁、狭颈动白蚁。木白蚁科的代表种为新白蚁属和黑眼新白蚁。鼻白蚁科的代表种为简单原鼻白蚁。

（2）干木白蚁。西部干木白蚁、东南部干木白蚁和堆砂白蚁是主要的三类干木白蚁。西部干木白蚁主要危害美国的西部，多数生活在含水量为12%左右的木材中，代表种主要为木白蚁科中的小楹白蚁；东南部干木白蚁主要危害美国的东南部，代表种为木白蚁科的斯奈德楹白蚁；堆砂白蚁主要危害的区域在美国的佛罗里达、格尔夫、大西洋海岸的南部以及夏威夷，其代表种为麻头堆砂白蚁。

（3）地下白蚁。沙漠地下白蚁、东部地下白蚁、台湾地下白蚁和西部地下白蚁为四类

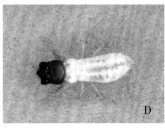

图 2-1　常见且危害严重的美国白蚁种类
A. 台湾乳白蚁；B. 北美散白蚁；C. 西部散白蚁；D. 麻头堆砂白蚁；E. 小楹白蚁

主要的土栖白蚁。沙漠地下白蚁主要分布在亚利桑那、加利福尼亚州的科罗拉多，其代表种为黄色异白蚁；东部地下白蚁分布十分广泛，代表种为北美散白蚁；台湾地下白蚁的代表种为台湾乳白蚁，20世纪初在我国台湾首次被描述，因此得名。

20世纪60年代，在美国德克萨斯州、路易斯安那州和南卡罗来纳州发现了台湾乳白蚁。1980年，在佛罗里达州东南部城市——哈兰代尔的一个公寓里发现了台湾乳白蚁巢。台湾乳白蚁在美国分布十分广泛，是美国危害最严重、造成经济损失最大的白蚁，其在土壤中能在91米深处觅食，群体大，觅食范围广，它的存在对附近的建筑物会造成严重威胁，且很难彻底治理的。截至2015年，台湾乳白蚁已被发现大量分布在美国的亚拉巴马州、佛罗里达州、乔治亚州、夏威夷州、路易斯安那州、密西西比州、卡莱罗纳州、田纳西州、德克萨斯州。

白蚁危害风险区域的划分

美国国家农业部林业局根据白蚁的种类、分布、建筑类型等因素对白蚁可能危害区域（Termite Infestation Probability Zone）进行了等级划分。危害区分成4级，分别为：

TIP Zone #1 严重危害区（Very Heavy Termite Activity）；

TIP Zone #2 中等到重度危害区（Moderate to Heavy Activity）；

TIP Zone #3 轻微至中度危害区（Slight to Moderate Activity）；

TIP Zone #4 无或轻微危害区（None to Slight Activity）。

同时还要求针对不同危害区的白蚁，采取不同的防治措施。

各州白蚁防治区域的建议

为指导白蚁防治工作，美国住房管理局（FHA）针对美国白蚁的发生和危害情况，对需要进行白蚁防治的区域进行了分类。表2-2为参考美国住房管理局的独立房屋政策手册（SF Handbook）列出的白蚁危害程度及是否需要白蚁防治的地区清单。

表2-2　美国各州白蚁危害程度及是否需要预防清单（截至2016年9月30日）

州	危害程度	要求
阿拉斯加	无	所有县均不需进行白蚁处理
科罗拉多	中等至严重	不需进行白蚁处理的县有克里尔克、伊格尔、吉尔平、Grand、杰克逊、莫法特、鲁特县、Summit Counties，其他县均需处理
爱荷达	无至轻微	所有县均不需进行白蚁处理
缅因	无至轻微	需进行白蚁处理的县有纽约、坎伯兰，其他县均不需处理
密歇根	无至轻微	不需进行白蚁处理的县有阿尔科纳、Alger、阿尔皮纳、Antrium、阿勒纳克县、巴拉加县、Bay、本西县、夏利华县、希博伊根县、Chippewa、Clare、克劳福德、德尔塔、迪金森、埃米特县、格拉德温县、戈吉比克县、Grand Traverse、霍顿、休伦湖、艾奥斯科县、Iron、伊莎贝拉县、卡尔卡斯卡县、基威诺县、利勒诺县、Luce、马尔纳克岛、马凯特县、梅诺米尼县、米德兰、米索基县、Montmorency、奥格莫县、昂托纳贡县、奥西奥拉、奥斯科达县、奥齐戈县、普雷斯克岛、Roscommon、Saginaw、萨尼拉克县、Schoolcraft、土斯科拉县、韦克斯福德县，其他县均需处理
明尼苏达	轻微至中等	不需进行白蚁处理的县有贝克县、Beltrami、Clay、克利尔沃特、Cook、Grant、Hubbard、伊塔斯加、基特逊县、康契钦县、Lake、伍兹湖县、马诺门县、马歇尔、Norman、奥特泰尔县、Pennington、Polk、罗索县、Stevens、Traverse、沃迪纳县、威尔金县，其他县均需处理
蒙大纳	轻微至中等	不需进行白蚁处理的县有布莱恩、Broadwater、Carbon、喀斯喀特、舒托县、Daniels、Fergus、Gallatin、Glacier、Golden Valley、Hill、朱迪斯盆地县、Lewis and Clark、Liberty、马尔县、马瑟尔谢尔县、Park、Petroleum、菲利普斯县、庞多雷县、Roosevelt、谢里登、斯蒂尔沃特、Sweet Grass、提顿县、Toole、Valley、惠特兰县、Yellowstone Counties，其他县均需处理
新罕布什尔	轻微至中等	不需进行白蚁处理的县有Grafton、Carroll、Coos Counties，其他县均需处理
纽约	轻微至中等	不需进行白蚁处理的县有Clinton、Essex、Franklin、圣罗伦斯县、Niagara、Orleans，其他县均需处理
北达科他	无至轻微	所有县均不需进行白蚁处理
俄勒冈	无至轻微	所有县均不需进行白蚁处理
南达科他	轻微至中等	不需进行白蚁处理的县有贝内特、Brown、布法罗、伊格尔比特、坎贝尔、Corson、卡斯特、Day、Dewey、Edmunds、福克县、Haakon、Hand、哈定县、休斯县、Jackson、Jones、劳伦斯县、Marshall、McPherson、Meade、梅莱特县、Pennington、Perkins、Potter、Roberts、Shannon、Spink、斯坦利、萨利县、沃尔沃思县、齐巴赫县，其他县均需处理

（续表）

州	危害程度	要求
犹他	中等至严重	不需进行白蚁处理的县有 Daggett、Morgan、萨米特、Wasatch,其他县均需处理
佛蒙特	轻微至中等	不需进行白蚁处理的县有富兰克林、Grand Isle、Orleans、Essex、Chittenden、Lamoille、Caledonia、Washington、Addison、Orange,其他县均需处理
华盛顿	无至轻微	所有县均不需进行白蚁处理
怀俄明	轻微至中等	不需进行白蚁处理的县有 Fremont、Hot Springs、Lincoln、Park、萨布莱特县、Sweetwater、Teton、尤因塔县,其他县均需处理
其他	—	所有县均需进行白蚁处理

2 美国白蚁防治技术

白蚁防治技术及器械

2.1.1 白蚁探测设备

（1）微波探测仪。微波雷达技术主要是通过比较并检测遇到移动物后雷达的反射波与发射波的微量差异来判断物体的运动状态。目前利用此技术生产的产品可以做到多探头、无损探测建筑内白蚁的活动和分布情况。根据材料的不同，其穿透极限可达10～30cm，抗干扰能力随着技术的改进也在不断增强。在使用时，要尽量避免人员走动及其他物体移动。

（2）红外热像仪。红外热像仪是将红外探测器和光学成像物镜接收到的被测目标的红外辐射能量分布图形反映到红外探测器的光敏元件上，从而获得红外热像图，这种热像图与物体表面的热分布场相对应。根据建筑中潮湿的木质构件与干燥构件的温差以及蚁穴与正常建筑材料的温差，可以通过红外探测器定位潮湿木质构件及蚁穴。探测深度若超过极限值，红外热像仪将无法探知深层的白蚁活动。

（3）木材湿度计。木材湿度计是一种操作简单、携带方便、专为木材工业设计的质量控制仪器。该仪器只能测浅层木材的湿度。其工作原理是利用金属盐（如氯化锂、氯化钙等）的强吸湿性来测定湿度。白蚁活动部位湿度较高（返潮和漏水等情况除外），当金属盐中的水分与潮湿木材中的水分平衡时，它们的相对湿度是一一对应的。相对湿度越大，盐中的平衡含水量越大，盐的电阻越小；反之，空气相对湿度越小，盐的电阻越大。使用时，只需将湿度计的两个探针插入木材，即可显示木材含水率，以此推测是否有白蚁活动。

（4）声频探测器。声频探测主要是通过声频传感器来感知声音，并传出电信号，经放大后显示声频图谱的技术。声频探测器可以探测并放大木材中细微的声音，以此判断木材中是否存在白蚁。由于白蚁在木材中的活动声音十分微弱，所以该探测器容易受到外界噪音的干扰，但在满足探测条件的情况下，声频探测器具有无破坏、快速、准确的优点。

（5）气体检测仪。气体检测仪主要是利用气味传感器来检测气体的成分和含量。比如红外气体检测仪通过测量吸收光谱可以辨别气体的种类，通过测量吸收强度可以确定被测气体的浓度。白蚁在消化木质纤维的时候会产生大量的甲烷，白蚁巢穴内CO_2浓度也相对较高，这些都可作为是否存在白蚁的检测指标。

（6）Termatrac T3i。该仪器是目前市场上应用比较多、较为成熟的产品，可以实现室内外无损监测各种昆虫和小动物，是较为先进的白蚁探测仪器。Termatrac T3i结合了最新的雷达探测技术、高配置远程激光热感应技术以及湿度感应技术。工作时先通过湿度感应判断出白蚁可能存在的区域，然后进一步进行红外热能感应以及雷达探测，这些感应和探测到的数据可以通过无线蓝牙在掌上电脑上显示并分析，这样就可以精确检测到白蚁的存在并追踪其活动路线，从而经济有效地进行防治工作。

2.1.2 植物检疫

植物检疫指通过法律、行政和技术的手段和措施，防止危险性植物病、虫、杂草和其他有害生物的人为传播，保障农林业的安全，促进贸易发展。传统的植物保护措施包括预防或杜绝、铲除、免疫、保护和治疗五个方面。植物检疫与植物保护通常采用的措施不同，其特点是从宏观整体上预防一切（尤其是本区域范围内没有的）有害生物的传入、定植与扩展。

植物检疫是植物保护领域中的一个重要部分，其内容涉及植物保护中的预防或杜绝、铲除的各个方面，范围涉及法律规范、国际贸易、行政管理、技术保障和信息管理等诸多方面，为综合的管理体系。具有法律强制性，常称"法规防治""行政措施防治"。

在美国，最有名的例子就是台湾乳白蚁。台湾乳白蚁在美国的扩散和传播与美国当年未能或没法采取有效的植物检疫措施有关。目前美国有完善的植物检疫措施防止检疫性白蚁的扩散。

2.1.3 物理防治

物理防治技术包括物理屏障法和物理灭治法。

1）物理屏障法

即以砂子、玄武岩石子颗粒、金属网、金属板、PVC（聚氯乙烯）板等物质作为物理屏障，防止白蚁进入建筑物内危害的方法，已被证明非常有效。此法虽然花费高，但没有环境污染，所以得到了广大用户的青睐。在实际运用中，有的公司会综合运用几种方法来预防白蚁。

（1）不锈钢网法。以不锈钢网（产品名称为Termi-Mesh）作为物理屏障，阻止白蚁进入室内。该产品已推广到日本、新加坡等国家。Termi-Mesh系统的网孔直径只有0.5mm，小于白蚁能通过的最小空隙。施工时，将其铺在任何白蚁可能进入的地方，上面浇上混凝土，再利用不锈钢网抗氧化、抗腐蚀、坚固的理化性质，能有效、长期防治白蚁。

（2）颗粒屏障法。美国及其他国家的研究人员以几种不同属的白蚁作为研究对象，用各种类型的砂子、砂石进行防治实验，发现为了防止白蚁通过屏障层，有效颗粒粒径范围大多在1~3mm。粒径小于1mm的颗粒，能被白蚁搬运；粒径大于3mm的颗粒，白蚁能从其缝隙通过（见图2-2）。颗粒屏障包括玄武岩屏障和砂粒屏障。

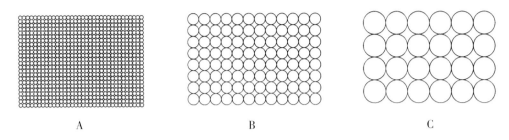

图2-2 颗粒大小范围
A. 粒径＜1mm；B. 1mm＜粒径≤3mm；C. 粒径＞3mm

（3）防护板法。将金属板或PVC板铺在墙基、柱墩等部位，再将建筑物上部与地基隔开，利用金属板或PVC板的密封性、承压性、耐腐性阻止白蚁进入建筑物内。金属板屏障必须焊接密实，不能有缝隙，且只能用于新建建筑；PVC板可用于新建建筑或已建成建筑。

（4）钢结构建筑法。在美国夏威夷等白蚁危害较严重的地方，为了避免白蚁危害，房地产开发商开始建造钢结构房屋，并尽量减少木材的使用。这种方法会增加房屋造价，但其优点有：①钢结构白蚁咬不动；②房屋质量稳定可靠；③钢结构不易变形；④房屋拆除后，钢材可以重复利用。

2）物理灭治法

即利用高温、低温、高电压等物理手段来防治白蚁的方法。

（1）高温处理法。该法是用热量杀死建筑木材中的木白蚁，一般用于局部处理。施工时，要保持室内供水塑料管内水体流动，并将其余不耐热物品搬出建筑，然后由机器向建筑内鼓入热气，一般处理35～60min。技术的关键在于热气要到达白蚁危害区域。优点是处理时间较短，不使用化学药剂，不久后可以住人。缺点是对木材或室内热敏物品可能有损害，不能保证建筑以后不遭受白蚁危害。

（2）冷冻处理法。该法是运用液态氮将白蚁危害区域温度降到-29℃，以冻死干木白蚁，作用时间为30min。技术的关键是保持致死温度。这种方法对较大的建筑物或有玻璃的建筑无实用价值，因为低温能冻碎玻璃。

（3）电击处理法。该法是利用电枪处理有干木白蚁的木材。电枪能释放90000V高压、60000Hz高频的低强度（约0.5A）电流，将木材内白蚁杀死，杀虫效率为44%～98%，一次只能处理1.0～1.3m长的木板，处理时间为2～30min，有时需将木材钻孔。该法的优点是设备可移动，便于携带。

（4）微波处理法。将多个微波发生器对着有白蚁的墙，利用遥控开关控制微波发生器，用微波产生的热量来杀死干木白蚁。处理完一墙体后，将可移动的微波发生器移至另一块墙体再继续处理。此法一次能处理0.3～1.2m长的范围，处理时间为10～30min，杀虫效率为89%～98%。技术的关键在于处理时间和微波的功率。其优点为无须钻孔，微波就能到达白蚁危害的地方杀死白蚁；但在封闭或狭小的地方，这种方法缺乏可操作性。一般将这种方法用于处理干木白蚁危害程度较轻的木材。

2.1.4 化学防治

在防治白蚁过程中，使用化学药物杀死白蚁的方法都属于化学防治法。

1）药物屏障法

这种方法大多用于预防白蚁。该法优点为：①如果药物运用恰当，保护效果相当明显；②杀虫剂通常对其他害虫也有较好的防治效果；③单次防治费用比较低，同时没有维护费用。该法缺点为：①预防保护作用也不是无限期的，通常每隔3～5年需重新处理一次；②将潜在的有毒化学物质带入环境中；③必须使用相当数量的杀虫剂，费用较高。

2）熏蒸法

这种方法用于干木白蚁的灭治，适用于整个建筑。熏蒸前，需将室内所有吸收化学物质的物品和与熏蒸剂发生化学反应的物品移出。用帐篷罩住整个建筑，再将熏蒸剂泵入帐篷内，使熏蒸气体在帐内停留1～2d，最后移掉尼龙帐篷，排放气体。该法不仅能杀死干木白蚁，还能将建筑物中蚂蚁、蟑螂、老鼠等有害生物杀死，杀虫效率接近100%。技术的关键在于熏蒸剂的剂量。缺点是时间较长，住户需搬出居住。在美国，只有领有相关执照的杀虫公司才可以从事这项业务。

3）饵剂药杀法

即在白蚁喜食的饵料中加入低剂量缓效的药物制成诱饵，白蚁个体取食后返回蚁巢，有毒物质会通过食物传给其他巢内成员。在国内，饵剂药杀法都是用于灭治白蚁。在国外，饵剂药杀法还可作为一种监测、管理白蚁的手段，用于及时发现和消灭建筑物周围的白蚁，防止白蚁进入室内危害。饵剂药杀法目前常结合白蚁防治诱杀监测控制装置共同使用。还有一种方法称为诱集—处理—释放（TTR）技术。该技术共分为3个主要步骤。首先利用卷纸板诱集大量白蚁；然后将所诱集白蚁的卷纸板带回实验室，把白蚁分离出来，将药剂强抹在白蚁的背部，让白蚁套上一个"可舔的外套"；最后将这些白蚁放回原来的诱集处。利用白蚁群体内白蚁互相吮舔（清理异物）、交哺两种生物学特性，让药物在群体内迅速传递，从而导致群体中毒、死亡。TTR技术的致死率比毒饵诱杀法高得多。

4）挖巢法

随着雷达、红外线摄像仪的发明与应用，确定巢体方位工作的难度降低了，准确度提高了。确定主巢位置后，用杀白蚁剂将主巢内白蚁杀死。在主巢确定不了的情况下，将有毒粉剂喷入白蚁蚁路内、白蚁身上或白蚁取食的食物上，也可将主巢内的白蚁杀死。挖巢法不能保证房屋下一次不遭受白蚁危害。

5）液剂药杀法

通常用电钻对准有干木白蚁的地方钻一小孔，把杀白蚁剂用注射装置打进木材，将其中白蚁杀死。每次处理范围为1～4m，处理时间为5～20min。这是一种专门防治干木白蚁的方法，由于药物直接进入干木白蚁蚁道中，能直接对准白蚁种群，只要药剂使用恰当，杀虫效果明显。残余的药物保存在木材中，能保持木材较长时间内不会再受干木白蚁危害。

2.1.5 生物防治

生物防治即用病原微生物（如病毒、细菌、原生动物、线虫及多种真菌）对白蚁进行防治的技术，其优点是不必大量使用污染环境的化学物质。

地下白蚁通道内恒温且潮湿黑暗的环境，比较适合病原微生物生长。此外，病原微生物还具有环境友好和对非目标生物无害的优点。因此，病原微生物逐渐成为白蚁生物防治的主要研究焦点。目前，在室内条件下，真菌、细菌、线虫和病毒等病原微生物均能使白蚁死亡，但野外效果不太理想。

1）真菌

真菌是进行白蚁防治的一种很有前途的化学药剂替代物。目前，已发现15种真菌对不同种白蚁表现出显著毒力，而大多数生物活性测定都集中在球孢白僵菌和金龟子绿僵菌这2种病原真菌。研究发现，金龟子绿僵菌对狭颈动白蚁和澳桉象白蚁具有致病性。

关于球孢白僵菌和金龟子绿僵菌对土栖白蚁的影响也有大量的研究。研究结果表明，病原真菌的品系、浓度以及侵染方式均影响其对不同白蚁种类的侵染效果。球孢白僵菌和金龟子绿僵菌对台湾乳白蚁、桑顿散白蚁和曲颚乳白蚁均有很高的致病性，且与孢子接触时间越长，致病效果越好。白蚁带菌后通过个体间的相互清洁、交哺和同类相残等行为，使病菌在种群内传播、感染。为了使球孢白僵菌和金龟子绿僵菌能在野外有效地控制白蚁，很多学者用这2种病原真菌的分生孢子直接处理台湾乳白蚁蚁道和回巢的白蚁个体。研究结果表明，此方法在室内能很好地控制白蚁，但不能在巢内传播，野外的效果不理想。到目前为止，将大量孢子直接注入蚁巢的野外试验已取得很好的效果。将球孢白僵菌或金龟子绿僵菌制成白蚁饵剂，让白蚁取食并将病原菌带回巢内，这可能是应用病原真菌防治土栖白蚁的最佳途径。但是，金龟子绿僵菌的分生孢子和毒素对白蚁具有明显的忌避效果。很多学者尝试克服这种排斥性问题，以多传输潜在的病原体，但没有适用的配方。

尽管昆虫病原真菌长期以来被认为是白蚁生物防治的最佳候选者，但Culliney和Grace指出，由于缺乏良好的野外应用功效，以致无法证明它们具有生物控制应用的潜力，再加上白蚁能避免与霉菌杀虫剂处理的领域接触，所以真菌病原体在地下巢体种群间的扩散应用仍然是个问题。Grace和Zoberi认为，健康的白蚁可能是病原菌分生孢子的有效载体，但白蚁被杀死后，分生孢子的转移效率就变得很低，甚至为零，这是因为白蚁会很快地将感染病菌的同伴尸体迅速肢解或掩埋。白蚁的社会行为和生理防御会减少真菌病原体在巢体间的传播。

2）细菌

苏云金芽孢杆菌（Bt）在室内对北美散白蚁、西部散白蚁、钱皮恩锯白蚁、印度异白蚁、比森白蚁和 *A. ahngerianus* 均表现出很高的致死率，却对台湾乳白蚁效果不理想。Osbrink等研究发现，黏质沙雷氏菌 *S. marcescens* 对台湾乳白蚁具有很强的致死活性。铜绿

假单胞菌 *P. aeruginosa* 对钱皮恩锯白蚁、印度异白蚁和印巴乳白蚁 *C. heimi* 有较强的致病性。有一些学者主张将非致病共生菌进行遗传修饰（致死基因或毒素的载体），创制出新的生物控制剂，已在实验室完成了室内测定。Tikhe 等评价了经转基因改造后的白蚁特有细菌 *Trabulsiella odontotermitrs* 在白蚁群体个体间的传递效率。Zhao 等进行的室内测试结果表明，利用遗传修饰的阴沟肠杆菌 *E. cloacae* 对白蚁表现出明显的防治效果，但在野外的结果并不理想。大多数细菌在土壤中的存活力较差，限制了其在白蚁防治上的使用，但随着近年来分子生物学技术的突飞猛进，结合先进的化学工艺技术，利用细菌防治白蚁具有较好的应用前景。

3）病原线虫

昆虫病原线虫被认为是一种很好的生物杀虫剂。美国禁止氯丹后，昆虫病原斯氏 *Steinernema* sp. 和异小杆 *Heterorhabditis* sp. 线虫被当作生物杀白蚁剂。Tamashiro 首次将线虫用来防治白蚁。小卷蛾斯氏线虫 *S. carpocapsae* 在室内对北美散白蚁、台湾乳白蚁、棱脊象白蚁、一种动白蚁 *Zootermopsis* sp. 和一种散白蚁 *Reticulitermes* sp. 均表现出很高的致死率。线虫对不同白蚁种类的侵染效果差异很大。Trudeau 通过室内测试发现，线虫对北美散白蚁有较高的致死率。然而，对黑胫散白蚁和台湾乳白蚁的效果并不是很理想。Weeks 和 Baker 研究发现，小卷蛾斯氏线虫 *S. carpocapsae* 对白蚁的致死率高于嗜菌异小杆线虫 *H. bacteriophora*。

利用线虫在野外防治白蚁的总体效果是让人失望的。一方面，由于白蚁产生行为防御，导致线虫对地下和木栖白蚁的作用很小；另一方面，研究人员很难控制消灭整个白蚁群落所需的剂量。Epsky 和 Capinera 发现黑胫散白蚁可以避免与线虫接触，在线虫接种区的缝隙中取食饵料。此外，白蚁能找到避难所，从处理区爬到未处理区。线虫可以成功防治一棵树上有单独群落的白蚁。例如，Danthanarayana 和 Vitharana 用一种异小杆线虫 *Heterorhabditis* sp. 成功防治了危害茶树的胀树白蚁 *G. dilatatus*。

线虫防治白蚁在野外的应用效果不理想，以致近二十年来利用线虫防治地下白蚁的研究文献较少。但值得关注的是，最近利用线虫防治地下白蚁的研究又悄悄兴起。Yu 等发现了对地下白蚁有强致病力的线虫 *Steinernema riobrave*。

4）病毒

利用病毒防治白蚁的研究较少。从海灰翅夜蛾中分离的核型多角病毒（NPV）可成功感染黄颈木白蚁。然而，该病毒用于防治白蚁还需要进一步进行野外实验评价。Chouvenc 和 Su 提出，白蚁生物防治的最佳候选材料应具备在宿主死亡前完成生命周期和传播的能力。病毒似乎比任何其他类型的病原体更满足这一要求，理论上应该受到更多关注。但可能是由于白蚁学家通常不善于病毒学方面的研究，该方面的文献少。

尽管室内试验显示了病原微生物具有防治白蚁的潜力，但是至今还没有令人信服的证明，已有的野外试验较少，且大多不能持久地控制白蚁种群数量。未来利用病原微生物防治白蚁应从开发更好的配方和使用策略着手，而不是不断寻求更致命的病源生物。饵剂可能是病原微生物最为有效的应用途径，新型饵剂能保证足够的分生孢子在白蚁巢体内传播，同时不刺激白蚁产生新的防卫行为。同时，应加强对白蚁社会行为和生理防御机制的研究。利用基因工程技术，组建既对白蚁具有很高致病力又能适应土栖白蚁巢体环境的超级微生物。

2.1.6　白蚁监测控制技术

白蚁监测控制技术是近代发展起来的一项新技术。1994年，由 Dow Agrosciences 公司研发的 Sentricon（杀白蚁饵剂）在美国环境保护署取得登记。该饵剂有效成分为氟铃脲，这是一种几丁质抑制剂，对节肢动物以外的其他动物均不会造成危害。该公司以氟铃脲饵剂为核心，研发了世界上第一个商业型的白蚁饵剂系统 Sentricon® Colony Elimination System（族群消灭系统），它通过专用设备、药剂和程序，实现对白蚁种群的控制。以监测诱杀系统为核心技术的白蚁综合治理，是白蚁防治的"第二次革命"，是未来白蚁防治的发展方向。

近年来，以白蚁监测控制技术为核心的产品发展迅速，在美国市场上销售的同类产品还有：美国 Ensystex 公司开发的 Exterra® Termite Interception and Baiting System（白蚁拦截和诱杀系统），饵剂有效成分为 0.1％的氟啶脲；由 FMC 公司开发的 FirstLine® Termite Defense System（白蚁防卫系统），有效成分为 0.01％氟虫胺；由 BSAF 公司开发的 Subterfuge® Bait System（饵剂系统），饵剂有效成分为 0.25％的氟蚁腙；由 Whitmire Micro-Gen 公司研制的 Advance® Termite Bait System（白蚁饵剂系统），有效成分为 0.25％除虫脲；由 Spectrum 公司生产的 The Terminate Termite Home Defense System（白蚁家族防卫系统），有效成分为氟虫胺等。目前，在中国登记的有 Dow Agrosciences 公司生产的 Sentricon® Colony Elimination System 和 Ensystex 公司生产的 Exterra® Termite Interception and Baiting System。

诱杀监测控制技术可取得比较满意的防治效果。美国加利福尼亚州的某公寓小区因受到白蚁危害而曾长期被房屋业主投诉。试验表明，诱杀监测控制装置可有效防治白蚁。为了解白蚁饵剂防治的效果，2001年，在该小区134幢建筑周围安装了7327个 Sentricon 监测站，按月检查，对有活跃的白蚁取食活动的地下型饵站立即采用氟铃脲饵剂进行诱杀。在安装后的2个月内，发现白蚁活动的饵站占41％，随后对这些饵站投放了饵剂。从2004年3月起，仅有几个饵站有白蚁活动。业主对于建筑物白蚁投诉的减少与饵站中白蚁的减少相一致。这些结果有力地表明，采用 Sentricon 系统持续地使用饵剂控制的方法对这一区域的地下白蚁种群的控制是具有显著作用的。结果证实，为了保证饵剂防治白蚁的成功，通常需要在一个现场长期持续地进行监测。

2.1.7　白蚁综合治理技术

白蚁综合治理（Integrated Termite Management，ITM）技术综合利用一整套的白蚁防治方法来防治白蚁，包括改进建筑设计、木材预防处理、物理屏障、药物屏障、粉剂毒杀、诱杀监控等。白蚁综合防治不仅仅是作为防治技术应用于实践中，更为重要的是作为一种理念已深入人心。在实际应用中，通常根据建筑物类型和个人喜好，选择两种或两种以上的防治方法，以取得较好的防治效果。

白蚁防治药剂

美国环境保护署将白蚁防治药剂（亦称杀白蚁剂Termiticide）作为一种杀虫剂纳入登记注册管理体系，在注册登记认证过程中充分考虑药效、环境效应以及对人体的影响等各方面因素，并加强对白蚁防治药剂的市场准入控制和药物使用过程中的监管力度。一般不定期公布限制或推荐使用的白蚁防治药剂的种类，根据药物使用和环境毒理方面的进展，对药物进行重新登记。例如，在2002年停止了毒死蜱在白蚁防治上的应用；2008年取消了以硫化物为活性成分的杀白蚁剂的登记；在2013年，美国环境保护署同意登记由FMC公司开发的一种新型杀白蚁剂Transport。美国国家农药信息中心的数据显示，各种白蚁防治药剂（包括用于药物屏障处理、诱饵、木材处理等）多达256个产品。

按照产品的用途划分，药物屏障处理和引诱剂是两个主要的用途。

同时，美国环境保护署对所有防治药物的使用划分了等级，以对某些防治药物的使用做出限制。等级分一般使用（General Use）和限制使用（Restricted Use）两类。条例规定，购买或使用限制使用的防治药物的人员必须是取得证书的，或药物必须在具证书的操作人员的直接监督下使用；而对一般使用的杀虫药剂则无此规定。

就目前美国白蚁防治用药的市场规模而言，产品种类非常多，其中，BASF公司的Termidor是当前美国销量最大的白蚁防治药物。该药物已在超过百万幢房屋中使用过，效果良好。在市场上与Termidor竞争的产品是Bayer公司的Premise。就饵剂而言，销售量比较大的是Dow Chemical公司的Sentricon，其他如Ensystex公司的Exterra等。

2.2.1 药物屏障处理

根据美国环境保护署的记录，杀白蚁剂用作土壤药物屏障的常用有效成分有以下几类。

（1）新型烟碱类。主要包括啶虫脒和吡虫啉。啶虫脒和吡虫啉都是烟酸乙酰胆碱酯酶受体的作用体，干扰害虫运动神经系统，使化学信号传递失灵。这些药物无交互抗性问题。主要用于防治刺吸式口器害虫及其抗性品系。作为新一代氯代尼古丁杀虫剂，具有广谱、高效、低毒、低残留，害虫不易产生抗性，对人、畜、植物和天敌安全等特点，并有触杀、胃毒和内吸多重药效。害虫接触药剂后，中枢神经正常传导受阻，使其麻痹死亡。

目前已在美国登记的用于防治白蚁的啶虫脒产品有Acetamiprid Technical（与联苯菊酯同时使用）、acetamiprid 70 WSP杀虫剂（住户使用）等；吡虫啉产品有Premise系列产品、GAUCHO 550 SC杀虫剂、0.15%吡虫啉＋0.05%β-氟氯氰菊酯、Liberty Teb-Imida SC、Equil Adonis 75 WSP杀虫剂等。

（2）氯虫苯甲酰胺。氯虫苯甲酰胺高效、广谱，具有其他任何杀虫剂不具备的全新杀虫原理，能高效激活昆虫鱼尼丁（肌肉）受体，过度释放细胞内钙库中的钙离子，导致昆虫瘫痪或死亡。这种药物活性高，杀虫谱广，持效性好。

目前在美国已登记的氯虫苯甲酰胺产品有 Altriset 等，其使用浓度一般为 0.05%～0.1%，能够很好地防治白蚁。

（3）虫螨腈。虫螨腈是新型吡咯类化合物，作用于昆虫体内细胞的线粒体上，通过昆虫体内的多功能氧化酶起作用，主要抑制二磷酸腺苷（ADP）向三磷酸腺苷（ATP）的转化，阻碍能量的产生。该药具有胃毒及触杀作用，有一定的内吸作用，且具有杀虫谱广、防效高、持效长、安全的特点。

目前在美国已登记的虫螨腈产品有 Chlorfenapyr Technical、PHANTOM termiticide 等。

（4）拟除虫菊酯类。主要包括联苯菊酯、氟氯氰菊酯、氯氰菊酯、氰戊菊酯和氯菊酯。拟除虫菊酯类杀虫剂杀虫谱广，对昆虫具有强烈的触杀作用，有些品种兼具胃毒或熏蒸作用。其杀虫毒力比有机氯、有机磷、氨基甲酸酯类高 10～100 倍。其作用于昆虫的钠离子通道，扰乱昆虫神经的正常生理作用，使之由兴奋、痉挛到麻痹而死亡。拟除虫菊酯类杀虫剂用量小、使用浓度低，故对人畜较安全，对环境的污染很小。其缺点主要是对鱼毒性高，对某些益虫也有伤害，长期重复使用也会导致害虫产生抗药性。

在美国已登记注册的联苯菊酯类产品有 0.3% Bifenthrin Liquid Concentrate、Biflex SFR 杀白蚁剂/杀虫剂、TALSTAR TC FLOWABLE 杀白蚁剂/杀虫剂、Sharda Bifenthrin 7.9SC 等；氟氯氰菊酯类产品有 Gardener's Choice Home Pest Insect Killer IT、Cyfluthrin05 HPC、Optem® PT® 600 微囊杀虫剂、Chemsico Home Insect Control 等；氯氰菊酯类产品有 Demon EC Insecticide、ProBuild TC 杀白蚁剂、CyPro 杀白蚁剂/杀虫剂、UP-CYDE PRO 2.0 EC 杀白蚁剂/杀虫剂、Solutions Cypermethrin 25.4 等；氰戊菊酯类产品有 EVERCIDE RESIDUAL INSECTICIDE CONCENTRATE 2662、EVERCIDE PRESSURIZED ROACH & ANT SPRAY 27561、EVERCIDE ESFENVALERATE 6.4% CS 等；氯菊酯类产品有 Bonide Wasp & Hornet Spray、Bonide Wasp & Hornet Spray 等。

（5）氟虫腈。氟虫腈是一种苯基吡唑类杀虫剂，杀虫谱广，对害虫以胃毒作用为主，兼有触杀和一定的内吸作用。其作用机制在于阻碍昆虫γ-氨基丁酸控制的氯化物代谢，对作物无药害，可施于土壤，也可叶面喷雾。近年来，氟虫腈被广泛用于防杀蟑螂、蚂蚁、白蚁等有害生物。

在美国已登记注册的氟虫腈类产品有 Termidor、FIPRONIL 80DF TC、LNouvel Fipronil Termicidal Foam Killer 等。

（6）其他药剂。一些非化学合成的、以源自植物的物质为基础的药剂也常被用于白蚁防治中。如 XT-2000 公司生产的 XT-2000 Orange Oil Plus，主要成分是柑橘中抽提的植物油，目前已证明对干木白蚁、蚂蚁防治很有效，可用于注射处理，也可直接喷洒。

2.2.2 用于白蚁饵剂的药剂

白蚁饵剂的使用可显著减少杀虫剂的总体使用量，降低对环境和人类健康的影响。饵剂主要由具引诱作用的纤维素类化合物和具慢性作用机制的药物组成。在美国环境保护署登记的慢性作用机制的药物有以下几种。

（1）除虫脲。属于苯甲酰脲类杀虫剂，能抑制昆虫壳多糖的合成，以胃毒作用为主，兼有触杀作用。药效慢，但残效期长。杀虫谱广，主要通过干扰表皮沉积作用，使昆虫不能正常蜕皮或变态而死亡。也可抑制昆虫卵内胚胎发育过程中的表皮形成，使卵不能正常发育孵化，同时对昆虫的繁殖能力也有一定的抑制作用。其由于特有的作用机制，对人畜低毒，对天敌危害性小，因而成为近年来发展较好的杀虫剂。

（2）氟铃脲。氟铃脲是第一个作为白蚁饵剂的药物，已被大量用于白蚁监测和引诱系统。其作用机制一是抑制壳多糖形成，阻碍害虫正常蜕皮和变态，二是抑制害虫进食速度。作为新型酰基脲类杀虫剂，除具有其他酰基脲类杀虫的特点外，其杀虫谱较广，击倒力强，速效性好，具有较高的接触杀卵活性，可单用也可混用，能防治对有机磷及拟除虫菊酯已产生抗性的害虫。

（3）氟蚁腙。氟蚁腙是由美国氰胺公司研发和生产的一种新型、高效、低毒的灭蟑灭蚁杀虫剂。它主要依靠破坏昆虫细胞所产生的能量来杀死昆虫。它具缓慢胃毒作用，触杀效果不明显，对昆虫除直接灭杀效果外，还可以通过虫尸及排泄物传递，有很好的连锁灭杀效果。

（4）虱螨脲。虱螨脲是最新一代取代脲类杀虫剂。它主要作用于昆虫幼虫，通过阻止其脱皮过程而杀死害虫。它适于防治对合成除虫菊酯和有机磷农药产生抗性的害虫。

（5）多氟脲。多氟脲由 Dow Chemical 公司于 1995 年开发。它可作为白蚁和入侵红火蚁饵剂的有效成分，白蚁饵剂中常用的浓度为 0.5%。与氟铃脲相比，多氟脲用于白蚁饵剂时，有较快的致死速度和较高的致死率。多氟脲是一种昆虫生长调节剂，抑制几丁质的合成。它主要是通过破坏白蚁和其他节肢动物的独有酶系统来发挥作用。

目前，美国市场上的主要白蚁引诱装置有 Dow Chemical 公司的 Sentricon®、FMC 公司的 FIRSTLINE®、Ensystex 公司的 EXTERRA™、BASF 公司的 SUBTERFUGE® Subterfuge，还有 ADVANCE™ TERMITE BAIT SYSTEM 和 SPECTRACIDE TERMINAT 等，与这些引诱装置中配套使用的饵剂基本上为上述的除虫脲、氟铃脲、氟蚁腙或多氟脲。

3 美国白蚁防治管理

白蚁防治管理规章

在美国，有害生物防治业（包括白蚁防治）受到联邦政府以及各州政府制定的管理法规的严格管理和控制。法规的执行由政府不同的部分别负责。在与白蚁防治有关的法规主要有以下几类。

3.1.1 《联邦杀虫剂、杀真菌剂和杀鼠剂条例》

《联邦杀虫剂、杀真菌剂和杀鼠剂条例》（FIFRA）由美国国会通过。该条例规定：通过州边境的防治剂必须有在联邦政府登记注册的标签，出售未经登记注册和掺假的防治药物是违法的。

美国国会对FIFRA进行了若干次修改，其覆盖范围包括所有防治药物的登记注册和管理，也包括药剂公司在一些州内的销售情况。更重要的是，FIFRA现在对防治药物的使用做出了明确的规定。它规定滥用杀虫剂是违法的，这意味着防治人员的使用行为更加规范化。1996年，国会对FIFRA进行了大幅度的修改，这对防治药物在州政府的注册有很大影响，有许多在防治上很有效的白蚁防治药物被取消使用。条例规定：农药若有风险、超过风险，就不能使用。

FIFRA对防治药物的标签做出了严格的规定。FIFRA修订并发展了有关保护农业工人接触农药的标准，FIFRA还规定了对防治人员的最低限度的培训。

FIFRA规范了杀虫剂的使用，由于杀白蚁剂属于杀虫剂的范围，杀白蚁剂及其使用理所当然都受到FIFRA的管控。有关杀虫剂及防治药物的具体管理一般由环境保护署有害生物药剂办公室和州环境保护署来执行。各州法律通常规定：使用者必须允许州检查机构检查、取样和观察某种防治药物的使用。根据要求，使用者也必须做好统一的记录。

3.1.2 《职业安全和健康条例》

《职业安全和健康条例》（OSHA）于1970年通过，由设在劳动部中的美国职业和安全健康管理局执行。该条例授予雇员和雇主创造安全、无危险环境的权利，要求雇主告知雇员其拥有的权利，包括请求出台新的标准、要求对该局的标准进行司法审查、向该局投诉、拥有雇主法律传票的副本、拥有雇主公开的有关雇员工伤和疾病的年度总结。该条例要求雇主必须执行两个条款：①要保证工作场所没有导致死亡或者严重损害健康的潜在危险；②要遵守美国职业安全和健康管理局执行的包括保持安全状况、采取安全措施以降低工作场所危险的标准。

该条例规定提供有害生物防治（包括白蚁防治）的公司必须保存记录，填写报告，工作场所必须符合一定的标准，并有一个传送雇员安全资料及事故的联络程序。

3.1.3　房屋交换、买卖中的规定

由于消费者权益的保护以及政府、银行等投资者对投资效益的关注，在房屋交换、购买过程中对白蚁的检查和防治，已成为房屋贷款、投资中一项必不可少的程序。

本着谁投资谁提要求的原则，投资人会要求建筑商对白蚁进行预防处理及做出无危害的保证。政府或银行投资时必然会提出这方面的要求，否则不予贷款或投资。贷款买房时，尤其是联邦政府资助购房，银行规定一定要做白蚁预防。

美国国家害虫防治协会（National Pest Control Association，简称NPCA，后改称为NPMA）与政府相关机构根据法律共同制定了专用的表格式报告书，《蛀木性害虫检查报告》（*Wood Destroying Insect Infestation Inspection Report*，NPMA-33）。该表作为投资者的依据文件之一。

所有害虫防治公司面临的任务，第一是白蚁防治，第二是房地产检查。房屋交易时，防治公司将按规定对买卖的房屋进行检查并提出报告书。房屋拥有者检查后若发现白蚁，由法院来判定是谁的责任。

美国国家害虫防治协会还与政府住房和城市发展局、退伍军人管理局、建筑商协会协商，根据各方面的需要共同制定了《建筑商就地下白蚁土壤处理的保证》（*Subterranean Termite Soil Treatment Builder's Guarantee*，NPMA-99a）、《新建工程地下白蚁土壤处理记录》（*New Construction Subterranean Termite Soil Treatment Record*，NPMA-99b）等表格式的报告书。房屋购买者可依照报告书，根据住房和城市发展局的要求、建筑商提供保证的类型、害虫防治公司实际完成工作的情况来判断白蚁的防治情况。

3.1.4　其他联邦法规

防治有害生物的药物的使用，尤其是在食品周围使用时还受其他联邦法规的限制。如在货栈、仓库、牲畜屠宰加工厂以及食品加工厂应用防治药物时需要遵守《联邦食品、药物和化妆品条例》（*Federal Food Drug and Cosmetic Act*，FFDCA），由食品药物署执行。

《食物质量保护条例》（*Food Quality Protection Act 1996*）是针对FIFRA和FFDCA中关于有害生物防治药剂在食物中使用的与健康相关的法律规定，在1996年由美国国会通过的。该条例规定非常严格，以有机磷毒死蜱作为有效成分的白蚁防治药剂在1982—2002年曾广泛地应用于白蚁防治中，2002年被禁用，禁用的主要原因就是不能满足该条例对食物安全的保证要求。

在野外使用时，需要明确哪些有害生物防治药剂会成为野生动物和植物的威胁，美国环境保护署承担保护这些动物和它们栖息地的责任。美国鱼类和野生动物服务中心负责确定受农药危害或威胁的动植物种类。受威胁动植物种类的名录在州与州、县与县之间不同。根据法律，了解每一保护区域及其限制规定是杀虫剂使用人员的责任。

3.1.5 各州的法律

不同的州的相关法律法规不尽相同，以佛罗里达州为例，该州制定了专门针对害虫防治的州法。该法由佛罗里达州立法部门通过，每年更新。其中的482章有关于白蚁及其他损坏木材的有害生物（包括真菌）单独的条款规定。条款规定：进行熏蒸处理、白蚁及其他破坏木材的有害生物防治时，防治人员要有相关的证书才能进行防治工作；在进行防治工作时要提供书面合同，合同必须包括有关部门规定的确保消费者权利的必要条款，并要求防治人员遵守所签发的合同；特别是在进行熏蒸处理时，要提前通知处理地点的相关人员准备规定的材料；在防治白蚁时，要严格按照药剂标签来施药；防治人员要做好每次防治记录，包括防治日期、地点、位置、处理面积，使用农药的类别、总量以及所施药物成分浓度等；超过10间的连栋房屋，必须按照要求每年进行白蚁检查；如果发现白蚁活动或损坏，要按照规定进行白蚁防治。

白蚁防治技术标准

3.2.1 技术标准

除联邦和州法律外，对于各种白蚁防治药物的药效、木材处理、防治方法，一般都有相应的技术标准相匹配。比较有代表性的标准有 ASTM 国际标准、美国木材保护协会 AWPA 标准、环境保护署药剂试验标准等。

3.2.2 ASTM 国际标准

《木材和其他纤维素材料对白蚁抗性的实验室评估的标准测试方法》（*Standard Test Method for Laboratory Evaluation of Wood and Other Cellulosic Materials for Resistance to Termites*，ASTM-D3345）是一个评价经处理的和未处理的纤维素物质对地下白蚁的抗性的室内实验方法，为经筛选处理的材料来做进一步野外试验评估之用。

3.2.3 美国木材保护协会标准

《地下白蚁防治的实验室标准评估方法》（*Standard Method for Laboratory Evaluation to Determine Resistance to Subterranean Termites*,USA-AWAP-E1）由美国木材保护协会（AWPA）技术委员会通过，主要规范了实验室中对纤维素类材料评估抵抗地下白蚁的标准方法，通过选择性和非选择性实验，得到不同的特定的测试数据。该方法的主要目的是给处理材料提供一个筛选的标准过程和为进一步进行室外实验提供依据。

《使用木桩进行野外试验评价木材防腐性能的标准方法》（*Standard Method of Evaluating Wood Preservatives by Field Tests with Stakes*，USA-AWAP-E7）于2009年修订，由AWPA技术委员会通过。该标准方法主要描述的是用木材防腐系统规定的关于准备、处理、条件和测试木桩的一个特定程序，得到的评定等级数据可以用于防腐测试的性能和防腐效果的评价。

《防腐处理的木材在地上应用过程中对土木两栖白蚁的标准评价方法》（*Standard Test Method for the Evaluation of Preservative Treatments for Lumber and Timbers against Subterranean Termites in Above-Ground, Protected Applications*，USA-AWAP-E21）规定了采用经处理的样本进行试验的方法，并以此评价处理方法的效果和防腐剂的性能。该方法模拟一个置于混凝土基础上的基石板，在这一混凝土基础上使模板就位并接触土壤。该标准适用于检测处理横断面、外壳或表面的新型或改进型防腐剂的性能。

3.2.4 预防、农药及有毒物质办公室组织制定的标准

美国环境保护署下辖的预防、农药及有毒物质办公室（OPPTS）组织制定了一系列用于农药和有毒化合物试验的标准。

《白蚁防治产品的建筑处理测试方法》（*Product Performance Test Guideline-Structural Treatments*，EPA OPPTS 810.3600）主要是关于无脊椎动物农药对控制建筑害虫如白蚁、木甲、码头蛀虫、大黑蚁和木蜂等效果的评估方法。美国环境保护署认为，该标准能够满足《联邦杀虫剂、杀真菌剂和杀鼠剂条例》中对白蚁建筑处理的性能测试要求。

《白蚁饵剂效果的测试方法》（*Methods for Efficacy Testing of Termite Baits*，OPPTS 810.3800）涉及评价用于杀灭和控制白蚁的饵剂农药产品性能的测试。该标准描述了对白蚁饵剂产品性能进行测试的具体方法，是环境保护署的审核建议的最低要求。应该从室内试验和野外试验两个方面来说明白蚁饵剂产品性能的可靠性。除了美国环境保护署核准的白蚁饵剂和饵剂装置原始样品外，所有的研究工作均应进行产品注册。

白蚁防治工程的质量控制

3.3.1 白蚁防治药剂的监管

美国除对药剂的登记、生产、销售等有严格的规定外，对药剂的使用也有严格的规定。白蚁防治药剂中，一类是供专业公司使用的，只能由专业公司中具有相应资质的人员配制使用；另一类是已经商品市场化的产品，普通居民可以按照药物使用说明直接使用。药物标准中的重要内容以药物标签的形式体现。

药物标签的作用：在美国，药物标签具法律作用。

药物标签的内容：防治药物的生产者或销售商必须清楚地用标签标明他们的产品内容。标签必须包括成分、允许使用的场所、有效时间、最短防治有效期、最小应用浓度、

使用限制、个人防护措施、有关毒性的资料及注意事项、预防措施、对环境毒害情况的说明、保管和防治处理使用的方法等详细的资料。

TAURUS™SC是一类以氟虫腈为有效成分的防治白蚁的药物。下面以这一药物为例说明其标签内容，见表2-3。

表2-3　TAURUS™SC药物标签说明

1. 产品标识	产品名称:TAURUS™SC EPA Peg No.: 53883-279 EPA Est No.: 53883-TX-002 制造商:Control Solution InC. 5903 Genoa-Red Bluff Pasadena. TX 77507(地址) 281-892-2500(电话)
2. 化学成分	成分　　　　CAS#　含量%　OSHA PEL/ACGIH TLV 氟虫腈　120068-37-3　9.1%　未确定 植物性乳化剂　90.9%　未确定
3. 危险标识	中毒症状:CNS刺激可能引发颤抖、抽搐症状 易燃性:N/A 反应活性:常态下储存稳定 致癌性:长期研究发现,其能诱导大鼠甲状腺肿瘤。将啮齿类动物长期暴露于高剂量条件下,发现有致瘤作用。但是这些结果被认为是啮齿类动物特异性肝效应引起的,与人类无关
4. 急救措施	意外吞食: 1. 立即打电话给中毒控制中心或医生咨询处理意见; 2. 能咽下的话立即喝一杯水; 3. 没有中毒控制中心和医生的建议不要擅自催吐; 4. 不要擅自给失去意识的人喂食一切东西。 皮肤或衣物接触: 1. 脱掉被污染的衣物; 2. 用大量清水冲洗皮肤15~20min; 3. 打电话向中毒控制中心或医生咨询处理意见。 吸入体内: 1. 将中毒人员移到空气流通处; 2. 如果中毒者停止呼吸,打911或叫救护车,然后进行人工呼吸; 3. 打电话向中毒控制中心或医生咨询处理意见。 溅入眼睛: 1. 等眼睛睁开后用清水轻缓冲洗15~20min。取出隐形眼镜。如果还有剩余,继续冲洗眼睛; 2. 打电话向中毒控制中心或医生咨询处理意见。 没有特异性解毒剂。应根据中毒者的症状来进行处理。在某些情况下过量口服摄入会出现嗜睡、肌肉抽搐的症状,严重时全身抽搐。你可以联系(866)897-8050来咨询紧急情况的处理措施

（续表）

5. 火灾和爆炸危险	着火点：>200°F　　　最高着火点：N/A 灭火媒介：泡沫，CO_2，干粉，水雾　　　最低着火点：N/A 特殊装备：使用SCBA和全面保护（掩体）服装 异常火灾：可燃物，受热时形成易燃的蒸气 反应活性/稳定性：燃烧产物包括氰化物、CO和CO_2
6. 溢出/释放处理	吸收剂：通用的垫子、蛭石或黏土颗粒 控制器：不要排入城市垃圾或公共雨水渠道，尽可能消除径流 废物处理：通过市政垃圾填埋或经许可的TSDF处置，禁止露天倾倒。不是RCRA危险废品 报告：向地方相关机构、州和联邦机构报告泄漏和不可控释放情况 紧急情况：拨打化学品运输紧急应变中心电话1-800-424-9300 在储存和废弃物处理时不得污染水源及食物
7. 存储和处理说明	存储：只能将未使用的产品存储在其原装容器中，远离儿童和动物 农药处置：农药废弃物非常危险，不当处置剩余的农药是违法的。如果这些废弃物不能根据标签使用说明处置，请您与国家农药或环境管理机构联系，或联系最近的EPA区域办事处获得指导 容器不可再填充：不要重复使用或重新填充。清空后，立即冲洗三次或压力冲洗容器后（或同等物）再回收。如果需要，重加热处理，在条件允许的情况下填埋。也可焚烧处理，或通过国家和地方认可的其他方法进行处理 可以摇荡的容器，清洗3次，具体如下：将剩余的内容物倒入所用设备或混合罐中，冲洗10秒钟。往容器中加入1/4体积的水并重新盖上，摇动10秒钟。将其冲洗至设备或混合罐中，或储存冲洗液以备后用或弃置。重复此过程2次以上 压力冲洗如下：将剩余的内容物倒入所用设备或混合罐中。将容器倒置在应用设备或混合罐上，或收集冲洗液以备后用或处理。将压力冲洗喷嘴插入容器的盖子中，并在约40PS下冲洗至少30秒钟。 如果发生轻微溢出或泄漏，用砂子、泥土或其他合适的材料吸收，并作为杀虫剂废物处理。
8. 防护设备/工程控制	眼睛防护：所有农药使用者必须佩戴防护眼镜。在通风不良的条件（包括地下室，或注射使用杀白蚁剂时）下工作时，使用护目镜、面罩或具有保护的安全眼镜 呼吸系统防护：在非通风处工作时，所有农药处理人员必须戴上防尘/防雾过滤呼吸器（MSHA/NIOSH认证编号前缀TC-21C）或NIOSH认证的带有NR P或HE过滤器的呼吸器 皮肤防护：所有农药使用者（混合器、装载器和施药器）必须穿长袖衬衫和长裤、袜子、鞋子、戴防腐蚀的手套 其他预防措施：当接触到化学药品时，应该用清水冲洗眼睛和皮肤
9. 物理数据	气味：可忽略不计　　　　　　　　　　熔点：N/A 物理状态：液体悬浮液　　　　　　　　闪点：N/A（大于200°F） 颜色：米色　　　　　　　　　　　　　密度：1.06（g/ml）@22℃ 堆积密度：8.83磅/加仑　　　　　　　pH：5.0～7.0 蒸汽压：N/A　　水溶性：分散黏度：N/A　　折射率：N/A
10. 毒性	EPA毒性类别：需要注意标签　　　　　　经口LD_{50}：1999mg/kg 皮肤接触：轻微刺激　　　　　　　　　皮肤LD_{50}：>2000mg/kg 眼部接触：刺激　　　　　　　　　　　吸入LC_{50}：>1.7mg/L 危险材料鉴定系统/美国消防协会：火：-1　　健康：-1 分类：反应：0　　　　　　　　　　　特别：无 其他意见：避免交叉污染。处理后，在进食、喝水以及抽烟之前，用肥皂和清水彻底清洗。脱去污染的衣服，清洗后方可重新使用。

（续表）

11. 生态数据	水生生物:水蚤/EC_{50}(48h):0.2μg/L 鸟类:北美鹑LD_{50}:>2000mg/kg 生物体内积累:易生物降解的(来自OECD标准) 总结:这种农药对鸟类、鱼类和水生无脊椎动物有毒
12. 运输	美国交通部:无规定 国际航空运输协会:无规定 国际海运危险品法规:环境有害物质,液体(9.1%氟虫腈)。 UN3082,PG Ⅲ,海洋污染物
13. 监管	第302节/TPQ(应急规划):不包括第302节所列的组件 第304节/EHS RQ(释放通知):不含在第304节下列出的组分 CERCLA RQ(发布通知):不受CERCLA监管 第313节/TRI化学品:不含313节化学品 RCRA危害废物代码:无 CAA TQ(空气排放):无
14. 其他	美国国家防火协会和危险材料鉴定系统根据该产品的成分对其进行危险等级划分 确保个人防护装备(PPE)与产品安全技术说明书中包含的信息一致 本材料安全数据表中提供的信息不附带任何保证。本表中的数据仅与本产品指定的具体材料有关。公司对本数据的准确性或完整性,以及对此数据的使用或依赖不承担任何法律责任

3.3.2　从业人员的监管

害虫防治人员在从事害虫防治（包括白蚁防治工作）前需要取得害虫防治证书以及农药使用证书。关于证书的取得，每个州有各自的规定。害虫防治证书可以在公司营业执照获批前后取得。

在多数州，商业性害虫防治操作人员必须通过考试才能取得证书。考试的内容是每个有害生物防治人员必须知道和掌握的知识，包括标签、安全、环境、常见的虫害、杀虫剂、应用的设备和技术、涉及的法律和规定。涉及白蚁防治的内容包括发现白蚁后的处理、药物混用说明、房屋建造前的白蚁预防处理、房屋建造后的土壤处理、孔洞的处理、泡沫的处理、井或贮水器周围的处理、施药后施药孔的堵塞、处理过土壤的覆盖、建筑物施工人员接触药物后的诊断、使用浓度、乳白蚁属的白蚁防治、强制通风的设计等。

大多数州办理证书需要交费。联邦规定中，杀虫剂使用者分为十个类别，大多数建筑物害虫防治人员属于类别七（工业、公共机构和设施、建筑物以及卫生有关的害虫的防治）。

各州关于从业人员的资质管理比较类似，但不完全相同。证书管理相关工作，在大部分州，通常由一个机构负责，一般为农业部或环境保护署；但在有些州，由几个机构分别对不同种类的杀虫剂或工作承担责任，例如公共卫生、农业或建筑物害虫防治。下面以加利福尼亚州和佛罗里达州为例进行介绍。

加利福尼亚州法律规定：害虫防治公司的害虫防治工作需由专业人员担任，由加利福尼亚州建筑害虫防治协会负责从业人员资质证书的考核与颁发，从业人员的资质证书只能通过公司提出申请。从业人员资质分白蚁防治、熏蒸处理、其他建筑害虫防治三个类别，每一个类别分初级、中级、高级三个等级。对不同等级的人员规定了相应的职业范围，如具初级职业资格的人员只能从事现场的具体施工；具中级职业资格的人员可独立进行房屋害虫的检查、报告的撰写、药剂的配制等工作；只有具高级职业资格的人员才可经营公司。高级别的资格涵盖了低级别资格的职业范围。

在佛罗里达州，佛罗里达州农业与客户服务部负责害虫防治证书以及害虫防治人员的考核。根据佛罗里达州的法律，如要获得害虫防治证书，必须个人缴纳报考费并通过笔试，还要求有一定的实践经验。申请证书的人必须提供保险证明，证明他们或他们的雇主在出现人身伤害和财产损失时有最低财务承担能力。

除了结构性的有害生物（如白蚁）防治证外，还有商业景观维护认证（LCLM）、城市商业施肥机认证和商业野生动物管理认证（LW）。

商业景观维护认证允许商业景观维护人员（谨慎使用除草剂、杀虫剂和杀菌剂）向观赏植物和植物园区使用农药。申请者可以在线申请LCLM证书。在支付考试费用后，将向申请人提供一张凭证号，以便在佛罗里达大学食品和农业科学研究所（IFAS）考试注册网站 pesticideexam.ifas.ufl.edu 上注册，然后选择一个日期和时间参加考试。前提是他们已获得6小时商业景观的培训。

城市商业施肥机认证-在线注册：aesecomm.freshfromflorida.com。从2014年1月开始，所有商业施肥机必须认证，以便将所有类型的肥料使用于商业草坪或观赏区域、草坪或公园的观赏植物区或野外（非农业领域）、某些住宅区的草坪或观赏植物区。在颁发此证书之前，申请人必须提供已接受"绿色工业最佳管理实践"培训的证明。这些课程由佛罗里达大学食品和农业科学研究所（IFAS）与环境保护部（DEP）联合提供。

商业野生动物管理认证用于房屋内、表面及地下捕捉老鼠等，以及商业化捕获扰民的野生动物（如浣熊、负鼠、犰狳、臭鼬、松鼠）。

证书的取得和取得证书后的人员素质的提升还可以通过参加各种培训来实现。职业技能培训的内容包括了需掌握的知识（如白蚁生物学基础知识、白蚁标本、白蚁与防治等）、药物、应用/器械、调查和各种规章。参加培训的人员可以通过培训获得证书，也可以获得学位。这些培训很多由有害生物防治协会组织。个人也可以通过学习相关的资料而提升。培训一般是针对害虫综合治理的。培训的资源一般比较丰富，不但提供专门的书籍和杂志，还提供各种互联网的信息。

技术资料和信息的获得主要有以下几个渠道。

一是通过学术期刊，发表的专利信息。典型的杂志有《有害生物防治技术》（*Pest Control Technology*）、《有害生物管理科学》（*Pest Management Science*）、《经济昆虫学杂志》（*Journal of Economic Entomology*）、《环境昆虫学》（*Environmental Entomology*）、《社会生物学》（*Sociobiology*）、《昆虫生物化学和分子生物学》（*Insect Biochemistry and Molecular Biology*）、《昆虫生理学杂志》（*Journal of Insect Physiology*）、《社会昆虫》（*Insects Sociaux*）、《昆虫科学杂志》（*Journal of Insect Science*）、《昆虫行为学杂志》（*Journal of Insect Behavior*）等。

二是通过网络获得。各级政府部门、大学和相关协会均开设专门的网站，网站的内容较丰富并定期更新。

三是通过协会年会获得。美国的害虫防治公司一般均为行业性协会的会员单位，协会每年均召开年会，在会上发布有关白蚁防治新技术、新药剂、新工艺等的相关信息。

通过上述途径，能及时获得相关的技术资料与信息，对公司业务的正常运作、技术水平的提高，以及新技术、新药剂、新工艺的掌握与应用均具很好的作用和意义。

3.3.3　工程管理的监管

为确保白蚁防治工程的质量和安全，美国建立了较完善的问题投诉机制。如对农药误用和滥用的投诉，可联系所在州的农药监管机构，也可以拨打国家农药信息中心（NPIC）的免费热线。NPIC提供的专家能够回答关于农药相关的众多问题，如产品使用和健康影响。

如房屋的使用人发现经白蚁防治处理后出现安全意外或质量问题，可向政府设立的专门机构反映，由政府部门向害虫防治公司提出公诉。安全与质量问题按不同的渠道进行处理。如出现安全意外事故，则按相关的法律法规处理；如出现工程质量问题，害虫防治公司根据仲裁结果采取相关技术措施，以保证工程质量。据了解，若工程质量问题不太严重，大多采取重新处理的方法来弥补。

为减少意外的风险，害虫防治公司一般会向保险公司投保安全意外险。

下面以佛罗里达州为例，说明质量管理和投诉过程。

佛罗里达州农业与客户服务部门调查本地区的消费者投诉，同时协助调查害虫防治是否符合要求。该部门的检查和事故响应办公室会定期进行检查，以确保符合害虫防治、农药使用以及饲料、种子、化肥相关的法规。

如果消费者不确定害虫防治公司是否正常运行或需要关于害虫防治要求的信息，有关部门可以提供"合规协助"访问。在"合规协助"访问过程中，检查员将收集信息并确定向消费者提供服务的害虫防治公司是否符合要求。

如果发生违反要求的情况，在消费者提出书面投诉后，该部门将进行"原因"投诉调查。如果属实，可以对害虫防治公司进行处分。如有必要，投诉表格将邮寄给消费者，消费者填写后，表格将返回主管部门（在一些紧急的案例中，现场检查员将提供投诉表，以便消费者填写，并负责调查消费者投诉是否符合法规）。

白蚁防治市场及运行机制

3.4.1　白蚁防治市场规模

白蚁防治的费用由很多因素决定，如房子的大小、房子的结构、白蚁危害严重程度、采用何种防治方法及防治药物等。美国白蚁防治费首先是人工费。如果采用药物灌注法，药品的使用量也是决定费用的一大因素。然后是保险和设备费等。从普通公寓到独栋房屋，全面防治的费用从几百到几千甚至上万美元不等。实际收费一般要实地检查之后才能确定。

白蚁防治工作可以在建设后期完成，也可以在施工前期完成。因此，白蚁的防治市场也包括预防和灭治市场。根据美国住房和城市发展部的数据，美国每年因白蚁等各种蛀木害虫造成的损失超过50亿美元。据了解，加利福尼亚州仅一年（2005年）采用熏蒸方法治理干木白蚁就有46000个项目。由于白蚁危害具有隐蔽性，因此白蚁被认为是比自然灾害更为严重的危害。美国各州的情况不同，如在夏威夷，台湾乳白蚁目前是该州造成经济损失最大的害虫，每年控制和修复白蚁损害的费用估计超过1亿美元。

据估计，美国城市有害生物防治市场在2020年预计达到100亿美元的服务收入。

3.4.2 白蚁防治机构及运行管理

与白蚁防治相关的主要管理机构有联邦、州和县的政府管理机构，它们分别行使不同的行政职责。各机构的职责分述如下。

1）联邦政府机构

（1）美国环境保护署

网址：www.epa.gov

美国环境保护署（EPA）负责药物的注册、登记和管理，承担保护动物、植物和它们栖息地不受药物威胁的责任。它是执行FIFRA的联邦部门。EPA有严格的农药审查过程，确保白蚁药剂能按标签使用。用于白蚁防治的药物都必须经过EPA的登记。登记过程中有非常严格的标准，如有最低保证使用的年限等。同时，EPA也提供白蚁防治信息。

（2）美国运输部

网址：www.dot.gov

美国运输部（DOT）成立于1966年，旨在协调美国交通运输各种需要和计划。该部集所有联邦公路、铁路、航空及航海职务于一身，下属单位有公路局、海岸巡逻队、联邦航空署、城市集体运输署等。有毒物资（如某些种类防治药物，包括白蚁的防治药物）的运输管理由DOT负责监管。

（3）美国职业安全健康管理局

美国职业安全与健康管理局（OSHA）颁布了OSHA标准。《职业安全和健康条例》（*Occupational Safety and Healthy Act*）旨在通过发布和推行工作场所的安全和健康标准，阻止和减少工作造成的生病、受伤和死亡。该标准是在美国司法权利管理范围内推行的职业安全与健康标准，其丰富的安全健康文化内容、严谨的安全管理哲学和科学经济的安全管理办法得到了美国社会各行业的高度认可。

（4）美国住房和城市发展部

网址：www.hud.gov

美国住房和城市发展部（HUD）是美国联邦政府的一个部门，职责是为美国国民建立稳固的、持续的、全面的、可负担得起的住房系统。HUD致力于扩大房产市场、增强经济、保护消费者的利益，要求建筑商和业主（出售房屋时）提供NPMA-99a、NPMA-99b表格和NPMA-33，明确是否存在违法违规行为。

正在施工或建成不到一年的建筑，均需HUD授予使用权（2015年9月生效的房屋政策手册中提到有豁免权的除外），所有的房屋拥有者都需提交NPMA-99a表格。

（5）美国农业部

网址：www.usda.gov

美国农业部（USDA）在白蚁科研、防治和管理中起着非常重要的作用。在研究方面，提供不同白蚁防治方法及技术的研究，农业部林业局提供白蚁相关的研究支持。USDA也发表各种有关白蚁和白蚁防治的信息和新闻。USDA负责完成白蚁药剂测试试验，同时制定药效评价标准。在白蚁研究项目方面，USDA有专门的台湾乳白蚁研究项目，这项研究是与美国路易斯安那大学联合进行的，其目的就是减少该白蚁在美国的扩散。

（6）美国野生动物保护机构

该机构负责确定受农药危害或威胁的动物和植物种类，并确定哪些杀虫剂会成为这些动物和植物的威胁。

2）州政府机构

与白蚁防治和管理相关的州政府主要有农业部门和环境保护部门。它们主要负责商业性害虫防治操作人员的考试与发证、杀虫剂及防治药物管理规定的执行等，回答公众白蚁防治相关的问题。当地州政府机构对白蚁防治起着非常重要的作用。如在佛罗里达州，其农业与客户服务部负责该州的白蚁防治和管理具体事务。

3）害虫防治协会

在1933年在华盛顿召开的一次会议上，诞生了美国国家害虫防治协会。协会的会员有州政府、害虫防治公司、供应商、批发商、保险公司、咨询公司等相关人员。协会会员公司从过去的1000个扩展到5000多个。协会的宗旨是为全美所有的害虫防治人员服务。目标和作用是联合并协调全国行业共同，以发展及启动美国的害虫防治市场。

协会的工作除了制定《木材蛀虫危害检查报告》《建筑商就地下白蚁土壤处理的保证》《新建工程地下白蚁土壤处理记录》报告书样本外，其主要工作与白蚁防治市场密切相关。在防治和管理方面主要有：①信息传递和共享。这项工作由协会的工程技术人员和专家指导完成，一般情况下，问题都集中在虫害和药物防治方面，还会涉及一些实际操作的问题。②在政府、害虫防治公司、房屋业主三者之间起到桥梁作用。参与立法、法律条款的制定，为成员单位提供法律事务服务，帮助成员回答政府、新闻媒介、公众的问题。③会议和交流。协会每年举办世界害虫防治研讨年会，对科研成果进行研讨。协会通过政府及一些私立机构的募捐来获得科研经费，来开展白蚁文献、白蚁防治、白蚁生物学的相关研究。南加利福尼亚州的森林研究所参与较多的药物试验，协会对其和其他的相关研究机构的研究成果进行审核与评价。④教育、培训、宣传。协会的资源中心主要是对各个渠道的信息进行汇总，其范围包括建筑害虫指南、职业政策和操作手册、经批准的白蚁防治参考程序等相关资料。协会向成员单位提供相关的书籍；组织害虫防治相关培训；与各成员公司一起来完成宣传任务，让公众了解害虫防治的服务内容与性质，并正面处理一些对行业发展不利的舆论报道和宣传。

4）建筑商

在白蚁防治过程中，建筑商需要提供已建成的住宅的白蚁防治证明和保证。

建筑商有责任保证他们建成的建筑物免受白蚁危害，要求授权的害虫防治公司在用土壤处理方法防治地下白蚁后向建筑商提供白蚁防治的信息记录（包括 NPMA-99a 和 NPMA-99b）等。建筑商、害虫防治公司、抵押贷款人、购房者和 HUD 都应持有此信息。当要求用土壤处理的方式防治地下白蚁时，这些表格将被提交作为（新）建筑案例。这些表格应由建筑商交给买方。

建筑商保证，如果在距离最终记录一年内发生土栖白蚁危害，有授权的有害生物防治公司会根据需要在受害区域进行进一步的防治，以防止白蚁对建筑结构造成危害。这种进一步的处理，买家不需要付费，建筑商应在一年建筑保修期内修复地下白蚁造成的所有损害。如果州法律允许，买方直接与害虫防治公司签订合同，费用由买家承担，建筑商将不负责此类额外处理。

如果在保修期内，建筑商对买方索赔的有效性提出质疑，由双方认同的专家进行调查。专家报告将被作为处理案件的依据。

5）害虫防治公司

美国有众多的害虫防治公司，这些公司的业务范围一般包括白蚁防治。据统计，全美国有超过2万家害虫防治公司，超过10万名员工从事相关工作。据统计，全美国害虫防治的总营业额2016年达到140亿美元；2011—2016年，每年的增长率为4.9%。

美国的害虫防治公司规模和发展历史不一，有大型的连锁型的害虫防治公司，也有非常小规模的公司，后者一般为当地的小型公司，很多公司是家族企业。排名首位的Terminix公司已经有80多年历史，目前有超过8000名技术人员、超过200万名客户。该公司在美国各地都有服务点（http://www.terminix.com）。

从公司的名称来看，美国从事白蚁防治的公司多挂名为害虫防治公司，因此，在美国，常见的是由各类害虫防治公司从事白蚁防治业务。

消费者选择白蚁防治公司时要考虑很多因素（执照、保险、经验、信誉、价格等），国家害虫管理协会和农药协会等机构可提供技术支持，防治服务基本以市场化方式运作，政府通过制定各项法律法规来规范市场准入制度。同时，政府对公司从业人员实行资格证制度，执证上岗管理，岗位证书设有有效期，并实行继续教育管理，当然，各州根据当地的实际情况会有不同的要求。

6）机构的合作模式

政府与政府之间、政府与企业之间、政府与协会等第三方机构之间、企业与企业之间、企业与第三方机构间都建立了良好的协作机制，横向与纵向合作并举，可以充分有效地保护美国境内各企业及其他机构的职工利益。尽管政府机构管理和监察人员有限，但得益于部分企业人员积极自愿地参与管理，许多项目也都在有效地进行。美国白蚁防治的各机构在市场经济和相关法律的规定下，各司其职，协同工作。图2-3显示了各机构间的相互关系。

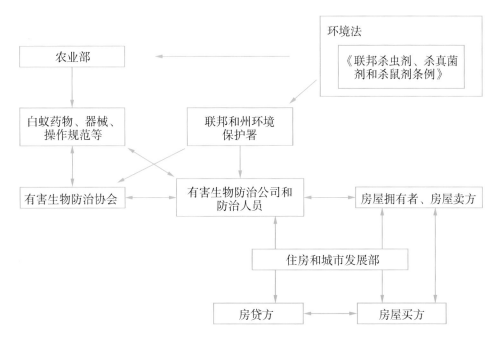

图2-3　美国白蚁防治相关机构的协作模式

美国白蚁防治技术研究

4

主要研究机构

美国白蚁研究主要的机构包括大学、美国农业部等，研究领域覆盖了白蚁基础研究和应用研究。美国白蚁的研究主要由几所大学的昆虫系、生物系或美国农业部与大学合建的农业技术实验站进行。具体见表2-4。

表2-4　美国从事白蚁研究的主要机构

机构名称	网址、研究工作
夏威夷大学白蚁项目组	http://manoa.hawaii.edu/ctahr/termite/index.php 隶属于夏威夷大学植物与环境保护系,是一个全州性项目,旨在通过研究和教育来抑制白蚁,由美国农业研究服务部与美国农业部联合资助
路易斯安那州立大学昆虫系	http://www.lsuagcenter.com/portals/our_offices/departments/entomology 从事白蚁生物学、种群遗传学研究,以及白蚁防治与推广。是美国农业部台湾乳白蚁项目的合作单位
佛罗里达大学昆虫和线虫系	http://entnemdept.ufl.edu 佛罗里达州的白蚁研究历史很悠久
北卡罗来纳州立大学昆虫学系	https://projects.ncsu.edu/cals/entomology/about 在白蚁研究,如在种群遗传方面有特色
加利福尼亚州大学昆虫学系	http://ipm.ucanr.edu/PMG/PESTNOTES/pn7415.html 加利福尼亚州大学农业与自然资源学院以及有害生物综合治理办公室提供白蚁综合治理项目以及咨询
内布拉斯加大学昆虫系	http://entomology.unl.edu/ 提供城市昆虫(包括白蚁)的课程、培训和研究
普渡大学	https://ag.purdue.edu/entm/Pages/default.aspx 有城市和工业有害生物管理中心,从事白蚁等害虫的研究和防治
亚利桑那大学	https://cals.arizona.edu/ento/ 对白蚁等社会性昆虫的神经科学和基因组学有研究
马里兰大学	http://entomology.umd.edu/ 对白蚁和蚂蚁等昆虫的社会性行为、种群进化等有研究
肯塔基大学昆虫系	https://entomology.ca.uky.edu/ 开展白蚁分子生物学、RNA干扰等方面的研究
美国农业部林业局	https://www.fs.fed.us/research/invasive-species/insects/termites.php 从事林业白蚁管理以及白蚁药剂测试等

　　如需查询更为详细的信息，可参考上面的网站以及其他相关机构的网站。美国白蚁的研究是世界领先的，有许多原创性的基础发现，也有很多实用型的产品，很值得我们学习借鉴。

白蚁防治学术交流平台

　　学术交流平台是促进白蚁研究和防治的重要途径。一般可从白蚁防治的管理机构（联邦和地方政府）、行业协会、白蚁防治公司、白蚁研究和防治的各种会议等途径了解白蚁研究和防治的特点和趋势。白蚁防治人员可以通过自学或参加上述培训机构组织的培训提高自身的水平。

　　这些交流平台或机构一般是害虫防治协会，如美国国家害虫防治协会（NPMA）、各州害虫防治协会和美国昆虫学会（ESA）。作为交流平台，NPMA每年都会开展对白蚁文献、白蚁防治、白蚁生物学的相关调查和研究。NPMA通过政府及一些私立机构的募捐来获得科研经费，大力支持并组织开展科研并对科研成果进行研讨。NPMA每年举办害虫世界年会，介绍和交流害虫防治领域的最新技术和产品。ESA是美国全国性昆虫学学术研究团体，目前已发展成为世界性的国际昆虫学组织，会员逾9000人。ESA出版许多期刊，并提供范围广阔的科学研究。ESA出版的国际知名的科学期刊有《美国昆虫学会年刊》《经济昆虫学杂志》《环境昆虫学》《美国昆虫学会通讯》《医学昆虫学杂志》《昆虫科学》《害虫综合管理》《美国昆虫学家》等。ESA每年召开重大事件的年度会议，每年约有3000名昆虫学家和其他科学家在一起交流学习。

　　政府的信息窗口提供有关信息，包括联邦政府机构（如EPA和USDA）和各州政府提供的害虫防治的各种信息。

　　此外，美国大学的很大一个功能就是提供社会服务。在很多大学，尤其是州立大学昆虫系等相关的系所，能提供与白蚁防治相关的各种信息和资料。有害生物控制技术的在线平台网址为http://www.pctonline.com。

白蚁防治新技术研究进展及趋势分析

　　近年来，新技术尤其是生物技术在白蚁研究和防治方面应用的趋势非常明显。随着高通量测序技术的发展，继基因学之后，转录组学、蛋白质组学、代谢组学等陆续出现，分子生物学的研究从单一基因或蛋白质的研究转向多个基因或蛋白质同时进行的系统研究，以揭示细胞和生命现象的本质和活动规律。分子生物学技术开始应用于社会昆虫的研究，有关白蚁分类、防治、功能基因、品级分化等方面的研究已经取得了很大的进展，特别是利用基因工程菌防治白蚁的研究成为近年来国内外研究的热点，尽管目前还存在许多亟待解决的问题。

　　在分类方面，目前白蚁分类研究主要是传统的形态学方法，但是通常由于可供比较的形态结构、特性有限且存在不稳定性，使得单纯依靠传统的形态学数据已很难反映其实际进化关系。基于聚合酶链式反应（PCR）的分子生物学技术为物种鉴定及分类研究提供了新的途径，弥补了传统学形态的诸多不足。线粒体是真细胞核重要的细胞器，在细胞新陈代谢、疾病、成熟衰老的过程中起重要作用。白蚁线粒体基因组为环状闭合双链DNA。线粒体DNA（mtDNA）由37个基因组成，包括2个rRNA基因、22个tRNA基因和13个蛋白编码基因。线粒体DNA显示出来的差异不是基因重组，而是基因突变的结果，对线粒体DNA的系统分析可直接反映种的母性发展史，所以线粒体DNA分析已成研究种群遗传和系统演化的重要方法。目前报道的线粒体基因组有黑胸散白蚁、黄翅大白蚁、黑翅土白蚁、近扭白蚁、台湾华扭白蚁、山林原白蚁、狭颈动白蚁、内华达古白蚁、北美散白蚁等白蚁。Hausberger等结合形态学特征和$CO\text{II}$、$CO\text{I}$、28S DNA 3个基因序列数据分析了非洲热带草原生态系统的白蚁多样性及种群系统发育关系，提出仅通过形态学对白蚁进行物种鉴定是不可靠的。近年来，通过采用DNA序列分析的研究方法，白蚁系统分类学得到了很大的发展。

在防治方面，众所周知，白蚁生存依赖其体内的共生微生物。共生微生物不仅为白蚁提供必需的氮、碳和能量，同时还保护其免受细菌等微生物的侵害。这些共生微生物还可以通过白蚁的喂食、交哺等行为在个体间自由传递交换。鉴于白蚁的这种社会性行为，如经基因修饰的微生物也能够在白蚁之间传递和表达外源基因，就可能达到防治白蚁的目的。生物防治因其作用方式多样、机制独特、环境和谐等优点备受关注，一些天然的白蚁防治剂渐渐兴起，将会是未来防治白蚁的主要发展方向之一。这些防治手段包括利用昆虫微生物、昆虫病原线虫、植物提取物、抗生素、植物内生菌及其代谢产物等。通过基因改造技术，以白蚁肠道微生物作为载体在白蚁中传递和表达有害的外源基因产物，是目前白蚁防治研究的热点领域之一。Husseneder等利用含有氨苄青霉素抗性基因（Ampr）和绿色荧光蛋白（GFP）基因的重组质粒（pEGFP）转化大肠杆菌，用其感染台湾乳白蚁后，发现其能够在白蚁之间传递，但传递持续期不长。随后，Husseneder等用阴沟肠杆菌代替大肠杆菌，解决了大肠杆菌菌株在白蚁肠道的稳定性问题。之后，Husseneder及同事研究开发了一种含有冻干的基因工程酵母的纤维素诱饵，能表达一种附着到原生动物的杀原虫裂解肽。该酵母就像一个"特洛伊木马"进入白蚁体内，杀死白蚁肠道消化纤维素的原生动物，致使纤维素的消化效率降低，最终导致白蚁死亡。裂解肽配体靶定到特定的原生动物，从而增加其杀原生动物的效率，同时可以保护非靶标生物。白蚁摄食诱饵后，通过社会性行为（交哺、舔舐等），使该酵母传播和蔓延到整个白蚁群体。该纤维素诱饵的开发和应用提供了一种非毒性的、可持续保护农作物和建筑不受白蚁和其他破坏性昆虫危害的策略，同时也给治理其他各种害虫、提高植物的抗虫性及食品保护等提供了一种新的思路。

白蚁基因组和群体遗传学研究中，白蚁基因组的信息已经公布，白蚁品级分化相关的多种蛋白已经得到了分离和鉴定，基因干扰（RNAi）和蛋白质分析新方法将会对基因功能的研究起重要作用。相信随着研究的不断深入，白蚁研究的诸多问题将会得到解决，新型绿色的白蚁防治方法将会取代传统的使用污染药物的方法。

5　中美白蚁防治技术及管理的比较

科学研究

美国无论在白蚁的基础研究，还是在白蚁的应用型研究方面都是世界领先的。很多美国研究者对白蚁分类、形态结构、生物学特征、共生物、天敌、功能基因等方面进行了研究，取得了许多原创性的成果。当然，这些成果也与研究资金的投入、成果评价与共享体系等息息相关，值得我们学习借鉴。

研究成果与研究投入是正相关的，美国白蚁研究的资金投入比较多，主要来自美国农业部的白蚁研究专项、各种研究基金和企业。相对美国的白蚁研究投入，我国的白蚁研究投入就显得不足，农业部没有专项白蚁资金，各种基金项目也很少资助白蚁研究，企业投入相比美国企业差很多。尽管我国各地的白蚁防治机构也从事白蚁研究，但投入规模小而且分散，没法形成强大的竞争力。资金投入的不足是导致我国白蚁研究中原创性成果少的一个重要原因。

美国白蚁研究的成果评价与共享体系中，在基础研究方面，以发表论文为主要评价指标，也作为主要的知识共享途径，推动相关的研究进展；在应用研究方面，美国非常注重知识产权的保护，一旦有了有价值的技术，一般会及时申请专利，而且美国非常注重这些专利的市场转化，促使其产生经济效益。这些方面值得中国学习。

白蚁防治区域的划分

划分不同的白蚁危害区域，可对不同区域采取不同的防治措施。在白蚁重度危害区，应采取更加有力的防治措施。美国农业部林业局根据白蚁的种类、分布、建筑类型等因素，在20世纪80年代就对白蚁可能危害区域进行了4个等级的划分，包括严重危害区、中等到重度危害区、轻微至中度危害区、无或轻微危害区。这种划分比较科学合理，也为白蚁防治的科学管理提供了依据。

由于区域划分工作非常重要，我国于2016年10月由中国林业科学研究院等单位发布了国家标准《中国陆地木材腐朽与白蚁危害等级区域划分》。

白蚁防治技术

中美两国在白蚁防治技术方面各有特色。随着中国在白蚁防治药物中对持久性有机污染物（POPs）的禁用，两国所采用的药物有效成分已很类似。在所采用的方法上，两国都主要采用了药物屏障法和引诱装置方法，但也存在差异。如美国有采用熏蒸法灭白蚁的，而中国基本上不采用，这与白蚁危害种类的差异性有关，因为美国有不少木栖白蚁。中国白蚁防治历史悠久，方法多样，目前还有采用挖巢法进行防治的，美国没有采用这种方法，这是由于中国白蚁种类多，尤其是存在土栖白蚁（如黑翅土白蚁等）。

在防治新技术方面，利用白蚁共生微生物进行白蚁防治，在美国已经进行了不少研究，有望投入市场。这是一类鉴于白蚁社会性行为，通过白蚁的喂食、交哺等行为在个体间自由传递交换经基因修饰的微生物，应用它们有望达到防治白蚁的目的。通过基因改造技术，利用白蚁肠道微生物作为载体在白蚁中传递和表达有害的外源基因产物，是目前白蚁热点领域之一。用阴沟肠杆菌代替大肠杆菌，解决了大肠杆菌菌株在白蚁肠道的稳定性问题。之后，他们开发了一种包含有冻干的基因工程酵母的纤维素诱饵，能进入白蚁体内，杀死白蚁肠道中消化纤维素的原生动物，致使纤维素的消化效率降低，最终导致白蚁死亡。这些新的白蚁防治技术的应用将为白蚁防治带来防治新途径，我们可以借鉴。

在白蚁诱杀监控方面，我国借鉴美国不少经验，开发了一系列产品。在我国，白蚁监测控制技术被创新性地应用于白蚁预防，随着中国白蚁防治氯丹灭蚁灵替代示范项目的成功完成，白蚁监测控制技术在全国范围内积极推进，大大减少了药剂对环境的污染。近几年，我国对白蚁监测控制系统的研究开发风起云涌，白蚁防治工作者在白蚁的诱集和饵剂方面开展了大量的研究，取得了一大批科研成果，如全国白蚁防治中心、杭州市白蚁防治研究所、宁波市白蚁防治所、上海万宁有害生物控制技术有限公司等均有研究成果出现。产品的某些方面性能已经处于国际领先水平。如常州市武进区白蚁防治所和常州晔康化学制品有限公司合作开发的"白蚁群体监测控制系统"，饵剂有效成分为0.08％氟虫胺；苏州江枫白蚁防治有限公司生产的"杀白蚁饵剂监控系统"，饵剂有效成分为0.5％氟铃脲。

但总体而言，形成监测控制系统的产品还很少，自主研发的产品也不多。白蚁监测控制技术现已应用于新建房屋白蚁预防。在房屋周围或绿化带安装大量监测控制装置，形成一圈虚拟屏障，白蚁防治人员进行定期检查和维护，发现白蚁危害时及时采取防治措施，以保证房屋建筑不受白蚁危害。我国急需更多的设计科学、操作简单、价格低廉、适合我国国情的本土产品，以实现白蚁防治行业规划中的目标要求。

技术标准

在白蚁防治的领域，中美两国都有一系列的相关技术标准。

美国有协会团体标准和政府机构主导制定的系列标准。各种白蚁防治药物的药效、木材处理、不同的防治方法均有相应的技术标准相匹配。主要有美国木材保护协会（AWAP）的系列标准、木材和其他纤维素材料对白蚁抗性的实验室评估的标准测试方法（USA-ASTM-D3345）；还有美国环境保护署下辖的预防、农药及有毒物质办公室（OPPTS）组织制定的一系列用于农药和有毒化合物试验的标准。

我国以国家标准、行业标准及地方标准为主制定了系列标准。国家标准主要有：1986年国家技术监督局批准的《电线电缆白蚁试验方法》；2000年国家技术监督局批准的《木材防腐剂对白蚁毒效实验室试验方法》；2012年住房和城乡建设部发布的《白蚁防治工程基本术语标准》。行业标准有：2006年农业部发布的《农药登记用白蚁防治剂药效试验方法及评价》；2011年住房和城乡和建设部发布的《房屋白蚁预防技术规程》。多个省市包括浙江、湖北、湖南、江苏、上海、广东、四川、安徽等都有白蚁防治地方标准。

质量控制

白蚁防治过程中的质量控制包括了药物质量、人员素质、防治质量和质量投诉等多个环节。

中美两国对药物质量都有严格的保证措施，美国环境保护署和中国农业部分别负责白蚁防治药剂的登记，只有符合规定的药剂才能在白蚁防治中使用。我国部分省（自治区、直辖市）还制定了白蚁药剂使用后的检测标准来规范土壤药物屏障药物的使用。

中美两国对白蚁防治人员素质都有相应的标准。美国一般由各地的州政府来规范白蚁防治员的资质，发放资质合格证书。为提高人员素质，一般由害虫管理协会、州政府和大学来负责培训。在中国一般由各级白蚁防治管理机构行使组织培训和发放证书等功能。

美国消费者若对白蚁防治不满意，一般可向各州的管理部门进行投诉，投诉处理率比较高，也比较有效。

交流及宣传

两国的白蚁防治机构都非常重视交流和宣传工作，但在交流的平台数量和力度方面有一定的差异。

美国白蚁防治交流和宣传的一个主要途径是国家和州害虫防治管理协会举办的会议、产品展览、咨询等。一般情况下，NPMA每年都召开一次全国性的害虫防治大会；地方政府提供白蚁防治方面的咨询；白蚁防治公司也会进行很多宣传工作。

中国的白蚁防治交流一般由各级白蚁防治机构来完成，也会召开全国性交流会，但会议规模和内容有待提升。

管 理

美国在白蚁防治的管理方面，有两个特点。一是市场经济调控明显。美国的白蚁防治基本上是市场化运作的，白蚁防治的市场比较大，尤其是害虫防治公司直接与用户签订防治合同，提供保障建筑和相关设施的白蚁防治服务，杀虫公司直接向用户负责；用户在租赁和出卖房屋时均要提供有关白蚁防治方面的证明。美国有大量的公司在从事白蚁防治工作，白蚁防治有较完善的市场制度，各白蚁防治机构能自觉地执行政府的各项规定，实行诚信服务，因此，美国具有良好的白蚁防治市场秩序。二是白蚁管理以法规管理为主，法律法规较健全，而且执行力度比较强，违法的成本高。如FIFRA对药物的登记注册、管理有明确的规定和严格的要求。其规定滥用杀虫剂是违法的，使市场能够规范化。

我国已建立了较完善的白蚁防治机构体系。据统计，全国有1000余家白蚁防治机构。在各级白蚁防治管理部门、高等院校和科研机构等努力下，我国白蚁防治取得了显著成绩，为保障我国经济建设做出了非常重要的贡献。例如，白蚁防治规模逐步扩大；逐步建立并完善了我国白蚁防治法规体系；科技创新成效比较明显；全面履行国际公约，有计划地推广应用环境友好型白蚁防治药物和技术，替代了氯丹和灭蚁灵等药物。这些成果的取得与我国的白蚁管理模式是分不开的。我国的白蚁管理以行政管理为主。近年来，在各级行政领导的关心下、各级白蚁防治相关部门的努力下，已逐步形成比较合理和规范的白蚁防治政策法规体系。例如，1999年发布《城市房屋白蚁防治管理规定》（建设部第72号令，2004年修订为130号令），2012年颁布第一个行业标准《房屋白蚁预防技术规范》、第一个白蚁防治国家标准《白蚁防治工程基本术语标准》。比较国内外白蚁防治技术与管理现状，不难看出，我国的白蚁防治和管理模式上有以下特点：①白蚁防治和管理的历史非常悠久；②防治方法显著多样化；③自上而下的管理措施比较有效。

与此同时，我国也存在着一些问题，有待进一步提升。白蚁防治管理各地不统一，有的地方不是很规范，市场化的调控还有拓展空间，因此在防治管理措施上要与时俱进，加强国家和地方层面的管理。

总体而言，我国白蚁管理在当前形势下是很有效的。由于市场化趋势，各级白蚁防治机构如何在市场经济中实现更为有效管理值得深入研究。

参考文献

CHOUVENC T, SU N Y, GRACE J K. Fifty years of attempted biological control of termites-Analysis of a failure. Biological Control, 2011, 59: 69-82.

DEVI K K, KOTHAMASI D. *Pseudomonas fluorescens* CHA0 can kill subterranean termite *Odontotermes obesus* by inhibiting cytochrome c oxidase of the termite respiratory chain. FEMS Microbiology Letters, 2009, 300: 195-200.

EVANS T A, IQBAL N. Termite (order Blattodea, infraorder Isoptera) baiting 20 years after commercial release. Pest Manag Sci, 2015, 71(7): 897-906.

GRACE J K. Approaches to biological control of termites. Sociobiology, 2003, 41: 115-121.

HUSSENEDER C, COLLIER R E. Paratransgenesis in termites// BOURTZIS K, MILLER T A. Insect Symbiosis: vol. 3. Boca Raton: CRC Press, 2009: 361-376.

HUSSENEDER C, GRACE J K. Genetically engineered termite gut bacteria (*Enterobacter cloacae*) deliver and spread foreign genes in termite colonies. Applied Microbiology and Biotechnology, 2005, 68: 360-367.

LAX A R, OSBRINK W L. United States Department of Agriculture-Agriculture Research Service research on targeted management of the Formosan subterranean termite *Coptotermes formosanus* Shiraki (Isoptera: Rhinotermitidae). Pest Manag Sci, 2003, 59: 788-800.

OSBRINK W L A, WILLIAMS K S, CONNICK W J, et al. Virulence of bacteria associated with the Formosan subterranean termite (Isoptera: Rhinotermitidae) in New Orleans. LA Environmental Entomology, 2001, 30: 443-448.

SCHARF M. Termites as targets and models for biotechnology. Annu Rev Entomol, 2015, 7:77-102.

WILSON-RICH N, STUART R J, ROSENGAUS R B. Susceptibility and behavioral response of the damp wood termite *Zootermopsis angusticollis* to the entomopathogenic nematode *Steinernema carpocapsae*. Journal of Invertebrate Pathology, 2007, 95: 17-25.

第三篇

欧　洲

1 欧洲白蚁的分布及危害

白蚁的种类及分布

　　欧洲国家大部分位于北温带，因此白蚁种类并不多。迄今为止，欧洲共记载12种（亚种）白蚁，分布种类和数量最多的是鼻白蚁科Rhinotermitidae散白蚁属*Reticulitermes*的白蚁，共有9种（亚种），另3种是木白蚁科Kalotermitidae种类（详见表3-1）。

表3-1　欧洲已知白蚁种类及分布

科名	属名	种名	分布范围
鼻白蚁科 Rhinotermitidae	散白蚁属 *Reticulitermes*	欧洲散白蚁 *Reticulitermes lucifugus* lucifugus Rossi	意大利、法国、希腊、葡萄牙、西班牙、瑞士、罗马尼亚、德国、奥地利
		Reticulitermes lucifugus corsicus Clément	法国（科西嘉岛）、意大利
		北美散白蚁 *Reticulitermes flavipes* (Kollar)	法国、奥地利、德国、意大利、葡萄牙（亚速尔群岛）
		Reticulitermes clypeatus Lash	罗马尼亚
		格拉塞散白蚁 *Reticulitermes grassei* Clément	西班牙、葡萄牙、法国、英国
		Reticulitermes banyulensis Clément	法国、西班牙
		Reticulitermes balkanensis Clément	巴尔干地区
		Reticulitermes urbis Bagneres, Uva and Clément	法国、意大利、希腊、克罗地亚
		Reticulitermes sp. nov.	意大利、法国
木白蚁科 Kalotermitidae	木白蚁属 *Kalotermes*	黄颈木白蚁 *Kalotermes flavicollis* (Fabricius)	法国、意大利、西班牙、葡萄牙、巴尔干半岛
		黑颈木白蚁 *Kalotermes italicus* Ghesini and Marini	意大利（托斯卡纳区格罗塞托省）
	堆砂白蚁属 *Cryptotermes*	麻头堆砂白蚁 *Cryptotermes brevis* (Walker)	葡萄牙（亚速尔群岛）
合计	3	9	—

　　欧洲白蚁种类虽不多，但外部形态相似，对于种类鉴定几乎不能提供什么有用的信息，截至目前，欧洲的白蚁分类学仍有一些问题尚未解决。

白蚁危害优势种

散白蚁是欧洲所有国家建筑物的主要害虫，但其中危害最严重的主要是北美散白蚁、欧洲散白蚁和格拉塞散白蚁。它们主要危害城市建筑，也会对城市行道树、种植园、农作物等造成威胁。除此之外，欧洲分布最广泛的黄颈木白蚁也是重要的害虫，主要危害葡萄园及一些木本植物。

1.2.1 北美散白蚁

兵蚁（见图3-1）：体乳白色，头及上颚色略深；体长5.27～5.85mm；头后缘宽1.12～1.22mm，左上颚长1.01～1.11mm，上唇长0.33～0.41mm，上唇宽0.31～0.37mm，后颏最宽处宽0.51mm，后颏最狭处宽0.21～0.26mm，前胸背板宽0.76～1.09mm，头壳长/宽1.47～1.60（见图3-1）。

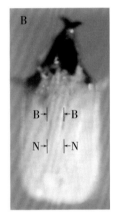

图3-1 北美散白蚁兵蚁
A. 整体背面观；B. 头部腹面；C. 头部背面

有翅成虫（见图3-2）：体小至中型，体连翅长8.5～10.5mm；体暗褐色至黑色，胫节灰白色；翅微黄褐色，前缘脉淡褐色，翅脉如图3-2所示。

图3-2 北美散白蚁有翅成虫
A. 整体背面观；B. 前翅

1.2.2 欧洲散白蚁

兵蚁和工蚁（见图3-3）：兵蚁体长约5mqm；体色灰黄。工蚁与兵蚁外形相似，但头部稍小。

有翅成虫（见图3-4）：体连翅长约10mm；体黑色；前胸背板窄于头部；触角17～18节；翅褐色，边缘黑色。

图3-3 欧洲散白蚁兵蚁及工蚁

图3-4 欧洲散白蚁有翅成虫

1.2.3 格拉塞散白蚁

兵蚁（见图3-5）：无形态描述。

有翅成虫：无形态描述，无图。

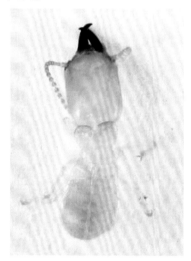

图3-5 格拉塞散白蚁兵蚁

1.2.4 黄颈木白蚁

兵蚁（见图3-6A）：体长约8mm，体色稍白，头部及上颚褐色。

有翅成虫（见图3-6B、C）：体不连翅长8～10mm，连翅总长约20mm；体灰黄至深褐色，前胸背板橙黄色，触角和足腿节末端、胫节、跗节淡黄色，翅烟褐色。

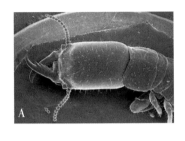

图3-6　黄颈木白蚁兵蚁及有翅成虫
A. 兵蚁头胸部；B. 有翅成虫；C. 有翅成虫头胸部

白蚁危害现状

散白蚁是欧洲城市建筑的主要害虫，同时也会对不同农作物造成威胁。木白蚁，特别是在欧洲分布较为广泛的黄颈木白蚁主要危害树木和葡萄等经济作物。联合国环境规划署和联合国粮农组织在2000年的报告中预测：到2005年，欧洲用于防治白蚁的费用将达10亿欧元，后续虽未见详细的经费统计，但相信随着全球气候变暖以及全球贸易量的增加，相关费用应该是不少于这个估计值的。受白蚁危害比较严重的欧洲国家主要在地中海沿岸，包括法国、西班牙、意大利等国。白蚁也是欧洲艺术品的重要害虫，2011年问卷调查显示，危害率至为少2.8％的。

在法国，北美散白蚁是最具破坏性的白蚁种类之一，对法国西南部和南部的建筑物和葡萄园危害严重。它可蛀蚀巴黎和波尔多等许多大城市的行道树，仅到20世纪90年代，北美散白蚁对巴黎行道树的破坏所造成的经济损失就已达几百万欧元；该种还可蛀蚀法国西南部、西部及法国北部城市建筑物木构件，如实木地板、托梁、木框架、承重构件等，从而降低建筑物的稳定性，甚至造成建筑物的垮塌。此外，黄颈木白蚁也会对法国南部葡萄园造成严重破坏。

西班牙的主要白蚁危害种是黄颈木白蚁和格拉塞散白蚁。黄颈木白蚁是伊比利亚半岛葡萄园的主要害虫，也会对南部安达卢西亚区的木本植物（如杏树、榆树、松树、悬铃木、橄榄树等）造成不同强度的危害。格拉塞散白蚁广布于西班牙除加泰罗尼亚、纳瓦拉和埃布罗河流域以外的区域。这种散白蚁的危害非常广泛，可破坏乡村和城市的建筑物、桥梁和堤坝。例如，在安达卢西亚区科尔多瓦省，75个城镇中有66个城镇的房屋建筑受到格拉塞散白蚁不同程度的危害。格拉塞散白蚁还会侵蚀葡萄园、一些经济植物种植园中新植、衰老或羸弱的个体以及葡萄藤的木质支架，造成葡萄和其他作物减产甚至死亡。有报道称它会在制作葡萄酒瓶口软木塞的栎属植物中钻孔蛀道，造成软木塞的产量下降。Villemant 和 Fraval 还报道该种散白蚁可以穿透储存葡萄酒的瓶塞，从而使内容物变质。总之，对于西班牙这样一个葡萄酒和软木的生产大国而言，白蚁危害造成的经济损失是非常大的。（注：根据 Clément 等对散白蚁属的分类修订，大多数伊比利亚记录的欧洲散白蚁实际上应该是格拉塞散白蚁，因此，由欧洲散白蚁造成的破坏其实应该是由格拉塞散白蚁造成的。）

欧洲散白蚁和黄颈木白蚁是意大利最具破坏性的2种白蚁。欧洲散白蚁主要危害城市建筑物木结构，已蛀蚀破坏了意大利多处古城镇和历史建筑，还严重毁坏了许多具有很高历史价值的档案和书籍，造成了巨大的经济损失。黄颈木白蚁可危害意大利本土以及撒丁岛葡萄种植园，造成葡萄产量和品质下降。

麻头堆砂白蚁已给葡萄牙的亚速尔群岛造成0.51亿欧元的经济损失，重建其危害的建筑将花费1.75亿欧元。如果防治缺失，将引起害虫的进一步扩散，未来的防治与重建的费用将是目前的8倍以上。

2010年2月4日，在巴黎举行了第一届欧洲白蚁市场会议，会议上指出：白蚁正式成为欧洲地区面临的真正威胁；白蚁市场在欧洲扩张迅速，已超过1200万英镑。

2 欧洲白蚁防治管理

欧盟相关管理机构

欧盟对白蚁的管理主要涉及白蚁防治产品的管理和白蚁防治相关企业的管理（见图3-7）。白蚁防治产品的管理主要由立法机构制定法规与标准，实施机构具体执行。白蚁防治相关企业的管理主要由行业协会负责。涉及的机构有如下。

（1）欧盟理事会（Council of the European Union）：欧盟的每一项法规先由欧盟委员会向欧盟理事会提交议案，由理事会对议案进行审核后做最后决定。

（2）欧洲议会（European Parliament，EP）：法规由欧盟理事会和欧洲议会联合制定，并以联合法规的形式发布。

（3）欧盟委员会（European Commission，EC）：在欧盟理事会和欧洲议会批准框架指令后，欧盟委员会负责制定具体实施指令，在评估中对下级部门提交的表决结果进行整理和发布。

（4）欧洲化学品管理局（European Chemicals Agency，ECHA）：所有化学品注册的中央管理机构，负责运行管理中央数据库，审查注册文档资料是否完整、符合要求，协调评估过程，做出是否要求进一步提供信息和数据的决定，向欧盟委员会建议应重点关注的物质对象，并联系处理有关许可的事务，下设若干技术咨询委员会。执行四项法规：化学品注册、评估、许可和限制法规，物质和混合物的分类、标签和包装法规，生物杀灭剂法规，事先知情同意法规。

（5）欧洲食物链及动物健康常务委员会（Standing Committee for Food Chain and Animal Health，SCFA）：食品安全责任部门，根据欧洲食品安全局提交的评估结论表决是否同意批准活性物质申请。

（6）欧洲食品安全局（European Food Safety Authority，EFSA）：监督和管理植物保护产品及其残留物等，负责对成员国提交的评估草案进行评估和决议。

（7）欧盟成员国主管当局（Competent Authority of Member State）：申请者向欧盟成员国提交产品授权申请，成员国主管当局在产品登记过程中负责部分审查和评估工作。

（8）欧洲害虫管理协会（Confederation of European Pest Management Associations，CEPA，http：//www.cepa-europe.org）：代表整个欧洲的行业协会，分成三个分会：生产商分会、

分销商分会和服务机构分会。CEPA的任务是提高整个欧洲害虫控制和预防水平，促进行业发展，确保害虫防治行业各方利益，为行业内成员发声，与政策制定者和意见领导者对话，并为各成员提供有效的资金帮助。涉及白蚁防治的各国害虫管理协会、企业都受其管理和监督。

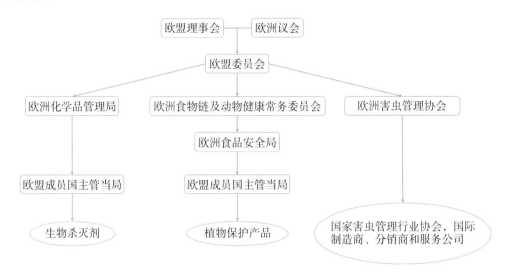

图3-7　欧盟白蚁防治相关管理机构

欧盟相关管理法规

白蚁的危害主要涉及城市房屋建筑，部分涉及农林业植物保护。相关的白蚁防治产品属于欧盟卫生消毒和生物杀灭剂领域、农用化学品领域，分别受欧盟生物杀灭剂法规（BPR）和植物保护产品法规（PPP）的监管。

2.2.1　欧盟生物杀灭剂法规

1）关于BPR

在欧盟，对用于人、动物、工业材料及制品上的，具有预防、阻止、杀灭有害生物的有效成分或配制品，统称为生物杀灭剂（Biocide）。在欧盟，该类产品曾由专门的《生物杀灭剂产品指令》（*Biocidal Products Directive*，BPD，98/8/EC）进行监管。为了解决实施过程中出现的问题和漏洞，于2013年9月1日实施了新的《生物杀灭剂法规》[*Biocidal Products Regulation*，BPR，（EU）No 528/2012]，取代《生物杀灭剂指令》，统一生物杀灭剂市场的运作和管理，确保对人类健康和环境不造成危害。BPR在BPD的基础上增加了有关纳米材料包埋体的条款和将生物杀灭剂处理过的物品纳入监管范围，提出了双重管制的可能性，整合了欧盟对生物杀灭剂产品使用和投放市场的规则，并提出了"联盟授权"的概念，构建了新的技术性贸易措施体系。

欧盟委员会、欧洲化学品管理局和欧盟成员国主管当局是BPR法规主管机构，对欧盟市场的生物杀灭剂产品及其处理物品进行监管。BPR延续了欧盟化学品管理规则的全物质评估管控模式，即所有使用、进口、生产的生物杀灭剂活性物质、产品和处理物品都要进行评估、注册或检测等，申请人为进口商或生产商。只有获得欧盟批准的活性物质才可以以原料或制成品的形式进入欧盟市场，而获得批准的前提之一是提交了物质卷宗，履行了检测程序，从而确定了物质的毒理性。这从源头上杜绝危害性较大的物质流入市场。

2）BPR对白蚁防治相关产品的规定

欧盟对白蚁危害具体的防控措施分为预防性处理和治疗性处理两类。

预防性处理的产品有两种：PT8用于木材中的白蚁防治；PT18为白蚁屏障系统产品，由聚合物膜或其他材料配合杀虫剂使用，在土壤和建筑物之间使用，阻止白蚁的入侵。

治疗性处理在欧洲常用两种方法：化学屏障和饵剂系统，相关的产品属于PT18。

（1）PT8木材防腐剂

包括预防性产品和治疗性产品。预防性产品主要控制破坏木材或腐蚀木材的生物体，包括锯木厂和原木场的原木、绿色锯材、圆木等成型木材、木质人造板等的临时处理；治疗性产品主要用于使用中的木材的处理。

PT8评估方法参照BPR附件Ⅵ的评估原则进行。PT8产品的标签需明确产品使用范围、目的、方法，以及防治的生物体。不同的类别有不同的代码（见表3-2）。

表3-2　PT8产品的标签要求

类别	产品代码
用户类型	A.10公众，A.20工业，A.30专业人员
木材类型	B.10软木，B.20硬木
木制品类型	C.10实木，C.11再造木，C.20嵌板，C.21胶合板（EN 636），C.22定向结构刨花板（EN 300），C.23颗粒复合板（EN 309、EN 312），C.24纤维板（EN 622）
使用目的和领域	目的D.××（6个）；领域E.××（7个）（EN 335）
使用方法和使用量	F.××（17个）
靶标生物	G.××（包括真菌、昆虫和海洋生物）

木材防腐剂防治的主要生物体是真菌、昆虫和破坏木材的海洋生物，其中，昆虫主要是甲虫和白蚁。防治的白蚁主要是三类：地下白蚁（散白蚁属为主）、木白蚁（堆砂白蚁属为主）和树白蚁（象白蚁属为主）。产品都有各自对应的代码（见表3-3），需明确标示。

表3-3　木材防腐剂中防治白蚁的产品代码

产品代码	靶标生物（根据EN 1001）	学名
G.50	白蚁	
G.51	地下白蚁	散白蚁属 *Reticulitermes* spp.、乳白蚁属 *Coptotermes* spp.等
G.52	木白蚁	堆砂白蚁属 *Cryptotermes* spp.等
G.53	树栖白蚁	象白蚁属 *Nasutitermes* spp.等

木材防腐剂需使用欧盟标准规定的方法进行检测，提供具体的报告给主管部门进行评审。预防性产品参考EN 599，该标准指出了不同的产品用途需使用的检测方法。防治性产品参考EN 14128，该标准指出了防治性产品的最低检测要求。其他类型的产品自行参考相应的标准，如CEN TS 15082。根据EN 113，建议所有的试验在同一实验室、同一时间完成。

白蚁预防处理的木材防腐剂，试验方法基于EN 599，并根据使用领域参照EN 117、EN 118或EN 252进行。建筑物内部木材（E.10）、木材有覆盖但偶尔会潮湿（E.20）和木材暴露于空气并受降雨影响（E.30）三种类型均参照EN 117和EN 118；木材与地面或水源直接接触（E.40）参照EN 117和EN 252；木材长期或经常浸泡在咸水中（E.50）参照EN 117。

白蚁防治处理的木材防腐剂，试验方法基于EN 14128进行，但暂未有可用的CEN标准。这类产品主要是用于杀灭整群白蚁和防止木材降解，仅针对木材，木材以外的其他事物使用PT18产品。对于干木白蚁，产品需能破坏整个白蚁群落；对于地下白蚁和树白蚁，产品在受感染的木材上使用，杀灭木段中存在的白蚁个体。

（2）PT18杀虫剂、杀螨剂和控制其他节肢动物的产品

根据BPR规定，用于害虫防治的产品需进行效果评估，确认有效后才可以获得批准，进入市场。完整的效果评估报告需包括靶标生物信息、产品物理状态（液态、粉末、诱饵等）、使用区域、使用效果等，不同的节肢动物有不同的要求，有爬行昆虫通用的要求，也有针对白蚁的要求（见表3-4）。

表3-4　白蚁防治产品的标签声明需包含的信息

功能	作用位置	使用方法	声明	测试物种	备注
致死或趋避	户外	物理或化学屏障,在土壤和建筑物之间安装	施工前预防性处理;防止建筑物受损	所有地下白蚁:散白蚁属、乳白蚁属、异白蚁属	
致死或趋避	户外	化学屏障,注射入墙壁和土壤	施工前预防性处理;防止建筑物受损	所有地下白蚁:散白蚁属、乳白蚁属、异白蚁属	
致死或趋避	户外	化学屏障,注射入墙壁和土壤	治疗性,施工后处理	所有地下白蚁:散白蚁属、乳白蚁属、异白蚁属	
致死	户外	饵剂系统	治疗性,消灭白蚁群落	散白蚁属、乳白蚁属	由于诱饵的特异性,产品标签需注明经过试验的物种
致死	室内	治疗(预防产品是PT8)	灭杀木白蚁	堆砂白蚁属	

产品功效数据是每一个申请授权的档案必须提供的信息。检测效果的方法需是国际承认的检测方法（ISO、CEN、OECD、WTO等）。适用于PT18的通用检测方法标准见表3-5，针对白蚁的检测方法标准见表3-6。如果没有适用的试验标准，需提供翔实的试验报告。评估功效的试验设计和分析原则参考EPPO标准pp1/152（3）和pp1/181（3）。

表3-5 适用于PT18的通用检测方法标准

标准号	标准名称	PT	简述	参考文献类型
OPPTS 810.3000（1999）	无脊椎动物防治药剂效率总则	18	通则	制造商;英国指导准则
CEB 196（1997）	评估杀虫饵料对常见物种的效力的试验方法	18		TM II05（Fr）
EPPO pp1/152（3）	功效评估试验的设计与分析		为功效评估试验的设计和分析提供了详细的建议。主要用于植物保护,但也非常适用于生物杀灭剂	EPPO网站
EPPO pp1/181（3）	效果评估试验的实施和报告,包括良好实验规范		为如何组织、规划、实施和评估试验提供指导,并指导如何记录和分析试验结果,以获得比较可靠的结果。基于试验应遵守良好实验规范（GEP)的原则	EPPO网站
EPPO Bulletin, 15 Pages 1–119, Paris（1983）	1983年EPPO在巴黎关于熏蒸法的会议	18		TNsG 对产品评估;英国指导准则
EPPO, Paris（1982）	EPPO关于熏蒸标准的建议(第2版)	18		TNsG 对产品评估;英国指导准则
OPPTS 810.3200	家畜、家禽、毛皮的动物治疗	18		自己搜寻
OPPTS 810.3300	人类和宠物的害虫的处理	18		英国指导准则
OPPTS 810.3500	房屋处理	18	通则	制造商;英国指导准则
SABS 233 1st rev	杀虫剂—杀虫剂薄雾和浓雾功效的生物学评价(第1次修订)	18		制造商
SABS 576	杀虫剂—低压喷雾器中油质杀虫剂进行空间喷雾的生物学评价(第1次修订)	18		制造商
SABS 583	杀虫剂—液体残留杀虫剂接触效果的生物学评价(第1次修订)	18		制造商
SABS 6136（2003）	杀虫剂—加热时释放杀虫剂的物质的生物学评估	18		制造商
SABS 689 3rd ed（2002）	杀虫剂—液体和气溶胶制剂的降低和杀死性质的生物学评估	18		制造商
SABS 690（DRAFT）	杀虫剂—固体蝇类诱饵性质的生物学评价(草稿)	18		制造商
SABS 807	杀虫剂防御飞行和爬行昆虫的试验方法	18		TNsG 对产品评估;英国指导准则;制造商

（续表）

标准号	标准名称	PT	简述	参考文献类型
SABS 899（1987）	加压分配器中的杀虫剂进行空间喷雾	18		制造商
Ref：CTD/WHOPES/IC/96.1	杀虫剂和驱虫剂的实验室和现场评估方案	18 & 19	WHO关于杀虫剂评估和试验的非正式协商报告（WHO，1996年10月7—11日）	WHO1996

注：CEB：Commission Des Essais Biologiques，生物检测委员会；EPPO：European and Mediterranean Plant Protection Organization，欧洲和地中海植物保护组织；SABS：South African Bureau of Standards，南非标准局

表3-6　适用于白蚁产品的检测方法标准

标准号	标准名称	PT	简述	参考文献类型
CTBA-BIO-E-001	墙体处理的自然老化试验	18		测试机构
CTBA-BIO-E-002	土壤处理的自然老化试验	18		测试机构
CTBA-BIO-E-007	评估放置在碱性介质中的屏障的抗白蚁效率	18		测试机构
CTBA-BIO-E-008/2	评估物理化学屏障的防白蚁效率—现场测试—无混凝土板的设备	18		测试机构
CTBA-BIO-E-008/3	评估屏障的防白蚁效率—现场试验—混凝土板的装置	18		测试机构
CTBA-BIO-E-016	版本2:防白蚁的物理化学屏障暴露在太阳下	18		测试机构
FCBA-BIO-E-038	评估杀虫剂处理白蚁侵染的废物的功效—实验室试验	18		测试机构
FCBA-BIO-E-039	评估杀虫剂处理白蚁侵染的废物的有效性—实地试验	18		测试机构
FCBA-BIO-E-041	CTBA- BIO- E-×× 和 FCBA-BIO-E-××测试方法的性能标准	18		测试机构
ENV 1250-2	木材防腐剂—用于测量木材经处理后的活性成分和其他防腐成分的损失的方法—第2部分:获取样品进行分析以测量浸入水或合成海水中的损失的实验室方法	18		国际指导准则
NF X 41-542	木材防腐剂—地板、墙壁、地基和砖石的防腐处理—生物试验前处理材料的加速老化试验—渗滤试验	8+18	法国指导准则	法国指导准则
NF X 41-543-1，2008	木材防腐剂—诱饵捕获系统的有效性的测定—第1部分:杀虫剂配方的有效性—实验室方法	8+18		法国指导准则

（续表）

标准号	标准名称	PT	简述	参考文献类型
NF X 41-543-2, 2008	木材防腐剂—诱饵捕获系统的有效性的确定—第2部分：系统有效性—现场方法	8+18	旨在评估诱饵在白蚁活性实验点的效果。需记录在引入诱饵后6个月内诱饵的消耗量。试验场地的白蚁降低量应在18个月后记录（自第一次测试诱饵引入后计算），不包括冬季	法国指导准则
NF X 41-543-3, 2009	诱饵试验的性能标准	8+18		法国指导准则
NF X 41-550	白蚁—确定用于地面和/或墙壁的屏障产品或材料防治白蚁的有效性—实验室方法	8+18		法国指导准则
NF X 41-551	白蚁—确定用于地面和/或墙壁的屏障产品或材料防治白蚁的有效性—性能标准	8+18		法国指导准则
OPPTS 810.3800	白蚁诱饵功效测试方法	8+18		自己搜寻

注：CTBA：FCBA 的旧名称，CTBA-BIO-E标准在FCBA-BIO-E上具有相同的扩展名；FCBA：Forest, Building, Wood, Furniture，森林、建筑、木材、家具协会；NF：NF Standard，法国标准；OPPTS：Office of Prevention, Pesticides and Toxic Substances, United States Environmental Protection Agency，美国化学品安全与防护办公室（OCSPP），杀虫剂和有毒物质的预防评估

　　进入欧盟的白蚁防治剂，需检测其对散白蚁属或乳白蚁属的效果，进行实验室和田间试验评估，产品说明要明确试验方法、条件、影响因素、使用效果、副作用等。关于白蚁防治产品PT18效果试验的标准方法，目前欧盟还没颁布相关的欧盟标准，但可参考法国、西班牙的标准（见表3-7），同时还可以参考美国和澳大利亚对应物种的标准。

表3-7　白蚁产品检测的试验方法指南

预防性治疗/物理化学屏障		
	方案	老化试验
实验室试验	NF X 41-550 之后 之后 之后	ENV 1250-2（水的作用） CTBA-BIO-E-016（自然光的效果） CTBA-BIO-E-007（碱度影响）
现场试验	CTBA-BIO-E-008	无
工程处理/化学屏障		
	方案	老化试验
实验室试验	NF X 41-550 之后	NF X 41-542（水的作用）
现场试验 墙化学屏障 土壤化学屏障	NF X 41-550 之后 之后	CTBA-BIO-E-001（现场老化试验） CTBA-BIO-E-002（现场老化试验）

（续表）

工程处理/诱饵系统		
	方案	老化试验
实验室试验	XP X 41-543-1	无
现场试验	XP X 41-543-2	无
废物处理		
	方案	老化试验
实验室试验	FCBA-BIO-E-38	无
现场试验	FCBA-BIO-E-39	无

2.2.2 欧盟植物保护产品法规

《欧盟植物保护产品法规》[*Plant Protection Products Regulation*，（EC）No 1107/2009]简称PPP，于2011年6月14日生效，取代了欧盟理事会第79/117/EEC和91/414/EEC号指令。这是欧盟关于植物保护产品的授权、投放市场、使用和控制的法规，涉及农药使用、有害物质评估及其数据共享等问题，确保对人类健康和环境的高度保护，通过协调这些规则，改善内部市场和农业生产的运作。

该法规规定了其关于植物保护产品及其活性物质、安全剂、增效剂、配制剂、佐剂的范围，并进行严格的审批和限制。法规给出了残留物、制剂、植物产品、有害生物、非化学方法、转基因生物、良好植物保护规范、良好实验室规范、数据保护等术语的定义。该法规还规定了活性物质的批准标准，基于功效、诱变性、致癌性、再生毒性、内分泌干扰性质、持久性和生物累积等性质进行评估，以及评估的批准程序。首次批准期限不得超过10年。同时，为了对农药销售和使用情况实行全程可追溯管理，法规规定农药的生产商、供应商、经销商和进出口商需要保留农药产品进销货记录5年，而专业施药人员需要保存农药使用记录3年；使用记录应包括产品名称、使用时间、使用量、施用区域和作物种类；成员国应进行监督和管理，在公开数据库中保存所有授权和撤回的植物保护产品的最新清单。

在欧盟，农药登记分为2个层次，即有效成分登记和产品登记。前者由欧盟委员会授予许可，后者由各成员国授予许可。有效成分在欧盟统一登记后，各成员国同时生效。第1107/2009号法令中引入了比较评估和产品替代机制，当存在更安全的替代品时，包含特定有效成分的农药产品的登记申请就可能被驳回。这一机制对优化农药产品结构、提高农药产品安全水平、保障人类健康和环境安全具有积极作用。

除农药登记制度之外，欧盟还建立了农药再登记制度，逐步淘汰高毒、高风险农药品种。根据欧洲理事会第91/414号指令，欧盟历时19年，对1993年7月以前市场上已经登记使用的农药产品分4批进行重新评估，至2009年3月评估结束，仅250个有效成分重新获得了登记，占评估量的26%。

2.2.3 关于内部市场服务业指令

2006年12月12日，欧盟颁布了《关于内部市场服务业指令的第2006/123/EC号欧洲议会和理事会指令》，目的是建立一个法制环境，以实现服务贸易供应商在欧盟成员国的居留自由和成员国之间服务贸易往来的自由，消除阻碍实现服务贸易统一内部市场的法律障碍，向服务贸易供应商和服务贸易用户提供必要的法律保障，建立统一的服务业市场，以提高其竞争力和活力。

该指令在取消限制居留自由的障碍、消除成员国限制服务贸易往来自由的障碍、增进成员国之间在消除障碍方面的相互信任等方面提出了相应的建议。在欧盟国家落户的服务贸易供应商，包括那些按照欧盟成员国法律成立的，在欧盟有总公司或者主要分公司的白蚁服务商、虫害服务商，都受到该法令的限制。

2.2.4 其他相关管理规定

1）农药可持续使用指令

为了降低农药的风险，欧盟制定了《农药可持续使用指令》（第2009/128/EC号指令），提出构建农药可持续使用框架的一系列措施、要求。①制订国家行动计划。以降低农药使用对人类健康和环境的风险和影响为目标，鼓励各成员国开发、推广有害生物综合防治和农药替代技术，设定量化指标、目标、措施和时间表。②实行对农药经营人员（包括零售商、技术顾问）和专业施药人员的培训与资格认证。由各成员国建立认证体系，并指定相应机构开展培训和认证工作。③农药药械认证和监督。由欧盟各成员国建立农药药械认证体系，检测农药药械。④农药施用场所限制规定，在公园和花园、运动和娱乐场所、学校和儿童活动场地、医疗设施邻近地区、水源附近应减少或者禁止使用农药，如必须使用农药，则应优先采用低毒农药品种。

第2009/128/EC号指令还提出了病虫害综合治理总则，具体如下。

（1）通过以下方式预防和/或抑制有害生物。①轮作；②使用适当的栽培技术（例如苗圃技术、播种日期和密度、套种、保育耕作、修剪和直播）；③酌情使用抗性/耐受品种和标准/认证的种子和种植材料；④平衡施肥、撒石灰和灌溉/排水的操作；⑤通过卫生措施（例如通过定期清洁机械和设备）防止有害生物的扩散；⑥保护和增强重要的有益生物，例如利用适当的植物保护措施或生产场地内外的生态基础设施。

（2）有害生物必须通过适当的方法和工具进行监测。包括实地观察、科学合理的警告、预测和早期诊断系统、使用专业资格顾问的建议。

（3）根据监测结果，专业用户必须决定是否以及何时应用植物保护措施。可靠而科学的阈值是决策的重要组成部分。

（4）如果能达到令人满意的害虫控制效果，采用生物、物理和其他非化学方法会比化学方法好。

（5）施用的农药应尽可能针对目标病虫害，对人体健康、非目标生物和环境的副作用最小。

（6）专业用户应将农药和其他形式的干预措施控制在必要的水平上，例如减少剂量、降低施用频率或局部应用。这样可以承受一定水平的植被风险，也不会引发有害生物群体抗性。

（7）如果知道某种植物保护措施会有产生抗性的风险，又需要反复使用农药来控制有害生物的水平，则应采用有效的抗耐药性策略来保持产品的有效性。这可能包括使用具有不同作用方式的多种农药。

（8）根据农药使用记录和有害生物监测情况，专业用户应检查植物保护措施的应用成效。

2）化学品注册、评估、许可和限制法规

欧盟《化学品注册、评估、许可和限制法规》［*Registration, Evaluation, Authorization and Restriction of Chemicals*，REACH，（EC）No 1907/2006］于2007年6月1日正式生效，2008年6月1日开始正式实施。注册是REACH法规下最主要的义务。企业向ECHA成功递交化学物质的注册卷宗之后，可获得一个由18位数字组成的注册号码（即REACH注册号）。未能在相应的REACH截止日期前完成注册的企业，则不能将对应产品继续投放欧盟市场。

REACH注册物质范围：投放欧盟市场超过1吨/年的化学物质；投放欧盟市场的配制品中超过1吨/年的化学物质组分；投放欧盟市场的物品中有意释放的化学物质，且总量超过1吨/年。物品中有意释放物质，指在正常或合理可预见的使用情况下有意从物品中释放的物质，通常是为了实现该物品的某种辅助功能，如橡皮中的香味物质。

REACH注册主体：欧盟境内的物质、配制品、物品生产商；欧盟境内的物质、配制品、物品进口商；非欧盟境内的物质、配制品、物品生产商，必须通过欧盟境内的唯一代表（OR）来履行注册义务。

REACH法规要求制造或进口化学物质超过10吨/年的应对其物质进行化学品安全评估（CSA），准备一份化学品安全报告（CSR），并作为注册卷宗的一部分提交。化学品安全评估包括人类健康评估、物理化学评估、环境危害评估、PBT（持久性、生物积累性和有毒性）、vPvB（强持久性、高生物积累性和有毒性）评估。物质如果符合67/548/EEC指令关于危险物质的分类标准，或被评估为PBT、vPvB物质，则该物质的化学品安全报告应附加针对所有确定用途的暴露场景、暴露评估、风险特征化。该暴露场景应以附件的形式放入安全数据表（SDS）中。

3）物质和混合物（配制品）的分类、标签和包装法规

2009年1月20日，欧盟颁布了《物质和混合物（配制品）的分类、标签和包装法规》（*Classification, Labelling and Packaging of Substances and Mixtures*，CLP，第1272/2008号法规）。CLP法规也是全球统一的分类与标签系统在欧盟的具体体现。该法规的实施标志着除了REACH法规以外，企业也需要按照CLP法规要求对物质或配制品进行重新分类、标签、包装和通报，才能投放到欧盟市场，实行对欧贸易。根据CLP法规第4条，如果物质和混合物（配制品）不符合CLP法规要求，将不能投放欧盟市场。

CLP法规实施范围涵盖了化学品（包括物质和混合物）的生产和使用环节，杀虫剂和

植物保护产品都在其涵盖范围内。几乎所有可能有危害的物质和混合物，都受CLP法规的管辖。CLP法规统一了物质和混合物的分类、标签和包装的规则，责成企业对其物质和混合物进行分类，并通报相关情况，在附件中制定了欧盟达成一致的统一分类物质和混合物列表，建立了涵盖企业通报和达成一致分类情况的分类和标签目录。

CLP法规适用对象主要有欧洲市场相关的制造商、进口商、下游用户（包括配剂师/二次进口商）、分销商（包括零售商）。企业的义务包括：①根据CLP法规对将投入市场的化学品进行分类、标签和包装，标签中应包括物质或混合物供应商的详细信息、物质或混合物的数量、危害象形图、信号词、危险说明、适当的防范说明以及补充信息。②提供并传递符合CLP法规的化学品安全数据表（SDS），一份关于化学品组分信息、理化参数、燃爆性能、毒性、环境危害性、安全使用方式、存储条件、泄漏应急处理、运输法规要求等方面信息的综合性文件。③了解与投入市场的化学品分类和标签相关的科学和技术进展情况，及时向该国主管当局提交变化信息，更新分类和标签。④当物质或混合物被分类为危险物质或含有已被分类的危险物质时，物质或混合物的生产商或进口商需要向ECHA通报其分类和标签，通报中应包含通报者的详细信息、物质的详细信息、根据CLP标准的分类、指定浓度限制、M因子及其说明、标签元素。⑤收集、提供并保存供应的化学品至少10年内的所有分类和标签相关信息。

欧盟白蚁防治技术及管理标准

2.3.1　有害生物管理服务的要求和能力

欧洲标准EN 16636《害虫治理服务、要求和能力》规定了有害生物管理服务的要求和能力，于2015年1月10日获得欧洲标准委员会（European Standards Institute，CEN）批准。实施该欧洲标准的国家和地区：奥地利、比利时、保加利亚、克罗地亚、塞浦路斯、捷克、丹麦、爱沙尼亚、芬兰、北马其顿、法国、德国、希腊、匈牙利、冰岛、爱尔兰、意大利、拉脱维亚、立陶宛、卢森堡、马耳他、荷兰、挪威、波兰、葡萄牙、罗马尼亚、斯洛伐克、斯洛维尼亚、西班牙、瑞典、瑞士、土耳其和英国。

为了保护公共卫生、财产和环境，该欧洲标准规定了专业病虫害管理服务需要满足的能力和要求。该欧洲标准适用于负责提供有害生物管理服务的人员，包括评估、建议、执行预防和控制程序。该标准规定的要求适用于其活动属于此范围内的任何服务提供者，不适用于田间作物保护、日常清洁和消毒领域的服务。

有害生物管理专业服务提供者应制订并提供有害生物管理计划。计划要考虑客户的具体环境情况、影响和风险，包括必要的预防和/或控制措施，保持良好的卫生和环境条件，并避免病虫害的扩散；与客户商定实施控制的流程，并提供控制过程中每一步的详细记录；提供关于所进行的服务的报告，并评估在多大程度上已经实现了病虫害管理计划中确定的目标，以及对客户后续行动的建议，以确保后期服务。

该欧洲标准规定了详细的专业服务流程（见图3-8）。

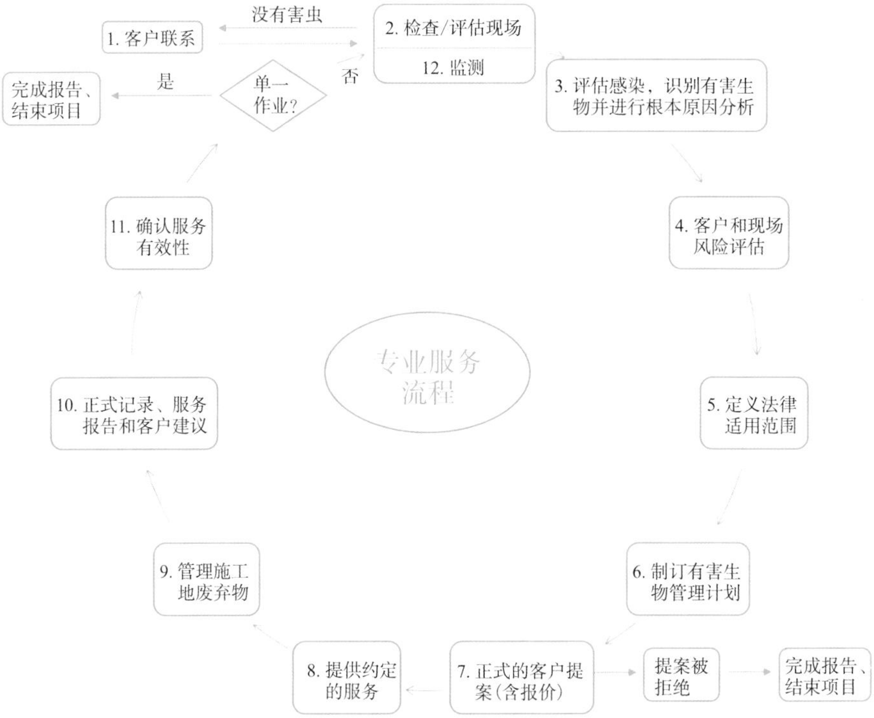

图3-8　有害生物管理专业服务流程

1）客户联系

专业服务提供者应记录客户的申报要求，提出服务的选项，记录相关的风险因素或客户要求，例如客户业务类别，资产的性质、价值、位置等。

2）检查/评估现场

由专业人员进行全面评估，以确定是否存在有害生物活动或是否存在入侵的可能，并将结果解释给客户，再设计或实施防治方案。评估时应根据客户要求对情况进行诊断，并包括：①检测和鉴定有害生物种类；②评估其存在的程度和分布；③评估有利于进一步扩散的促成因素；④制定为减轻污染、侵染或再侵染进一步扩散的风险而采取的措施；⑤审查和评估以前的检查、治疗和干预措施的有效性。

3）评估感染，识别有害生物并进行根本原因分析

当检测到有害生物活动时，应由符合附件A和条款6所定义的合格人员进行彻底评估。在制定或实施任何干预方案之前，应将结果记录并解释给客户。评估应提供对现场情况的诊断，并至少应包括：①检测和确定任何有害生物，并评估其存在的程度和分布情况；②鉴定可能的或存在的有害生物；③评估有利于进一步扩散的促成因素；④确定预防措施，包括减轻进一步感染风险所需的客户纠正措施（在建议中应区分客户采取纠正措施或修改当地做法的责任）；⑤审查和评估以前的检查、治疗和干预措施的有效性。应特别

注意并记录客户未能按照以前在其责任范围内指定的建议采取行动的情况以及对目前侵扰的持续影响。

在确认有害生物存在的情况下，专业服务提供者应做出一切合理的努力，建立和追踪可能的病虫害来源。这些发现应在正式建议、设计预防和治疗策略中考虑。

4）客户和现场风险评估

业务部门需要遵守第三方规范，专业服务提供商应能够理解这些规范有助于满足客户的要求。服务提供者应根据客户健康、资产和环境的潜在威胁来确定其响应和建议。

在考虑替代治疗策略时，有害生物管理公司或组织应考虑：①由场地的性质和结构、环境和位置、现场进行的活动等需求引起的影响；②客户对风险的态度（即有害生物的性质、存在和/或扩散的可能性，以及这种存在对客户的潜在后果的实际评估）；③干预对环境和非目标物种的潜在影响。

5）定义法律适用范围

技术责任人应正式建立适用的规定，然后为客户选择适当的控制策略，纳入病虫害管理计划。不同的控制情景受欧洲不同规定的限制。

6）制订有害生物管理计划

在上述1）～5）的要求完成后，专业服务提供者应提出病虫害管理计划。该计划应确定适当的策略、行动时间表，并考虑到客户/行业的类型以及相关的当地因素。

此外，客户应被告知可能影响防治措施效果的行为。可能的情况包括：①在场地评估期间，若没有发现有害生物，内部环境良好（即条件不利于害虫的扩散），应继续进行定期监测，以保证诊断结果。②在现场评估期间，若没有发现有害生物，但内部或外部环境可能有助于虫害发生，专业服务提供商应从以下方面提出建议：结构与施工方法、当时的卫生条件和环境、对客户进行培训、直接对外部的害虫进行控制。③在场地评估过程中发现有害生物，应使用上述②的方法行动，以及直接控制室内有害生物的方法。

在确定适当的控制方法时，应遵循有害生物综合管理的原则，并针对每种有害生物，考虑以下策略或进行合理的组合：①栖息地改变；②生物控制；③物理控制；④化学控制。

选择控制方法时，应考虑：①对当地环境的风险；②污染周边环境的可能性，例如农业土壤或地表水；③非目标动物的初次和二次中毒的可能性。

7）正式的客户提案

服务提供商要在开始服务之前验证客户信息，按逻辑顺序向客户提交2）～6）最相关的调查结果，并详细说明拟定的有害生物控制服务策略及其原理，应酌情包括以下要素：①现场感染的风险（存在和可能性）；②在调查中检测到的节肢动物、啮齿动物和其他脊椎动物物种的鉴定和资料；③所述物种的可能来源和具体位置；④评估污染/虫害蔓延程度及其在客户现场分布的程度；⑤告知客户与感染存在相关的潜在风险；⑥影响有害生物接近或扩散的因素，包括现场条件、结构、卫生、工作实践，确保将正确的信息提供给客户；⑦拟定的控制策略的描述和干预方法的细节，包括在需要的地方恢复现场卫生条件的额外步骤；⑧描述拟定的预防策略，详细说明方法和客户的责任；⑨评估是否需要获得外部援助（例如请求市政服务机构批准进入外部污水渠）；⑩对治疗策略的影响进行风险评估以及部署；⑪与现阶段具体情况有关的其他技术信息资料，确定紧急环境下的纠正措施，关于未来由客户或服务提供者进行的技术控制和预防措施；⑫客户签名接受和批准进行报价。

正式客户提案应包括后续行动，以确保服务有效，不需要进一步处理。

8）提供约定的服务

专业服务提供商应提供以下服务：①选择适当的控制方法，必要时使用适当的活性成分和制剂；②使用合适的施工方法；③正确的储存和运输。

9）管理施工地废弃物

专业服务提供者应处理好废弃物，避免对环境、人和非目标物种造成不利影响。服务提供者应根据当地和欧洲相关立法和行为准则行事。废弃物包括没有用的和需要处置的动物粪便、鸟粪、材料和设备（包括但不限于废饵、捕集器、农药容器、包装和灯泡）。

10）正式记录、服务报告和客户建议

（1）内部记录。专业服务提供者应保存有关病虫害管理计划和服务的记录，包括以下内容：客户名称和地址；提供的服务的日期、时间和类型；所用产品的名称、使用的数量、方法和应用领域；向客户推荐的纠正/预防措施的细节；以前向客户提出的建议的进展情况；专业用户的身份。

（2）服务报告和建议。专业服务提供者应按约定的时间向客户发送报告。报告应包括但不限于以下内容：服务提供者的身份；客户名称和地址；确认约定的服务已经完成，并报告任何偏差；提供服务的日期、时间、类型，包括使用的产品的记录和应用的面积；客户应采取的避免病虫害再发生的行动建议；再进入处理区域的时间。

11）确认服务有效性

专业服务提供者根据和客户商议的项目目标完成情况，确认服务的效果，这可能还包括客户或专业服务提供商要完成的行动建议。成功完成服务后，转入监控或常规服务合同。

12）监测

对于常规服务合同，专业服务提供商应向客户建议适当的监控次数。专业服务提供者应记录每次访问的结果，并在发现有害生物活动证据的情况下，根据专业服务流程提出适当的干预措施。

该标准还有4个附件：附件A指出了提供害虫综合治理服务的各类人员需要的能力、技能和知识。附件B关于服务领域。附件C列出了欧洲常见害虫，木材害虫主要有7种/类，包括地下白蚁 *Rhinotermitidae*、木白蚁 *Cryptotermes* sp. 和 *Kalotermes* sp.。附件D是环境清单，指明了病虫害管理服务不同步骤对不同环境要素的影响。

害虫综合治理服务的领域共有4个，其中，资产保护领域包括木材、木制品和其他材料（包括建筑物和鸟类控制）的保护，与白蚁相关，同时要遵守欧盟第528/2012号法规产品PT8和PT10的规定。

2.3.2　木材防腐剂标准

防治白蚁是木材防腐剂的重要目的之一，EN 117和EN 118是两份关于木材防腐剂的重要欧洲标准。EN 117是一种用于木材防腐剂对欧洲白蚁 *Reticulitermes* 物种的毒性值的测定方法。EN 118是测定药物对散白蚁预防作用的实验方法。

1）一种用于木材防腐剂对欧洲白蚁 *Reticulitermes* 物种的毒性值的测定方法

EN 117［《测定木材防腐剂对欧洲白蚁 Reticulitermes 物种的毒性值的方法》（*Wood preservatives-Determination of toxic values against Reticulitermes species* （*European termites*） （*Laboratory method*）］于2012年9月24日由CEN批准。该标准描述了一种实验室测试方法，为评估木材防腐剂对欧洲白蚁 *Reticulitermes* 物种的有效性提供了依据，确定用木材防腐剂进行浸渍处理完全防止白蚁侵袭的浓度。该实验室方法提供了评估产品价值的一个标准。如果有其他测试的结果补充会更好，尤其是实际使用情况。

该标准还有3个附录：附录A为测试报告示例。附录B为白蚁培养方法的实例。附录C为化学/生物实验室内的环境、健康和安全预防措施等内容。

2）测定药物对散白蚁预防作用的实验方法

EN 118［《测定木材防腐剂对散白蚁预防作用的实验方法》（*Wood preservatives-Determination of preventive action against Reticulitermes species*（*European termites*）（*Laboratory method*）]于2013年9月22日获得CEN批准。该标准描述了一种实验室测试方法，将防腐剂用于木材的表面处理时，评估木材防腐剂的有效性。

该标准的适用范围、试验准备、试验方法与EN 117相似，主要区别是白蚁和试样的放置装置（见图3-9）。

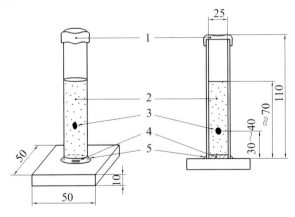

图3-9　测试装置(单位：mm)
1-盖帽；2-底物；3-木片；4-插入盘；5-黏合剂

2.3.3　白蚁相关标准信息汇总

标准化在统一欧洲内部大市场方面发挥了至关重要的作用，并随着欧盟经济的发展不断改革完善，因此，欧洲标准化有效地消除了技术性贸易壁垒，实现了市场内商品的自由流通，对欧洲经济的发展、保持和提高欧盟在全球经济的竞争力等作用巨大。欧洲标准化的经验是先进的，也是成熟的。这些先进的、成熟的经验基本代表了当今标准化管理和发展的方向。

2012年10月25日，欧洲议会和欧盟理事会通过关于欧洲标准化的第1025/2012号法规。它是欧洲议会和欧盟理事会对欧洲标准化政策的一次重要调整。该法规提议：加强与欧洲标准化组织之间的合作，推动消费者、小企业、环保及社会团体参与欧洲标准化工作；认可现有的全球信息通信技术规范，至少保证欧盟公共采购时的互相兼容。第1025/2012号法规是深刻总结欧洲技术法规和标准化的产物，激发欧洲标准化组织的多元化竞争和发展，提升欧盟技术法规的质量和活力，从而引发欧盟国家技术法规和标准化的新思维和新变革。

虽然目前欧洲技术法规体系和欧洲标准化针对白蚁及其防治的内容不多（见表3-8），但随着社会的发展，相关的内容也会逐渐完善。

表3-8　欧盟及欧洲国家有关白蚁的标准

标准号	标准名称
EN、ENV：欧盟标准	
EN 16636	*Pest management services–Requirements and competences* 有害生物管理服务—要求和能力
EN 117	*Wood preservatives–Determination of toxic values against Reticulitermes species（European termites）（Laboratory method）* 测定木材防腐剂对欧洲白蚁 Reticulitermes 物种的毒性值的方法
EN 118	*Wood preservatives– Determination of preventive action against Reticulitermes species（European termites）（Laboratory method）* 测定木材防腐剂对散白蚁预防作用的实验方法
EN 844–11	*Round and sawn timber–Terminology–Part 11：Terms relating to degrade by insects* 圆木和锯木—术语—第11部分：与昆虫引起的降解有关的术语
EN 14128	*Durability of wood and wood–based products–Performances criteria for curative wood preservatives as determined by biological tests* 木材和木制产品的耐久性—由生物测试确定的治疗性木材防腐剂的性能标准
EN 599–1	*Durability of wood and wood–based products–Efficacy of preventive wood preservatives as determined by biological tests–Part 1：Specification according to use class（includes Amendment A1：2013）* 木材和木材产品的耐久性—通过生物测试确定的预防性木材防腐剂的功效—第1部分：根据使用领域的要求（包括修改A1：2013）
EN 599–2	*Durability of wood and wood–based products–Efficacy of preventive wood preservatives as determined by biological tests–Part 2：Labelling* 木材和木制产品的耐久性—由生物试验确定的预防性木材防腐剂的功效—第2部分：标签

（续表）

标准号	标准名称
EN 252	*Field test method for determining the relative protective effectiveness of a wood preservative in ground contact* 确定木材防腐剂在地面接触中的相对防护效果的现场测试方法
ENV 1250-2	*Wood preservatives−Methods for measuring losses of active ingredients and other preservative ingredients from treated timber−Part 2: Laboratory method for obtaining samples for analysis to measure losses by leaching into water or synthetic sea water* 木材防腐剂—用于测量木材经处理后的活性成分和其他防腐成分的损失的方法—第2部分:获取样品进行分析以测量浸入水或合成海水中的损失的实验室方法
国家标准	
法国国家标准	
NF P03-201	*Diagnostic survey−Building inspection file relating to the presence of termites* 诊断调查—与白蚁存在有关的建筑检查文件
NF X41-542	*Wood preservatives−Anti-termite treatment product for floors, walls, foundations, and masonry work and materials−Accelerated ageing test of treated materials prior of biological testing−Percolation test* 木材防腐剂—用于地板、墙壁、地基和砌体工程和材料的防白蚁处理产品—在生物试验之前对处理材料进行的加速老化试验-渗滤试验
NF X41-551	*Termites−Determination of the effectiveness against termites of products and materials used as a barrier and designed for ground and/or walls−Effectiveness criteria* 测定白蚁防治产品效果的标准,用作屏障和用于地面和/或墙壁的产品和材料
NF X 41-543-1	*Produits de préservation du bois−Détermination de léfficacité dún système de pièges-appâts−Partie 1 : Efficacté de la formulation insecticide−Méthode de laboratoire* 木材防腐剂—诱饵捕获系统的有效性的测定—第1部分:杀虫剂配方的有效性—实验室方法
NF X 41-543-2	*Produits de préservation du bois−Détermination de léfficacité dún système de pièges-appâts−Partie 2 : Efficacté du système−Méthode de terrain* 木材防腐剂—诱饵捕获系统的有效性的确定—第2部分:系统有效性-现场方法
NF X 41-543-3	*Critères de performance des essais pièges-appâts* 诱饵试验的性能标准
NF X 41-550	*Termites−Determination of the effectiveness against termites of products or materials used as barrier designed for ground and/or wall−Laboratory method* 白蚁—确定用于地面和/或墙壁的屏障产品或材料防治白蚁的有效性—实验室方法
NF P 21-204-1	*Construction de maisons et bâtiments à ossature en bois−Partie 1 : Cahier des clauses techniques+Amendement A1* 用木框架建造房屋和建筑物—第1部分:技术条款+修正A1
NF EN 335	*Durabilité du bois et des matériaux à base de bois−Classes d'emploi : définitions, application au bois massif et aux matériaux à base de bois* 木材和木材材料的耐久性—工作类别:定义,实木和木质材料的应用

（续表）

标准号	标准名称
NF B 50-100-4	*Durabilité du bois et des matériaux dérivés du bois-Définition des classes de risque d'attaque biologique-Partie 4：Déclaration nationale sur la situation des agents biologiques* 木材和木质材料的可持续性—生物危害危险等级的定义—第4部分：生物制剂状况国家声明
NF P 03-200	*Agents de dégradation biologique du bois-Constat de létat parasitaire dans les immeubles bâtis et non bâtis：Modalités générales（indice de classement：P03-200）* 木材生物降解剂—建筑和无家具建筑物寄生状态观察：一般条件（分类指标：P03-200）
CTBA-BIO-E-001	*Epreuve de vieillissement naturel des murs traités* 墙体处理的自然老化试验
CTBA-BIO-E-002	*Epreuve de vieillissement naturel des sols traités* 土壤处理的自然老化试验
CTBA-BIO-E-007	*Evaluation de léfficacité anti-termite dúne barrière placée en milieu alcalin* 评估放置在碱性介质中的屏障的抗白蚁效率
CTBA-BIO-E-008/2	*Evaluation de léfficacité anti-termite dúne barrière physico-chimique-Essai de terrain-Dispositif sans dalle de béton* 评估物理化学屏障的防白蚁效率—现场测试—无混凝土板的设备
CTBA-BIO-E-008/3	*Evaluation de léfficacité anti-termite dúne barrière-Essai de terrain-Dispositif avec dalle de béton* 评估屏障的防白蚁效率—现场试验—混凝土板的装置
CTBA-BIO-E-016	*Version 2：Exposition de barrières physico-chimiques anti-termites aux rayonnements solaires* 版本2：防白蚁的物理化学屏障暴露在太阳下
FCBA-BIO-E-038	*Evaluation de léfficacité dún traitement insecticide des déchets de démolition infestés par les termites-Essai de laboratoire* 评估杀虫剂处理白蚁侵染的废物的功效—实验室试验
FCBA-BIO-E-039	*Evaluation de léfficacité dún traitement insecticide des déchets de démolition infestés par les termites-Essai de terrain* 评估杀虫剂处理白蚁侵染的废物的有效性-实地试验
FCBA-BIO-E-041	*Critères de performance des méthodes déssais CTBA-BIO-E-×× et FCBA-BIO-E-××* 测试方法的性能标准CTBA-BIO-E-××和FCBA-BIO-E-××
UNE：西班牙国家标准	
UNE 56418	*Protocol of action in urban areas affected by subterranean termite attacks* 针对地下白蚁袭击影响的城市行动议定书
UNI：意大利国家标准	
UNI EN 350	*Durability of wood and wood-based products-Testing and classification of the durability to biological agents of wood and wood-based materials* 木材和木制品的耐久性—对木材和木质材料生物制剂的耐久性的测试和分类

（续表）

标准号	标准名称
UNI EN 599-2	*Durability of wood and wood-based products-Efficacy of preventive wood preservatives as determined by biological tests-Part 2: Labelling* 木材和木制品的耐久性—通过生物试验确定的预防木材防腐剂的功效—第2部分:标签
BS:英国国家标准	
BS 5707	*Specification for preparations of wood preservatives in organic solvents* 有机溶剂的木材防腐剂制备规范
DIN:德国国家标准	
DIN 68800-4	*Wood preservation-Part 4: Curative treatment of wood destroying fungi and insects and refurbishment* 木材保护—第4部分:修复治疗受真菌和昆虫破坏的木材和翻新

欧洲各国白蚁防治管理情况

欧洲各国白蚁防治工作主要由各国的害虫管理协会负责。各国的害虫防治协会代表了各国害虫防治服务的企业和组织，以及害虫防治产品和设备的生产商、经销商，对各国的害虫防治企业机构、防治产品的生产商和经销商进行管理，制定标准或法令（如准入标准、技术标准等），对符合标准的会员提供专业的技术培训，同时也引导人们寻找合适的专业害虫防治服务（如危害评估、服务的机构等）。

2.4.1 法国

法国是欧洲地区对白蚁问题最为重视的国家，有针对白蚁的法律、监管法令、标准。

1）主要法令

1999年6月8日，法国议会通过了第99-471号法令，这是一部关于白蚁的法令。第99-471号法令对防止建筑物或开发工作中使用的结构木材和结构木材材料的白蚁危害提出了两种措施。①使用的木材和衍生的材料为：a. 天然抗白蚁；b. 已进行适当的防白蚁处理，且保证疗效在10年或以上；c. 若以上条件都不能满足，则以可见的方式在合适的区域中实施，或者可以进行视觉检查，并在必要时进行治疗和/或更换。②应使用能够阻止白蚁从地面通过框架的装置，如物理化学屏障、物理屏障、可控施工装置。此后，法令经过多次修改和完善，一开始主要关注受到白蚁侵害的地区以及防治工作，从2006年5月起，按照第2006-591号法令修改，对新建筑和翻新工程进行了规定，将新建筑的保护纳入考虑范围。

第2006-591号法令主要内容有以下几点。①针对的要素。只涉及参与建筑结构的要素，如框架、地板、垂直结构墙等。②自然耐用木材。使用几乎没有害虫危害的木材，最好不要使用边材。③对木材和其他衍生材料的保护处理。当天然耐久性不足或木材与边材一起使用时（实际上经常是这种情况），有必要用生物杀灭产品（符合杀菌条例）或具有防止昆虫侵袭的处理程序。④非抗性和未经处理木材的使用条件。在结构中的位置允许直接观察，根据需要更换或治疗。⑤颁布了地方法令的部门。目前，有50个部门是地方法令的主体。⑥土壤与建筑物之间的补充措施。仅涉及地下白蚁，因为地下白蚁群体在地下，可迁移到地面/建筑界面来袭击建筑物（通过水泥接头、储备管道或管道周围的空间、混凝土板的裂缝等）。⑦物理化学屏障。设备由物理介质组成，其中或在其上放置了符合"杀菌法规"的生物杀灭产品，通过致死性或趋避性的杀虫剂产生屏障效应，在不久的将来，这些技术将需要根据"杀菌规则"的要求进行营销授权（AMM）。⑧物理障碍。a.制造的物理障碍物：这些装置由能够阻碍白蚁通过的材料制成，目前法国有几种由钢网组成的技术；b.作为物理障碍的施工设备：这些是建筑装置，其材料和结合体的实施使它们构成对白蚁的不可逾越的障碍。⑨可控施工装置。这些是建筑物在土壤/建筑界面的区域，可通过直接观察来检测白蚁的装置。这些设备不保护框架，但可以识别攻击的开始，从而预测白蚁的情况，建议定期访问（白蚁存在区域每年一次，可能受到污染的地区每两年一次）。

2）其他相关监管法令

——1999年6月8日，保护购买者和业主的建筑物免受白蚁和其他食木害虫危害的99-471号法令。

——2000年8月10日，在建筑物中明确有关白蚁寄生状态模型的法令。

——2005年6月8日，关于住房和建筑的第2005-655号条例。

——2006年6月27日，关于《建筑和住房法》第122-2条和第112-4条适用的法令。

——2006年7月13日，关于国家住房承诺的第2006-872号法规。

——2006年9月5日，关于房地产技术诊断和改善建筑和住房公共卫生的第2006-1114号法令。

——2006年10月30日，确定自然人执行与建筑物中存在白蚁有关的声明、技能认证标准和认证机构认证标准的法令（2009年12月14日法令、2011年12月7日法令）。

——2006年12月21日，关于技术诊断及建筑和住房规范的第2006-1653号法令。

——2007年3月29日，确定与白蚁存在有关的建筑物条件的模式和实现方法的法令。

——2010年2月16日，修改2006年6月27日《建筑和住房法》第112-2至第112-4条的法令。

——2014年11月28日，修改2006年6月27日《建设和住房法》第112-2条至第121-1条的法令。

3）相关国家标准

—— NF P 21-204-1（DTU 31.2）（1998年2月）：用木框架建造房屋和建筑物—第1部分：技术条款＋修正A1。

—— NF EN 335（2013年5月）：木材和木材材料的耐久性—工作类别：定义，实木和木质材料的应用。

—— NF B 50-100-4（2007年10月）：木材和木质材料的可持续性—生物危害危险等级的定义—第4部分：生物制剂状况国家声明。

—— NF P 03-200（2003年4月）：木材生物降解剂—建筑和无家具建筑物寄生状态观察：一般条件（分类指标：P03-200）。

—— NF P 03-201（2012年）：技术诊断——有关白蚁存在的建筑状况。

4）管理机构情况

法国木材与家具技术研究院（FCBA）是根据专业人士的要求于1952年创建的研究和技术设立机构。FCBA作为工业技术中心，主要使命是促进木材工业各个领域的技术进步、业绩提高和行业质量保证。其范围包括与森林、纸浆、木材和家具相关的所有行业：林业、纸浆、伐木/森林开发、锯木厂、木制品、木工业、框架、木镶板、家具、包装和各种产品的生产商，也适用于这些行业的供应商。FCBA主要有三方面的工作。①向企业提供专业知识和技能：咨询、技术援助、测试、培训、信息等；②帮助行业在欧洲领域处于领先地位：标准化、质量先进和技术先进；③获取、集中、管理、传播科学和技术信息：研发、商业智能、监测技术和法规、文献资料。FCBA的木材和家具标准化办公室指导和协调木材及其副产品和家具的标准化。标准号为FCBA-BIO-E-×××或CTBA-BIO-E-×××。

鉴于白蚁的生物学和社会行为，FCBA认为只有经验丰富的专业人士才能做好白蚁防治并提供持久的保护。因此，自1960年以来，FCBA一直在为木材加工公司和其他材料，特别是那些专门从事白蚁控制的公司发行CTB-A＋服务认证（http://www.ctbaplus.fr）。CTB-A＋是向法国和海外属地分发的木材加工公司和其他材料的服务认证，CTB-A＋认证是一项自愿举措，确保消费者和公共机构的信任和认可得到真正的保证。任何认证公司致力于以下几个方面。①商业道德：a.遵守有关规定；b.关于防治的一般条款和条件的信息；c.向客户提供详细的服务工作报告，可靠和完整的问题诊断，并根据CTB-A＋要求进行详细估算；d.严格执行报价，按照与客户达成协议的操作。②员工能力：培训和能力认证。③干预的质量：使用CTB-A＋的技术方法，确保服务的有效性（见图3-10），使用CTB-P＋认证的产品（见图3-11）。④售后服务质量：通过在服务期间保留客户端文件来保证服务的可追溯性。⑤符合健康环境要求：对环境的影响限制在认证要求内。对认证公司有

图3-10 只有CTB-A＋认证公司　　　图3-11 只有CTB-P＋认证产品的制造商
　　　才能使用的品牌标识　　　　　　　　才能使用的标识

3个级别的要求。1级：遵守规定（先决条件）和实施良好做法（客户信息和员工培训）；2级：建立限制废物生产的手段和使用杀生物产品的影响；3级：全面深化和优化的不同标准。每个公司的质量证书，每年可续期。

根据FCBA要求的白蚁防治手段和处理方式，分三种情况。

（1）新建筑物的保护。执行2006年6月27日法令规定的措施，该法令在2010年2月16日修订了关于适用建筑和住房规范的第112.2条至第121.1条。该法令适用于根据《建筑和住房法》第L条第135.5条做出的地方性命令。在实践中，保护装置涉及建筑结构的木材、木材材料、地面和框架之间的界面。

（2）现有物业的治疗措施。为了消除已经存在于建筑物内（或在现场或其他地方的财产）的白蚁，使用两种技术：杀虫剂屏障或杀虫剂诱饵捕集器。

（3）对现有物业的预防性处理。为了保护现有的建筑物免受白蚁的攻击，尤其是当被保护的财产在受侵害的地区时。目前，只有实施杀虫屏障系统才能保护现有的财产免遭白蚁袭击。

CTB-A＋关于白蚁防治的条款如下。

（1）特殊技术条款（CCTP）。有针对新的和现有的建筑物两方面的条款，如保护新建筑免受白蚁侵害、通过化学屏障进行地下白蚁处理、陷阱地下白蚁铸造处理等。

（2）一般规定、法令等文献资料。内容包括：白蚁调控；防治白蚁；白蚁对施工的监管；《建筑和住房法》中的某些条款修改；保护新建筑免受地下白蚁的侵害；界定白蚁污染地区的新命令；技术和法规指南《在土壤安装界面的白蚁预防》；生态可持续发展和能源部关于白蚁/ILX法规知识的新公告；建筑物白蚁方面的管制；新建筑物防白蚁的保护采用新的法令：树脂的实施；有关应用TERMITES法令的白蚁指南；建筑和人居守则——保护新建筑不受白蚁侵害的义务，也包括所有延伸或翻新的建筑；CTB-A＋所出具的针对建筑木材及其他材料处理公司的证明等。

总的来说，法国CTB-A＋十分重视建筑物白蚁的防治，考虑到建筑物本身和周边环境、建筑物的类型、建筑物的材料等，提供相关技术服务的公司应承担的义务、采用的技术手段、选用的产品等，重视白蚁工作中的记录，包括检查记录（服务记录、售后服务等）。

2.4.2　意大利

意大利消防企业家协会（ANID，http：//www.disinfestazione.org）是国际纪律协会的成员、CEPA执行委员会的一部分。主要目的是保护防治企业的利益，提供必要的法律事务协助，对工程技术人员进行专业培训和辅导，向消费者提供专业知识和服务指引。

根据ANID的法规，协会有以下事项：①正式认证国家消协消防公司的会员资格；②在欧洲，与其他国家同类别协会合作，具有充分的代表权；③提高企业提供的服务质量，实施认证体系；④为行业提供培训活动，以获得最佳质量标准；⑤促进企业联合或综合型企业的建立；⑥有权设立调解和仲裁小组处理关联公司之间的利益冲突；⑦有权设立、参与或贡献基金会和/或专门机构和/或公司；⑧代表任何政治机关、管理机构、办公室或委员会，参与与该部门有关的问题和议题的会议讨论；⑨代表和协助员工解决与其劳动有关的问题；⑩对所开展活动的各个方面提供一切可能的援助；⑪培养和发展员工团结精神；⑫传播具体的研究成果和出版物，鼓励沟通和对部门问题的了解；⑬与员工和整个行业的活动相关的数据收集和处理。

该协会包括从事消灭、消毒、减少病虫害活动的公司以及境内进行相关活动的公司。"消灭"是指消除负责传播病原体的载体的环境的活动和过程。"消毒"是指消除或控制所有不需要的、致病和非微生物对象的化学和/或物理活动和过程。协会还包括生产企业，制定相关产品的生产、交易、设备、用品和服务的公司的标准。

2.4.3　英国

英国害虫防治行业协会（BPCA，https：//bpca.org.uk）关注影响大众健康的害虫的管理和消除，提供害虫防治的建议与指导，引导大众找到合适的专业的害虫治理服务和公司，还规范了相关公司、服务的专业标准、准入标准等，有一套标准体系，符合标准的公司企业会有BCPA会员标志。对于白蚁，BPCA的官方意见是：白蚁是热带和亚热带木建筑的主要害虫，但随着全球变暖，可能会在英国南部出现。如果人们发现白蚁，建议联系当地的相关部门进行灭杀，也可以在官网上查询当地值得信任的害虫防治公司来获得服务。

2.4.4　德国

德国病虫害管理协会（DSV，http：//www.dsvonline.de）是害虫防治企业的联盟，只有符合德国有害生物控制法律法规要求的公司才能被纳入DSV。DSV提供专业的害虫防治知识和质量保证，管理相关的企业，促进企业发展，同时也为群众提供专业的害虫处理方案。如果群众发现害虫危害，可在官网寻求专业的帮助，不建议自行解决。

2.4.5　西班牙

西班牙全国害虫控制公司协会（ANECPLA，http：//www.anecpla.com/inicio）代表西班牙有害生物控制服务业的组织，为有害生物防治技术人员提供专业的培训，保护企业员工利益。协会对害虫控制公司的要求：①公司必须在农药/杀菌剂企业和服务的官方注册簿中注册。②技术人员必须进行官方培训，获得官方专业认证。③公司所使用的产品必须经卫生部注册和授权。④公司提供服务时，首先，需对客户进行情况诊断，告知客户有害生物的种类、密度和纠正措施；其次，通知客户将使用的产品、安全措施（如果有的话）和耐久性；最后，应该提供有关消除有害生物所需的防治次数，保证服务的覆盖情况。ANECPLA还发布了《病虫害控制服务承包指南》。该指南旨在对公共或私营部门设施的卫生负责，通报综合虫害管理，并确定雇用有害生物防治服务公司时应考虑的标准。该指南建议，在评估病害虫防治服务的质量时，除经济标准外，还必须考虑其他准则，如符合现行规定的要约、承包商有竞争力的价格等，以保证最高质量的有效服务。

2.4.6 葡萄牙

葡萄牙化学和制药商协会（http：//www.groquifar.pt）主要在制药科、农化部、兽医科、化学部、害虫防治司五个领域进行活动。害虫防治司致力于监测和消除城市虫害，任何从事进口、出口和分销药品、农药、兽医、化学杀虫剂、杀虫剂或在国内提供城市害虫防治服务的自然人或法人需遵守协会章程和相关法规规定的职责。协会的目的：代表成员公司，协助他们研究和解决化学品和药品进出口问题，捍卫其合法利益，促进相关企业公平发展；与政府和官方实体进行干预行动；加强和扩大与公共行政组织的关系，维护成员利益；促进和提出有关协会各部门关心事项的立法建议；促进相关企业之间的团结和支持，以期更好、更有效地行使共同权利和义务；代表公共行政部门的成员公司、其他类似或非国家或外国协会和代表机构的工作人员，促进部门和国家的社会经济发展和解决共同的问题；对相关公司提供足够的支持服务；向其成员提供信息服务；举行座谈会、会议等活动；与其他经济实体建立信息交流，寻求相关利益问题的解决方案；开展相关领域的职业培训行动；在技术、立法和文献层面建立数据库；等等。

3　欧洲白蚁防治技术研究

概述

3.1.1　应用研究

1）白蚁物理预防技术

物理屏障法预防效果较好的材料类型有砂粒、火山岩粒、玄武岩粒、花岗岩粒、粗煤炉渣、玻璃碎粒等。德国曾用直径 0.5～3.5mm 的玻璃碎粒预防 *Reticulitermes santonensis* 等白蚁。

声波处理法为白蚁物理屏障预防的方法之一。应用不同频率、不同能量的声波和超声波照射西兰松上的北美散白蚁，分析其行为反应。频率为 500kHz 超声波可抑制白蚁的取食行为，频率 80Hz 的声波改变了白蚁行为，导致其取食减少及发生不可逆的生理反应。

2）白蚁化学预防技术

在过去十年中，大多数欧洲国家的环境压力加大的背景下，木材保护的方法也发生了极大变化。生物杀灭产品指令（BPD）和生物产品法规（BPR）等越来越多的法律法规限制，促进了更环保的防腐配方和热处理、化学改性等非生物替代品的发展。欧洲白蚁化学预防报道中，木材处理驱避白蚁的研究占有较大的比重。热改性是改善木材的耐久性和尺寸稳定性的一种方法，但 5 种欧洲工艺热改性的木材是不能有效地提高抗白蚁攻击性，限制了其应用。而木材改性综合处理技术开辟了在地中海地区预防控制白蚁的一条新途径。

南欧海松木经强化处理后可显著增强对白蚁的抗性，且在强化处理之后进行热处理，抗白蚁效果更显著。

虽然仅用硼酸（BA）溶液处理的胶合板对白腐菌和白蚁的侵蚀有较好的抗性，但轻度淋浸即导致木材耐用性降低。而经过单宁-硼复合物处理的面板（三聚氰胺-尿素-甲醛黏合），用 20% 的单宁获得了良好的结果，在淋浸试验后表现出对白蚁等生物攻击的高抗性能。硼砂（2% 或 4% 的硼酸）与 10% 聚甘油酯浸渍前 220℃ 热处理，可以提高热改性木材接触面，是白蚁感染地区热改性材料利用的一种有价值的解决方案。

甲基丙酸琥珀酸处理的木材可有效地抵御北美散白蚁的危害，使木材更加经久耐用。乙酰化木材和树脂改性木材均可增强了耐用性能，也表现出良好的抗白蚁特性。野外长期测试显示，5.0kg/m³以上铜与1.0kg/m³以上羟基吡啶硫酮的混合物，具有与5.6kg/m³铬化砷酸铜同样的抗白蚁特性。根据EN 117标准测试显示，乙酰化木材和乙烯脲化改性木材表现出良好的抗白蚁特性，但是其中木材浸析处理会导致木材糠基化改性，丧失对白蚁的抗性。

依据实验室测试标准EN 117和EN 84，评估了酚醛改性欧洲赤松木材对地下白蚁的抗性。木材试样经2％酚醛树脂改性处理，有处理的样品对白蚁的抗性高于未处理组，改性木材的白蚁死亡率为100％。PF树脂处理显著降低了白蚁的拒食活性和造成的质量损失。此外，纳米CuO和纳米B₂O₃处理均是有效果的，而纳米ZnO和CeO₂导致白蚁抗性减弱。

植物源材料用于白蚁化学预防。由异龙脑、雪松油及椰子提取物等组成的制剂对白蚁 *R. antonensis*、弗吉尼亚散白蚁、台湾乳白蚁和中间长鼻白蚁具有驱避作用和触杀毒性。富含多酚的牛油果核提取物对欧洲散白蚁和黄颈木白蚁具有驱避作用。植物源性双环单萜龙脑应用于不同土壤类型，可成为白蚁土壤障碍的有效成分，驱避北美散白蚁2周左右而并不影响白蚁存活，但是龙脑成分随着土壤黏粒含量的增加，活性组分的生物利用率降低。蜡质能够提高木材的抗白蚁性，但是与蜡的类型与比例有关，也与白蚁的食性特点有关。

3）白蚁监测控制技术

欧洲研发报道了白蚁无线传感报警装置。白蚁的早期发现是保护欧洲高价值艺术品和木制历史建筑的关键。西班牙技术人员研发出一种超低功耗传感器装置，提出白蚁等蛀干害虫连续监测的设计。传感器的工作原理是基于白蚁引起的反射光的变化，以及处理电子行为、部件自然老化的特定处理算法。一节锂电池可持续工作超过九年，减少维修任务。传感器发送无线警报，指示木材内的白蚁活动。生物降解传感器的无线网络被安装在建筑物中进行自动化监测，形成一个完整的木材降解活动报警系统。

研究人员还进行了白蚁振动检测系统的研究。基于一种累积算法，研究人员提出了对格拉塞散白蚁的兵蚁产生的振动报警信号的一种独立成分分析法，即使在低信噪比信号下也能成功地进行检测。双谱方法提出描述时间序列的高阶统计量，为开发低成本、无创的白蚁检测系统奠定了基础。

德国开发了一种内窥镜外加X射线断层摄影设备的仪器，结合内窥镜检查和计算机断层扫描两种技术，可直接观察木白蚁在木材内部的行为。内窥镜检查用一个小灯照亮蚁巢内部，螺旋计算机断层摄影术使用X射线扫描，提供扫描截面图像，建立三维模型，然后利用模型对群体巢结构进行定量测量。白蚁生活史和行为监测对于害虫管理意义重大。这些技术有助于连续监测白蚁种群的木材消耗率。

散白蚁在欧洲多个城市构成危害，而且对城市树木危害严重。法国等地使用白蚁饵剂系统对危害城市树木的散白蚁进行了有效控制。

白蚁监测饵站的应用是白蚁监测与防治重要的方法。葡萄牙与美国的野外监测分析显示，空间变量、纤维素基质的类型是进行白蚁监测站观测的重要影响因素，纤维素和橡胶木具有较好的引诱效果。分析显示，白蚁种类生物学和应用的地理位置是重要影响因素，有助于正确评价白蚁食性及合理优化地面监测站。

英国环境部、运输部、BRE-CTTC、伦敦大学、Dow Chemical公司和格林尼治大学初始密集使用SentriTech®和Sentricon®防治白蚁危害，随后的研究停止了该饵剂的使用，研发了一种以木材为基饵、添加了真菌屏蔽剂的饵剂。

氟铃脲的应用报道较多，用于防治欧洲散白蚁、非洲培菌性白蚁等，均有较好的效果。Dow Agrosciences公司开发的氟铃脲白蚁诱饵系统提供了对白蚁在城市地区危害的解决方案。意大利的长期实践显示，白蚁饵剂系统的长期使用，可有效清除区域性白蚁的危害。拉文纳古镇15年使用氟铃脲为有效成分的饵剂监控系统，*R. urbis* 被完全铲除了。

4）白蚁化学治理技术

与美国的北美散白蚁种群比较，法国的种群对氟虫腈更为敏感，采用氟虫腈区域性清除白蚁是可能的。吡虫啉不通过交哺行为传递，其转移都是通过接触实现，最大转移发生接触后的2小时，严重抑制白蚁的移动和摄食活动。吡虫啉毒土处理预防白蚁，因土壤性状的差异，致死中时间为1.6～2.9小时。噻虫嗪对白蚁有拒食作用，但并不驱避，而是通过触杀达到效果。有学者研究了南美三种白蚁 *Cornitermes snyderi*、*Syntermes molestus*、*Nasutitermes costalis*，以及非洲白蚁 *Trinervitermes trinervius*、*Odontotermes smeathmani*、*Amitermes evuncifer* 的防治，利用噻虫嗪实现了白蚁的有效控制。在热带潮湿条件下，即使是强残留和快速降解的农药也具有很高的迁移率。

氯菊酯微囊化饵剂用于防治白蚁 *Heterotermes indicola* 和北美散白蚁，通过改变胶囊壁厚可以改变胶囊防治效果发生的时间，微胶囊制剂试验中也没有发现任何驱避效果。

法国与中国学者合作研究了在实验室条件下杀虫剂可能对白蚁产生的熏蒸效果及群体传递效应，评估了十种杀虫剂，即毒性毒死蜱、辛硫磷、呋喃丹、残杀威、联苯菊酯、氯氰菊酯、吡虫啉、锐劲特、阿维菌素、伊维菌素对 *R. speratus* 的影响。阿维菌素、伊维菌素、氟虫腈、吡虫啉可有效传递；阿维菌素、伊维菌素、辛硫磷、毒死蜱表现出较强的熏蒸作用。

硫酰氟自2005年以来在许多欧洲国家注册为仓储产品保护剂，替代溴甲烷产品。

5）白蚁生物防治技术

传统白蚁生物防治涉及捕食性蚂蚁、病原微生物和昆虫病原线虫。在高致病力的环境中进化的白蚁比那些在低致病力环境中进化的白蚁更具免疫力。欧美研究人员发现白蚁的抗病性不仅表现在其社会性行为方面，而且北美散白蚁个体能通过对具穿透性的绿僵菌 *Metarhizium anisopliae*（Metch.）Sorokin的红细胞进行包被来抵御其入侵。脊红蚁 *Myrmicaria opaciventris*、猛蚁 *Centromyrmex bequaerti*、*Pachycondyla pachyderma* 等捕食性蚂蚁具有独特的捕猎白蚁的行为策略，被认为可以作为白蚁防治的生物防治措施。此外，还有昆虫病原线虫对白蚁的防治报道。黑翅土白蚁中发现的一个线虫新种 *Chroniodiplogaster formosiana*（Rhabditida：Diplogastridae）可作为黑翅土白蚁的生物防治剂。昆虫病原线虫感染大蜡螟 *Galleria mellonella* 幼虫而对白蚁 *Macrotermes bellicosus* 种群影响的研究在西非贝宁开展。异小杆线虫 *Heterorhabditis* 种类对草甘膦、氟虫腈的耐受性高于斯氏线虫 *Steinernema*。异小杆

线虫 *H. sonorensis* Azohoue 2 在35℃的土壤中令63.2％白蚁死亡，增加土壤湿度到20％并没有影响线虫毒力。71％和60％白蚁巢分别被感染 *H. sonorensis* Azohoue 2 和 *H. indica* Ayogbe 1 的 *G. mellonella* 幼虫控制。白蚁是贝宁柑橘产业的重要害虫，受到两个有效土著昆虫病原线虫异小杆线虫 *H. sonorensis* 和 *H. indica* 侵染后，大白蚁 *M. bellicosus* 巢的重建受阻。

白蚁内外信息化合物的研究，尽管仍有一些应用技术问题有待解决，但是应用价值较大，一直是研究热点。基于固相微萃取（SPME）和气质联用（GC－MS）技术，法国勃艮第大学在白蚁化学通信方面开展了大量工作，针对动白蚁 *Zootermopsis nevadensis*、*Z. angusticollis* 及原白蚁 *Hodotermopsis sjoestedti* 等，分析了一些有价值的性信息素和踪迹信息素的化学结构。捷克科学院研究合成了一系列仿保幼激素的酯类化合物——Juvenogen，设计了响应检测系统，报道了 *R. santonensis* 品级分化期间该类化合物的分布与代谢情况，旨在研发控制白蚁等的激素类杀虫剂。在实验室条件下进行的保幼激素Ⅲ（JHⅢ）和JH类似物对 *R. lucifugus*、*R. santonensis* 和 *R. virginicus* 影响的研究显示，Juvenogen诱导兵蚁分化的效果最好，其次是烯虫乙酯，而JHⅢ效果较差。三种白蚁兵蚁的诱导率类似，但是同一化合物在同种白蚁不同群体的死亡率差异显著。氨基甲酸酯的衍生物有助于北美散白蚁、台湾乳白蚁工蚁向兵蚁转化，50ppm浓度的该化合物经27天仍然可导致显著的品级分化。过度的诱导分化破坏白蚁群体的平衡，从而导致整个白蚁群体死亡。白蚁诱食信息素的研究极具应用价值。欧洲国家研究人员对白蚁诱食信息素对苯二酚的提取、对白蚁的诱集作用测定等开展了广泛研究，但由于白蚁对诱食信息素的浓度及成分敏感，进一步的工作有待开展。与我国研究人员合作报道，*A. dimorphus* 白蚁性信息素中具有雌性踪迹引诱效果。

非洲中北部国家乍得甘蔗种植产业受到白蚁 *Ancistrotermes guineensis* 的危害，产量损失达25％。通过使用多菌灵等杀菌剂间接控制白蚁种群，结果白蚁外共生真菌的30％的死亡率，相应地增加了20％的甘蔗产量。

6）白蚁防治风险评估研究

杀虫剂对健康的影响在欧洲受到极大关注。有一些研究报道了白蚁防治与杀白蚁剂对儿童、职业人员及非职业人群的影响。除了杀虫剂令儿童患急性淋巴白血病的风险提高，房屋周围专业的白蚁防控处理作业也有一定风险。所有专业害虫防治都有导致婴幼儿发病率增加的风险。统计分析显示，儿童2～3岁时暴露于害虫防治作业中，发病率最高；婴儿出生前的白蚁治理导致发病风险提高。

室内空气质量被人们所关注，但是目前尚无室内空气杀虫剂含量的相关标准。有研究测定菊酯汽化后空气中菊酯的含量，发现在杀虫剂在空气中形成了凝胶和液体两种形式，液体形式菊酯浓度高于凝胶，停止使用24小时后空气中就不再检测到。

个人防护装备（PPE）计划评估了虫害控制人员皮肤暴露水平与个人防护装备的关系。从业人员防护设备的有效性报道显示，PPE实施后，实际皮肤暴露水平平均减少了75％。PPE计划有助人员的保护。

3.1.2 学术交流平台

1）欧洲白蚁研究机构

欧洲进行白蚁研究的机构众多，主要机构如下。

（1）法国国家科学研究中心

（2）法国图尔大学

（3）勃艮第大学

（4）法国国家农业研究院

（5）普朗克学会

（6）国家工程实验室

（7）法国农业研究与发展国际合作中心

（8）捷克科学院

（9）巴黎六大

（10）索邦大学

（11）亚速尔群岛大学

（12）普利茅斯大学

（13）伦敦大学

（14）捷克科学院

（15）伦敦自然历史博物馆

（16）布鲁塞尔自由大学

（17）拜罗伊特大学

（18）布拉格的查尔斯大学

（19）发展研究院

（20）伊斯坦布尔大学

（21）普朗克微生物研究所

（22）自然历史博物馆

（23）马尔堡菲利普斯大学

（24）伦敦玛丽皇后大学

（25）哥廷根大学

（26）康斯坦茨大学

（27）巴伦西亚理工大学

（28）科尔多瓦大学

（29）雅典农业大学

（30）雅典大学

2）欧洲白蚁信息与学术活动的网站

国际社会性昆虫研究联盟（International Union for the Study of Social Insects，IUSSI， http：//www.iussi.org）分为西南欧分部（North-west European section，http：//www.iussi.org/NWEurope/index.htm）、中欧分部（Central European Section，http：//www.bayceer.uni-bayreuth.de/IUSSI/index.php？lang＝de）、法语分部（French Speaking Section，http：//uieis.univ-tours.fr/actualites/actualites.html）、意大利分部（Italian Section，http：//www.aisasp.it）。

欧洲生物分类机构（European Distributed Institute of Taxonomy，EDIT），EDIT搭建的白蚁分类平台 Termites of the World （http：//termites.myspecies.info）提供全球白蚁的分类、分布、生物学等信息，以及大量白蚁电镜扫描图片，但是目前网站疏于维护。

3）欧洲有白蚁研究论文发表的学术期刊

欧洲有白蚁研究论文发表的学术期刊见表3-9。

表3-9　学术期刊

序号	刊名	期刊官方网址	出版国	出版周期
1	*Applied Soil Ecology*	http://www.elsevier.com/wps/find/journaldescrip-tion.cws_home/524518/description#description	荷兰	月刊
2	*Arthropod Structure & Development*	http://www.journals.elsevier.com/arthropod-structure-and-development/	英国	双月刊
3	*Biological Conservation*	http://www.journals.elsevier.com/biological-conservation/	英国	月刊
4	*Building and Environment*	http://www.journals.elsevier.com/building-and-environment/	英国	月刊
5	*Bulletin of Entomological Research*	https://www.cambridge.org/core/journals/bulletin-of-entomological-research	英国	双月刊
6	*Bulletin of Insectology*	http://www.bulletinofinsectology.org/	意大利	半年刊
7	*European Journal of Soil Biology*	http://www.elsevier.com/wps/find/journaldescrip-tion.cws_home/600777/description#description	法国	季刊
8	*European Journal of Wood and Wood Products*	http://www.springer.com/life + sciences/forestry/journal/107	德国	季刊
9	*FEMS Microbiology Reviews*	http://onlinelibrary.wiley.com/journal/10.1111/（ISSN）1574-6976	荷兰	双月刊
10	*Geoderma*	http://www.elsevier.com/wps/find/journaldescrip-tion.cws_home/503332/description#description	荷兰	月刊
11	*Holzforschung*	http://www.degruyter.com/view/j/hfsg	德国	双月刊
12	*Insectes Sociaux*	https://bio.kuleuven.be/ento/inssoc.htm	法国	季刊
13	*Internatinonal Journal of Pest Management*	http://www.tandfonline.com/toc/ttpm20/current	英国	季刊
14	*International Biodeterioration & Biodegradation*	http://www.sciencedirect.com/science/journal/09648305	英国	双月刊
15	*Journal of Entomological and Acarological Research*	http://www.pagepressjournals.org/index.php/jear/	意大利	四月刊

（续表）

序号	刊名	期刊官方网址	出版国	出版周期
16	*Journal of Pest Science*	http://www.springer.com/life+sciences/entomology/journal/10340	德国	季刊
17	*Pest Management Science*	http://onlinelibrary.wiley.com/journal/10.1002/（ISSN）1526-4998	英国	月刊
18	*Proceedings of the Royal Society B*	http://rspb.royalsocietypublishing.org/	英国	半月
19	*Wood Research*	http://ip-science.thomsonreuters.com/cgi-bin/jrnlst/jlresults.cgi? PC=D&ISSN=1336-4561	斯洛伐克	季刊
20	*Zookeys*	http://zookeys.pensoft.net/	保加利亚	不定期

此外，欧洲学者主导出版了诸多白蚁研究的重要著作，例如《白蚁生物学：现代综合》（*Biology of Termites：A Modern Synthesis*）、《白蚁：进化、社会性、共生生物和生态学》（*Termite：Evolution，Sociality，Symbiosis，Ecology*）、《白蚁及其他无脊椎动物的肠道微生物》（*Intestinal Microorganisms of Termites and Other Invertebrates*）等。

白蚁防治药剂的研发

3.2.1 欧洲白蚁药剂主要研发企业

（1）Bayer公司。总部位于德国的勒沃库森（https://www.bayer.com），但在世界六大洲的约200个地点建有约750家工厂，拥有约350家分支机构。

（2）BASF公司。总部位于德国莱茵河畔（https://www.basf.com），拥有世界上工厂面积最大的化学产品基地。

（3）Syngenta公司。总部位于瑞士巴塞尔（https://www.syngenta.com），是世界领先的农业公司，分公司遍布全球90多个国家和地区。

3.2.2 欧洲企业研发的产品

欧洲企业研发的白蚁治理产品在全球市场占有重要地位。

（1）液体白蚁防治剂。Termidor® SC：BASF公司的产品，有效成分是9.1%的氟虫腈。Premise® 2和Premise® Pro：Bayer公司产品，有效成分均为21.4%的吡虫啉。Premise® Pro主要针对地下白蚁，可用于混凝土地板或地下室等。AURODIL SUPER PB：活性物质为苄氯菊酯、D-丙烯菊酯、增效醚，用于表面处理或空间处理。FORCE GOLD：活性物质为右旋胺菊酯和氯氰菊酯，有长效保护作用，无腐蚀性溶剂。PHOBI KING：活性物质为炔咪菊酯和氯氰菊酯，作用效果长达12周。PHOBI 20160 ULV：活性成分为除虫菊酯，即用型杀虫剂，效果快，无残留。Altriset® Termiticide：Syngenta公司产品，活性成分是

18.4％氯虫苯甲酰胺，主要针对地下白蚁。

（2）木材防腐剂。SERPOL系列：Mylva s.a.公司产品，如SERPOL GEL Ⅱ 、SERPOL GEL BASIC、SERPOL WOOD等，直接用于待处理的木材。

（3）白蚁泡沫剂。Termidor® Foam：BASF公司即用型产品，活性成分为氟虫腈，泡沫膨胀比为30∶1。Premise® Foam：Bayer公司即用型产品，有效成分是吡虫啉，泡沫膨胀比为30∶1，针对地下白蚁和干木白蚁。

（4）白蚁诱饵系统。Advance Termite Bait System Kit：BASF公司产品，包括Advance Termite Bait Station 、 Advance Termite Spider Station Access Tool 和 Trelona Compressed Termite Bait 三部分，活性成分为除虫脲。

白蚁防治技术的应用

3.3.1 物理屏障法

在预防主体周围形成完整的物理隔离屏障，白蚁不仅搬不动、穿不透，而且无法侵蚀破坏，从而起到保护作用。物理屏障材料可分为两类：一是经过分级处理的固体颗粒；二是片状材料。前者的应用更为广泛。此法优点是对环境和健康无风险，能长期预防白蚁危害；缺点是成本非常高，屏障维护要求高。

花岗岩预防白蚁：瑞典Anticimex公司利用花岗岩颗粒构建物理屏障，使得白蚁无法搬动、穿过与啃咬，于澳大利亚房屋建筑白蚁预防中广泛使用花岗岩产品GRANIT-GARD™。德国的颗粒屏障法，颗粒大小为1～3mm。

3.3.2 化学屏障法

对房屋建筑周围及其他需要保护的对象进行化学药物处理，使被保护的对象本身或周围形成一道含化学药物的屏障，以阻止白蚁危害。此法具有有效、成本较低、操作简便、容易与建筑施工相结合等优点，但其缺点为对环境和健康可能具有潜在的风险和影响。

（1）联苯菊酯预防。即以联苯菊酯为有效成分构建化学屏障。瑞典Anticimex公司以BLOCKAID-TERMI™作为密封胶，于澳大利亚等地预防房屋建筑白蚁。

（2）氟虫腈预防。BASF公司的Termidor®系列产品，在欧洲的塞浦路斯、法国、意大利和西班牙被用于预防蚂蚁和白蚁，保护木质结构。

3.3.3 饵剂药杀法

（1）氟铃脲。Sentricon®白蚁饵剂，由Dow Agrosciences公司开发，在欧洲市场占有重要市场份额。

（2）除虫脲。Exterra®白蚁拦截及饵剂系统，是Ensystex公司的产品，EXTERRA白蚁拦截饵站 Zone™ 和 FOCUS 白蚁白蚁引诱剂 Termite Attractant™ 产品在欧洲销售。Advance®，BASF 公司产品。

（3）氟啶脲。Nemesis®，活性成分是 0.1％氟啶脲，澳大利亚 PCT international 公司专利产品。

（4）氟酰脲。Trelona™，BASF 公司产品。

3.3.4 熏蒸法

意大利第一个批准的熏蒸剂为 ProFume（主要成分为硫酰氟）。

4 欧洲白蚁防治运行

概述

　　欧洲由于地理和气候上的优势，以往白蚁危害并不严重，然而随着全球气候变暖、区域间贸易往来频繁，白蚁在欧洲的危害逐渐蔓延增加。2010年2月4日，在巴黎举行了第一届欧洲白蚁市场会议，会议上指出白蚁正式成为欧洲地区面临的真正威胁。根据会议内容，白蚁市场在欧洲扩张迅速，已超过1200万英镑，预计到2012年将增长到2000万英镑；到2010年为止，75%的市场在法国，但是西班牙和意大利市场正在快速发展，在希腊和土耳其等国家很可能会有更多的市场。随着白蚁造成的破坏增加，相关的白蚁防治产品、技术、服务需求也日益增加：有欧洲及美国、澳大利亚等全球企业的白蚁防治产品供选择；除了跨国企业，欧洲本土也有众多害虫防治公司，逐渐增加白蚁防治服务的范围。

　　进入欧洲地区的涉及有害生物控制的生产商、销售商和服务商主要受到CEPA的管理，由CEPA授权认证符合要求的企业，控制相关的服务质量。在2008年4月3日发布的罗马议定书中，规定了CEPA成员应承诺遵循的目标、基本原则等。

　　目标：①使消费者、公职人员和立法者充分了解有害生物管理行业里受过培训的经营者的专业素养。②提高病虫害管理行业内所有公司和员工的专业和业务水平。③促进病虫害管理行业全体员工持续专业发展。

　　基本原则：①制定在整个欧洲有效的公司或个人认证的政策及该行业进入、运营的标准。②通过参与欧洲标准化委员会的工作，制定关于服务质量的共同标准。③确保在国内市场运营的专业公司具有适当的最低水平。④制定客户投诉管理的共同基础，其中包括记录和解决投诉的审核程序。

　　此外，每个国家的病虫害管理行业应支持以下要求：①授权。a.每个国家协会的强制性认证（这并不意味着任何公司必须是国家协会的成员）；b.认可公共机构和国家协会签发的授权；c.必须公开授权用于熏蒸活动的生物杀灭剂。②培训。对技术、销售、管理、服务领域的人员进行生物学和昆虫学、一般生物杀灭剂产品的特征、环境影响和消费者意识的风险管理、操作员安全等内容的培训，并通过审查和认证证明技术人员的专业能力。考试的形式包括书面和实际考察。③产品。a.经过培训的专业人员能正确、有效和安全地应用产品；b.害虫管理公司有安全储存、运输和应用生物杀灭剂产品的程序，以保护操作人员、消费者和环境；c.虫害管理行业所有产品和应用设备的供应商，承诺研究和使用低风险的产品和技术，保护环境质量和公共卫生。④消费者。在提供有害生物管理服务期间，病虫害管理行业承诺向消费者提供全面客观的信息，行业也采取适当的保险措施保护员工和消费者。⑤国家和欧洲政府。虫害管理行业承诺在国家政府的立法框架内运作，并鼓励每个欧洲国家政府、欧洲议会、委员会重视高水平的行业专长和专业精神，建立专业病虫害管理人员的标准，协调使用和实施欧洲虫害管理行业的标准。

主要白蚁防治企业

欧洲害虫防治企业主要受CEPA和各国的行业协会管理，进行CEPA认证，也采用了国际上认可的质量管理体系、环境管理体系、食品安全保证体系进行规范管理，很多企业都通过了ISO 9001认证、ISO 14000认证、HACCP（危害分析关键控制点）认证。害虫防治企业根据功能不同，分成三类。①生产类：有独立开发的防治产品。②销售类：不进行产品开发，只销售产品。③技术服务类：提供虫害管理控制服务。但有的企业可能同时具备两三种功能。除了CEPA会员和认证公司外，还有些全球企业的白蚁防治产品也会进入欧洲市场。例如美国Dow Chemical公司的欧洲市场主要是在法国和西班牙；美国Ensystex公司也能进入欧洲地区进行产品销售。

4.2.1 欧洲害虫管理协会会员企业

目前，有14家企业是CEPA的会员，涵盖生产、销售、服务方面，除了Bell Laboratories、Detia-Degesch GmbH、Edialux、Liphatech四家公司主要关注啮齿动物的产品和服务外，大部分都可以提供白蚁防治产品或白蚁防治服务。

1）生产销售类

（1）BASF公司。公司主页https：//www.basf.com/sg/en.html，是一家国际化的化工企业，总部在德国。公司的宗旨："创造化学新作用——追求可持续发展的未来。"BASF公司在不同的地区有不同的白蚁控制解决方案和对应使用的产品，欧洲市场主要是塞浦路斯、法国、意大利、西班牙等国家，多使用Termidor®系列产品进行白蚁防治和木材保护。Termidor®系列是一种非趋避性的白蚁防治剂，活性成分是氟虫腈，通过喂食和接触的方式减少白蚁数量，白蚁可在处理的区域内自由活动、取食，并将药物带入整个群体，最终引起整个群体的死亡。超过十年的使用效果显示，该产品能达到100％的防治效果。Termidor®系列有多种剂型，如Termidor® HE、Termidor® SC、Termidor® EC、Termidor® Dry、Termidor® Foam等。在欧洲以外的地区，还使用Phantom®、Tenopa®等产品进行白蚁防治。此外还有Advance Termite Bait System Kit，包括Advance Termite Bait Station、Advance Termite Spider Station Access Tool和Trelona Compressed Termite Bait。

（2）Bayer公司。公司主页https：//www.bayer.com，世界500强企业，总部位于德国。公司的产品种类超过10000种，覆盖高分子、医药保健、化工以及农业领域。欧洲是

Bayer公司的"本土市场"。2015年，Bayer公司在欧洲市场的销售额约为160亿欧元，在占据主要的欧洲市场。用于白蚁防治的产品是Premise®。Premise®为非趋避性的白蚁防治剂，活性成分是吡虫啉。Premise®直接应用到土壤，在房屋周围形成一条处理带，白蚁接触到Premise®处理的土壤后，会停止取食，通过白蚁群体的社会行为将药物转移到整个群体，导致群体的死亡。Premise®有多种剂型：Premise® Granules主要针对地下白蚁，如散白蚁属、乳白蚁属、异白蚁属、古白蚁属；Premise® Pro主要针对地下白蚁；Premise® Foam主要针对干木白蚁、地下白蚁。

（3）LODI GROUP公司。公司主页http：//www.lodi-group.fr，是法国害虫防治市场中主要的公司之一，为公共卫生、食物储存和畜牧业中的害虫问题提供专业的知识和解决方案。产品主要是针对爬行类昆虫的通用产品，没有专门针对白蚁的产品，主要有AURODIL SUPER PB、FORCE GOLD、PHOBI KING、PHOBI 20160 ULV。

（4）Mylva s.a公司。公司主页http：//www.mylva.eu，是一家西班牙公司，面向欧洲和国际市场，开发和制造用于环境卫生和动物健康的有害生物防治剂。目前市场主要在西班牙和法国。该公司有用于木材处理的产品，防治食木性昆虫（甲虫和白蚁）和真菌的是SERPOL系列产品，活性成分是氯菊酯。

（5）Syngenta公司。公司主页http：//www.syngentaprofessionalproducts.com/ppmain.aspx，为全球领先的害虫防治公司，总部在瑞士。公司业务遍及全球90个国家和地区，提供专业的害虫防治产品和服务。有专门的白蚁防治剂Altriset® Termiticide，为最新的液体白蚁化学防治剂，影响昆虫肌纤维的合成化合物。

2）技术服务类

（1）Anticimex公司。公司主页https：//www.anticimex.com，1934年在瑞典成立的害虫防治公司。主要提供三方面的服务：①害虫控制。a.提供有害生物综合治理的服务：例如针对白蚁控制的服务，通过检测害虫活动、挖掘危害的根源处理虫害，从而获得长时间的治理效果；b.提供针对啮齿类和蝇类控制的服务：使用高科技数字化的陷阱、感受器和摄像机进行监控，快速精确定位，解决危害。②建筑环境。主要是房屋的防火防潮服务。③卫生保健。主要针对卫生间的卫生问题。该公司在奥地利、比利时、丹麦、芬兰、德国、意大利、荷兰、挪威、葡萄牙、西班牙、瑞士多个国家有子公司，可直接联系当地公司获得服务。该公司2016年白蚁治理收益占总收益的25%，主要的市场在亚太地区，特别是澳大利亚。

（2）Bleu Line- B.L. Group公司。公司主页http：//www.bleuline.it，成立于1982年，是一家设计、制造、销售害虫防治产品的意大利公司，产品主要用于大众健康、牲畜等，并给意大利和国外客户提供专业的害虫解决方案。该公司提供的白蚁危害解决方案是使用白蚁监控和防治系统，使用Ensystex公司的Exterra™和Labyrinth™两个产品。Exterra™是监控防治装置，主要针对地下白蚁，由专业人员进行操作使用。Exterra™埋在需要防治白蚁的地方或有白蚁痕迹的地方，里面放入无处理的木材饵料进行周期性的检测，当发现白蚁时，再加入杀虫剂进行控制。配合该装置使用的是Labyrinth™，它是一种食饵，有效成分是除虫脲，由0.25%的伏虫脲和纤维素混合配制而成。

（3）Ecolab公司。公司主页http：//www.ecolab.com，是全球水、卫生、公众健康、能源技术和服务领域的领导者，致力于保护与生命息息相关的重要资源——清洁的水、安全的食品、丰富的能源和健康的环境，在英国、爱尔兰、法国等国家均有分公司。有专门针对房屋建筑白蚁的服务，提供白蚁危害的咨询和评估，消除白蚁危害，并定期检查、监测和记录与害虫相关的情况，有详尽的定期服务报告，帮助客户了解最新的可导致害虫活动的卫生和结构问题，让客户及时纠正不足。

（4）Kwizda公司。公司主页http：//www.kwizda-biocides.com/en/welcome，成立于1853年。公司主要产品为生物性农药，有专门做木材防腐的部门，可提供相关的服务。

（5）Rentokil Initial公司。公司主页http：//www.rentokil-initial.com，全球最大的商业服务公司之一，为全球60多个国家和地区提供十分广泛的商业支持服务，包括害虫防治、卫生清洁、工作服、医疗、景观艺术、空间芳香系统服务等，致力为客户提供安全有效的环境卫生及综合害虫防治方案。公司会根据客户情况定制多种白蚁防治方案，主要的方法有白蚁控制与引诱、白蚁屏障、白蚁化学处理，其中，化学处理主要是喷液状白蚁防治剂。

4.2.2 欧洲害虫管理协会认证企业

CEPA认证是对企业品质和标准的认可，有助于改善公司形象和提高公司服务质量等。通过CEPA认证，在欧洲建立一个可以向客户展示其专业能力的病虫害管理公司网络，鼓励客户选用CEPA认证的公司。

CEPA对其认证公司的要求如下。

（1）公司拥有一支经验丰富、固定的管理团队，具有符合有害生物管理者资质的理论和实践能力，并且负责监督整个公司专业技能和操作实践的采纳、实现、维护和验证。

（2）公司所有的服务技术人员/专业用户都能够流利地使用当地语言，能够履行职责，包括阅读、写作、计算和口头沟通，与客户沟通他们的要求和技术要求，如标签、MSDS表和服务协议中的内容。

（3）公司所有与现场客户直接联系的员工均经过培训和认证，具备销售和提供服务的能力，均拥有国家规定和认证的最低标准的知识、技能和实践能力。

（4）公司定期了解客户所在地的潜在风险因素或潜在感染后果。与客户讨论这些问题，以便在提出方案之前确定客户的要求和期望，获得客户正式同意后开始工作。

（5）公司记录每次访问客户的情况并保存以下记录：有害生物感染的程度和性质；当地可能有利于有害生物活动的环境状况；任何干预措施的细节（包括杀生物剂的使用位置和使用情况等）；为减轻感染进一步扩散的风险，建议客户采取的个人行动。

（6）公司定期访问客户，评估、报告和讨论我们的服务结果，特别注意当前防治行为的有效性、产生的风险，并向客户或有害生物管理公司提出需要干预的建议。

（7）公司与客户直接联系的员工了解并向客户解释不同的防治方法适用的情况、哪些干预措施是合法的及可以在哪种情况下使用。

（8）公司定期实施正式的程序来评估、识别和记录客户所在地的风险。公司作为服务方，定期考虑、采取行动将这些风险降低到可接受的水平。

（9）公司始终为每个客户制订量身定制的计划；在制订计划时，公司应考虑栖息地管理、生物学方法、物理方法和化学方法，选择环境影响最小的干预措施，以满足客户的要求。

（10）公司每年至少一次对一线员工的专业能力（知识、技能和经验）和专业发展情况进行正式评估，保证员工符合要求。

（11）公司应定期收集服务产生的废物（如动物尸体、鸟粪、废饵、陷阱、农药容器、包装和灯等），并保证按照相关的法律法规和执业守则安全地处理废物。

针对以上要求，CEPA已经开发了一个自我评估工具，方便相关公司进行自我评估，完善相关内容，以获得欧盟认证。

白蚁防治药械

白蚁防治药械可分成四类。①液体白蚁防治剂：主要是喷剂，应用在木制品、户外草坪、观赏树木和灌木、农业和工业建筑、公园、娱乐区、田径场等，迅速灭杀白蚁。②硼酸木材处理剂：用于木材防腐。③白蚁泡沫。④白蚁诱饵系统：具有监测、预防、治理的功能，主要用在建筑结构中或木材中受白蚁蛀蚀的地方，迅速灭杀白蚁。目前欧洲地区主要应用的白蚁防治产品见表3-10。

表3-10 欧洲主要应用的白蚁防治产品

产品名称	活性成分	生产商/产地	其他
Termidor®	氟虫腈	BASF/德国	水剂、乳剂、泡沫等
Premise®	吡虫啉	Bayer/德国	水剂、颗粒剂、泡沫等
Altriset® Termiticide	氯虫苯甲酰胺	Syngenta/瑞士	水剂
SERPOL	氯菊酯	Mylva s.a./西班牙	木材防腐剂
Advance Termite Bait System Kit	除虫脲、氟酰脲	BASF/德国	白蚁监控防治系统
Exterra™+Labyrinth™	除虫脲	Ensystex/美国	白蚁诱饵系统
Sentricon® System	氟铃脲	Dow Chemical /美国	白蚁种群灭治系统

4.3.1 液体白蚁防治剂

（1）Termidor® SC。BASF公司产品，有效成分是9.1%的氟虫腈。一般于室外使用，如住宅、商业和工业建筑物等的外表面和基础、上部结构、墙壁空洞，在建筑施工前和施工后处理，包括庭院、门廊、人行道和基础楼层等混凝土结构、混凝土板，地面或地下室，砌块基础或砖石中空隙，排水渠和水泵的结构，柱、杆和木景观装饰等。室内喷雾仅限于发现白蚁活体的现场处理。可控制地下白蚁、干木白蚁，若白蚁群体的太大，可能需要长达90天才能杀灭白蚁。

（2）Premise® 2 和 Premise® Pro。Bayer 公司产品，有效成分均为21.4％的吡虫啉。Premise® 2适用于地下白蚁、干木白蚁；通常用于施工前和施工后住宅、商业和工业建筑物空隙、空心块基础，树木，电线杆，围栏和装饰材料，景观木材等；室内应用仅限于白蚁活动区域的现场处理，将喷雾注入地下结构空隙、白蚁感染点。Premise® Pro主要针对地下白蚁，可用于混凝土地板或地下室、爬行空间、空心块基础或空隙。Premise®系列产品均对白蚁无趋避作用，在房屋周围形成一个处理区，白蚁在不知不觉中取食处理过的纤维素或进入处理过的土壤中，然后通过身体接触将化学物质逐渐在群体中扩散，最后导致群体的死亡。

（3）LODI GROUP公司的广谱性杀虫剂产品。可用于包括白蚁在内的各种爬虫和飞虫防治，配合喷雾器使用。AURODIL SUPER PB：活性物质为苄氯菊酯250g/L、D-丙烯菊酯30g/L、增效醚150g/L，可驱赶昆虫，致死率100％，稀释后无味，用于表面处理或空间处理。FORCE GOLD：活性物质为右旋胺菊酯30g/L和氯氰菊酯100g/L，有长效保护作用，无腐蚀性溶剂，可用于敏感区域。PHOBI KING：活性物质为炔咪菊酯20g/L和氯氰菊酯80g/L，作用效果可长达12周，溶液易稀释、稳定、无味、不易燃。PHOBI 20160 ULV：活性成分为天然活性物质——除虫菊酯20g/L、PBO 160g/L，为即用型杀虫剂，作用效果快，无残留，杀灭效果好，适用于敏感区域、食品工业。

（4）Altriset® Termiticide。Syngenta公司产品，活性成分是18.4％氯虫苯甲酰胺，主要针对地下白蚁（散白蚁属、乳白蚁属、异白蚁属）。非趋避性防治剂，有优良的环境和毒理特性，能在数小时内停止白蚁喂养，在3个月内消灭白蚁，对建筑物保护时间长达5年。活性成分引起正常肌肉收缩中断，导致白蚁失去取食木材的能力，该成分起效缓慢，可通过接触在群体内传播，最终消灭整个白蚁群落。Altriset® Termiticide 仅供户外使用，用于建筑的施工前地面处理和施工后处理，如砌筑墙体和基础元件，人行道、庭院、车道等地板结构、空隙，柱、杆、景观装饰或标志，非食用水果和坚果树木，围绕室外的纤维素材料。

4.3.2 木材防腐剂

SERPOL系列产品。Mylva s.a.公司产品。如 SERPOL GEL Ⅱ、SERPOL GEL BASIC、SERPOL WOOD 等，还有配合 SERPOL 产品的喷射和施用装置，如 GRACO MODELO ST MAX 290、Bomba Wagner Modelo ProjectPro 117 Extra。SERPOL系列产品均用于木材防腐，直接用于待处理的木材，用未稀释的产品进行刷洗、拉丝、喷涂、注射、浸渍等。产品易使用，不易滴落、蒸发，木材穿透力、附着力强，不会污染或改变木材颜色，毒性低，活性物质以苄氯菊酯为主。

此外，可以使用美国公司的木材防腐剂产品，如 Nisus 公司的 Bora-Care 等、Wood Care Systems 公司的 Bor8 Rods 产品。

4.3.3　白蚁泡沫剂

（1）Termidor® Foam。BASF公司即用型产品。活性成分为0.005％氟虫腈，泡沫膨胀比为30：1。适用于建筑和有限的户外点处理，可应用于住宅、商业建筑中及其周围，容易发生白蚁入侵的结构和非结构元素（如栅栏、电线杆、景观木材、桥梁或板坯），昆虫栖息地。该产品可以根据标签方向从内部和/或外部施加，若要喷入某些空隙，可能需要钻孔。可用于地下白蚁、木白蚁、草白蚁防治等。消灭白蚁群体的速度比诱饵快6倍。

（2）Premise® Foam。Bayer公司即用型产品。有效成分是0.05％的吡虫啉，泡沫膨胀比为30：1，针对地下白蚁（包括散白蚁属、乳白蚁属、异白蚁属、古白蚁属）和干木白蚁。本产品配有两种尖端：一种为圆锥形尖端；另一种为延长型尖端，较长的尖端便于插入墙壁空隙内部。适用于地下室、阁楼的木质结构，围栏或壁板，受损的木材，木材或木质原件之间的接合处。本产品可与白蚁诱饵系统配合使用。

4.3.4　白蚁诱饵系统

（1）Advance Termite Bait System Kit。BASF公司产品，包括Advance Termite Bait Station、Advance Termite Spider Station Access Tool和Trelona Compressed Termite Bait三部分。白蚁诱饵站具有垂直槽，允许最大限度的土木接触，为白蚁入侵创造了绝佳的机会。每个诱饵站包含白蚁喜食的木材和白蚁检查盒，当发现白蚁，检查盒替换成含有活性成分除虫脲（0.25％）的白蚁诱饵。除虫脲的作用缓慢，可让白蚁在整个群落中传播，从而消灭群落。白蚁检查盒每季度检查一次。本诱饵系统主要针对地下白蚁，安装在家庭和商业建筑物的周边，能在白蚁到达建筑物之前进行准确的监测和局部治疗。若该系统用于预防，则使用活性成分为氟酰脲（0.5％）的饵料——一种昆虫生长抑制剂，使白蚁不能正常合成几丁质，失去蜕皮能力，进而死亡。

（2）EXTERRA Termite Interception and Baiting System。Ensystex公司产品，围绕建筑物放置EXTERRA Station，结合气态引诱剂Focus Termite Attractant™，形成一个白蚁拦截区域，当发现白蚁时，添加LABYRINTH™ Termite Bait到EXTERRA Station，可快速消灭白蚁群落，从而有效保护建筑物。诱饵LABYRINTH™ Termite Bait的活性成分是0.25％的除虫脲，引诱剂Focus Termite Attractant™释放二氧化碳，模拟腐烂木材或白蚁巢的环境，利于白蚁发现诱饵站EXTERRA Station。西班牙和法国一些技术服务商会使用本产品提供白蚁防治服务，例如西班牙的Sergal公司就是Ensystex公司的授权经营者。

（3）Sentricon® System。Dow Chemical公司专利产品，有地上型饵站和地下型饵站两种，并配有专用饵剂。实施包括三个不同阶段。阶段1：检查和安装。确定白蚁的攻击点和危害点，建立易于控制和检查的工作站和声学检测器，以安排防治工作。阶段2：控制。在白蚁活跃点投放药饵，利用工蚁将杀虫剂产品带入群体的核心，定期检查白蚁取食药饵的情况，并判断蚁巢是否已经被消灭。阶段3：维护。灭巢之后，换上白蚁监测棒，定期检查工作站及易受地下白蚁侵染的区域，确保处理区域的防治效果。饵剂含有的有效成分氟铃脲能有效抑制工蚁蜕皮，使其死亡，工蚁死亡后，白蚁种群由于失去了工蚁的喂食，其余品级的白蚁将全部饿死，从而使整个蚁巢完全被消灭。西班牙、意大利、法国一些技术服务商会使用本产品提供白蚁防治服务，如Quipons公司是SENTRI TECH在西班牙的授权公司之一。

白蚁防治技术服务

CEPA认证的375家有害生物防治企业中，七成以上是技术服务类企业，如果人们发现白蚁，都可以咨询这些CEPA认证企业以获取建议和服务。其中，至少有34家企业提供专业的白蚁防治服务，西班牙地区提供白蚁服务的企业最多（共12家），其次是意大利和法国（各7家），再次是葡萄牙（5家），此外，希腊、克罗地亚、塞浦路斯各有1家企业提供专业的白蚁防治服务。

这些白蚁防治服务公司一般配有专业的技术人员，根据EN 16636标准规定的基本服务流程，实地考察白蚁情况，结合客户需求，制定对应的防治方案，使用符合欧盟要求的产品进行防治服务，防治后技术人员还会定期监测回访，确保处理的效果。服务范围覆盖住宅和商业建筑、公共建筑、城市绿化、生活社区、木材处理等。

在建筑物白蚁预防方面，公司一般从木材和水分两个方面来提出建议。①尽可能降低建筑物中的湿度，疏通雨水管，及时流出雨水。②确保住宅排水系统通畅，检查水龙头等是否有漏水。③尽量避免木材和地面接触。④确保酒窖、地下室、拱顶等通风良好，减少水分。⑤将用于加热的木头堆放在住宅外的区域。⑥清除建筑物附近的木材、碎叶、纤维素残留物等。⑦建筑物施工前建立物理化学屏障，施工后采取化学处理和饵站处理。⑧定期检查白蚁或造成的损害，评估其他感染迹象。在木材保护方面，建议进行木材防腐剂处理、物理加热处理、熏蒸处理等。

客户可根据以下特征自行判断是否存在白蚁侵袭的迹象。①空心木。白蚁一般从内向外取食木材，最后只留下一层薄薄的外木或油漆，故敲击被感染的木材会听到与墙壁共鸣的声音。②木材表面容易受损。手指可以在被清空的木材上留下痕迹。③门很难关闭。白蚁排出的粪便等会使木材膨胀，阻碍门窗的正常关闭。④在木材中存在裂缝。

如果危害不严重，可尝试自己处理，但最好寻找专业公司协助，尤其是危害严重时，由技术服务公司制定白蚁解决方案，避免白蚁问题加剧。危害不严重时，自行处理可尝试以下方法。①使用硼酸对木材进行防腐处理。②使用化学杀虫剂或者农药饵料进行灭杀。③处理受到白蚁破坏的木质家具。④堵塞白蚁进入建筑物的裂缝、孔洞等。客户可以通过电话、网站等方式联系技术服务公司。公司消灭白蚁主要有两种方法。一是使用杀虫剂进行常规的化学治疗；二是安装白蚁诱饵系统进行治疗，跟踪治理变化及时修订方案，并进行后续监测。

例如，西班牙的Sergal公司（https://sergal.es）和Ambiser公司（http://www.ambiser.net）均使用Ensystex公司的Exterra™产品；西班牙的INGENIERIA QUIPONS S.L公司

（http://quipons.com/en）、LOKIMICA S.A.公司（https://www.lokimica.com/en/home）、American Pest Control 公司（https://www.americanpest.es）和 Rentokil Espana s.a.公司（https://www.rentokil.es），意大利的 Eurogreen Lab S.r.l.公司（http://www.eurogreen.net）和 GICO Systems S.r.l.公司（http://www.gicosystems.com）均使用 Dow Chemical Company 的 Sentricon® System 产品。

因此，当客户在家庭或商业场所发现了白蚁活体、白蚁活动的迹象，或者认为有白蚁侵袭，联系防治企业获取专业服务是最好的途径，因为白蚁防治的方法、产品、服务流程都有相关的规定或者认证。

以法国CTB-A＋认证的方法为例，白蚁防治要求如下。

1）预防地下白蚁

（1）对于新建筑，自 2007 年以来，法律实施了新的保护措施，包括使用天然抗性木材或在地面与建筑物之间建立物理化学或物理屏障。

（2）对于旧建筑物，有2种解决方案。解决方案1：化学屏障。为防止地下白蚁到达栖息地，必须在外部地板、墙壁、框架以及所有与砖石接触的木材中设立化学屏障。解决方案2：陷阱。每隔3m或5m在被保护表面周围安装陷阱，以阻止地下白蚁的到达。

2）治理地下白蚁

对于旧建筑物，有2种解决方案。解决方案1：化学处理。操作包括在室外地面、室内地面、墙壁、门框、凹槽以及与砖石接触的所有木材中钻孔并注入杀虫剂产品，以防地下白蚁侵入。解决方案2：陷阱诱饵处理。将工蚁与白蚁群落联系起来，通过在受害地点和被保护的表面周围安装陷阱来逐渐毒害整个白蚁群落。

按照 EN 16336规定，技术服务流程以意大利 Rentokil 分公司在当地的白蚁服务流程为例（见图 3-12）。技术服务的一般流程包括四步。①联系。客户可通过电话、邮件、

图3-12　意大利Rentokil分公司的白蚁服务流程

Facebook等多种方式找到最近的防治服务团队。②检查。通过电话咨询和检查。公司可以为客户提供可靠的建议和评估，确定上门检查的时间，然后定制解决方案，方案符合CEPA认证标准、ISO 9001标准及当地害虫管理协会的有关规定。③防治。高素质的技术人员采用合适的标准解决方案，治疗方案与客户达成一致后即执行，方案会同时考虑环境影响以及干预措施对周边的影响，保证最大程度的安全。④报告。治疗完成后，公司提供个性化报告、建议、专家意见、在线业务报告等。

5 中欧白蚁防治技术及管理的比较

白蚁发生及分布

中欧之间的气候条件不同，欧洲南部地中海沿岸一带具有独特的地中海型气候，雨热不同期，夏季温度高时雨量少，冬季雨量充沛但气温降低；而我国地处亚洲东部，气候温暖潮湿，从热带、亚热带到温带、寒温带多种气候类型并存，跨古北区和东洋区两大动物区系。因此，我国白蚁种类远较欧洲丰富。

白蚁作为独特的社会性昆虫，分类特征不明显，表型可塑性强，导致白蚁分类与系统学问题没有得到彻底解决，欧洲如此，中国也如此。欧洲白蚁的种类较少，共有12种白蚁（包括1个亚种），以散白蚁为主有9种（包括1个亚种），主要集中分布于欧洲西南部、南部和东南部环地中海国家，其中，法国分布种类最多，境内有6种（亚种）散白蚁和1种木白蚁，主要危害种类北美散白蚁、欧洲散白蚁、格拉塞散白蚁、黄颈木白蚁分布相对较广，危害相对严重。而我国共有白蚁474种，其中，散白蚁属种类多达117种，主要分布于长江以南地区，台湾乳白蚁、黑胸散白蚁、黑翅土白蚁、黄翅大白蚁和铲头堆砂白蚁分布范围比较广泛并构成危害。

欧洲白蚁危害主要集中于地中海周围的西班牙、法国、意大利等国，危害房屋建筑、文物古迹和绿化树木。白蚁对欧洲造成了较为严重的经济损失，截至2005年，累计白蚁损失超过10亿欧元；法国有较明确的损失统计，约每年2亿欧元，并有不断扩大的趋势。此外，黄颈木白蚁在欧洲严重危害欧洲经济作物种植园。与欧洲白蚁相比，我国白蚁种类多得多，其危害领域、危害范围以及危害程度也都广泛和严重得多。我国白蚁危害的报道涉及白蚁对房屋建筑、文物古迹、水利设施、通信电缆、农林作物、园林绿化等多个方面的破坏。主要危害的白蚁类群危害范围覆盖辽宁和北京以南的省（自治区、直辖市），每年因白蚁危害造成的直接损失约3.5亿美元，并可能被严重低估。

白蚁防治与研究机构

5.2.1 白蚁研究机构

欧洲害虫管理协会（CEPA）认证的害虫防治机构375家，其中包括白蚁防治机构34

家。此外，欧洲的白蚁研究机构有30多家，主要分布于各国的大学和研究所，在非洲、美洲和亚洲等全球范围内开展合作研究，研究非洲大白蚁亚科白蚁、南美象白蚁亚科白蚁及亚洲乳白蚁等。

我国白蚁防治机构体系相对较为完善，已在17个省（自治区、直辖市）建立了专业白蚁防治机构，共1000多家，其中以全国白蚁防治中心为主的多个白蚁机构参与研究工作，是应用技术研究的中坚力量。此外，有不到10家大学、研究所开展白蚁基础与应用基础研究。相对欧洲而言，我国白蚁基础研究力量较弱。

5.2.2 白蚁基础研究

欧洲白蚁研究的特点是传统基础研究相对较为活跃，在白蚁系统学、白蚁生态学、白蚁分类学、白蚁群落生态学、白蚁的生态功能，以及与白蚁治理关系更为密切的白蚁行为生态学、白蚁信息化合物、白蚁驱避技术等方面开展了很对原创性的科研工作。在应用研究领域，尤其重视抗白蚁木材处理或预防处理，涉及木材构件处理、建筑预防、历史古迹的保护等。进行了大量木材改性与抗白蚁预防的研究，涉及物理改性、化学药物处理、植物源材料应用等。而且，欧洲有较多大型跨国化工公司，参与开发白蚁治理的产品，并不断拓展国际市场。此外，欧洲在白蚁行业对健康与环境的风险评估方面开展了一些工作。这些工作均值得我们借鉴。

近年来，我国白蚁研究有不断增长的趋势，在白蚁防治技术、白蚁对木质纤维素降解机理、白蚁共生微生物系统发育、白蚁行为机制、白蚁信息通信等方向取得了一些进展，在新的生物技术的应用上取得长足发展。但是，相比欧洲，目前我国的白蚁科研仍有许多有待提高之处，如白蚁科研队伍较小，在国家的科研体系中占有的比重也较小；国家重视不够，企业参与较少，研究经费投入不足，从基础研究到应用研究均缺乏重大的原创性研究成果，没有与我国白蚁发生与危害严重程度相匹配的科研投入与科研产出。为了我国白蚁防治事业的发展，有待加强科研经费投入，改善科研条件，培养白蚁科研人才队伍，增加关于白蚁防治对环境与健康的风险评估研究。

白蚁治理技术

随着我国对POPs公约的履行，中欧之间在白蚁的治理思路、基本方法上是基本一致的。尽管如此，中欧的白蚁治理技术还是有自己的独特之处或侧重点。①在理念上，欧洲更重视预防，特别是木材抗白蚁处理，而我国更多的是化学屏障预防。②在防治剂型或方式上，欧洲更加多样化，如液体防治剂、泡沫制剂等。③在面对的问题上，欧洲需要解决木质结构特别是文物古迹的保护，以及部分种植园的白蚁防治，而我国需要面对更多样的有害白蚁，解决更复杂的问题。

关于木材处理白蚁预防技术，欧洲已经进行了较多的技术研发，有望达到预防甚至替代防治的目的。基于木材硼酸析出导致抗性降低的问题，欧洲主要依据欧盟标准

EN 117，提出了木材经2%的酚醛树脂改性处理、20%单宁–硼复合物处理、硼砂与10%聚甘油酯热处理、乙酰化木材和乙烯脲化改性，甲基丙酸琥珀酸、羟基吡啶硫酮等处理，甚至纳米材料处理及植物次生化合物处理等处理技术。木材改性综合处理技术被认为是地中海地区控制白蚁的一种措施，甚至替代白蚁防治。这一点值得我国白蚁治理行业借鉴。

关于白蚁诱杀监测控制技术，中欧借鉴了美国的白蚁诱杀监测控制装置，也有各自的诱杀监控产品。区别在于：欧洲的企业多为大型跨国集团公司，产品面向国际市场；而我国企业的规模较小，产品主要面向国内市场。但是，我国在白蚁防治技术上，在全国白蚁防治中心的研究及组织协调下，吸收国外的先进经验，结合我国的国情与现状，在白蚁饵剂与白蚁诱杀监控系统方面已经取得了一批研究成果。而欧洲的白蚁振动检测系统、白蚁无线传感报警装置、断层摄影设备等研究成果及技术值得我国学习借鉴，目前向主动预防、自动化监测研究发展。

在白蚁化学通信方面，法国、捷克等国进行了长期的研究，获得的性信息素和踪迹信息素结构为今后白蚁预防与防治技术的发展奠定了基础。捷克科学院研究合成了一系列仿保幼激素的酯类化合物Juvenogen，将它们用于控制包括白蚁在内的激素类杀虫剂。而我国尽管一直都有白蚁信息素的研究报道，但较欧洲少，有待与欧洲研究者进一步加强合作，突破关键技术。

在利用杀菌剂防治白蚁方面，欧洲的研究者利用杀菌剂间接控制非洲中北部甘蔗中的白蚁种群，显著增加甘蔗产量，这是一个新的研究与应用思路。我国也有较大面积的甘蔗生产基地，该方法值得借鉴。

总之，在白蚁防治技术方面，欧洲有诸多的先进研究有待我国参考与借鉴。

法规体系及标准

欧盟农药登记分为2个层次，即有效成分登记和产品登记。前者由欧盟委员会授予许可，后者由各成员国授予许可。有效成分在欧盟统一登记后，各成员国同时生效，但只有在取得有效成分登记后，方可进行包含此有效成分的农药产品的登记。基于对健康与环境的关注，欧盟对杀虫剂的登记、使用提出了严格的统一管理规定，如欧盟第528/2012号BPR法规、欧盟标准EN 16636。欧盟法规明确开展周期性的再登记和登记再评审，欧盟标准体系也有再登记与登记再评审过程，为白蚁治理行业有序、健康发展奠定了法律和实施基础。各个欧洲国家也有各自的管理机构，建立了自己的法令、标准等，对国内的企业进行认证管理、服务引导、服务追踪。

我国在白蚁防治上形成了国务院部门规章、地方性法规、地方性政府规章等多层次政策法规体系。我国白蚁防治药物都纳入农药系统管理。国务院制定了《农药管理条例》，包括农药登记制度、农药生产许可制度和农药品质标准制度，以及《城市房屋白蚁管理规定》，行业上颁布了《房屋白蚁预防技术规程》，并制定了一系列技术标准，如《木材防腐剂对白蚁毒效实验室试验方法》（GB/T 18260—2000）等国家标准，《农药登记白蚁防治剂药效试验方法及评价》（NY/T 1153—2013）、《欧洲散白蚁检疫鉴定方法》（SN/T 3413—2012）等行业标准，《白蚁防治施工技术规范》等地方标准。在管理规定上我国和欧洲有相似之处，但欧盟的法律和标准体系有一定的强制性，更加严格、完善，重视更新和再审、时效性。

白蚁防治管理体系

欧洲白蚁防治管理，首先是一体化程度较高，其次是市场调节作用明显。欧盟进行统一管理，以国家联盟、协会、国际合作组织作为管理主体。例如，由欧盟理事会和欧洲议会制定法律法规，欧盟委员会执行相关的法令，再由欧洲化学品管理局管理白蚁药物。欧洲害虫管理协会管理相关的生产、销售、技术服务企业，制定了一致的管理要求，使得欧洲白蚁的预防和治疗既有产品保证、技术保证和质量保证，又能够反映出市场供需。

我国白蚁防治药物都纳入农药范畴管理，主要由各级政府农业主管部门负责区域内的农药监督管理。我国白蚁防治以行政管理为主，已建立了较为完善的白蚁防治机构体系，但缺乏对复杂、变化的市场的应变机制。

企业的统一认证及监管

欧洲各国都十分重视有害生物管理行业的认证管理。欧盟有欧洲害虫管理协会（CEPA）认证。企业按照CEPA的要求标准进行自我评估测试，并解决任何不合格的问题，然后向CEPA授权的国家认证机构申请CEPA企业认证，最终获得CEPA企业认证。而CEPA认证授权的国家认证机构的资质要求具有虫害管理的意识，至少有一个认证项目符合ISO 17065，有执行符合ISO 19011审核的经验，有来自UKAS、COFRAC、DAKKS、SWEDAC等欧洲认证机构之一的相关记录和认证证书等证明材料。CEPA将以国家为单位进行认可，认可程序由CEPA指导委员会管理。此外，各国也有各自的认证体系，如CTB-A＋认证、BCPA认证等，还注意对技术、销售、管理、服务领域的人员进行培训，确保专业公司具有适当的最低水平，制定客户投诉管理的共同基础，其中包括记录和解决投诉的审核程序。因此，企业认证与监管有助于保障服务质量，建立专业的有害生物治理队伍，提高整个欧洲害虫控制和预防的水平。

我国的白蚁防治管理主要由各级白蚁防治管理部门管理，组织上岗人员培训，指导白蚁防治新技术及新产品的研究推广应用等工作；部分地区白蚁防治采取市场化运作，由行业协会监管行业道德规范，开展行业自律，但由于我国市场化尚不完善，导致监管不足。综上，在对白蚁防治行业的管理上，中欧都有相对健全完善的认证和管理体系，但是欧洲关于具体白蚁防治企业的认证制度，值得借鉴。

白蚁防治技术服务体系

欧洲在生产、销售、技术服务等层面均包括多种有害生物的监控，服务意识强，有完善的技术服务流程，突出定制化服务、跟踪服务，有利于提高服务质量和监督管理。

我国在白蚁治理过程中，技术服务流程简单，定制化服务不多，缺乏综合白蚁防治在内的有害生物防治服务体系。

参考文献

黄复生, 朱世模, 平正明, 等. 中国动物志·昆虫纲 第十七卷 等翅目. 北京: 科学出版社, 2000.

宋立. 浙江白蚁. 杭州: 浙江教育出版社, 2015.

AUSTIN J W, SZALANSKI A L, UVA P, et al. A comparative genetic analysis of the subterranean termite genus *Reticulitermes* (Isoptera: Rhinotermitidae). Ann Entomol Soc Am, 2002, 95(6): 753−760.

AUSTIN J W, SZALANSKI A L, GHAYOURFAR R, et al. Phylogeny and genetic variation of *Reticulitermes* (Isoptera: Rhinotermitidae) from the Eastern Mediterranean and Middle East. Sociobiology, 2006, 47(3): 1−19.

AUSTIN J W, SZALANSKI A L, MYLES T G, et al. First record of *Reticulitermes flavipes* (Isoptera: Rhinotermitidae) from Terceira Island (Azores, Portugal). Florida Entomologist, 2012, 95(1): 196−198.

BROWN K S, KARD B M, PAYTON M E. Comparative morphology of *Reticulitermes* species (Isoptera: Rhinotermitidae) of Oklahoma. Journal of the Kansas Entomological Society, 2005, 78(3): 277−284.

BUCHLI H H. L'origine des castes et les potentialités ontogénétiques des termites européens du genre *Reticulitermes*. Ann Sci Nat Zool Biol Animale, 1958, 20: 263−429.

CÁRDENAS A M, MOYANO L, GALLARDO P, et al. Field activity of *Reticulitermes grassei* (Isoptera: Rhinotermitidae) in oak forests of the Southern Iberian Peninsula. Sociobiology, 2012, 59(2): 493−509.

CLÉMENT J L. Ecologie des *Reticulitermes* (Holmgren) francais (isopteres): position system atique des populations. Bulletin de la Societe Zoologique de France, Evolution et Zoologie, 1977, 102 (2): 169−185.

CLÉMENT J L. Diagnostic alleles and systematics in termite species of the genus *Reticulitermes* in Europe. Experientia, 1984, 40: 283−285.

CLÉMENT J L, BAGNÈRES A G, UVA P, et al. Biosystematics of *Reticulitermes* termites in Europe: morphological, chemical and molecular data. Insect Soc, 2001, 48: 202−215.

DRONNET S, BAGNÈRES A G, JUBA T R, et al. Polymorphic microsatellite loci in the European subterranean termite, *Reticulitermes santonensis* Feytaud. Molecular Ecology Notes, 2004, 4: 127−129.

FERREIRA M T, BORGES P A V, SCHEFFRAHN R H. Attraction of alates of *Cryptotermes brevis* (Isoptera: Kalotermitidae) to different light wavelengths in south Florida and the Azores. Journal of Economic Entomology, 2012, 105(6): 2213−2215.

GAJU M, NOTARIO M J, MORA R, et al. Termite damage to buildings in the province of Córdoba, Spain. Sociobiology, 2002, 40(1): 75−85.

GALLARDO P, CÁRDENAS A M, GAJU M. Occurrence of *Reticulitermes grassei* (Isoptera: Rhinotermitidae) on cork oaks in the Southern Iberian Peninsula: identification, description and incidence of the damage. Sociobiology, 2010, 56(3): 675−687.

GHESINI S, MARINI M. New data on *Reticulitermes urbis* and *Reticulitermes lucifugus* in Italy: are they both native species? Bulletin of Insectology, 2012, 65(2): 301−310.

GHESINI S, MARINI M. A dark− necked drywood termite (Isoptera: Kalotermitidae) in Italy:

description of *Kalotermes italicus* sp. nov. Florida Entomologist, 2013, 96(1): 200−211.

JENKINS T M, DEAN R E, VERKERK R, et al. Phylogenetic Analyses of two mitochondrial genes and one nuclear intron region illuminate European subterranean termite (Isoptera: Rhinotermitidae) gene flow, taxonomy, and introduction dynamics. Molecular Phylogenetics and Evolution, 2001, 20(2): 286−293.

KING S W, AUSTIN J W, SZALANSKI A L. Use of soldier pronotal width and mitochondrial DNA sequencing to distinguish the subterranean termites, *Reticulitermes flavipes* (Kollar) and *R. virginicus* (Banks) (Isoptera: Rhinotermitidae), on the delmarva peninsular: Delaware, Maryland, and Virginia, U.S.A. Entomological News, 2007, 118(1): 41−48.

KUTNIK M, JEQUEL M, PAULMIER I, et al. Termite legislation in France: termite control measures and prevention rules in building construction. Paper prepared for the 41st Annual Meeting Biarritz, 2010, 05−09, [2018−006−01].

LARA M, CORDERO J. Estudio del ciclo biológico de la termita (*Kalotermes flavicollis* Fabr.) y daños ocasionados en la madera de la vid. Phytoma España, 1993, 49: 23−30.

LENIAUD L, DEDEINE F, PICHON A, et al. Geographical distribution, genetic diversity and social organization of a new European termite, *Reticulitermes urbis* (Isoptera: Rhinotermitidae). Biol Invasions, 2010, 12: 1389−1402.

LIOTTA G, AGRÒ A. Le infestazioni termitiche nelle biblioteche e negli archivi di Palermo, Quinio. Int J Hist Conserv Book, 1999, 1: 73−81.

LOHOU C, BURBAN G, CLÉMENT J L, et al. Protection des arbres d'alignement contre les termites souterrains. L'expérience menée à Paris. Phytoma, 1997, 492: 42−44.

LÓPEZ M A, OCETE R, SEMEDO A, et al. Problemática causada por las termitas en viñedos de Tierra de Barros (Badajoz). Bol San Veg Plagas, 2000, 26: 167−171.

LÓPEZ M A, OCETE R, GONZÁLEZ−ANDUJAR J L. Logistic model for describing the pattern of flight of *Kalotermes flavicollis* in sherry vineyards. OEPP/EPPO Bulletin, 2003, 33: 331−333.

LOZZIA G C. Indagine biometrica sulle popolazioni italiane di *Reticulitermes lucifugus* Rossi (Istera: Rhinotermitidae). Boll Zool ogr Bachic, 1990, 22(2): 173−193.

LUCHETTI A, TRENTA M, MANTOVANI B, et al. Taxonomy and phylogeny of north mediterranean *Reticulitermes* termites (Isoptera: Rhinotermitidae): a new insight. Insect Soc, 2004, 51: 117−122.

LUCHETTI A, MARINI M, MANTOVANI B. Mitochondrial evolutionary rate and speciation in termites: data on European *Reticulitermes* taxa (Isoptera: Rhinotermitidae). Insect Soc, 2005, 52: 218−221.

MARINI M, FERRARI R. A population survey of the Italian subterranean termite *Reticulitermes lucifugus lucifugus* Rossi in Bagnacavallo (Ravenna, Italy), using the triple mark recapture technique (TMR). Zoological Science, 1998, 15: 963−969.

MARINI M, MANTOVANI B. Molecular Relationships among European Samples of *Reticulitermes* (Isoptera, Rhinotermitidae). Molecular Phylogenetics and Evolution, 2002, 22(3): 454−459.

NOBLE M, PAVÓN V, PRADAS I, et al. Incidencia de *Kalotermes flavicollis* (Fabricius) (Isoptera, Kalotermitidae) en tres especies del arbolado urbano de Sevilla. Bol San Veg Plagas, 2004, 30: 469−474.

PROTA R. Aspetti entomologici della viticoltura sarda e prospettive di difesa in chiave ecologica. Atti Accad Ital Vite e Vino, 1987, 38: 439−451.

SCHEFFRAHN R H, SU N Y. Keys to soldier and winged adult termites (Isoptera) of Florida. Florida

Entomologist, 1994, 77(4): 460-474.

SPRINGHETTI A. Su alcune infestazioni di Termiti nei vigneti di manduria (Puglia). Boll　Inst　Pat del Libro "Alfonso Gallo", 1957: 1-28.

SU N Y, YE W M, RIPA R, et al. Identification of Chilean *Reticulitermes* (Isoptera: Rhinotermitidae) inferred from three mitochondrial gene DNA sequences and soldier morphology. Ann Entomol Soc Am, 2006, 99(2): 352-363.

UVA P, CLÉMENT J L, AUSTIN J W, et al. Origin of a new *Reticulitermes* termite (Isoptera: Rhinotermitidae) inferred from mitochondrial and nuclear DNA data. Molecular Phylogenetics and Evolution, 2004, 30: 344-353.

VIEAU F. Comparison of the spatial distribution and reproductive cycle of *Reticulitermes santonensis* Feytaud and *Reticulitermes lucifugus grassei* Clément (Isoptera, Rhinotermitidae) suggests that they represent introduced and native species, respectively. Insectes Soc, 2001, 48: 57-62.

VILLEMANT C, FRAVAL A. Les insectes ennemis du liège. Insect, 2002: 125.

VELONÀ A, LUCHETTI A, GHESINI S, et al. Mitochondrial and nuclear markers highlight the biodiversity of *Kalotermes flavicollis* (Fabricius, 1793) (Insecta, Isoptera, Kalotermitidae) in the Mediterranean area. Bulletin of Entomological Research, 2011, 101(3): 353-364.

第四篇

东南亚

1 东南亚白蚁的种类及分布

白蚁的种类

东南亚由于纬度较低，气候湿热，植被繁茂，特别适合白蚁的生存和繁衍，因此白蚁种类十分丰富。现就各国白蚁种类分述如下。

1.1.1 文莱

文莱位于加里曼丹岛西北部，北濒中国南海，东、南、西三面与马来西亚砂拉越州接壤，并被砂拉越州的林梦分隔为不相连的东、西两部分。文莱属热带雨林气候，终年炎热多雨，适合白蚁生活，其白蚁种类的名录见表4-1。

表4-1　文莱已知白蚁种类

科名	属名	种名
杆白蚁科 Stylotermitidae	杆白蚁属 *Stylotermes*	*Stylotermes roonwali* Thapa
白蚁科 Termitidae	突扭白蚁属 *Dicuspiditermes*	*Dicuspiditermes minutus* Akhtar and Riaz
	平白蚁属 *Homallotermes*	*Homallotermes eleanorae* Emerson
	须白蚁属 *Hospitalitermes*	*Hospitalitermes hospitalis*（Haviland）
	长足白蚁属 *Longipeditermes*	*Longipeditermes longipes*（Haviland）
	象白蚁属 *Nasutitermes*	*Nasutitermes neoparvus* Thapa
	东方白蚁属 *Orientotermes*	*Orientotermes emersoni* Ahmad
	近扭白蚁属 *Pericapritermes*	三宝近扭白蚁 *Pericapritermes semarangi*（Holmgren）
	始钩白蚁属 *Protohamitermes*	*Protohamitermes globiceps* Holmgren
合计	9	9

1.1.2 柬埔寨

柬埔寨位于中南半岛西南部，西部、西北部、泰国接壤，东北部与老挝交界，东部、东南部与越南毗邻，南部面向暹罗湾。柬埔寨白蚁分类学研究资料较少，主要是Harris的工作。根据Krishna等的专著，共有2科8属14种白蚁在柬埔寨有分布（见表4-2）。

表4-2 柬埔寨已知白蚁种类

科名	属名	种名
鼻白蚁科 Rhinotermitidae	长鼻白蚁属 *Schedorhinotermes*	*Schedorhinotermes malaccensis*（Holmgren）
		中暗长鼻白蚁 *Schedorhinotermes medioobscurus*（Holmgren）
白蚁科 Termitidae	球白蚁属 *Globitermes*	黄球白蚁 *Globitermes sulphureus*（Haviland）
	须白蚁属 *Hospitalitermes*	*Hospitalitermes ataramensis* Prashad and Sen-Sarma
		Hospitalitermes jepsoni（Snyder）
	地白蚁属 *Hypotermes*	*Hypotermes makhamensis* Ahmad
	大白蚁属 *Macrotermes*	*Macrotermes carbonarius*（Hagen）
		暗黄大白蚁 *Macrotermes gilvus*（Hagen）
		Macrotermes malaccensis（Haviland）
	小白蚁属 *Microtermes*	*Microtermes obesi* Holmgren
	土白蚁属 *Odontotermes*	海南土白蚁 *Odontotermes hainanensis*（Light）
		Odontotermes horni（Wasmann）
		Odontotermes proformosanus Ahmad
	近扭白蚁属 *Pericapritermes*	*Pericapritermes latignathus*（Holmgren）
合计	8	14

1.1.3 印度尼西亚

印度尼西亚是世界上最大的群岛国家，由太平洋和印度洋之间17000多个大小岛屿组成，这些岛屿中面积居世界前13位的大岛有5个，分别是加里曼丹岛、苏门答腊岛、伊里安岛、苏拉威西岛和爪哇岛。有关印度尼西亚白蚁种类的研究，最早出现在Hagen于1858年出版的白蚁专著中；此后，在Haviland和Snyder的世界白蚁研究，以及Holmgren、Roonwal和Sen-Sarma、Krishna和Emerson的东洋区白蚁研究中均有所涉及。除此之外，20世纪70年代前也有许多专门针对印度尼西亚白蚁的区系研究相继发表，包括Holmgren对爪哇和苏门答腊的白蚁研究，Oshima对苏门答腊、爪哇、西里伯斯（现称苏拉威西）、婆罗洲（现称加里曼丹）等东印度群岛主要岛屿的白蚁研究，John对苏门答腊岛、爪哇岛、阿鲁群岛等地的白蚁研究，Kemner对苏门答腊、爪哇和西里伯斯岛的白蚁研究，Light对爪哇岛的白蚁研究，Toxopeus对喀拉喀托活火山岛的白蚁研究，Roonwal和Maiti对印度尼西亚的白蚁研究等。通过这些研究，印度尼西亚已记载白蚁种类增加到约200种。在此基础上，进入21世纪以后，针对某些白蚁类群的更为细致的区系种类调查和研究也有报道。上述这些文献资料使白蚁研究者对印度尼西亚白蚁区系组成和特点的认识不断加深，为进一步开展有害白蚁防治研究奠定了理论基础。目前，印度尼西亚共记录白蚁3科47属240种（亚种）（见表4-3）。

表4-3 印度尼西亚已知白蚁种类及分布

科名	属名	种名	分布范围
木白蚁科 Kalotermitidae	裂木白蚁属 *Bifiditermes*	*Bifiditermes indicus*（Holmgren）	苏拉威西

（续表）

科名	属名	种名	分布范围
木白蚁科 Kalotermitidae	堆砂白蚁属 Cryptotermes	*Cryptotermes cynocephalus* Light	爪哇、加里曼丹、苏拉威西
		截头堆砂白蚁 *Cryptotermes domesticus*（Haviland）	爪哇、加里曼丹、苏拉威西、苏门答腊、喀拉喀托
		长颚堆砂白蚁 *Cryptotermes dudleyi* Banks	爪哇、加里曼丹、苏门答腊
		Cryptotermes sumatrensis Kemner	喀拉喀托、苏门答腊
	树白蚁属 Glyptotermes	*Glyptotermes besarensis* Thakur	爪哇
		Glyptotermes brevicaudatus（Haviland）	爪哇、加里曼丹、苏拉威西、苏门答腊、喀拉喀托
		Glyptotermes caudomunitus Kemner	爪哇、喀拉喀托
		Glyptotermes concavifrons Krishna and Emerson	爪哇
		Glyptotermes kirbyi Krishna and Emerson	苏门答腊
		Glyptotermes luteus Kemner	马鲁古群岛
		Glyptotermes montanus Kemner	爪哇
		Glyptotermes niger Kemner	爪哇
		Glyptotermes panaitanensis Thakur	爪哇
		Glyptotermes sepilokensis Thapa	苏拉威西
	新白蚁属 Neotermes	*Neotermes artocarpi*（Haviland）	苏门答腊
		Neotermes dalbergiae（Kalshoven）	爪哇
		Neotermes ketelensis Kemner	贾姆帕、苏拉威西
		Neotermes longipennis Kemner	苏门答腊
		Neotermes medius Oshima	苏门答腊
		Neotermes ovatus Kemner	马鲁古群岛
		Neotermes saleierensis Kemner	苏拉威西
		Neotermes sonneratiae Kemner	爪哇
		Neotermes tectonae（Dammerman）	爪哇、苏拉威西、苏门答腊、伊里安查亚
鼻白蚁科 Rhinotermitidae	乳白蚁属 Coptotermes	*Coptotermes amboinensis* Kemner	马鲁古群岛
		Coptotermes boetonensis Kemner	爪哇、苏拉威西
		曲颚乳白蚁（大家白蚁） *Coptotermes curvignathus* Holmgren	爪哇、苏门答腊、加里曼丹、帕奈坦、苏拉威西
		Coptotermes dobonicus Oshima	阿鲁群岛
		端明乳白蚁 *Coptotermes elisae*（Desneux）	爪哇、苏门答腊
		格斯特乳白蚁（印缅乳白蚁、东南亚乳白蚁） *Coptotermes gestroi*（Wasmann）	爪哇、加里曼丹
		巨头乳白蚁 *Coptotermes grandiceps* Snyder	巴布亚省
		卡肖乳白蚁 *Coptotermes kalshoveni* Kemner	苏门答腊、爪哇、加里曼丹

（续表）

科名	属名	种名	分布范围
鼻白蚁科 Rhinotermitidae	乳白蚁属 *Coptotermes*	*Coptotermes menadoae* Oshima	苏拉威西
		Coptotermes minutissimus Kemner	苏拉威西
		Coptotermes oshimai Light and Davis	苏拉威西
		Coptotermes peregrinator Kemner	苏拉威西
		塞庞乳白蚁 *Coptotermes sepangensis* Krishna	加里曼丹、苏门答腊
		Coptotermes sinabangensis Oshima	苏门答腊
		南亚乳白蚁 *Coptotermes travians*（Haviland）	加里曼丹、苏门答腊
	异白蚁属 *Heterotermes*	*Heterotermes pamatatensis* Kemner	苏拉威西
		Heterotermes paradoxus（Froggatt）	巴布亚省
		Heterotermes tenuior（Haviland）	加里曼丹、苏门答腊
	大鼻白蚁属 *Macrorhinotermes*	*Macrorhinotermes maximus*（Holmgren）	加里曼丹
	原鼻白蚁属 *Prorhinotermes*	*Prorhinotermes flavus*（Bugnion and Popoff）	爪哇、喀拉喀托、苏拉威西
		太平洋原鼻白蚁 *Prorhinotermes inopinatus* Silvestri	巴布亚省
		Prorhinotermes rugifer Kemner	马鲁古群岛
	棒鼻白蚁属 *Parrhinotermes*	*Parrhinotermes aequalis*（Haviland）	苏门答腊、加里曼丹
		Parrhinotermes barbatus Bourguignon and Roisin	巴布亚省（伊里安查亚）
		Parrhinotermes browni（Harris）	巴布亚省
		Parrhinotermes buttelreepeni Holmgren	加里曼丹、苏门答腊
		Parrhinotermes inaequalis（Haviland）	加里曼丹
		Parrhinotermes minor Thapa	加里曼丹
		Parrhinotermes pygmaeus John	苏门答腊
	长鼻白蚁属 *Schedorhinotermes*	*Schedorhinotermes brachyceps* Kemner	马鲁古群岛
		短翅长鼻白蚁 *Schedorhinotermes brevialatus*（Haviland）	爪哇、加里曼丹、苏拉威西
		Schedorhinotermes holmgreni Emerson	苏门答腊
		Schedorhinotermes leopoldi Kemner	苏门答腊
		Schedorhinotermes longirostris（Brauer）	巴布亚省
		Schedorhinotermes makassarensis Kemner	苏拉威西
		Schedorhinotermes malaccensis（Holmgren）	加里曼丹、苏门答腊、巴布亚省
		中暗长鼻白蚁 *Schedorhinotermes medioobscurus*（Holmgren）	爪哇、加里曼丹、喀拉喀托、帕奈坦、苏拉威西、苏门答腊
		Schedorhinotermes tenuis（Oshima）	苏门答腊
		Schedorhinotermes translucens（Haviland）	爪哇、苏拉威西、苏门答腊、巴布亚省（伊里安查亚）

（续表）

科名	属名	种名	分布范围
鼻白蚁科 Rhinotermitidae	寡脉白蚁属 *Termitogeton*	*Termitogeton planus*（Haviland）	巴布亚省
白蚁科 Termitidae	针白蚁属 *Aciculitermes*	*Aciculitermes aciculatus*（Haviland）	苏门答腊
	弓白蚁属 *Amitermes*	齿弓白蚁 *Amitermes dentatus*（Haviland）	苏门答腊
	钩白蚁属 *Ancistrotermes*	*Ancistrotermes pakistanicus*（Ahmad）	爪哇、加里曼丹
	瓢白蚁属 *Bulbitermes*	*Bulbitermes borneensis*（Haviland）	苏门答腊
		Bulbitermes constrictiformis（Holmgren）	苏门答腊
		Bulbitermes constrictoides（Holmgren）	爪哇、苏门答腊
		Bulbitermes constrictus（Haviland）	加里曼丹、苏门答腊
		Bulbitermes durianensis Roonwal and Maiti	Durian
		Bulbitermes flavicans（Holmgren）	加里曼丹、苏门答腊
		Bulbitermes gedeensis（Kemner）	爪哇
		Bulbitermes kraepelini（Holmgren）	苏门答腊
		Bulbitermes lakshmani Roonwal and Maiti	爪哇
		Bulbitermes nasutus（Holmgren）	苏门答腊
		Bulbitermes prorosae Akhtar and Pervez	苏拉威西
		Bulbitermes pusillus（Holmgren）	加里曼丹、爪哇、明打威群岛、苏门答腊
		Bulbitermes rosae（Kemner）	爪哇
		Bulbitermes salakensis（Kemner）	爪哇
		Bulbitermes sarawakensis（Haviland）	苏门答腊
		Bulbitermes singaporiensis（Haviland）	加里曼丹、苏门答腊
		Bulbitermes subulatus（Holmgren）	苏门答腊
		Bulbitermes vicinus（Kemner）	爪哇
	锡兰白蚁属 *Ceylonitermes*	*Ceylonitermes indicola* Thakur	苏门答腊
	突扭白蚁属 *Dicuspiditermes*	*Dicuspiditermes fissifex* Krishna	苏门答腊
		Dicuspiditermes minutus Akhtar and Riaz	加里曼丹
		Dicuspiditermes nemorosus（Haviland）	加里曼丹、苏门答腊
		Dicuspiditermes santschii（Silvestri）	加里曼丹、苏门答腊
	歧白蚁属 *Diwaitermes*	*Diwaitermes kanehirai*（Oshima）	阿鲁群岛、马鲁古群岛
	球白蚁属 *Globitermes*	*Globitermes globosus globosus*（Haviland）	加里曼丹、苏门答腊
		黄球白蚁 *Globitermes sulphureus*（Haviland）	不详
		Globitermes vadaensis Kemner	爪哇
	高跷白蚁属 *Grallatotermes*	*Grallatotermes weyeri* Kemner	马鲁古群岛、Ambon（Amboina）、萨帕鲁阿

（续表）

科名	属名	种名	分布范围
白蚁科 Termitidae	多毛白蚁属 *Hirtitermes*	*Hirtitermes brabazoni* Gathorne-Hardy	加里曼丹、苏拉威西
		Hirtitermes hirtiventris（Holmgren）	苏门答腊
		Hirtitermes spinocephalus（Oshima）	加里曼丹、塔拉坎
	平白蚁属 *Homallotermes*	*Homallotermes eleanorae* Emerson	加里曼丹、苏门答腊
		Homallotermes exiguus Krishna	加里曼丹、苏门答腊
		Homallotermes foraminifer（Haviland）	加里曼丹、苏门答腊
	须白蚁属 *Hospitalitermes*	双色须白蚁 *Hospitalitermes bicolor*（Haviland）	爪哇、苏门答腊
		Hospitalitermes butteli（Holmgren）	苏门答腊
		Hospitalitermes diurnus Kemner	爪哇
		Hospitalitermes ferrugineus（John）	苏门答腊、爪哇
		Hospitalitermes flaviventris（Wasmann）	苏门答腊
		Hospitalitermes flavoantennaris Oshima	苏门答腊
		Hospitalitermes grassii Ghidini	苏门答腊
		Hospitalitermes hospitalis（Haviland）	加里曼丹、苏门答腊
		Hospitalitermes irianensis Roonwal and Maiti	伊里安查亚
		Hospitalitermes javanicus Akhtar and Akbar	爪哇
		Hospitalitermes krishnai Syaukani，Thompson，and Yamane	苏门答腊
		Hospitalitermes lividiceps（Holmgren）	加里曼丹
		中黄须白蚁 *Hospitalitermes medioflavus*（Holmgren）	苏门答腊
		Hospitalitermes moluccanus Ahmad	马鲁古群岛
		Hospitalitermes nemorosus Ghidini	苏门答腊
		Hospitalitermes rufus（Haviland）	爪哇、苏拉威西、苏门答腊
		Hospitalitermes schmidti Ahmad	苏拉威西
		Hospitalitermes sharpi（Holmgren）	爪哇、苏门答腊
		赭色须白蚁 *Hospitalitermes umbrinus*（Haviland）	苏门答腊
	地白蚁属 *Hypotermes*	*Hypotermes sumatrensis*（Holmgren）	苏门答腊
		Hypotermes xenotermitis（Wasmann）	加里曼丹
	凯姆勒白蚁属 *Kemneritermes*	*Kemneritermes sarawakensis* Ahmad and Akhtar	加里曼丹、苏门答腊
	唇白蚁属 *Labritermes*	*Labritermes buttelreepeni* Holmgren	加里曼丹、苏门答腊
		Labritermes emersoni Krishna and Adams	加里曼丹、苏门答腊
		Labritermes kistneri Krishna and Adams	加里曼丹、苏门答腊
	怒白蚁属 *Lacessititermes*	*Lacessititermes albipes*（Haviland）	爪哇
		Lacessititermes atrior（Holmgren）	爪哇
		Lacessititermes batavus Kemner	爪哇
		Lacessititermes jacobsoni Kemner	苏门答腊

（续表）

科名	属名	种名	分布范围
白蚁科 Termitidae	怒白蚁属 Lacessititermes	*Lacessititermes laborator*（Haviland）	苏门答腊
		Lacessititermes longinasus Syaukani	苏门答腊
		Lacessititermes saraiensis（Oshima）	爪哇
		Lacessititermes sordidus（Haviland）	苏门答腊
	白脉白蚁属 Leucopitermes	*Leucopitermes leucops*（Holmgren）	爪哇、加里曼丹、苏门答腊
		Leucopitermes thoi Gathorne-Hardy	苏门答腊
	长足白蚁属 Longipeditermes	*Longipeditermes kistneri* Akhtar and Ahmad	爪哇、苏门答腊
		Longipeditermes longipes（Haviland）	加里曼丹、苏门答腊
	大白蚁属 Macrotermes	*Macrotermes ahmadi* Tho	苏门答腊
		Macrotermes carbonarius（Hagen）	加里曼丹、廖内群岛
		暗黄大白蚁 *Macrotermes gilvus*（Hagen）	爪哇、加里曼丹、苏门答腊、苏拉威西、西帝汶
		Macrotermes malaccensis（Haviland）	勿里洞、邦加、加里曼丹、苏门答腊
	马来白蚁属 Malaysiotermes	*Malaysiotermes holmgreni*（Ahmad）	加里曼丹
		Malaysiotermes spinocephalus Ahmad	加里曼丹、苏门答腊
	锯白蚁属 Microcerotermes	*Microcerotermes amboinensis* Kemner	马鲁古群岛
		Microcerotermes biroi（Desneux）	伊里安查亚省
		Microcerotermes celebensis Kemner	苏拉威西
		Microcerotermes dammermani Roonwal and Maiti	苏门答腊
		Microcerotermes depokensis Kemner	爪哇
		Microcerotermes distans（Haviland）	苏拉威西
		Microcerotermes duplex（Desneux）	加里曼丹
		Microcerotermes havilandi Holmgren	苏门答腊
		Microcerotermes madurae Kemner	爪哇
		Microcerotermes serratus（Haviland）	加里曼丹
	小白蚁属 Microtermes	*Microtermes insperatus* Kemner	爪哇、帕奈坦
		Microtermes jacobsoni Holmgren	爪哇、苏门答腊
	瘤白蚁属 Mirocapritermes	*Mirocapritermes connectens* Holmgren	加里曼丹、苏门答腊
	象白蚁属 Nasutitermes	*Nasutitermes acutus*（Holmgren）	爪哇、隆布克、帕奈坦、苏门答腊
		Nasutitermes amboinensis（Kemner）	马鲁古群岛、Amboina（Ambon）
		Nasutitermes aruensis（John）	阿鲁群岛
		Nasutitermes atripennis（Haviland）	加里曼丹、苏门答腊
		Nasutitermes boengiensis（Kemner）	苏拉威西
		Nasutitermes boetoni（Oshima）	苏拉威西
		Nasutitermes celebensis（Holmgren）	苏拉威西

（续表）

科名	属名	种名	分布范围
白蚁科 Termitidae	象白蚁属 Nasutitermes	*Nasutitermes corporaali*（Wasmann）	爪哇
		Nasutitermes dobonensis（Oshima）	马鲁古群岛
		Nasutitermes gracilis（Oshima）	喀拉喀托
		哈氏象白蚁 *Nasutitermes havilandi*（Desneux）	苏门答腊
		Nasutitermes jacobsoni Oshima	苏门答腊
		Nasutitermes javanicus（Holmgren）	爪哇、苏门答腊
		Nasutitermes longinasoides Thapa	苏门答腊
		Nasutitermes longinasus（Holmgren）	加里曼丹、苏门答腊
		Nasutitermes longirostris longirostris（Holmgren）	加里曼丹
		Nasutitermes luzonicus（Oshima）	苏拉威西、加里曼丹
		Nasutitermes makassarensis（Kemner）	苏拉威西
		Nasutitermes matangensis matangensioides（Holmgren）	喀拉喀托
		马坦象白蚁 *Nasutitermes matangensis matangensis*（Haviland）	爪哇、加里曼丹、喀拉喀托、隆布克、苏拉威西、苏门答腊
		Nasutitermes matangensis pyricephalus（Kemner）	爪哇
		Nasutitermes neoparvus Thapa	加里曼丹、苏门答腊
		Nasutitermes retus（Kemner）	马鲁古群岛
		黑褐象白蚁 *Nasutitermes saleierensis*（Kemner）	爪哇、苏拉威西
		Nasutitermes simaluris Oshima	苏门答腊
		Nasutitermes timoriensis（Holmgren）	西帝汶
	土白蚁属 Odontotermes	*Odontotermes billitoni* Holmgren	爪哇、加里曼丹、苏门答腊
		Odontotermes boetonensis Kemner	苏拉威西
		Odontotermes bogoriensis（Kemner）	爪哇
		Odontotermes butteli Holmgren	苏门答腊
		Odontotermes celebensis Holmgren	苏拉威西
		Odontotermes denticulatus Holmgren	加里曼丹、苏门答腊
		Odontotermes dives（Hagen）	爪哇、苏拉威西、苏门答腊、摩鹿
		Odontotermes djampeensis Kemner	苏拉威西
		Odontotermes grandiceps Holmgren	爪哇、苏门答腊
		Odontotermes hageni Holmgren	加里曼丹
		Odontotermes incisus Holmgren	苏门答腊
		Odontotermes indrapurensis Holmgren	苏门答腊
		Odontotermes javanicus Holmgren	爪哇、苏门答腊
		Odontotermes javanicus nymanni Holmgren	爪哇
		Odontotermes karawajevi John	爪哇
		Odontotermes karnyi Kemner	爪哇

（续表）

科名	属名	种名	分布范围
白蚁科 Termitidae	土白蚁属 Odontotermes	Odontotermes latissimus（Kemner）	苏门答腊
		Odontotermes makassarensis Kemner	巴厘岛、帕奈坦、苏拉威西
		Odontotermes maximus（Kemner）	苏门答腊
		Odontotermes menadoensis Kemner	苏拉威西
		Odontotermes minutus Amir	爪哇、加里曼丹、苏门答腊
		Odontotermes neodenticulatus Thapa	加里曼丹
		Odontotermes oblongatus Holmgren	苏门答腊
		Odontotermes sarawakensis Holmgren	加里曼丹、苏门答腊
		Odontotermes simalurensis Oshima	苏门答腊
		Odontotermes sinabangensis Kemner	苏门答腊
	东扭白蚁属 Oriencapritermes	Oriencapritermes kluangensis Ahmad and Akhtar	加里曼丹
	东锥白蚁属 Oriensubulitermes	Oriensubulitermes inanis（Haviland）	加里曼丹、苏门答腊
	近扭白蚁属 Pericapritermes	Pericapritermes brachygnathus（John）	苏门答腊
		Pericapritermes buitenzorgi（Holmgren）	爪哇、苏门答腊
		Pericapritermes dolichocephalus（John）	加里曼丹、苏门答腊
		Pericapritermes latignathus（Holmgren）	爪哇、加里曼丹、苏门答腊
		Pericapritermes modiglianii（Silvestri）	苏门答腊
		Pericapritermes mohri（Kemner）	爪哇、加里曼丹、苏门答腊
		近扭白蚁 Pericapritermes nitobei（Shiraki）	加里曼丹、苏门答腊
		Pericapritermes parvus Bourguignon and Roisin	伊里安查亚
		三宝近扭白蚁 Pericapritermes semarangi（Holmgren）	爪哇、加里曼丹、苏门答腊
		Pericapritermes speciosus（Haviland）	加里曼丹、苏门答腊
	前扭白蚁属 Procapritermes	Procapritermes atypus Holmgren	加里曼丹、苏门答腊
		Procapritermes minutus（Haviland）	加里曼丹、苏门答腊
		Procapritermes neosetiger Thapa	加里曼丹
		Procapritermes prosetiger Ahmad	加里曼丹
		Procapritermes setiger（Haviland）	苏门答腊
	前钩白蚁属 Prohamitermes	Prohamitermes hosei（Desneux）	加里曼丹
		Prohamitermes mirabilis（Haviland）	加里曼丹、苏门答腊
	始钩白蚁属 Protohamitermes	Protohamitermes globiceps Holmgren	加里曼丹

（续表）

科名	属名	种名	分布范围
白蚁科 Termitidae	钩扭白蚁属 *Pseudocapritermes*	*Pseudocapritermes orientalis*（Ahmad and Akhtar）	加里曼丹、苏门答腊
		Pseudocapritermes parasilvaticus Ahmad	苏门答腊
		Pseudocapritermes silvaticus Kemner	爪哇、加里曼丹
	Sabahitermes	*Sabahitermes leuserensis*（Gathorne-Hardy）	苏门答腊
	似锥白蚁属 *Subulioiditermes*	*Subulioiditermes subulioides* Ahmad	苏门答腊
	聚扭白蚁属 *Syncapritermes*	*Syncapritermes greeni*（John）	加里曼丹
	白蚁属 *Termes*	*Termes comis* Haviland	加里曼丹、苏门答腊
		Termes laticornis Haviland	加里曼丹、苏门答腊
		邻白蚁 *Termes propinquus*（Holmgren）	加里曼丹、苏门答腊
		Termes rostratus Haviland	加里曼丹、苏门答腊
合计	47	240	—

1.1.4 老挝

老挝是位于中南半岛北部的内陆国家，北邻中国，南接柬埔寨，东临越南，西北达缅甸，西南毗邻泰国。老挝白蚁研究资料较少，涉及分类的几乎未见，甚至在Krishna等2013年出版的白蚁专著中也没有对老挝白蚁种类的记录。因此，对于老挝白蚁的种类，目前仅知Miyagawa等在研究白蚁资源利用时所调查并明确鉴定出的白蚁科8属8种（见表4-4）。

表4-4 老挝已知白蚁种类及分布

科名	属名	种名	分布范围
白蚁科 Termitidae	球白蚁属 *Globitermes*	黄球白蚁 *Globitermes sulphureus*（Haviland）	万象
	须白蚁属 *Hospitalitermes*	*Hospitalitermes ataramensis* Prashad and Sen-Sarma	万象
	大白蚁属 *Macrotermes*	暗黄大白蚁 *Macrotermes gilvus*（Hagen）	万象
	锯白蚁属 *Microcerotermes*	大锯白蚁 *Microcerotermes crassus* Snyder	万象
	小白蚁属 *Microtermes*	*Microtermes obesi* Holmgren	万象
	土白蚁属 *Odontotermes*	*Odontotermes feae*（Wasmann）	万象
	近扭白蚁属 *Pericapritermes*	*Pericapritermes latignathus*（Holmgren）	万象
	白蚁属 *Termes*	邻白蚁 *Termes propinquus*（Holmgren）	万象
合计	8	8	

1.1.5 马来西亚

马来西亚国土分东西两部分，东面是位于加里曼丹岛北部的沙巴和砂拉越（别称：东马），西面是位于马来半岛南部的马来西亚半岛（别称：西马）。马来西亚白蚁种类的早期研究与印度尼西亚的类似，同样始于世界性的白蚁专著。1858年，Hagen 记录的2种分布于马来西亚半岛的白蚁是马来西亚白蚁的最早记录；1898年，Haviland 对马来西亚白蚁第一个属进行了记录，开启了马来西亚白蚁分类学研究；此后的一些东洋区白蚁种类调查研究对马来西亚白蚁多有涉及，使马来西亚分布的白蚁种类陆续被发现，也使研究者对该地区白蚁的关注度和研究兴趣不断加深。从20世纪80年代初开始，针对马来西亚白蚁专门的区系研究逐渐增多。其中相对比较系统和细致深入的主要有：Thapa对沙巴地区白蚁的研究，据报道，沙巴地区共发现白蚁33属104种；Tho在对3315管白蚁标本进行研究并与大英博物馆和美国自然历史博物馆的标本对比后，报道了马来西亚半岛42属约175种白蚁。这两个区系研究之后，相继又有一些报道分别涉及沙巴白蚁和马来西亚半岛白蚁的种类调查和分类研究。位于东马的砂拉越州，白蚁分类研究资料略少，且系统性稍差，主要是针对某个保护区的白蚁种类调查。随着油棕榈等经济作物的大规模种植以及白蚁危害的加剧，针对种植园和建筑物有害白蚁的种类调查逐渐增多。据 Krishna 等综合各种区系研究和种类调查的数据，马来西亚目前已知白蚁共4科46属221种（亚种）（见表4-5）。

表4-5 马来西亚已知白蚁种类及分布

科名	属名	种名	分布范围
木白蚁科 Kalotermitidae	堆砂白蚁属 Cryptotermes	*Cryptotermes cynocephalus* Light 截头堆砂白蚁	马来西亚半岛、沙巴
		Cryptotermes domesticus（Haviland）	马来西亚半岛、砂拉越
		长颚堆砂白蚁 *Cryptotermes dudleyi* Banks	马来西亚半岛
		Cryptotermes sukauensis Thapa	沙巴
		Cryptotermes thailandis Ahmad	马来西亚半岛
	树白蚁属 Glyptotermes	*Glyptotermes borneensis*（Haviland）	马来西亚半岛、砂拉越
		Glyptotermes brevicaudatus（Haviland）	沙巴、砂拉越
		Glyptotermes buttelreepeni（Holmgren）	马来西亚半岛
		Glyptotermes caudomunitus Kemner	沙巴
		Glyptotermes chatterjii Thapa	沙巴
		Glyptotermes dentatus（Haviland）	沙巴、砂拉越
		Glyptotermes kachongensis Ahmad	马来西亚半岛
		Glyptotermes kunakensis Thapa	沙巴
		Glyptotermes laticaudomunitus Thapa	沙巴
		Glyptotermes neoborneensis Thapa	沙巴
		Glyptotermes paracaudomunitus Thapa	沙巴
		Glyptotermes paratuberculatus Thapa	沙巴
		Glyptotermes pinangae（Haviland）	马来西亚半岛、 沙巴、砂拉越
		Glyptotermes sepilokensis Thapa	沙巴
	新白蚁属 Neotermes	*Neotermes artocarpi*（Haviland）	马来西亚半岛、砂拉越
		Neotermes minutus Thapa	沙巴
		柚木新白蚁 *Neotermes tectonae*（Dammerman）	马来西亚半岛、沙巴

（续表）

科名	属名	种名	分布范围
杆白蚁科 Stylotermitidae	杆白蚁属 *Stylotermes*	*Stylotermes roonwali* Thapa	沙巴
鼻白蚁科 Rhinotermitidae	乳白蚁属 *Coptotermes*	*Coptotermes bentongensis* Krishna	马来西亚半岛
		曲颚乳白蚁（大家白蚁） *Coptotermes curvignathus* Holmgren	沙巴、马来西亚半岛
		端明乳白蚁 *Coptotermes elisae*（Desneux）	马来西亚半岛、沙巴、砂拉越
		格斯特乳白蚁（印缅乳白蚁、东南亚乳白蚁）*Coptotermes gestroi*（Wasmann）	马来西亚半岛、砂拉越
		卡肖乳白蚁 *Coptotermes kalshoveni* Kemner	马来西亚半岛、沙巴
		塞庞乳白蚁 *Coptotermes sepangensis* Krishna	马来西亚半岛、沙巴
		Coptotermes sinabangensis Oshima	马来西亚半岛
		南亚乳白蚁 *Coptotermes travians*（Haviland）	马来西亚半岛、沙巴、砂拉越
	异白蚁属 *Heterotermes*	*Heterotermes tenuior*（Haviland）	马来西亚半岛、沙巴、砂拉越
	大鼻白蚁属 *Macrorhinotermes*	*Macrorhinotermes maximus*（Holmgren）	马来西亚半岛
	棒鼻白蚁属 *Parrhinotermes*	*Parrhinotermes aequalis*（Haviland）	马来西亚半岛、沙巴、砂拉越
		Parrhinotermes buttelreepeni Holmgren	马来西亚半岛、沙巴
		Parrhinotermes inaequalis（Haviland）	马来西亚半岛、沙巴、砂拉越
		Parrhinotermes microdentiformis Thapa	沙巴
		Parrhinotermes microdentiformisoides Thapa	沙巴
		Parrhinotermes minor Thapa	沙巴
		Parrhinotermes pygmaeus John	马来西亚半岛、沙巴
	原鼻白蚁属 *Prorhinotermes*	*Prorhinotermes flavus*（Bugnion and Popoff）	马来西亚半岛、沙巴
	长鼻白蚁属 *Schedorhinotermes*	短翅长鼻白蚁 *Schedorhinotermes brevialatus*（Haviland）	沙巴、砂拉越
		Schedorhinotermes butteli（Holmgren）	马来西亚半岛
		Schedorhinotermes longirostris（Brauer）	马来西亚半岛
		Schedorhinotermes malaccensis（Holmgren）	马来西亚半岛、沙巴、砂拉越
		中暗长鼻白蚁 *Schedorhinotermes medioobscurus*（Holmgren）	马来西亚半岛、沙巴、砂拉越
		Schedorhinotermes translucens（Haviland）	马来西亚半岛、砂拉越
	寡脉白蚁属 *Termitogeton*	*Termitogeton planus*（Haviland）	马来西亚半岛、沙巴、砂拉越

（续表）

科名	属名	种名	分布范围
白蚁科 Termitidae	针白蚁属 Aciculitermes	*Aciculitermes aciculatus*（Haviland）	砂拉越
	弓白蚁属 Amitermes	齿弓白蚁 *Amitermes dentatus*（Haviland）	马来西亚半岛、沙巴、砂拉越
	钩白蚁属 Ancistrotermes	*Ancistrotermes pakistanicus*（Ahmad）	马来西亚半岛
	瓢白蚁属 Bulbitermes	*Bulbitermes borneensis*（Haviland）	沙巴、砂拉越
		Bulbitermes constrictiformis（Holmgren）	马来西亚半岛、沙巴
		Bulbitermes constrictoides（Holmgren）	马来西亚半岛
		Bulbitermes constrictus（Haviland）	沙巴、砂拉越
		Bulbitermes flavicans（Holmgren）	马来西亚半岛、沙巴、砂拉越
		Bulbitermes germanus（Haviland）	马来西亚半岛
		Bulbitermes johorensis Akhtar and Pervez	马来西亚半岛
		Bulbitermes parapusillus Ahmad	马来西亚半岛
		Bulbitermes perpusillus（John）	马来西亚半岛
		Bulbitermes pronasutus Akhtar and Pervez	马来西亚半岛
		Bulbitermes pusillus（Holmgren）	马来西亚半岛
		Bulbitermes sarawakensis（Haviland）	马来西亚半岛、沙巴、砂拉越
		Bulbitermes singaporiensis（Haviland）	马来西亚半岛
		Bulbitermes umasumasensis Thapa	沙巴
	突扭白蚁属 Dicuspiditermes	*Dicuspiditermes cacuminatus* Krishna	马来西亚半岛
		Dicuspiditermes fissifex Krishna	马来西亚半岛
		Dicuspiditermes kistneri Krishna	马来西亚半岛
		Dicuspiditermes laetus（Silvestri）	马来西亚半岛
		Dicuspiditermes minutus Akhtar and Riaz	马来西亚半岛、沙巴
		Dicuspiditermes nemorosus（Haviland）	马来西亚半岛、沙巴、砂拉越
		Dicuspiditermes rothi（Holmgren）	砂拉越
		Dicuspiditermes santschii（Silvestri）	沙巴
	埃莉诺白蚁属 Eleanoritermes	*Eleanoritermes borneensis* Ahmad	马来西亚半岛、砂拉越
	亮白蚁属 Euhamitermes	*Euhamitermes hamatus*（Holmgren）	马来西亚半岛
	球白蚁属 Globitermes	*Globitermes globosus depilis*（Holmgren）	砂拉越
		Globitermes globosus globosus（Haviland）	马来西亚半岛、沙巴、砂拉越
		黄球白蚁 *Globitermes sulphureus*（Haviland）	马来西亚半岛

（续表）

科名	属名	种名	分布范围
白蚁科 Termitidae	多毛白蚁属 *Hirtitermes*	*Hirtitermes hirtiventris*（Holmgren）	马来西亚半岛、砂拉越
		Hirtitermes spinocephalus（Oshima）	马来西亚半岛、沙巴
	平白蚁属 *Homallotermes*	*Homallotermes eleanorae* Emerson	马来西亚半岛、沙巴、砂拉越
		Homallotermes exiguus Krishna	沙巴、砂拉越
		Homallotermes foraminifer（Haviland）	马来西亚半岛、沙巴、砂拉越
	须白蚁属 *Hospitalitermes*	双色须白蚁 *Hospitalitermes bicolor*（Haviland）	马来西亚半岛
		Hospitalitermes flaviventris（Wasmann）	马来西亚半岛、砂拉越
		Hospitalitermes hospitalis（Haviland）	马来西亚半岛、砂拉越
		Hospitalitermes hospitalis hospitaloides（Holmgren）	砂拉越
		中黄须白蚁 *Hospitalitermes medioflavus*（Holmgren）	马来西亚半岛、沙巴
		Hospitalitermes paraschmidti Akhtar and Akbar	马来西亚半岛
		Hospitalitermes proflaviventris Akhtar and Akbar	马来西亚半岛
		Hospitalitermes rufus（Haviland）	马来西亚半岛、沙巴、砂拉越
		Hospitalitermes sharpi（Holmgren）	未说明具体分布地
		赭色须白蚁 *Hospitalitermes umbrinus*（Haviland）	马来西亚半岛、砂拉越
	地白蚁属 *Hypotermes*	*Hypotermes xenotermitis*（Wasmann）	马来西亚半岛、沙巴
	凯姆勒白蚁属 *Kemneritermes*	*Kemneritermes sarawakensis* Ahmad and Akhtar	沙巴、砂拉越
	唇白蚁属 *Labritermes*	*Labritermes buttelreepeni* Holmgren	马来西亚半岛、沙巴、砂拉越
		Labritermes emersoni Krishna and Adams	马来西亚半岛、沙巴、砂拉越
		Labritermes kistneri Krishna and Adams	马来西亚半岛、沙巴、砂拉越
	怒白蚁属 *Lacessititermes*	*Lacessititermes albipes*（Haviland）	砂拉越
		Lacessititermes atrior（Holmgren）	马来西亚半岛、砂拉越
		Lacessititermes breviarticulatus（Holmgren）	砂拉越
		Lacessititermes filicornis（Haviland）	砂拉越
		Lacessititermes kolapisensis Thapa	沙巴
		Lacessititermes laborator（Haviland）	马来西亚半岛

（续表）

科名	属名	种名	分布范围
白蚁科 Termitidae	怒白蚁属 Lacessititermes	*Lacessititermes lacessitiformis*（Holmgren）	砂拉越
		Lacessititermes lacessitus（Haviland）	马来西亚半岛
		Lacessititermes piliferus（Holmgren）	砂拉越
		Lacessititermes ransoneti（Holmgren）	马来西亚半岛
		Lacessititermes sordidus（Haviland）	砂拉越
	白脉白蚁属 Leucopitermes	*Leucopitermes leucopiformis* Akhtar and Pervez	马来西亚半岛
		Leucopitermes leucops（Holmgren）	马来西亚半岛、沙巴、砂拉越
		Leucopitermes paraleucops Morimoto	马来西亚半岛
		Leucopitermes thoi Gathorne−Hardy	马来西亚半岛
	长足白蚁属 Longipeditermes	*Longipeditermes longipes*（Haviland）	马来西亚半岛、沙巴、砂拉越
	大白蚁属 Macrotermes	*Macrotermes ahmadi* Tho	马来西亚半岛
		Macrotermes beaufortensis Thapa	沙巴
		Macrotermes carbonarius（Hagen）	马来西亚半岛、砂拉越
		暗黄大白蚁 *Macrotermes gilvus*（Hagen）	马来西亚半岛、沙巴、砂拉越
		Macrotermes latignathus Thapa	沙巴
		Macrotermes malaccensis（Haviland）	马来西亚半岛、沙巴、砂拉越
		Macrotermes probeaufortensis Thapa	沙巴
	马来白蚁属 Malaysiotermes	*Malaysiotermes holmgreni*（Ahmad）	马来西亚半岛、砂拉越
		Malaysiotermes spinocephalus Ahmad	马来西亚半岛、沙巴、砂拉越
	锯白蚁属 Microcerotermes	*Microcerotermes annandalei* Silvestri	马来西亚半岛
		大锯白蚁 *Microcerotermes crassus* Snyder	马来西亚半岛
		镰锯白蚁 *Microcerotermes distans*（Haviland）	马来西亚半岛、沙巴、砂拉越
		Microcerotermes duplex（Desneux）	马来西亚半岛、沙巴、砂拉越
		Microcerotermes havilandi Holmgren	马来西亚半岛、砂拉越
		Microcerotermes pakistanicus Akhtar	马来西亚半岛
		Microcerotermes paracelebensis Ahmad	马来西亚半岛
		沙巴锯白蚁 *Microcerotermes sabahensis* Thapa	沙巴
		Microcerotermes serratus（Haviland）	马来西亚半岛、沙巴、砂拉越
	小白蚁属 Microtermes	*Microtermes insperatus* Kemner	马来西亚半岛
		Microtermes jacobsoni Holmgren	马来西亚半岛
		Microtermes obesi Holmgren	马来西亚半岛

（续表）

科名	属名	种名	分布范围
白蚁科 Termitidae	瘤白蚁属 Mirocapritermes	*Mirocapritermes connectens* Holmgren	马来西亚半岛、沙巴、砂拉越
		Mirocapritermes latignathus Ahmad	马来西亚半岛
	象白蚁属 Nasutitermes	*Nasutitermes acutus*（Holmgren）	马来西亚半岛
		Nasutitermes alticola（Holmgren）	马来西亚半岛
		Nasutitermes atripennis（Haviland）	马来西亚半岛、沙巴、砂拉越
		Nasutitermes bulbiceps（Holmgren）	马来西亚半岛
		Nasutitermes dimorphus Ahmad	马来西亚半岛
		Nasutitermes fuscipennis（Haviland）	沙巴、砂拉越
		哈氏象白蚁 *Nasutitermes havilandi*（Desneux）	马来西亚半岛、沙巴、砂拉越
		Nasutitermes johoricus（John）	马来西亚半岛
		Nasutitermes longinasoides Thapa	沙巴
		Nasutitermes longinasus（Holmgren）	马来西亚半岛、沙巴、砂拉越
		Nasutitermes longirostris longirostris（Holmgren）	砂拉越
		Nasutitermes longirostris sabahicola Engel and Krishna	沙巴
		Nasutitermes luzonicus（Oshima）	沙巴
		Nasutitermes matangensis matangensioides（Holmgren）	砂拉越
		马坦象白蚁 *Nasutitermes matangensis matangensis*（Haviland）	马来西亚半岛、沙巴、砂拉越
		Nasutitermes neoparvus Thapa	马来西亚半岛、沙巴
		Nasutitermes ovipennis（Haviland）	马来西亚半岛、沙巴、砂拉越
		Nasutitermes perparvus Ahmad	马来西亚半岛
		Nasutitermes proatripennis（Ahmad）	马来西亚半岛
		Nasutitermes rectangularis Thapa	沙巴
		Nasutitermes regularis（Haviland）	马来西亚半岛、沙巴、砂拉越
		Nasutitermes sandakensis（Oshima）	沙巴
		Nasutitermes tungsalangensis Ahmad	马来西亚半岛
	土白蚁属 Odontotermes	*Odontotermes billitoni* Holmgren	马来西亚半岛
		Odontotermes butteli Holmgren	马来西亚半岛
		Odontotermes denticulatus Holmgren	马来西亚半岛、沙巴、砂拉越
		Odontotermes dives（Hagen）	马来西亚半岛

（续表）

科名	属名	种名	分布范围
白蚁科 Termitidae	土白蚁属 *Odontotermes*	*Odontotermes grandiceps* Holmgren	马来西亚半岛、沙巴
		Odontotermes hageni Holmgren	砂拉越
		Odontotermes javanicus Holmgren	马来西亚半岛、沙巴
		Odontotermes kepongensis Manzoor and Akhtar	马来西亚半岛
		Odontotermes kistneri Manzoor and Akhtar	马来西亚半岛
		Odontotermes longignathus Holmgren	马来西亚半岛
		Odontotermes malaccensis Holmgren	马来西亚半岛
		Odontotermes matangensis Manzoor and Akhtar	砂拉越
		Odontotermes minutus Amir	沙巴
		Odontotermes neodenticulatus Thapa	沙巴
		Odontotermes oblongatus Holmgren	马来西亚半岛、沙巴
		Odontotermes praevalens（John）	马来西亚半岛
		原丰土白蚁 *Odontotermes prodives* Thapa	沙巴
		Odontotermes proximus Holmgren	马来西亚半岛
		Odontotermes sarawakensis Holmgren	马来西亚半岛、沙巴、砂拉越
		Odontotermes silamensis Thapa	沙巴
	东扭白蚁属 *Oriencapritermes*	*Oriencapritermes kluangensis* Ahmad and Akhtar	砂拉越
	东锥白蚁属 *Oriensubulitermes*	*Oriensubulitermes inanis*（Haviland）	马来西亚半岛、沙巴、砂拉越
		Oriensubulitermes kemneri Ahmad	砂拉越
	东方白蚁属 *Orientotermes*	*Orientotermes emersoni* Ahmad	砂拉越
	近扭白蚁属 *Pericapritermes*	*Pericapritermes brachygnathus*（John）	马来西亚半岛
		Pericapritermes buitenzorgi（Holmgren）	马来西亚半岛
		Pericapritermes dolichocephalus（John）	马来西亚半岛、沙巴、砂拉越
		Pericapritermes latignathus（Holmgren）	沙巴
		Pericapritermes mohri（Kemner）	马来西亚半岛、沙巴、砂拉越
		近扭白蚁 *Pericapritermes nitobei*（Shiraki）	马来西亚半岛、沙巴、砂拉越
		三宝近扭白蚁 *Pericapritermes semarangi*（Holmgren）	马来西亚半岛、沙巴
		Pericapritermes speciosus（Haviland）	马来西亚半岛、沙巴、砂拉越

（续表）

科名	属名	种名	分布范围
白蚁科 Termitidae	前钩白蚁属 Prohamitermes	*Prohamitermes hosei*（Desneux）	砂拉越
		Prohamitermes hosei minor Thapa	沙巴
		Prohamitermes mirabilis（Haviland）	马来西亚半岛、沙巴、砂拉越
	前扭白蚁属 Procapritermes	*Procapritermes atypus* Holmgren	沙巴、砂拉越
		Procapritermes martyni Thapa	沙巴
		Procapritermes minutus（Haviland）	马来西亚半岛、沙巴、砂拉越
		Procapritermes neosetiger Thapa	沙巴
		Procapritermes prosetiger Ahmad	沙巴
		Procapritermes sandakanensis Thapa	沙巴
		Procapritermes setiger（Haviland）	马来西亚半岛、沙巴、砂拉越
	始钩白蚁属 Protohamitermes	*Protohamitermes globiceps* Holmgren	马来西亚半岛、沙巴、砂拉越
	钩扭白蚁属 Pseudocapritermes	*Pseudocapritermes angustignathus*（Holmgren）	马来西亚半岛
		Pseudocapritermes kemneri Akhtar and Afzal	马来西亚半岛
		Pseudocapritermes megacephalus Akhtar and Afzal	马来西亚半岛
		Pseudocapritermes orientalis（Ahmad and Akhtar）	马来西亚半岛、沙巴、砂拉越
		Pseudocapritermes prosilvaticus Akhtar and Afzal	马来西亚半岛
	钩扭白蚁属 Pseudocapritermes	*Pseudocapritermes silvaticus* Kemner	砂拉越
		Sabahitermes leuserensis（Gathorne-Hardy）	马来西亚半岛
		Sabahitermes malakuni Thapa	沙巴
	似锥白蚁属 Subulioiditermes	*Subulioiditermes borneensis*（Ahmad）	马来西亚半岛、砂拉越
		Subulioiditermes emersoni Ahmad	砂拉越
		Subulioiditermes subulioides Ahmad	马来西亚半岛、沙巴、砂拉越
	聚扭白蚁属 Syncapritermes	*Syncapritermes greeni*（John）	马来西亚半岛
	白蚁属 Termes	小瘤白蚁 *Termes brevicornis* Haviland	砂拉越
		Termes comis Haviland	马来西亚半岛、沙巴、砂拉越
		Termes laticornis Haviland	马来西亚半岛、砂拉越
		邻白蚁 *Termes propinquus*（Holmgren）	马来西亚半岛、沙巴
		Termes rostratus Haviland	马来西亚半岛、砂拉越
合计	46	221	—

1.1.6 缅甸

缅甸位于亚洲东南部、中南半岛西部，大部分地区都在北回归线以南，属热带。缅甸白蚁的研究最早见于Snyder所编的世界白蚁名录，在此名录中共记载12属21种。1965年之前，陆续又有10种（亚种）被报道。1965年，Krishna对其1961年在缅甸短期采集的标本进行研究，详细描述了20个种，其中包括6个新种、2个缅甸新记录属和4个缅甸新记录种，并建立了1个新属，同时还异名了10个种和9个亚种（型），描述了1种成虫。这是对缅甸白蚁进行的比较系统的分类修订工作。至此，缅甸共记录白蚁2科20属39种。此后，鲜见缅甸白蚁分类学文献发表。至2013年，缅甸共记录白蚁3科21属40种（亚种）（见表4-6）。

表4-6　缅甸已知白蚁种类及分布

科名	属名	种名	分布范围
木白蚁科 Kalotermitidae	新白蚁属 Neotermes	Neotermes artocarpi（Haviland）	不详
鼻白蚁科 Rhinotermitidae	乳白蚁属 Coptotermes	曲颚乳白蚁（大家白蚁）Coptotermes curvignathus Holmgren	不详
		格斯特乳白蚁（印缅乳白蚁、东南亚乳白蚁）Coptotermes gestroi（Wasmann）	八莫
	长鼻白蚁属 Schedorhinotermes	Schedorhinotermes malaccensis（Holmgren）	不详
白蚁科 Termitidae	针白蚁属 Aciculitermes	Aciculitermes maymyoensis Krishna	眉苗
	钩白蚁属 Ancistrotermes	Ancistrotermes pakistanicus（Ahmad）	不详
	角白蚁属 Angulitermes	Angulitermes paanensis Krishna	克伦邦
		Angulitermes resimus Krishna	眉苗
	瓢白蚁属 Bulbitermes	Bulbitermes prabhae Krishna	眉苗
	突扭白蚁属 Dicuspiditermes	Dicuspiditermes laetus（Silvestri）	下缅甸
	亮白蚁属 Euhamitermes	Euhamitermes hamatus（Holmgren）	不详
	球白蚁属 Globitermes	黄球白蚁 Globitermes sulphureus（Haviland）	不详
	须白蚁属 Hospitalitermes	Hospitalitermes ataramensis Prashad and Sen-Sarma	Pakabo Reserve
		Hospitalitermes birmanicus（Snyder）	昔卜
		Hospitalitermes brevirostratus Prashad and Sen-Sarma	眉苗
		Hospitalitermes jepsoni（Snyder）	River Pyinmana
	地白蚁属 Hypotermes	Hypotermes xenotermitis（Wasmann）	勃隆

（续表）

科名	属名	种名	分布范围
白蚁科 Termitidae	印白蚁属 *Indotermes*	*Indotermes maymensis* Roonwal and Sen-Sarma	眉苗
	大白蚁属 *Macrotermes*	*Macrotermes annandalei*（Silvestri）	下缅甸
		暗黄大白蚁 *Macrotermes gilvus*（Hagen）	不详
		Macrotermes hopini Roonwal and Sen-Sarma	密支那区
		Macrotermes serrulatus Snyder	抹谷
	锯白蚁属 *Microcerotermes*	*Microcerotermes annandalei* Silvestri	不详
		大锯白蚁 *Microcerotermes crassus* Snyder	不详
		Microcerotermes uncatus Krishna	眉苗
	小白蚁属 *Microtermes*	*Microtermes obesi* Holmgren	不详
	瘤白蚁属 *Mirocapritermes*	*Mirocapritermes valeriae* Krishna	眉苗
	象白蚁属 *Nasutitermes*	马坦象白蚁 *Nasutitermes matangensis matangensis*（Haviland）	不详
		Nasutitermes roboratus（Silvestri）	毛淡棉
	土白蚁属 *Odontotermes*	*Odontotermes feae*（Wasmann）	Carin Chebà
		黑翅土白蚁 *Odontotermes formosanus*（Shiraki）	不详
		Odontotermes gravelyi Silvestri	Dawna Hills 以东、Sukli
		海南土白蚁 *Odontotermes hainanensis*（Light）	不详
		Odontotermes obesus（Rambur）	不详
		Odontotermes paralatigula Chatterjee and Sen-Sarma	Insein Forest Division、Hlegu Range
		Odontotermes parvidens Holmgren and Holmgren	不详
	近扭白蚁属 *Pericapritermes*	三宝近扭白蚁 *Pericapritermes semarangi*（Holmgren）	不详
		Pericapritermes tetraphilus（Silvestri）	不详
	白蚁属 *Termes*	*Termes marjoriae*（Snyder）	Selen
合计	21	40	—

1.1.7　菲律宾

菲律宾位于西太平洋，是一个群岛国家，共有大小岛屿7000多个，主要分吕宋、米沙鄢和棉兰老岛三大岛群。气候属季风型热带雨林气候，高温、多雨、湿度大。有关菲律宾白蚁的分类早在20世纪20年代就已有专门研究。Oshima以McGregor采集的白蚁标本为研究材料，对菲律宾白蚁9个新种进行了描述，同时还建立了1个新属。Light又建立1个新属，并分别描述菲律宾6个新种和1个新种。Snyder和Francia对菲律宾白蚁进行了较为全面的分类学和生物学研究，共记述白蚁3科18属54种。此后的研究多偏重有害白蚁防治，几乎未见分类学研究，也未见新种发表。据Krishna等的标准，目前菲律宾已知白蚁3科16属54种（亚种）（见表4-7）。

表4-7　菲律宾已知白蚁种类及分布

科名	属名	种名	分布范围
木白蚁科 Kalotermitidae	堆砂白蚁属 Cryptotermes	*Cryptotermes cynocephalus* Light	吕宋岛
		长颚堆砂白蚁 *Cryptotermes dudleyi* Banks	不详
	树白蚁属 Glyptotermes	*Glyptotermes chapmani* Light	莱特岛、内格罗斯岛
		Glyptotermes franciae Snyder	吕宋岛
		Glyptotermes magsaysayi Snyder	吕宋岛
	楹白蚁属 Incisitermes	*Incisitermes mcgregori*（Light）	吕宋岛
		Incisitermes taylori（Light）	棉兰老岛
	新白蚁属 Neotermes	*Neotermes grandis* Light	吕宋岛
		Neotermes lagunensis（Oshima）	吕宋岛
		Neotermes malatensis（Oshima）	吕宋岛
		Neotermes microphthalmus Light	不详
		Neotermes parviscutatus Light	不详
鼻白蚁科 Rhinotermitide	乳白蚁属 Coptotermes	曲颚乳白蚁(大家白蚁) *Coptotermes curvignathus* Holmgren	吕宋岛
		台湾乳白蚁 *Coptotermes formosanus* Shiraki	吕宋岛
		格斯特乳白蚁(印缅乳白蚁、东南亚乳白蚁) *Coptotermes gestroi*（Wasmann）	宿务、吕宋岛、棉兰老岛、民都洛岛、内格罗斯岛、巴拉望岛、班乃岛、萨马岛
	异白蚁属 Heterotermes	*Heterotermes philippinensis*（Light）	马尼拉、吕宋岛
	原鼻白蚁属 Prorhinotermes	*Prorhinotermes flavus*（Bugnion and Popoff）	班乃岛
	长鼻白蚁属 Schedorhinotermes	*Schedorhinotermes bidentatus*（Oshima）	班乃岛、库拉西
		Schedorhinotermes makilingensis Acda	吕宋岛
		中暗长鼻白蚁 *Schedorhinotermes medioobscurus*（Holmgren）	吕宋岛
白蚁科 Termitidae	瓢白蚁属 Bulbitermes	*Bulbitermes brevicornis*（Light and Wilson）	棉兰老岛
		Bulbitermes busuangae（Light and Wilson）	巴拉望岛
		Bulbitermes constricticeps（Light and Wilson）	棉兰老岛
		Bulbitermes mariveles（Light and Wilson）	吕宋岛
		Bulbitermes mcgregori（Oshima）	吕宋岛
	高跷白蚁属 Grallatotermes	*Grallatotermes admirabilus* Light	棉兰老岛
		Grallatotermes splendidus Light and Wilson	吕宋岛

（续表）

科名	属名	种名	分布范围
白蚁科 Termitidae	怒白蚁属 Lacessititermes	*Lacessititermes holmgreni Light and* Wilson	棉兰老岛
		Lacessititermes palawanensis Light	巴拉望岛
		Lacessititermes saraiensis（Oshima）	吕宋岛
	大白蚁属 Macrotermes	暗黄大白蚁 *Macrotermes gilvus*（Hagen）	吕宋岛、巴拉望岛、班乃岛
	锯白蚁属 *Microcerotermes*	镰锯白蚁 *Microcerotermes distans*（Haviland）	不详
		Microcerotermes losbanosensis Oshima	吕宋岛
		Microcerotermes philippinensis Ahmad	莱特岛
	象白蚁属 *Nasutitermes*	*Nasutitermes atripennis*（Haviland）	不详
		Nasutitermes balingtauagensis（Oshima）	吕宋岛
		Nasutitermes castaneus（Oshima）	吕宋岛、班乃岛
		Nasutitermes chapmani Light and Wilson	棉兰老岛
		Nasutitermes gracilis（Oshima）	吕宋岛、班乃岛
		Nasutitermes latus Light and Wilson	巴拉望岛
		Nasutitermes luzonicus（Oshima）	吕宋岛
		Nasutitermes meridianus Light and Wilson	棉兰老岛
		Nasutitermes mindanensis（Light and Wilson）	棉兰老岛
		Nasutitermes mollis Light and Wilson	棉兰老岛
		Nasutitermes oshimai Light and Wilson	吕宋岛
		Nasutitermes panayensis（Oshima）	班乃岛
		Nasutitermes parvus Light and Wilson	棉兰老岛
		Nasutitermes rotundus Light and Wilson	棉兰老岛
		Nasutitermes simulans Light and Wilson	棉兰老岛
		Nasutitermes taylori Light and Wilson	棉兰老岛
	土白蚁属 *Odontotermes*	*Odontotermes dives*（Hagen）	吕宋岛、马尼拉
		Odontotermes paradenticulatus Ahmad	莱特岛
	近扭白蚁属 *Pericapritermes*	*Pericapritermes paetensis*（Oshima）	吕宋岛
合计	16	54	—

1.1.8 新加坡

新加坡是东南亚一个岛国，北隔柔佛海峡与马来西亚为邻，南隔新加坡海峡与印度尼西亚相望，毗邻马六甲海峡南口。新加坡地处热带，为赤道多雨气候，适合白蚁生活。然而，由于国土面积较小，一座城市即为整个国家，因此白蚁种类并不多，研究者及研究文献也比较少，最早只有2个种的记录。Chootoh等对新加坡植物园的白蚁种类进行调查后发现2科14属22种白蚁；Krishna等记录新加坡分布的白蚁3科19属38种（亚种）（见表4-8）；Bourguignon等选取新加坡6处不同的森林环境调查白蚁多样性，结果发现22属52种白蚁。

表4-8　新加坡已知白蚁种类

科名	属名	种名
木白蚁科 Kalotermitidae	堆砂白蚁属 *Cryptotermes*	截头堆砂白蚁 *Cryptotermes domesticus*（Haviland）
鼻白蚁科 Rhinotermitidae	乳白蚁属 *Coptotermes*	曲颚乳白蚁（大家白蚁） *Coptotermes curvignathus* Holmgren
		南亚乳白蚁 *Coptotermes travians*（Haviland）
	长鼻白蚁属 *Schedorhinotermes*	*Schedorhinotermes malaccensis*（Holmgren）
		中暗长鼻白蚁 *Schedorhinotermes medioobscurus*（Holmgren）
白蚁科 Termitidae	针白蚁属 *Aciculitermes*	*Aciculitermes aciculatus*（Haviland）
	弓白蚁属 *Amitermes*	齿弓白蚁 *Amitermes dentatus*（Haviland）
	钩白蚁属 *Ancistrotermes*	*Ancistrotermes pakistanicus*（Ahmad）
	瓢白蚁属 *Bulbitermes*	*Bulbitermes germanus*（Haviland）
		Bulbitermes kraepelini（Holmgren）
		Bulbitermes perpusillus（John）
		Bulbitermes singaporiensis（Haviland）
	突扭白蚁属 *Dicuspiditermes*	*Dicuspiditermes fissifex* Krishna
		Dicuspiditermes kistneri Krishna
		Dicuspiditermes minutus Akhtar and Riaz
		Dicuspiditermes nemorosus（Haviland）
	亮白蚁属 *Euhamitermes*	*Euhamitermes hamatus*（Holmgren）
	须白蚁属 *Hospitalitermes*	双色须白蚁 *Hospitalitermes bicolor*（Haviland）
		Hospitalitermes hospitalis（Haviland）
		中黄须白蚁 *Hospitalitermes medioflavus*（Holmgren）
		Hospitalitermes sharpi（Holmgren）
	唇白蚁属 *Labritermes*	*Labritermes emersoni* Krishna and Adams
	怒白蚁属 *Lacessititermes*	*Lacessititermes lacessitus*（Haviland）
		Lacessititermes ransoneti（Holmgren）
	大白蚁属 *Macrotermes*	*Macrotermes carbonarius*（Hagen）
		暗黄大白蚁 *Macrotermes gilvus*（Hagen）
		Macrotermes malaccensis（Haviland）
		Macrotermes singaporensis（Oshima）
	小白蚁属 *Microtermes*	*Microtermes insperatus* Kemner
	象白蚁属 *Nasutitermes*	哈氏象白蚁 *Nasutitermes havilandi*（Desneux）
		Nasutitermes longinasus（Holmgren）
	土白蚁属 *Odontotermes*	*Odontotermes denticulatus* Holmgren
		Odontotermes oblongatus Holmgren
	东锥白蚁属 *Oriensubulitermes*	*Oriensubulitermes inanis*（Haviland）
	前钩白蚁属 *Prohamitermes*	*Prohamitermes mirabilis*（Haviland）
	白蚁属 *Termes*	*Termes comis* Haviland
		Termes rostratus Haviland
合计	19	38

1.1.9 泰国

泰国地处中南半岛中部，东南临太平洋泰国湾，西南临印度洋安达曼海，西部及西北部与缅甸交界，东北部与老挝毗邻，东连柬埔寨，南接马来西亚，面积在东南亚国家中仅次于印度尼西亚和缅甸。泰国白蚁种类研究最早出现于Holmgren的白蚁专著，当时共报道2科5属5种。Snyder在其世界白蚁名录中对泰国白蚁种类的报道又增加1种。可以说，在20世纪60年代以前，泰国白蚁区系研究资料是比较匮乏的，泰国白蚁种类也知之甚少。随着Ahmad泰国白蚁研究专著的发表，29属74种泰国白蚁的形态和分布才得到比较深入的研究，直至今日，这本专著仍然被作为泰国白蚁分类学研究的主要参考资料。Morimoto的专著中记载白蚁90种，其中48种来自他和他的同伴对泰国白蚁调查的结果。Sornnuwat等对1992—2004年泰国白蚁采集调查所得的超过4300管白蚁标本进行形态观察和研究之后，于2004年编制了泰国白蚁兵蚁的分属检索表，通过绘图指出了各属兵蚁头部大小和头型的不同，列出了各属的分布范围，其种类涵盖4科10亚科39属199种。除此以外，针对某些具有重要经济意义的科属（如鼻白蚁科）及针对某些公园、保护区、经济作物种植园（如橡胶园）等有害白蚁所做的种类调查也丰富了人们对泰国白蚁种类、分布和危害的认识。据Krishna等的标准，泰国目前分布白蚁种类共3科32属96种（亚种）（见表4-9）。

表4-9　泰国已知白蚁种类及分布

科名	属名	种名	分布范围
木白蚁科 Kalotermitidae	裂木白蚁属 *Bifiditermes*	*Bifiditermes indicus*（Holmgren）	曼谷
	堆砂白蚁属 *Cryptotermes*	*Cryptotermes bengalensis*（Snyder）	不详
		截头堆砂白蚁 *Cryptotermes domesticus*（Haviland）	不详
		Cryptotermes thailandis Ahmad	不详
	树白蚁属 *Glyptotermes*	*Glyptotermes brevicaudatus*（Haviland）	不详
		Glyptotermes kachongensis Ahmad	不详
		Glyptotermes pinangae（Haviland）	不详
		Glyptotermes thailandis Morimoto	Khao Yai
	后琥珀白蚁属 *Postelectrotermes*	*Postelectrotermes tongyaii* Ahmad	Ka-Chong
鼻白蚁科 Rhinotermitidae	乳白蚁属 *Coptotermes*	曲颚乳白蚁（大家白蚁） *Coptotermes curvignathus* Holmgren	不详
		格斯特乳白蚁（印缅乳白蚁、东南亚乳白蚁） *Coptotermes gestroi*（Wasmann）	曼谷、Khao Chong
		卡肖乳白蚁 *Coptotermes kalshoveni* Kemner	不详
		Coptotermes premrasmii Ahmad	Ka-Chong
	原鼻白蚁属 *Prorhinotermes*	*Prorhinotermes flavus*（Bugnion and Popoff）	不详

（续表）

科名	属名	种名	分布范围
鼻白蚁科 Rhinotermitidae	长鼻白蚁属 Schedorhinotermes	Schedorhinotermes malaccensis（Holmgren）	不详
		中暗长鼻白蚁 Schedorhinotermes medioobscurus（Holmgren）	不详
		Schedorhinotermes rectangularis Ahmad	不详
	针白蚁属 Aciculitermes	Aciculitermes maymyoensis Krishna	不详
白蚁科 Termitidae	钝颚白蚁属 Ahmaditermes	Ahmaditermes deltocephalus（Tsai and Chen）	不详
		Ahmaditermes laticephalus（Ahmad）	Tung Sa-Lang Luang
	弓白蚁属 Amitermes	齿弓白蚁 Amitermes dentatus（Haviland）	不详
	钩白蚁属 Ancistrotermes	Ancistrotermes pakistanicus（Ahmad）	不详
	瓢白蚁属 Bulbitermes	Bulbitermes germanus（Haviland）	不详
		Bulbitermes parapusillus Ahmad	Prew
		Bulbitermes prabhae Krishna	不详
	突扭白蚁属 Dicuspiditermes	Dicuspiditermes laetus（Silvestri）	不详
		Dicuspiditermes makhamensis Ahmad	玛堪
		Dicuspiditermes spinitibialis Krishna	Tung Sa-Lang Luang
	亮白蚁属 Euhamitermes	Euhamitermes hamatus（Holmgren）	不详
	球白蚁属 Globitermes	黄球白蚁 Globitermes sulphureus（Haviland）	不详
	须白蚁属 Hospitalitermes	Hospitalitermes asahinai Morimoto	Khao Chong
		Hospitalitermes ataramensis Prashad and Sen-Sarma	不详
		Hospitalitermes birmanicus（Snyder）	不详
		Hospitalitermes jepsoni（Snyder）	不详
		中黄须白蚁 Hospitalitermes medioflavus（Holmgren）	不详
	地白蚁属 Hypotermes	Hypotermes makhamensis Ahmad	玛堪
		Hypotermes xenotermitis（Wasmann）	不详
	印白蚁属 Indotermes	Indotermes rongrensis（Roonwal and Chhotani）	不详
		Indotermes thailandis Ahmad	彭世洛省
	怒白蚁属 Lacessititermes	Lacessititermes thailandicus（Sen-Sarma）	庄他武里（尖竹汶）
	长足白蚁属 Longipeditermes	Longipeditermes longipes（Haviland）	不详
	大白蚁属 Macrotermes	Macrotermes annandalei（Silvestri）	不详
		Macrotermes carbonarius（Hagen）	不详

（续表）

科名	属名	种名	分布范围
白蚁科 Termitidae	大白蚁属 *Macrotermes*	*Macrotermes chaiglomi* Ahmad	曼谷、Bangkhen
		暗黄大白蚁 *Macrotermes gilvus*（Hagen）	不详
		Macrotermes maesodensis Ahmad	Mae Sod
		Macrotermes malaccensis（Haviland）	不详
	锯白蚁属 *Microcerotermes*	*Microcerotermes annandalei* Silvestri	不详
		大锯白蚁 *Microcerotermes crassus* Snyder	不详
		镰锯白蚁 *Microcerotermes distans*（Haviland）	不详
		Microcerotermes manjikuli Sen−Sarma	Pathaloong
		Microcerotermes minutus Ahmad	Wang Nok An
		Microcerotermes paracelebensis Ahmad	Ka−Chong
		Microcerotermes serratus（Haviland）	不详
	小白蚁属 *Microtermes*	*Microtermes obesi* Holmgren	不详
	瘤白蚁属 *Mirocapritermes*	*Mirocapritermes concaveus* Ahmad	Khao Yai
		Mirocapritermes connectens Holmgren	不详
		Mirocapritermes latignathus Ahmad	Ka−Chong
		Mirocapritermes prewensis Ahmad	Prew
	象白蚁属 *Nasutitermes*	*Nasutitermes brachynasutus* Morimoto	Khao Yai
		Nasutitermes dimorphus Ahmad	Kan Tang
		Nasutitermes fuscipennis（Haviland）	不详
		哈氏象白蚁 *Nasutitermes havilandi*（Desneux）	不详
		Nasutitermes johoricus（John）	不详
		马坦象白蚁 *Nasutitermes matangensis matangensis*（Haviland）	不详
		Nasutitermes perparvus Ahmad	Wang Nok An
		Nasutitermes proatripennis（Ahmad）	Ka−Chong
		Nasutitermes profuscipennis Akhtar	不详
		Nasutitermes tungsalangensis Ahmad	Tung Sa−Lang
	土白蚁属 *Odontotermes*	*Odontotermes djampeensis* Kemner	不详
		Odontotermes feae（Wasmann）	不详
		黑翅土白蚁 *Odontotermes formosanus*（Shiraki）	不详
		海南土白蚁 *Odontotermes hainanensis*（Light）	不详
		Odontotermes javanicus Holmgren	不详
		Odontotermes longignathus Holmgren	不详
		Odontotermes maesodensis Ahmad	Mae Sod

（续表）

科名	属名	种名	分布范围
白蚁科 Termitidae	土白蚁属 Odontotermes	Odontotermes oblongatus Holmgren	不详
		Odontotermes paraoblongatus Ahmad	Muaek Lek
		Odontotermes prewensis Manzoor and Akhtar	Prew
		原丰土白蚁 Odontotermes prodives Thapa	不详
		Odontotermes proformosanus Ahmad	Ka-Chong
		Odontotermes sarawakensis Holmgren	不详
		Odontotermes takensis Ahmad	Tak
	近扭白蚁属 Pericapritermes	Pericapritermes latignathus（Holmgren）	不详
		近扭白蚁 Pericapritermes nitobei（Shiraki）	不详
		三宝近扭白蚁 Pericapritermes semarangi（Holmgren）	不详
	前扭白蚁属 Procapritermes	Procapritermes longignathus Ahmad	Tung Sa-Lang Luang
		Procapritermes prosetiger Ahmad	Ka-Chong
	伪钩白蚁属 Pseudhamitermes	Pseudhamitermes longignathus（Ahmad）	Huay Yang
	钩扭白蚁属 Pseudocapritermes	Pseudocapritermes parasilvaticus Ahmad	Tung Sa-Lang Luang
	稀白蚁属 Speculitermes	Speculitermes macrodentatus Ahmad	不详
	白蚁属 Termes	Termes comis Haviland	不详
		Termes huayangensis Ahmad	Huay Yang
		Termes major Morimoto	Khao Chong
		邻白蚁 Termes propinquus（Holmgren）	不详
合计	32	96	—

1.1.10　越南

越南位于中南半岛东部，北与中国云南、广西接壤，西与老挝、柬埔寨交界，地形狭长。越南地处北回归线以南，属热带季风气候，整年雨量大、湿度高，适合白蚁生活。越南白蚁分类学研究与上述几个东南亚国家，如印度尼西亚、马来西亚、泰国、缅甸、菲律宾等国相比，起步较晚，在Harris于1968年发表的东南亚三个国家等翅目昆虫研究著作中才开始涉及越南分布的白蚁种类。此后，越南本国的白蚁分类学者也相继以越南本国语言发表过一些分类学研究专著，但受语言限制，其影响力并不大。2000年以后，针对越南保护区或某个特殊生境进行的白蚁种类调查开始兴起，不断为越南白蚁分类学研究补充新的资料。据Trinh等于2010年的统计，越南有4科141种白蚁。但据Krishna等的标准，目前越南分布的白蚁仅4科22属44种（亚种）（见表4-10）。

表4-10 越南已知白蚁种类及分布

科名	属名	种名	分布范围
古白蚁科 Archotermopsidae	古白蚁属 *Archotermopsis*	*Archotermopsis kuznetsovi* Beljaeva	不详
	原白蚁属 *Hodotermopsis*	山林原白蚁 *Hodotermopsis sjostedti* Holmgren	Tonkin
木白蚁科 Kalotermitidae	堆砂白蚁属 *Cryptotermes*	截头堆砂白蚁 *Cryptotermes domesticus*（Haviland）	不详
	乳白蚁属 *Coptotermes*	曲颚乳白蚁（大家白蚁） *Coptotermes curvignathus* Holmgren	不详
鼻白蚁科 Rhinotermitidae	散白蚁属 *Reticulitermes*	黑胸散白蚁 *Reticulitermes chinensis* Snyder	不详
		黄胸散白蚁 *Reticulitermes flaviceps*（Oshima）	不详
		Reticulitermes magdalenae（Bathellier）	Chapa
	长鼻白蚁属 *Schedorhinotermes*	*Schedorhinotermes malaccensis* （Holmgren）	不详
		中暗长鼻白蚁 *Schedorhinotermes* *medioobscurus*（Holmgren）	不详
白蚁科 Termitidae	钝颚白蚁属 *Ahmaditermes*	*Ahmaditermes laticephalus*（Ahmad）	不详
	钩白蚁属 *Ancistrotermes*	*Ancistrotermes pakistanicus*（Ahmad）	不详
	瓢白蚁属 *Bulbitermes*	*Bulbitermes prabhae* Krishna	不详
	突扭白蚁属 *Dicuspiditermes*	*Dicuspiditermes laetus*（Silvestri）	不详
	球白蚁属 *Globitermes*	黄球白蚁 *Globitermes sulphureus*（Haviland）	不详
	须白蚁属 *Hospitalitermes*	*Hospitalitermes ataramensis* Prashad and Sen-Sarma	不详
	地白蚁属 *Hypotermes*	*Hypotermes makhamensis* Ahmad	不详
	怒白蚁属 *Lacessititermes*	*Lacessititermes cuphus*（Bathellier）	芽庄、Cana region
	大白蚁属 *Macrotermes*	*Macrotermes annandalei*（Silvestri）	不详
		黄翅大白蚁 *Macrotermes barneyi* Light	不详
		Macrotermes carbonarius（Hagen）	不详
		暗黄大白蚁 *Macrotermes gilvus*（Hagen）	不详
		Macrotermes maesodensis Ahmad	不详
		Macrotermes malaccensis（Haviland）	不详
	锯白蚁属 *Microcerotermes*	大锯白蚁 *Microcerotermes crassus* Snyder	不详
		Microtermes obesi Holmgren	不详

（续表）

科名	属名	种名	分布范围
白蚁科 Termitidae	象白蚁属 *Nasutitermes*	*Nasutitermes matangensis matangensioides*（Holmgren）	不详
		马坦象白蚁 *Nasutitermes matangensis matangensis*（Haviland）	不详
		Nasutitermes perparvus Ahmad	不详
	土白蚁属 *Odontotermes*	细颚土白蚁 *Odontotermes angustignathus* Tsai and Chen	不详
		Odontotermes feae（Wasmann）	不详
		黑翅土白蚁 *Odontotermes formosanus*（Shiraki）	不详
		粗颚土白蚁 *Odontotermes gravelyi* Silvestri	不详
		海南土白蚁 *Odontotermes hainanensis*（Light）	不详
		Odontotermes horni（Wasmann）	不详
		Odontotermes maesodensis Ahmad	不详
		Odontotermes proformosanus Ahmad	不详
		云南土白蚁 *Odontotermes yunnanensis* Tsai and Chen	不详
	近扭白蚁属 *Pericapritermes*	多毛近扭白蚁 *Pericapritermes latignathus*（Holmgren）	不详
		近扭白蚁 *Pericapritermes nitobei*（Shiraki）	不详
	伪钩白蚁属 *Pseudhamitermes*	*Pseudhamitermes khmerensis* Noirot	Phnom-Penh
	白蚁属 *Termes*	*Termes comis* Haviland	不详
		Termes laticornis Haviland	不详
	三脉白蚁属 *Trinervitermes*	*Trinervitermes disparatus*（Bathellier）	Cauda
合计	22	44	—

白蚁的分布

在东盟十国中，印度尼西亚是国土面积最大、位置最靠南的一国，有70%以上的领土位于南半球；其经度跨度也很大，东西长度在5500km以上；岛屿众多，海岸线长；地形（平原、丘陵、山地、沼泽、盆地等）多样。由于处在赤道低气压带上，印度尼西亚全年气候炎热多雨，正适合喜温喜湿的白蚁生活，因此，印度尼西亚的白蚁种类也是东盟十国中最为丰富的，有3科47属240种。这些白蚁主要分布于印度尼西亚五大岛屿中的4个：苏门答腊岛种类最多，达128种，超过全国全部种类的一半；其次是加里曼丹岛，有82

种；爪哇岛和苏拉威西岛则分别有68种和40种。从印度尼西亚白蚁的种属构成来看，白蚁科种类最多，有36属176种，单属种数为10种及以上的有土白蚁属（26种）、象白蚁属（26种）、须白蚁属（19种）、瓢白蚁属（18种）和近扭白蚁属（10种）；其次是鼻白蚁科，有7属40种，单属种数为10种及以上的有乳白蚁属（15种）和长鼻白蚁属（10种）；最后是木白蚁科，只有4属24种，单属种数为10种及以上的是树白蚁属（10种）。

马来西亚国土面积虽然只有印度尼西亚的1/6多，但其白蚁种类却异常丰富，有4科46属221种，略少于印度尼西亚。究其原因，可能是因为马来西亚气候高温多雨，领土多森林覆盖的山地、丘陵和平原，为白蚁栖居生活提供了适宜的气候条件和优良的庇护场所。西马即马来西亚半岛，多为热带雨林覆盖的丘陵和山地，白蚁种类多达152种。东马的沙巴州拥有总面积达$3.54 \times 10^4 km^2$的永久森林保护区，内有保护林、商用林、土著树种森林等7种不同功能的森林分布，白蚁种类也很多，有114种；东马的砂拉越州2/3的土地是热带雨林区，白蚁也有接近百种。马来西亚白蚁的种属构成与印度尼西亚相似，白蚁科种类占优势，有35属173种，单属种数为10种及以上的有象白蚁属（23种）、土白蚁属（20种）、瓢白蚁属（14种）、怒白蚁属（11种）、须白蚁属（10种）；其次是鼻白蚁科，有7属25种，单属种数没有超过10种的，乳白蚁属种类最多，有8种；再次是木白蚁科，有3属22种，单属种数超过10种的有树白蚁属（14种）。

泰国有白蚁3科32属96种，关于其分布情况的文献报道较少。其种属构成为白蚁科25属79种，其中土白蚁属种类最多，有14种；其次是象白蚁属，有10种；其余30属都没有单属超过10种的。

菲律宾有白蚁3科16属54种，主要分布于吕宋岛、米沙鄢群岛和棉兰老岛三大岛群。面积最大的吕宋岛3/2以上的面积是山地和丘陵，气候炎热、雨量充沛，26种白蚁在此岛有分布；棉兰老岛和米沙鄢群岛记录种类较少，分别有14种和12种。象白蚁属为各大岛（尤其是棉兰老岛）的优势种，全国全部白蚁科种类中，象白蚁科占将近一半（16种/34种）。

越南、缅甸、新加坡、柬埔寨、文莱和老挝6国白蚁具体分布情况不详。东盟十国白蚁多样性及其对比详见表4-11。

表4-11　东盟各国白蚁物种多样性

国家	科	属	种
文莱	2	35	9
柬埔寨	2	8	14
印度尼西亚	3	47	240
老挝	1	8	8
马来西亚	4	46	221
缅甸	3	21	40
菲律宾	3	16	54
新加坡	3	19	38
泰国	3	32	96
越南	4	22	44

2 东南亚白蚁的危害

综合东南亚各国有关有害白蚁及其危害的报道，可以发现，危害房屋建筑的主要类群是地下白蚁，干木白蚁也会造成一定危害。鼻白蚁科的乳白蚁属、长鼻白蚁属，以及白蚁科的暗黄大白蚁、大锯白蚁、黄球白蚁、土白蚁属是最主要的危害种。

白蚁危害优势种

2.1.1 曲颚乳白蚁

1）形态特征

兵蚁（见图4-1A、B）：头部及前胸背板被浓密长毛；头部前缘明显狭窄收缩，头颚基宽为头最宽处的55%～61%；上颚强烈弯曲，左上颚长为头长（至上颚基）的66%～74%；头连上颚长1.77～2.63mm，头至上颚基长1.20～1.76mm，头宽1.04～1.63mm，上颚长0.96～1.22mm，后颏最宽0.42～0.46mm，后颏最狭0.23～0.30mm，前胸背板长0.53～0.65mm，前胸背板最宽0.96～1.18mm。

工蚁（见图4-1C）：无特征描述相关资料。

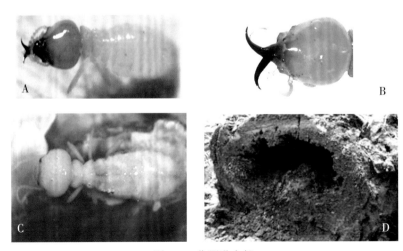

图4-1 曲鄂乳白蚁

A. 兵蚁整体背面观；B. 兵蚁头部背面观；C. 工蚁整体背面观；D. 油棕榈树干被蛀空

2）危害特征

主要蛀食城市建筑木构件、室内木制家具等；也可取食各种树龄的活树木，对松柏科等用材树种，橡胶、油棕榈等经济树种，椰子、芒果等果树，甘蔗等农作物以及城市绿化都有严重危害（见图4-1D），因此可看作一种非常重要的城市害虫和农林害虫。

3）分布

印度尼西亚；马来西亚半岛和沙巴地区；菲律宾吕宋岛；泰国；新加坡；越南；缅甸。

2.1.2　格斯特乳白蚁

1）形态特征

兵蚁（见图4-2A、B）：头部灰黄至深黄色，上颚红褐色，前胸背板淡褐色，且淡于头色，足和腹部淡色；头部具散生刚毛，囟孔两侧各具1根明显刚毛，触角窝与囟孔间无毛，唇端具2根刚毛，后颏前缘及最宽处各具1对刚毛，前胸背板中区几无毛。头部长卵圆形，上颚军刀状；触角第2节长于第3节，第3、4节几等长。前胸背板宽超过长的2倍，前缘中央凹入明显，后缘中部稍凹，侧缘宽圆形。足细长。头至上颚基长1.12～1.53mm，头最宽0.95～1.25mm，头连后颏高0.80～0.90mm，左上颚长0.82～1.05mm，后颏中长0.67～1.15mm，后颏最宽0.33～0.45mm，后颏最狭0.18～0.28mm，前胸背板最长0.27～0.50mm，前胸背板最宽0.64～1.06mm。

有翅成虫（见图4-2C～E）：头部、前胸背板和腹部背面深褐色，触角黄褐色。头部近圆形，两单眼前方内侧半月形黄色斑纹清晰可见。复眼近圆形，突出；单眼长卵形，显著。前胸背板略宽于头部，前后缘中部稍凹，四角圆。翅透明，淡黄褐色；翅面密布细短毛；前翅中脉（M）在肩缝处独立伸出，距肘脉（Cu）近于距径分脉（Rs），Cu脉有11～12个分支。头宽连复眼1.34～1.53mm，头至上唇端长1.34～1.66mm，复眼长径0.39～0.46mm，单眼长径0.13～0.18mm，单复眼间距0.00～0.03mm，前胸背板宽1.10～1.44mm，前胸背板最长0.76～0.94mm，前翅连翅鳞长8.70～10.55mm，后足胫节长1.20～1.38mm。

工蚁（见图4-2F）：无特征描述相关资料。

2）危害特征

主要破坏城市房屋建筑木结构，常可从木门、窗框、木地板等的裂隙进入并开始蛀食（见图4-2G），待发现之时危害已相当严重，是最重要的城市害虫之一。也是危害郊区和乡村房屋、农舍的重要害虫，但破坏力不及在城市环境中强。

3）分布

印度尼西亚爪哇岛、加里曼丹岛；马来西亚半岛、砂拉越州；菲律宾；泰国；缅甸。

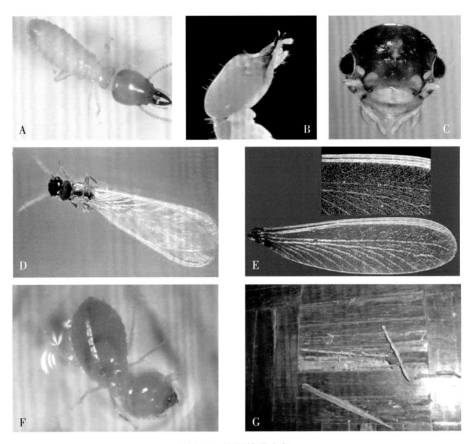

图4-2　格斯特乳白蚁
A-B.兵蚁；C-E.有翅成虫；F.工蚁；G.房屋危害

2.1.3　南亚乳白蚁

1）形态特征

兵蚁（见图4-3）：头部卵形，黄至橙色，两侧略平行，前端稍窄；上颚粗壮，端部弯曲程度不及格斯特乳白蚁；后颏前缘明显宽于腰部。

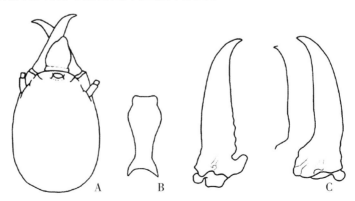

图4-3　南亚乳白蚁兵蚁
A.头部；B.后颏；C.上颚

2）危害特征

主要危害城市房屋建筑木构件以及室内木制家具，也可蛀蚀城市环境中的倒木、树桩等，是东盟主要的城市害虫。

3）分布

印度尼西亚加里曼丹、苏门答腊、爪哇、苏拉威西等岛屿；马来西亚；新加坡。

2.1.4 卡肖乳白蚁

1）形态特征

兵蚁（见图4-4）：头部黄褐色，上颚红褐色，基部色略浅，触角黄褐色，前胸背板、腹部和足灰白色；头部梨形，前端明显变窄，头长略大于头宽，囟孔开口宽卵形；上唇长大于宽，端部透明、窄尖；上颚军刀状，端部微弯；后颏长约为后颏最宽的2倍；触角14节，第2节略长于第3节；前胸背板前缘中部凹入明显，后缘微凹。头至上颚基长1.00～1.15mm，头最宽0.90～0.99mm，头连后颏高0.66～0.77mm，左上颚长0.59～0.68mm，后颏长0.50～0.68mm，后颏最宽0.27～0.34mm，后颏最狭0.21～0.27mm，前胸背板长0.27～0.34mm，前胸背板宽0.61～0.72mm。

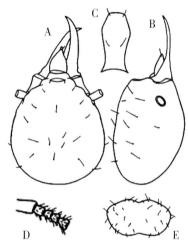

图4-4 卡肖乳白蚁兵蚁
A、B. 头部；C. 后颏；D. 触角；
E. 前胸背板

2）危害特征

主要危害城市房屋建筑木结构，也可危害公园活树木、低地人工林。

3）分布

印度尼西亚；马来西亚半岛、沙巴地区；泰国。

2.1.5 塞庞乳白蚁

1）形态特征

兵蚁（见图4-5）：头深黄至橙色，上颚紫褐色，胸、腹部和足淡黄色；头壳被分散刚毛，囟孔两侧各具毛1根，前胸背板周缘及中区被稀疏刚毛；头壳梨形，前端明显变窄；触角14节，第2节稍长于第3节；上颚细长，端半部内弯较强；前胸背板前缘中央凹刻较深。头长至上颚基1.12～1.25mm，头最宽1.00～1.07mm，头高连后颏0.72～0.82mm，左上颚长0.70～0.80mm，后颏长0.65～0.75mm，后颏宽0.30～0.33mm，后颏狭0.21～0.23mm，前胸背板中长0.35～0.40mm，前胸背板宽0.68～0.75mm。

2）危害特征

主要危害房屋建筑，尤其是郊区和乡村的房屋，也可侵袭活的树木，包括松树林、滩涂红树林等都可受害。

图4-5 塞庞乳白蚁
A. 兵蚁和工蚁;B. 兵蚁头部

3）分布

印度尼西亚加里曼丹岛、苏门答腊岛;马来西亚半岛、沙巴地区。

2.1.6 中暗长鼻白蚁

1）形态特征

大兵蚁（见图4-6A～E、K中）：头部近三角形至近矩形，后缘近1/3处最宽；头壳被毛稀疏；复眼存在，小而发白；触角15～17节。头至上颚基长1.28～1.82mm，头最宽1.26～1.68mm，左上颚长0.85～1.08mm，前胸背板长0.50～0.60mm，前胸背板最宽0.90～1.10mm，后颏长0.93～1.20mm，后颏宽0.40～0.52mm，后颏狭0.26～0.28mm，前胸背板长0.54～0.57mm，前胸背板宽0.85～0.95mm，中胸背板宽0.80～0.88mm，后胸背板宽0.90～0.95mm。

小兵蚁（见图4-6F～J、K左）：头部在触角窝后侧缘处最宽；头壳被毛稀疏；复眼存在，灰白色，椭圆形；触角15～16节。头至上颚基长0.75～0.87mm，头宽0.66～0.78mm，左上颚长0.52～0.65mm，前胸背板长0.35～0.42mm，前胸背板宽0.49～0.67mm，中胸背板宽0.50～0.57mm，后胸背板宽0.57～0.67mm，后颏长0.52～0.63mm，后颏宽0.27～0.33mm，后颏狭0.23～0.24mm。

有翅成虫（见图4-6L）：头部黄中带红，后缘色稍浅；上唇和触角淡棕黄色；前胸背板黄色，前、后缘略带红色；翅基部1/3淡烟棕色，其余透明。头部近圆形；囟小，圆形，位于两单眼后缘连线中点处；复眼大，圆而突出；单眼宽卵形；上唇宽，穹顶形；左上颚具3个缘齿，第2个短于第1个。触角20节。前胸背板前缘中部稍凸，后侧缘宽圆，后缘几直。头至上唇端长1.61～1.71mm，头至上颚基长1.09～1.21mm，头连复眼宽1.61～1.66mm，复眼长径0.39～0.46mm，复眼短径0.33～0.39mm，复眼距头下缘0.07～0.11mm，单眼长0.14～0.16mm，单眼宽0.10～0.13mm，单复眼间距0.06～0.10mm，前胸背板长0.78～0.83mm，前胸背板宽1.35～1.40mm。

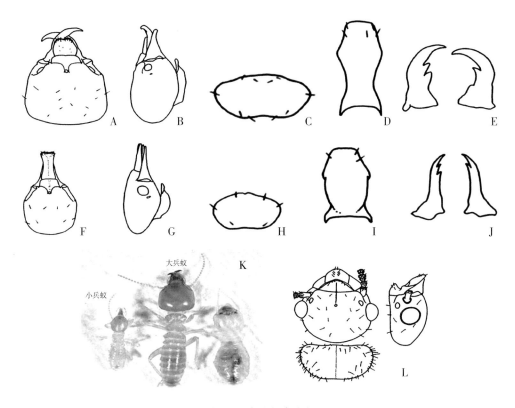

图4-6　中暗长鼻白蚁

A、B. 大兵蚁头部；C. 大兵蚁前胸背板；D. 大兵蚁后颏；E. 大兵蚁上颚；F、G. 小兵蚁头部；
H. 小兵蚁前胸背板；I. 小兵蚁后颏；J. 小兵蚁上颚；K. 大、小兵蚁及工蚁；L. 成虫头部、前胸背板

2）危害特征

主要危害房屋建筑，在城市和乡村都可危害，但破坏力不强。

3）分布

印度尼西亚；马来西亚；菲律宾吕宋岛；泰国；新加坡；越南；柬埔寨。

2.1.7　暗黄大白蚁

1）形态特征

大兵蚁（见图4-7A）：头部淡红棕色，前缘色稍深；上唇红棕色；上颚深红棕色，基部略浅；触角褐色。头部长方形，侧缘微凸，中部最宽；囟小，点状；复眼小，圆形；上唇长略大于宽，端部透明区近三角形；上颚强壮，基部厚，端部弯曲。触角17节，第3节长是第2节的1.5倍，第4节短于第3节。前胸背板前、后缘中部均凹入明显，侧缘宽圆。体长8.00～10.8mm，头连上颚长3.98～5.79mm，头至上颚基长2.55～4.00mm，头宽2.36～3.33mm，左上颚长1.42～2.02mm，后颏中长2.04～2.86mm，后颏最宽0.62～0.95mm，后颏狭0.43～0.64mm，前胸背板长0.93～1.45mm，前胸背板最宽1.82～2.80mm，中胸背板宽1.56～2.44mm，后胸背板宽1.61～2.86mm。

小兵蚁（见图4-7B）：头部土黄色；上唇和触角褐色；上颚深红棕色，基部略浅；前胸背板色浅于头部。头部长方形；囟小，近圆形；上唇长大于宽，侧缘中等突出，端部透明区穹顶形；上颚较细长，端部略弯。触角17节，第2节短于第3节，第4节长为第3节的1/2。前胸背板侧缘宽圆。体长6.2～6.8mm，头连上颚长2.46～3.95mm，头至上颚基长1.37～2.86mm，头宽1.50～1.97mm，左上颚长1.14～1.50mm，后颏中长1.14～1.61mm，后颏最宽0.46～0.98mm，后颏狭0.41～0.57mm，前胸背板长0.59～1.00mm，前胸背板宽1.04～1.80mm，中胸背板宽0.83～1.50mm，后胸背板宽0.98～1.56mm。

有翅成虫（见图4-7C）：头部红褐色，上唇黄褐色，触角深褐色；前胸背板褐色，中部具T字形斑纹，前侧角各具一单眼形淡色斑。头部圆形，囟小；复眼大而突出，稍圆；单眼大，宽卵形，距离复眼很近；上唇宽，穹顶形；左上颚具2枚缘齿，第2缘齿前端具一切口。触角19节，第2、3节几等长。前胸背板几与头同宽，前缘中部微凹，后缘中部凹入明显。体连翅长26.0～27.1mm，体不连翅长11.7～12.0mm，头至上唇端长2.80～3.17mm，头至上颚基长1.72～2.39mm，头连复眼宽2.25～2.80mm，复眼长径0.73～0.93mm，复眼短径0.64～0.80mm，复眼距头下缘0.07～0.13mm，单眼长0.25～0.44mm，单眼宽0.25～0.36mm，单复眼间距0.02～0.15mm，前胸背板长1.30～1.58mm，前胸背板最宽2.23～2.75mm，前翅连翅鳞长24.0～24.8mm，后翅连翅鳞长23.0～23.7mm。

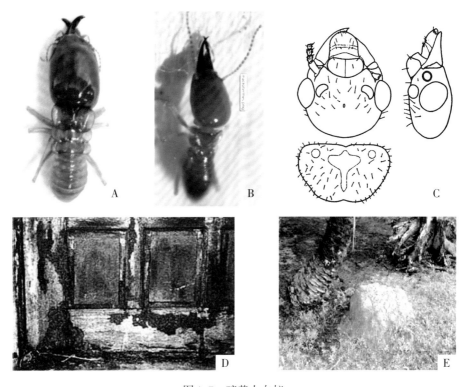

图4-7 暗黄大白蚁
A. 大兵蚁整体背面观；B. 小兵蚁整体背面观；C. 成虫头部背面及侧面观、前胸背板背面观；
D. 被蛀蚀的门框出现成片的泥被；E. 油棕榈树旁的蚁巢

2）危害特征

主要危害乡村和低海拔地区的房屋建筑，可蛀蚀木门、窗框、木栅栏、电线杆、与地面接触的木料堆、旧家具等木质结构（见图4-7D）；也可取食危害经济作物，如油棕榈等（见图4-7E），对农业经营构成一大威胁。在城市环境中主要侵袭花园或者公园的树木；还可对土质堤坝造成一定危害。

3）分布

广布于印度尼西亚、马来西亚和菲律宾，缅甸、泰国、新加坡、越南、柬埔寨也有分布。该种在低地较常见，特别是乡村生活区附近；也存在于城市，特别是大的公园或花园；在山地、陡坡以及茂密的森林中通常没有分布。

2.1.8　黄球白蚁

1）形态特征

兵蚁（见图4-8A、B）：头部深橙色，胸部、腹部浅黄色。头圆形，长宽几相等，头顶圆形隆起；上颚细长，内缘中部各具1枚尖齿，端部尖钩形，弯曲，左右上颚并拢时，内弯颚尖指向后方；上唇长大于宽，端部可盖过上颚内缘尖齿；触角14节。前胸背板前部隆起，前缘中央具凹刻。腹部粗椭榄形。体长5.91～6.84mm，头不连上颚长1.22～1.25mm，头宽0.80～1.21mm，左上颚长0.65～0.93mm，左上颚齿至颚端长0.31～0.44mm，后颏长0.26～0.42mm，后颏宽0.19～0.31mm，前胸背板长0.26～0.42mm，前胸背板宽0.57～0.86mm，后胫长0.83～1.25mm。

有翅成虫（见图4-8C）：头部棕褐色；触角、后唇基及腿节以下部分棕黄色；前胸背板茶褐色，中部具黄色T字形斑，两前侧角各具一单眼形斑；翅淡棕褐色。头卵圆形，复眼圆形，单眼椭圆形，单复眼间距小于单眼横径，或二者几靠拢。触角15～16节。前胸背板元宝形，狭于头部，前缘中央微凹，后缘中央深凹。翅长约2倍于体长，前翅鳞几伸达后翅鳞根部；前翅Rs脉靠近前缘，直达翅尖，无明显分支，M脉在肩缝处独立伸出，距离Cu脉近于Rs脉，末端形成几个分支直至翅尖，Cu脉约10个分支，后翅M脉在肩缝后由Rs脉分出，其余脉序同前翅；翅面光滑，仅具稀短毛。体长11.50～12.00mm，体不连翅长6.00mm，翅长9.40～10.00mm，单眼长0.11～0.16mm，单眼宽0.09～0.11mm，复眼直径0.33～0.39mm，单复眼间距0.02～0.04mm，复眼至头下缘长0.03～0.07mm，头至上唇端长1.17～1.36mm，头至上颚基长0.85～0.96mm，头连复眼宽1.11～1.20mm，前胸背板长0.54～0.59mm，前胸背板宽0.91～1.02mm。

2）危害特征

常见于橡胶、椰子、油棕榈、甘蔗等经济作物和农林作物种植园，对农林业生产的破坏性巨大；也会危害郊区和乡村的房屋建筑，但破坏力不强；还有报道可对土质堤坝造成一定危害。

3）分布

印度尼西亚；马来西亚半岛，特别是低地环境很常见，海拔高于150m便没有分布；

缅甸；泰国；柬埔寨。

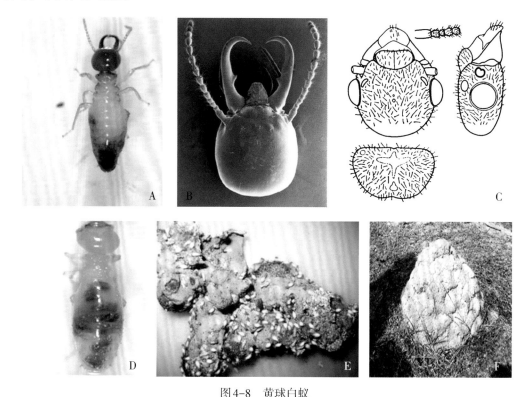

图4-8 黄球白蚁

A. 兵蚁整体背面观；B. 兵蚁头部背面观；C. 成虫头部背面观、侧面观，触角端部5节及前胸背板；
D. 工蚁整体背面观；E. 群体；F. 蚁巢

2.1.9 大锯白蚁

1）形态特征

兵蚁（见图4-9A）：头壳栗褐色，额部较深；胸、腹部灰黄至灰褐色。头壳被分散长毛。头部长方形，两侧平行，后缘近平直。额峰稍隆，额面具浅皱纹。触角13节。上颚近棒状，稍粗，颚端尖细变弯；颚内缘具细锯齿，颚基外缘凹入较深；后颏中段凸出，最窄处（腰部）位于中段之后。前胸背板前缘凹入明显，后缘平直。头至上颚基长1.43～1.79mm，头最宽0.91～1.14mm，左上颚长1.06～1.28mm，后颏长0.78～1.12mm，后颏宽0.31～0.39mm，后颏狭0.20～0.27mm，前胸背板长0.31～0.42mm，前胸背板宽0.59～0.74mm，后胫长0.73～0.95mm。

有翅成虫（见图4-9B、C）：头部红褐色，后唇基微黄褐色，触角和上唇灰黄色，前胸背板褐色，足棕黄色。头长（至上颚基）小于头宽；囟孔不可见；复眼近圆形，单眼近椭圆形；触角14节，第3节最短，第2节长于第4节；前胸背板窄于头宽。头至上唇端长1.09～1.28mm，头至上颚基长0.78～0.92mm，头宽0.91～1.01mm，复眼直径0.29～0.30mm，复眼距头下缘0.07～0.10mm，单眼长0.10～0.13mm，单复眼间距0.05～

0.07mm，前胸背板中长 0.41～0.51mm，前胸背板宽 0.65～0.77mm，后胫长 1.05～1.07mm。

工蚁（见图 4-9D）：无特征描述相关资料。

2）危害特征

主要危害房屋建筑（见图 4-9E），特别是沿海地带和乡村的房屋，是除格斯特乳白蚁外乡村房屋建筑又一重要害虫，也会对房屋周围的树木造成一定的危害。

3）分布

马来西亚半岛，多生活于沿海及乡村一带；泰国；缅甸；越南。

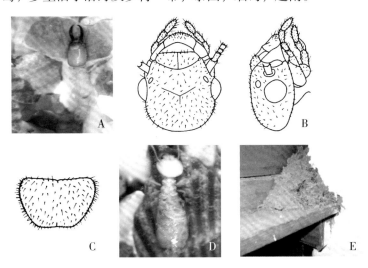

图 4-9 大锯白蚁
A. 兵蚁；B. 有翅成虫头部；C. 有翅成虫前胸背板；D. 工蚁；E. 房屋外部结构被害状

2.1.10 *Microtermes insperatus*

1）形态特征

兵蚁（见图 4-10）：体长 3.28～5.51mm，头连上颚长 1.13～1.6mm，头至上颚基长 0.82～1.18mm，头宽 0.79～1.0mm。

图 4-10 *Microtermes insperatus* 兵蚁
A. 整体背面观；B. 头胸部；C. 上颚

2）危害特征

主要危害城市房屋建筑木结构，发生频率较高，但危害程度小于暗黄大白蚁、曲颚乳白蚁、格斯特乳白蚁等种类。

3）分布

印度尼西亚爪哇岛、帕奈坦岛；马来西亚半岛；新加坡。

2.1.11 黄翅大白蚁

1）形态特征

大兵蚁（见图4-11A）：头部深黄色，上颚黑色。头及前胸背板有少量直立毛。头长方形，最宽处在头中部或后部，仅前端略狭窄；头背面平坦；上颚镰刀形；上唇舌状，端部具透明三角块；触角17节。头不连上颚长3.33～3.61mm，头宽2.61～3.11mm，后颏最宽0.73～0.86mm，后颏最狭0.50～0.54mm，前胸背板长1.00～1.05mm，前胸背板宽1.88～2.05mm。

小兵蚁（见图4-11B）：体型显著小于大兵蚁，体色也略浅。头部卵形，侧缘较大兵蚁更弯曲，后侧角圆。上颚与头较大兵蚁显得更细长且直；触角17节；头不连上颚长1.77～1.94mm，头宽1.50～1.55mm，后颏最宽0.50～0.52mm，后颏最狭0.34mm，前胸背板长0.66～0.70mm，前胸背板宽1.09～1.11mm。

有翅成虫：体连翅长28.00～30.00mm，体不连翅长14.00～15.50mm，翅长24.00～26.00mm，单眼长0.27～0.42mm，单眼宽0.22～0.31mm，复眼长0.63～0.77mm，单复眼间距0.18～1.20mm，头至上唇端长2.72～2.77mm，头连复眼宽2.22～2.50mm，前胸背板长1.27～1.33mm，前胸背板宽2.22～2.44mm。

图4-11 黄翅大白蚁
A. 大兵蚁；B. 小兵蚁

2）危害特征

主要危害土质堤坝。

3）分布

越南。

2.1.12　黑翅土白蚁

1）形态特征

兵蚁（见图4-12）：头部暗黄色，头部毛被稀疏，胸、腹部毛较密集。头卵圆形，最宽处在中后部，前端略狭窄；额部平坦；后颏粗短；上颚镰刀状，左上颚齿位于中点前方，齿尖斜向前；上唇舌状，沿侧缘有一列直立长刚毛，端部约伸达上颚中段，未遮盖颚齿。前胸背板元宝形，前、后部在两侧交角处各有一斜向后方的裂沟，前、后缘中央均有明显凹刻。头至上颚端长 2.41～2.66mm；头至上颚基长 1.43～1.77mm，头宽 1.24～1.44mm，左上颚长 0.83mm，左上颚齿距颚端 0.31mm，后颏长 0.80～0.83mm，后颏最宽 0.55～0.68mm，前胸背板长 0.48～0.59mm，前胸背板宽 0.90～1.00mm。

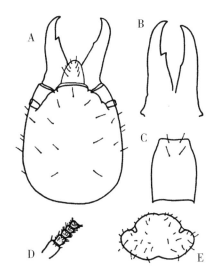

图4-12　黑翅土白蚁兵蚁
A. 头部；B. 上颚；C. 后颏；
D. 触角；E. 前胸背板

有翅成虫：头、胸、腹背面黑褐色；腹面棕黄色；上唇前半部橙红色，后半部淡橙色，中间有一条白色横纹；翅黑褐色。全身被毛浓密。前胸背板前宽后窄，前缘中央无明显凹刻，后缘中央向前凹入，前胸背板中央有一淡色十字形斑，其两侧前各有 1 个圆形淡色点。翅长而大，前翅鳞略大于后翅鳞，前翅 M 脉由 Cu 脉分出，末端有许多分支，后翅 M 脉由 Rs 脉分出。体连翅长 27.00～29.50mm，体不连翅长 12.00～14.00mm，翅长 24.00～25.00mm，单眼长 0.25～0.34mm，复眼长 0.61～0.68mm，头至上唇端长 2.50～2.90mm，头连复眼宽 2.34～2.66mm，前胸背板长 1.20～1.27mm，前胸背板宽 2.13～2.38mm。

2）危害特征

在东盟国家主要危害土质堤坝。

3）分布

越南；缅甸；泰国。

2.1.13　海南土白蚁

1）形态特征

兵蚁（见图4-13）：头部深黄色。头部毛被稀疏，腹部毛较密。头椭圆形，两侧缘弓形弯曲，最宽处常在头中部；后颏显著凸向腹面；上颚较细，弯曲度较缓，左上颚齿位于前端 1/3 处，齿尖锐，齿尖斜向前。前胸背板前、后缘中央均有凹刻。头至上颚端长 1.80～2.07mm，头至上颚基长 1.13～1.37mm，头宽 0.95～1.17mm，后颏最宽 0.50～

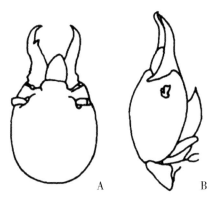

图4-13　海南土白蚁兵蚁
A. 头部背面观；B. 头部侧面观

0.57mm，后颏最窄0.30～0.37mm，前胸背板长0.43～0.51mm，前胸背板宽0.68～0.91mm。

有翅成虫：头、胸、腹背面黑褐色；腹面棕黄色；上唇前半部橙红色，后半部淡橙色。单眼远离复眼，单复眼间距显著大于单眼长。翅较短。体连翅长25.00mm，翅长21.00mm，复眼长0.45～0.52mm，单复眼间距0.31～0.34mm，头至上唇端长2.50～2.61mm，头连复眼宽2.27～2.33mm，前胸背板长1.05～1.11mm，前胸背板宽2.00～2.05mm。

工蚁：二型。大工蚁头深黄色。头近方形，侧缘稍平直，前端扩展，为头部最宽处。触角17节。体长4.33～4.72mm，头至上唇端长1.54～1.59mm，头宽1.20～1.27mm，前胸背板宽0.66～0.70mm。小工蚁头色淡黄。头侧缘与后缘连成圆弧形，头部不呈方形。头至上唇端长1.13～1.18mm，头宽0.88～0.90mm，前胸背板宽0.52～0.57mm。

2）危害特征

主要危害土质堤坝。

3）分布

越南；柬埔寨；缅甸；泰国。

白蚁危害现状

2.2.1 文莱

文莱的白蚁危害未见文献报道。

2.2.2 柬埔寨

根据为数不多的报道，柬埔寨的蚁害主要是乳白蚁属种类对于房屋建筑的蛀食破坏，特别是对一些名胜古迹的危害，常造成无法挽回的损失。近几年就有乳白蚁蛀食金边王宫的报道，乳白蚁已蛀食了王宫许多木构件，甚至在文物修复工程进行的过程中，还不断有新的蚁害被发现。由于Krishna等的专著中柬埔寨并无乳白蚁属的分布记录，因此，要对蚁害进行有效治理，首先应对危害蚁种进行准确的物种鉴定。

2.2.3 印度尼西亚

印度尼西亚气候温暖湿润，适合白蚁孳生繁衍，特别是近年来由于城市基础设施建设的发展，白蚁对建筑物的危害程度逐年加剧，由此造成的经济损失也持续增加。地下白蚁 *Microtermes insperatus*、暗黄大白蚁和曲颚乳白蚁是3个主要危害种，其中，地下白蚁 *Microtermes insperatus* 发生频率最高，而曲颚乳白蚁对木材和木结构建筑危害最严重。据 Safaruddin 报道，1994年，雅加达由于白蚁危害房屋建筑所造成的经济损失约为455.6万美元。Prasetiyo 和 Yusuf 指出，印度尼西亚每年因白蚁危害城市建筑造成的经济损失可达1510万～1606万美元。到2015年，造成的经济损失共计58704万美元。

2.2.4　老挝

老挝白蚁研究偏重资源利用。例如在老挝中部平原，村民们以当地白蚁科种类白蚁所筑的土垅作为肥土，去培植庄稼或蔬菜，增加作物产量；在成虫分飞繁殖的季节还会捕捉成虫食用或者作为鱼类、鸟类的饲料。白蚁危害未见文献报道。

2.2.5　马来西亚

马来西亚危害最严重的为鼻白蚁科乳白蚁属种类，城市房屋建筑中的蛀食危害有大约85%是该属害虫所为。其中，最易受白蚁攻击的是民宅，约占受害房屋的65%上；其次是工厂、仓库等工业建筑，约占20%；商场、办公大楼等商业建筑约占10%；其他类型建筑约占5%。曲颚乳白蚁、格斯特乳白蚁、卡肖乳白蚁、塞庞乳白蚁和南亚乳白蚁是该属的5种主要害虫；格斯特乳白蚁和曲颚乳白蚁又是其中分布最广、危害性最大的2种。格斯特乳白蚁主要危害房屋建筑，城市和半城市化地区分别有85%和40%的房屋建筑蛀蚀破坏是由其造成的。而曲颚乳白蚁主要侵袭在曾受其危害的农林种植业用地上建造的房屋，这种白蚁还可取食任何树龄的活树木，从而对一些经济作物，特别是橡胶、椰子和油棕榈种植园以及芒果、番木瓜等果园造成严重危害。此外，其他几种白蚁也可对房屋建筑、经济作物种植园、城市园林和绿地等造成危害，包括暗黄大白蚁、*Macrotermes carbonarius*、黄球白蚁和大锯白蚁等。随着白蚁危害的加重，马来西亚用于防治白蚁的费用也大幅增加。1995年、2000年和2003年，白蚁防治费分别达到500万美元、800万～1000万美元和1000万～1200万美元，而白蚁危害后的维修或修复费用可能比防治费用还要高3～4倍。

2.2.6　缅甸

缅甸的白蚁危害未见文献报道。

2.2.7　菲律宾

在菲律宾，格斯特乳白蚁、暗黄大白蚁、*Microcerotermes losbanosensis*和*Nasutitermes luzonicus*这4种地下白蚁，以及*Cryptotermes cynocephalus*、长颚堆砂白蚁这2种干木白蚁是危害比较严重的害虫，可对房屋建筑造成不同程度的破坏。其中，格斯特乳白蚁是菲律宾的土著蚁种，广泛分布于全国各地，被认为是菲律宾破坏性最强的地下白蚁，马尼拉和其他城市房屋建筑木结构所受到90%以上的危害是由格斯特乳白蚁造成的。暗黄大白蚁是破坏性位居第二的地下白蚁，在乡村和低地危害较为严重。由上述白蚁危害造成的经济损失虽然没有明确的数据，但是据估计，白蚁破坏房屋建筑造成的财产损失，以及取食农林作物造成的农林产品产量和质量的降低造成的经济损失每年为800万～1000万美元。

2.2.8　新加坡

新加坡的白蚁危害主要对象是房屋建筑，蚁种包括乳白蚁属、长鼻白蚁属、锯白蚁属、大白蚁属和球白蚁属的种类，其中主要危害种来自乳白蚁属。通常在已被白蚁蛀食破坏的房屋建筑中，收集到的个体超过90%是乳白蚁属种类，其次是大锯白蚁，再次是暗黄大白蚁和球白蚁属的种类。但是按Krishna等的记录，新加坡白蚁中并无锯白蚁属和球白蚁属的种类，由于可供参考的文献资料较少，这2个属是否在新加坡有分布还有待考证。有关房屋建筑的受害情况及损失也未见报道。

2.2.9　泰国

泰国受白蚁危害最严重的是城市和乡村的房屋建筑，有10种白蚁可对房屋建筑造成破坏，分别是鼻白蚁科的格斯特乳白蚁、卡肖乳白蚁、*Coptotermes premrasmii*、中暗长鼻白蚁及白蚁科的黄球白蚁、暗黄大白蚁、大锯白蚁、*Odontotermes feae*、*Odontotermes proformosanus*、*Odontotermes longignathus*，但这其中90%的破坏都是格斯特乳白蚁所为。格斯特乳白蚁破坏性最强，不论在城市、郊区还是农村，都是危害房屋建筑最主要的害虫。泰国由乳白蚁危害房屋建筑带来的经济损失估计每年可达到2200万美元，如果算上重建的费用，这个数字会更惊人。

2.2.10　越南

越南白蚁包括两大类。一类主要危害城市房屋建筑，像越南首都河内这样拥有1000多年历史的古城，老城区超过90%是低矮狭窄的老房，房屋主结构和家具多数采用木头、竹子以及其他纤维材料，极易受到白蚁侵袭，因此，白蚁危害非常普遍也非常严重。危害房屋建筑的白蚁中分布最广、破坏性最强的主要是乳白蚁属的种类。据Krishna等研究，越南的乳白蚁属仅曲颚乳白蚁一个种；但其本国白蚁研究学者报道越南的乳白蚁属至少还包括台湾乳白蚁和格斯特乳白蚁，并且这2个种应是该属在越南危害房屋建筑的主要种类，实际情况有待进一步研究证实。另一类主要危害水利堤防。越南全国尤其是北部有多处水利基础工程为土质结构，为土栖白蚁提供了适宜的居住环境。以大白蚁属的*Macrotermes annandalei*、黄翅大白蚁和暗黄大白蚁，土白蚁属的黑翅土白蚁、海南土白蚁，以及球白蚁属的黄球白蚁为主的土栖白蚁是危害水库堤坝的主要种类，它们在水库堤坝内筑巢常可导致堤坝渗漏、管涌甚至崩堤垮坝，造成灾难性后果，损失惨重。

3　东南亚白蚁防治管理

东盟白蚁防治管理

3.1.1　东盟管理体制

东盟是东南亚地区以经济合作为基础的政治、经济、安全一体化合作组织，并建立起一系列合作机制。其宗旨和目标是本着平等与合作的精神，共同促进本地区经济增长、社会进步和文化发展，为建立一个繁荣、和平的东南亚国家共同体奠定基础，以促进本地区的和平与稳定。围绕其目标、任务及自身发展需要，东盟设立了多个组织机构，制定了一系列的法律法规，但是由于东盟各成员国之间文化、政治和经济发展水平差别较大，无法像欧盟那样制定一个统一标准。对白蚁的管理政策各国也不大相同，但都是在农药的管理范畴，未见专门的白蚁法律法规。在技术标准方面，大多数国家采用国际标准，如采用国际标准化组织和国际电工委员会制定的标准，便于与国际接轨。

白蚁危害主要涉及农业和林业，由东盟农林部长级会议（ASEAN Ministerial Meeting on Agriculture and Forestry，AMAF）机构进行管理（https：//asean.org/asean-economic-community/asean-ministerial-meeting-on-agriculture-and-forestry-amaf）。AMAF涉及东盟粮食、农业和林业合作的具体领域。对于农业部门，AMAF制定了7个战略重点：①加强区域的粮食安全；②促进东盟内外贸易的农业和林业产品；③生成和转让技术，以提高生产力，发展农业综合企业和银行业务；④开发农业社区和人力资源；⑤私营部门的参与和投资；⑥管理和保护可持续发展的自然资源；⑦加强东盟合作和联合方式，解决国际和地区问题。对于林业部门，制定了5个战略重点：①可持续森林管理；②加强东盟合作和联合，解决国际和区域林业问题；③促进东盟内部和外部森林产品贸易和私营部门参与；④提高林产品的生产力和有效利用率；⑤能力建设和人力资源开发。涉及白蚁的防治药剂产品和技术、木材对白蚁的防护等都应在AMAF框架内执行。

3.1.2　东盟农药管理制度

东盟自成立以来，根据自身发展需要，制定了一系列的法律文件，但目前尚未有专门针对白蚁的法律法规。公开的法律文书中，提及杀虫剂的使用、残留等问题的不多，具体为《东盟优先领域一体化框架协议》（*ASEAN Framework Agreement for the Integration of Priority Sectors*）的附件《基于农业产品的东盟部门一体化议定书》（*ASEAN Sectoral Integration Protocol for Agro-Based Products*），指出在微生物学、霉菌毒素、农药残留等领域建立东盟参考检测实验室，加强东盟测试设施和监管机构对测试结果的认定，并由东盟经济共同体（Asean Economic Community，AEC）机构负责执行。

AMAF 在 1982 年签署了关于东盟地区植物检疫的协议《东盟植物检疫部长级谅解》（*ASEAN Ministerial Understanding on Plant Quarantine Ring*）。该协议规定：东盟成员国应在其国家和区域发展计划中采取合作行动；由于植物有害生物的危害不分国界，因此成员国之间在控制植物有害生物方面需要更有效的合作；重申东盟在粮食和农业领域开展合作的原则，以促进建立强大、和平和富有活力的东盟社区。该协议代表东盟成员国声明：①所有成员国应遵循东盟有害生物风险分析，避免危险和外来有害生物进入东盟植物检疫环；②所有成员国应实行国家间和国内检疫；③如果报告存在危险有害生物，应立即采取行动，消除东盟植物检疫环内有害生物；④计划引进不存在东盟区域的有益昆虫和生物控制剂的成员国应通知其他成员国。在 1984 年签署了植物无害虫区域的协议《东盟植物无害区部长级谅解》（*ASEAN Ministerial Understanding on Plant Pest Free Zone*）。该协议进一步强调了东盟植物检疫环的实施，指出将有害生物控制在某个地区范围内，加强国家间的合作，避免有害生物的蔓延扩散。因而，在 AMAF 的协议规定下，东盟各国会联合防治有害生物，包括白蚁，控制其危害扩散。

为了更加统一地控制东盟地区的农药，还建立了东盟农药监管机构（ASEAN Pesticides Regulatory Authorities，ASEANPEST），用于讨论、识别、确定优先次序、实施和解决与农药管理有关的问题。利用 ASEANPEST 网络，成员国可以相互更有效地沟通，分享信息和资源；相互帮助，就每个国家的农药管理做出适当和合理的决定；能够使东盟地区的农药管理更加统一；公众、农药行业以及农产品生产者将能够利用该网络的科学和知识数据库；可以降低农药的开发成本；在该区域所有国家的不断监测下，确保产品的质量。最终，通过资源和专业知识的结合，成员国将达到更高的农药管理标准要求，从而最大限度地降低农药对健康和环境的潜在风险。

3.1.3　东盟环境管理制度

根据东盟宗旨，促进可持续性发展，以确保本区域的环境、自然资源的可持续性、文化遗产的保留以及人民生活品质的提高，制订了《东盟社会-文化共同体行为计划》。在确保环境和可持续发展方面，东盟将努力实现可持续发展，通过保护自然资源来保护清洁和绿色的环境，包括通过对土壤、水源、矿产、能源、森林等的改善和管理来促进可持续发展。此外，还有《东盟自然和自然资源保护协定》（*ASEAN Agreement on the Conservation of Nature and Natural Resources*），第 10 条指出为了阻止、减少和控制环境的退化，要尽量控制杀虫剂、化肥和其他化学产品的应用，执行部门是 AEC，但该法律尚未生效。因而在管理和防控白蚁的过程中，也应开发和发展对环境无害的技术，尽可能减少防治药物的使用，确保环境的可持续性。

3.1.4 东盟技术标准

为充分发挥标准对促进地区经济增长、社会进步和文化发展的基础支撑作用，东盟于1992年组建了东盟标准与质量咨询委员会（ASEAN Consultative Committee of Standards and Quality，ACCSQ）。ACCSQ负责消除包括标准、质量检测和技术法规等形式在内的非关税壁垒，使东盟具有国际公认的、以人为本的、可持续的标准、技术法规与合格评定程序管理体制，使商品和服务自由流通，确保东盟地区的安全、健康与环保。为此，ACCSQ通过协调国家标准与国际标准、技术法规、合格评定结果互认以及接受等同性技术法规，努力消除技术性贸易壁垒。ACCSQ由11个工作小组构成（见表4-12）。

表4-12 ACCSQ机构组成

序号	工作小组	牵头机构
1	WG 1：Working Group on Standards and Mutual Recognition Arrangements（MRAS)标准和相互承认安排工作组	DTI-BPS
2	WG 2：Working Group on Conformity Assessment 认证和合格评定工作组	DTI-PAB/BPS
3	WG 3：Working Group on Legal Metrology 法律计量工作组	ITDI/DOST
4	JSC EEE：Joint Sectoral Committee on Electrical and Electronic Equipment 电气和电子设备联合部门委员会	DTI-BPS
5	RBPWG：Rubber-Based Product Working Group 橡胶制品工作组	DTI-BPS
6	ACC：ASEAN Cosmetic Committee 东盟化妆品委员会	DOH-FDA
7	PPWG：Pharmaceutical Product Working Group 药品工作组	DOH-FDA
8	PFPWG：Prepared Foodstuff Product Working Group 准备食品产品工作组	DOH-FDA
9	MDPWG：Medical Devices Product Working Group 医疗器械产品工作组	DOH-FDA
10	TMHSPWG：Traditional Medicines and Health Supplements Product Working Group 传统药物和健康补品产品工作组	DOH-FDA
11	APWG：Automotive Product Working Group 汽车产品工作组	DTI-BPS

ACCSQ出台了《东盟标准与一致性政策指南》《东盟标准统一指南》，用于指导东盟国家相关机构采用统一标准，实施标准、技术法规和合格评定程序等方面的工作，推动东盟实现单一市场和生产基地，在全球供应链中成为更强大和更具活力的一环。

《东盟标准与一致性政策指南》规定：在制定新的国家标准或修订现有标准时，成员国应优先采用相关国际标准，并以ISO/IEC指南21《采用国际标准作为地区或国家标准》中。最新版本为依据，统一现有国家标准或采用国际标准作为新的国家标准（见表4-13）。例如，关于杀虫器，使用国际标准IEC 60335-2-59；提高建筑物寿命，规范建筑物性能，减少白蚁危害，可参考标准ISO 15686-1：2011、ISO 19208：2016；谷物和豆类贮存时对白蚁的防护，参考标准ISO 6322-2：2000；档案馆和图书馆等有大量纸张的馆藏机构的环境条件管理，要减少白蚁对馆藏品造成的损害，参考标准ISO/TR 19815：2018；竹结构的保存，预防白蚁，参考标准ISO 22156：2004。目前，ACCSQ暂未发布专门针对白蚁或害虫的有关标准。

表4-13　部分可供参考的白蚁相关国际标准

标准号	标准名称
ISO 21887:2007	*Durability of wood and wood-based products-Use classes* 木材和木制产品的耐久性 — 使用分级
ISO 23611-5:2011	*Soil quality-Sampling of soil invertebrates-Part 5：Sampling and extraction of soil macro-invertebrates* 土壤质量—土壤无脊椎动物的取样—第5部分：土壤大型无脊椎动物的取样和提取
ISO 19821:2017	*Determination of span rating for natural fibre-reinforced plastic composite（NFC）deck boards* 天然纤维增强塑料复合材料(NFC)甲板板跨度等级的测定
ISO 13823:2008	*General principles on the design of structures for durability* 耐久性结构设计的一般原则
ISO 19144-2:2012	*Geographic information-Classification systems-Part 2：Land Cover Meta Language（LCML）* 地理信息—分类系统—第2部分：土地覆盖元语言(LCML)
ISO/TR 20432:2007	*Guidelines for the determination of the long-term strength of geosynthetics for soil reinforcement* 土壤加固土工合成材料长期强度测定指南
ISO 18457:2016	*Biomimetics-Biomimetic materials，structures and components* 仿生学—仿生材料、结构和组件
ISO 15686-1:2011	*Buildings and constructed assets-Service life planning-Part 1：General principles and framework* 建筑物和建造资产—使用寿命规划—第1部分：一般原则和框架
ISO 6749:1984	*Earth-moving machinery-Preservation and storage* 土方机械—保存和储存
ISO 6322-2:2000	*Storage of cereals and pulses-Part 2：Practical recommendations* 谷物和豆类的贮存—第2部分：实用建议
ISO 23611-6:2012	*Soil quality-Sampling of soil invertebrates-Part 6：Guidance for the design of sampling programmes with soil invertebrates* 土壤质量—土壤无脊椎动物的取样—第6部分：土壤无脊椎动物取样程序设计指南
ISO 877-2:2009	*Plastics-Methods of exposure to solar radiation-Part 2：Direct weathering and exposure behind window glass* 塑料—暴露于太阳辐射的方法—第2部分：直接风化和窗户玻璃后面的暴露
ISO 14055-1:2017	*Environmental management-Guidelines for establishing good practices for combatting land degradation and desertification-Part 1：Good practices framework* 环境管理—建立防治土地退化和荒漠化良好做法的准则—第1部分：良好做法框架
ISO 22156:2004	*Bamboo-Structural design* 竹子—结构设计
ISO 19208:2016	*Framework for specifying performance in buildings* 指定建筑物性能的框架
ISO/TR 19815:2018	*Information and documentation-Management of the environmental conditions for archive and library collections* 信息和文件—存档和图书馆馆藏的环境条件管理

东南亚各国白蚁防治管理

东南亚各国之间经济发展程度差别很大，分三个层次。①高收入国家：新加坡为知识技术密集型产业国家，文莱为资源经济型国家。②较富裕国家：马来西亚和泰国均是以农业为基础的原料输出国转变为新型工业化国家。③较落后国家：印度尼西亚和菲律宾资源丰富但开发不足；越南、老挝、柬埔寨和缅甸以农林业为主，有丰富的自然资源和廉价劳动力。但是东南亚各国在农业作物、病虫害等方面都有相似之处。随着全球化的发展，东南亚各国协调其农药管理政策，加强在农业上的密切合作，有利于统一东盟地区的农药管理，减少壁垒，共享资源，降低农药登记成本，有利于东南亚各国在国际市场上保持竞争力，改善贸易，避免其人口和环境受劣质和高危险农药的危害。因此，自1982年以来，联合国粮食及农业组织（Food and Agriculture Organization of the United Nations，FAO）一直致力于协助东南亚各国制定农药法律法规，推动与农药有关的国际公约《蒙特利尔议定书》《巴塞尔公约》《斯德哥尔摩公约》《鹿特丹公约》《国际农药供销和使用行为守则》等在各国的执行，通过加强协作和信息交流促进东盟地区的农药监管协调统一。

在东南亚地区，虽然白蚁种类多、分布广、造成一定程度的危害，但在农业、城市绿化和公共卫生（包括家庭）等方面的白蚁防治主要依靠农药，因此白蚁防治的药物应遵循东南亚各国的农药、杀虫剂或植物保护产品的管理要求，包括药物的注册登记、使用方法、环境残留等要求。

3.2.1　东南亚各国农药管理制度

东南亚各国农药监管模式不尽相同，多头分工管理及统一垂直管理并存（见表4-14），文莱、柬埔寨、缅甸、新加坡采用统一垂直管理，其他国家农药的管理均涉及多个部门。

表4-14　东南亚各国农药管理部门及国家法规

国家	管理部门	法规
文莱	农业和农业食品部	《公共卫生（食品）条例》 《农业害虫和有害植物法》 《毒药法》
柬埔寨	农林渔业部、农业立法部、农学和农业土地改良部、农业材料标准局、植物保护和植物检疫检验局	《农药和化肥管理法》 农药登记程序和标准要求的公告 关于标准和农业材料管理的第69号次级法令 关于执行第69号次级法令的第345号通告 关于柬埔寨允许、限制和禁止使用的农药清单的第589号公告 关于农业材料申请表格的第064号部长宣言 关于农学和农业土地改良部授权的第522号部长宣言 关于农业、林业和渔业部组织机构和职能的法令（No.17/AN/BK）

（续表）

国家	管理部门	法规
印度尼西亚	农药委员会、农业部	1973年第7号法律（7 TAHUN 1973） 农业部1996年第711号法令（711 / Kpts / TP.270 / 8 / 1996） 农业部2001年第434.1号法令（434.1 /Kpts / TP.270 / 7 / 2001） 农业部2002年第484号法令（484 / Kpts / TP.270 / 8 / 2002） 农业部2004年第222号法令（222 / Kpts / SR.140 / 4/2004） 农业部2007年第42号部长规定（42/Permentan/SR.140/5/2007） 农业部2007年第515号法令（515 / Kpts / SR.140 / 9/2007） 农业部2011年第24号部长规定（24/Permentan/SR.140/4/2011） 农业部2015年第39号部长规定（39/Permentan/SR.330/7/2015）
老挝	农业与林业部	农林部第2680号农药管理规定（2010）
马来西亚	农业部、卫生部、职业安全健康部	1974年《农药法》，2004年《农药法》修正案 1974年《职业安全与健康法》 1974年《环境质量法》 1983年《食品法》 1956年《氰化氢熏蒸法》
缅甸	农业灌溉部、农药登记委员会	《农药法》 《农药法相关程序》
菲律宾	化肥和农药管理局、植物工业局	第1144号总统令（Presidential Decree No. 1144） 第9271号共和国法案（Republic Act No. 9271） 第7394号共和国法案（Republic Act No. 7394） 第10611号共和国法案（Republic Act No. 10611） 第8435号共和国法案（Republic Act No. 8435） 第936号总统令（Presidential Decree No. 9367） 第6124号共和国法案（Republic Act No. 6124）
新加坡	农业食品和兽医局、国家环境局	《植物控制法》 《环境保护和管理法》
泰国	有害物质委员会、农业部、畜牧发展部、渔业部、食品和药物管理局	《危险物质法案》［B.E. 2535（1992）amended B.E. 2544（2001）and B.E. 2551（2008），HSA］
越南	农业与农村发展部、植物保护局	《植物保护和检疫条例》 关于植物保护、检疫和农药管理的第58号法令 《化学法》 关于农药管理规定的第38号和第18号通知 《农药法》

3.2.2 东南亚各国环境管理制度

白蚁危害对环境和林业的影响主要由各国的环境管理机构负责（见表4-15）。

表4-15　东南亚各国环境管理部门及主要职能

国家	管理部门	主要职能
文莱	环保局	污染治理与资源保护,执行环境法规政策,执行名胜风景区、公园与娱乐休闲设施的规划、发展、保护与管理
柬埔寨	环境部(中央)	制定与执行环境政策、法律文件,环境评估,收集、分析与管理环境数据
	省、市环境署(地方)	执行环境部活动
印度尼西亚	环境与林业部	保护林业与自然资源,执行环评工作
老挝	自然资源与环境部	自然资源的可持续管理与环境质量的保护
马来西亚	自然资源与环境部	自然资源管理,环境管理和保护,国土测绘管理
缅甸	国家环境事务委员会	制定环境政策、标准、规章,提高公众环境意识
菲律宾	环境与自然资源部	提出环境和自然资源管理的政策、规划和计划,发布和执行相关的法律、法规和标准,发放相关许可证,控制和管理自然资源
新加坡	环境及水源部	制定环境政策和监管环境相关的法定机构
泰国	国家环境委员会	实施环境政策,促进国家环境的保护与改善
越南	自然资源与环境部	管理区域环境问题

东南亚各国都有一些环境保护方面的法律法规,虽然没有具体涉及白蚁防治,但在类似园林景观植物防治白蚁的过程中,应遵守相关的环境管理制度。印度尼西亚林业与环境相关的法律法规有《环境保护与管理法》《有毒有害废物监管条例》等。《环境保护与管理法》的主要内容包括环保目标、公民权利与义务、环境功能维护、环保机构职责、环境管理、纠纷解决、环境监察与执法、污染防控等。印度尼西亚的环境法律法规框架相对完善,但存在执法不严的问题。菲律宾与环境相关的法律法规有《菲律宾环境政策法》《环境法典》,为环境保护法律体系架构了基本框架。泰国与环境相关的法律法规有《国家环境质量促进和保护法》《化学物品、有害废物、危险物质管理控制法》《建筑法》《公共卫生法》《环境保护与污染控制区域法》等。泰国对于危害环境质量的行为规定了较严格的法律责任制度,包括民事赔偿责任和刑事责任。文莱与环境保护有关的法律法规有:《环境保护与管理法案2016》,包括对有毒有害废物的管理;《环境影响评价指南2002》,指出农业、林业、基础设施建设等领域需进行环评。

3.2.3　东南亚各国技术标准

东南亚大部分国家都建立了标准体系,少部分国家仍有待完善。目前仅在印度尼西亚发现2个白蚁标准,均为建造建筑物防控白蚁的程序标准。其他国家尚未发现具体针对白蚁的标准,但有一些相关的行业或产品可能会涉及白蚁。例如,白蚁防治中若涉及餐饮行业就需要符合食品及相关行业的风险与安全管理标准;白蚁防治用药时也需参考农药方面的相关标准,东南亚各国都对农药的最大残留量有所限定(见表4-16),木材和木制品的相关制备和防腐处理等也有可能涉及白蚁的防治。

表4-16　东南亚各国主要农产品中白蚁有关农药的最大残留限量

英文名称	中文名称	国家	最大限量(mg/kg)
bifenthrin	联苯菊酯	马来西亚、新加坡、泰国、越南、印度尼西亚、老挝、菲律宾	0.05
cypermethrin	氯氰菊酯	印度尼西亚、新加坡	0.2~0.5
		老挝、菲律宾	0.3
alpha-cypermethrin	顺式氯氰菊酯	印度尼西亚	0.5
deltamethrin	溴氰菊酯	老挝、菲律宾、新加坡	2
fipronil	氟虫腈	印度尼西亚、老挝、菲律宾	0.002~0.010
		越南	0.02
imidacloprid	吡虫啉	老挝、菲律宾	0.05
chlordane	氯丹	印度尼西亚	0.02
		老挝、菲律宾	0.3
pyrethrins	除虫菊素	马来西亚	豁免
		新加坡	3
		老挝	0.05~0.50
chlorpyrifos	毒死蜱	菲律宾、新加坡	0.05~2.00
		泰国、越南	0.2~2.0
		马来西亚	0.5~2.0

目前，印度尼西亚有2项关于白蚁的强制性标准（见表4-17），均与建筑物白蚁防治相关，表明在印度尼西亚进行房屋建设时，要做好白蚁预防、白蚁抗性检测等工作。

表4-17　印度尼西亚白蚁防治国家标准

标准号	标准名称	技术机构
SNI 03－2404-1991	*Tata cara pencegahan rayap pada pembuatan bangunan rumah dan gedung* 建筑房屋和建筑物预防白蚁的程序	公共工程部
SNI 03－2405-1991	*Tata cara penanggulangan rayap pada bangunan rumah dan gedung dengan termitisida* 建造房屋和建筑物的白蚁控制程序	公共工程部

4 **东南亚白蚁防治技术研究**

概述

东南亚地区的白蚁防治研究具有显著的地域特色，在近5～10年，东盟各国针对热带经济作物危害白蚁种群，以防治应用研究为主、基础研究为辅。东南亚对地下白蚁的研究主要集中于乳白蚁属、大白蚁属、锯白蚁属、土白蚁属以及堆砂白蚁属。整个东盟的白蚁防治研究领域涵盖传统的化学制剂防治、饵剂的应用开发、生物活性物质防治、新型物理防御方法、白蚁的资源利用、天然与人工防白蚁板材的研制等。老挝、缅甸与柬埔寨由于人力物力及其国家环境特点等原因，在白蚁基础与防治应用研究方面均鲜有研究报道。

主要研究机构

东盟主要白蚁研究机构见表4-18。

表4-18　东盟主要白蚁研究机构

国家	研究机构
印度尼西亚	物茂研究所 Institut Pertanian Bogor
	物茂农业大学 Bogor Agricultural University
	内个里大学 Negri University
	加札马达大学 Universitas Gadjah Mada
马来西亚	马来西亚理科大学 Universiti Sains Malaysia
	马来西亚国民大学 Universiti Kebangsaan Malaysia
	马来西亚工艺大学 Universiti Teknologi Malaysia
	马来亚大学 University of Malaya
	马来西亚布特拉大学 Universiti Putra Malaysia
	马来西亚森林研究所 Forest Research Institute Malaysia
	马来西亚沙捞越大学 Universiti Malaysia Sarawak
菲律宾	菲律宾大学洛斯巴尼奥斯菲分校 University of the Philippines Los Baños
	林产品开发研究所 Forest Products Research and Development Institute

（续表）

国家	研究机构
新加坡	新加坡国立大学 National University of Singapore
泰国	朱拉隆功大学 Chulalongkorn University
	塔信大学 Thaksin University
	清迈大学 Chiang Mai University
	国家基因工程和生物技术中心 National Center for Genetic Engineering and Biotechnology
	孔敬大学 Khon Kaen University
	宋卡王子大学 Prince of Songkla University
	农业大学 Kasetsart University
	皇家森林部林 Royal Forest Department
	那空沙旺皇家大学 Nakhon Sawan Rajabhat University
越南	越南科学院 Vietnam Academy of Science and Technology
	越南-俄罗斯联合热带研究和技术中心 Joint Vietnamese-Russian Tropical Research and Technological Center
	河内科技大学 Hanoi University of Science and Technology
	生态与工程保护研究所 Institute of Ecology and Works Protection
	林产工业研究所 Research Institute of Forest Industry
	白蚁与地下损害治理中心 Center for the treatment of termites and subsurface defects

白蚁防治应用及技术研究

4.3.1 印度尼西亚

印度尼西亚是东南亚地区白蚁防治应用研究的主要国家，其研究方向主要有以下几个方面。

1）防白蚁天然木材

对于木材来说，从天然林到人工林的木材供应方式的变化给所生产的木材带来了变化。人工林生产的木材具有生长快、周期短、直径小、机械物理性能低、耐久性低的特点。红色柳桉是常用的板材植物，在印度尼西亚主要靠人工林供应。印度尼西亚科研人员对天然林和人工林中的红色柳桉对曲颚乳白蚁的抗性进行了比较研究，结果发现，木材种类和取材的部分显著影响了木材失重和白蚁死亡率，来自天然林的红色柳桉比来自人工林的红色柳桉对地下白蚁具有更高的天然抗性。竹子在印度尼西亚也是主要建筑材料之一。三宝垄州立大学研究人员通过评估印度尼西亚的五种竹子抗台湾乳白蚁的能力，发现白蚁对竹子的破坏程度与竹子化学成分有关。物茂农业大学研究人员对印度尼西亚西爪哇种植的21种鲜为人知的热带木材不同部位进行了抗曲颚乳白蚁的评估工作，对防白蚁天然木材的筛选提供了大量有价值的信息。

2）防白蚁人工板材

防白蚁人工板材的研制，依然是印度尼西亚防白蚁木材研究的重点。一方面是进行化学药剂对板材的处理研究，相关化学药剂包括硼砂防腐剂、聚苯乙烯、氯菊酯和毒死蜱等。通过浸泡、涂刷、烟雾熏蒸等方法处理芒果、水杉、松树、桃花芯等木材来提高防治地下白蚁效果，针对格斯特乳白蚁、曲颚乳白蚁及 *Cryptotermes cynocephalus* 等主要危害白蚁种群。另一方面则是通过研究复合板材的物理特性来增加防白蚁效果。木材种类、颗粒板类型密度、黏合剂的使用均影响人工复合板材对地下白蚁的抗性。例如，石梓、楹树、石栗（桐树）为主要成分的复合板材的抗白蚁能力最强，植物的不同部位抗白蚁能力无显著差异。

3）防白蚁植物次生代谢物

人们对替代持久性有机污染物（POPs）的新型环境安全杀菌剂的兴趣日益增加，越来越关注具有可靠杀虫活性的植物物种。植物次生代谢物是对环境无公害的生物活性物质，对白蚁的作用包括趋避和击杀，是良好的白蚁防治药剂。从印楝分离的生物活性化合物对白蚁具有食物威慑、产卵和生长抑制、接触毒物的作用，是研究较多的一类植物活性物质。针对格斯特乳白蚁的脱脂印楝油（DNO）配方功效性能研究包括木材保护及土壤屏障作用等。除此之外，印度尼西亚研究人员关注的主要对象包括，潘济木叶片提取防治长鼻白蚁活性物质，以15g/L的幼叶提取物施用于土壤，将有效杀死80％的长鼻白蚁；樟树中的萜类化合物、类固醇、类黄酮、香豆素、酚类、苯并类、色烯和脂肪酸甲酯都可能对白蚁有趋避和灭杀效果。使用丙酮从柚木中提取的活性物质表现出对白蚁的强致死性。树皮也是白蚁毒性成分的来源，通过层析法从 *Azadirachata indica* 树皮提取的活性物质比从毒扁豆 *Antiaris toxicaria* 树皮提取的活性物质的白蚁毒性要强烈；植物活性物质对白蚁可能具有慢毒效应，但取食量大，有望作为饵剂的成分。例如，使用薄层层析方法从苦苣苔 *Picrasma javania*、烟草 *Nicotiana tabacum* 中提取出三种白蚁慢毒物质。在植物活性物质的使用方式上，除了浸泡涂抹，还能够利用植物热解产生的烟雾进行熏蒸，使用马占相思树热解烟雾处理不同的木材，通过调整熏蒸时间可以达到聚苯乙烯的处理木材的防曲颚乳白蚁及 *Cryptotermes cynocephalus* 白蚁的效果。

4）饵剂研发

氟铃脲、氟虫腈仍是印度尼西亚白蚁防治饵剂的主要成分。研究人员探讨了氟铃脲田间防治油棕榈主要危害种曲颚乳白蚁的有效使用浓度。由松木屑和氟虫腈制成的白蚁饵剂则对暗黄大白蚁有较好的防治效果。

5）生物防治

生物防治是印度尼西亚白蚁防治应用研究的最新领域。从印度尼西亚生态系圈白蚁 *Nasutitermes* 蚁巢中分离出的一个物种是潜在的昆虫病原体，被鉴定为曲霉菌属 *Aspergillus*。研究发现，乳白蚁属对该曲霉菌非常敏感，该菌株具有一定的应用前景。

6）野外与城市白蚁危害调查

印度尼西亚 Semarang 地区快速的人口增长和基础设施建设影响了白蚁的自然栖息

地，从而改变了白蚁在建筑物中觅食的行为。对该地区白蚁危害调查结果表明，暗黄大白蚁、*Microtermes inspiratus*、*Odontotermes javanicus*、曲颚乳白蚁和干木白蚁属是城市建筑危害主要白蚁种群，危害程度以"温和占据"为主。这项研究的目的是确定地下白蚁种类的多样性及其在雅加达南部的分布，并评估土壤剖面白蚁栖息地。而在雅加达南部，研究人员采用用诱饵系统收集标本确定了该城市区域3种最常见的地下白蚁，包括曲颚乳白蚁、*Microtermes insperatus* 和暗黄大白蚁。该区域的土壤和天气条件为白蚁提供了合适的栖息地，以 *M. insperatus* 危害最为严重。

4.3.2　马来西亚

马来西亚是东南亚地区白蚁防治应用研究的主要国家之一。其防治应用研究方向与印度尼西亚相似，但相对印度尼西亚来说，应用研究更加侧重于饵剂研发以及白蚁危害调查。

1）防白蚁天然木材

在马来西亚，曲颚乳白蚁仍是重要的城市建筑危害白蚁。新加坡研究人员对多种天然木材的抗白蚁能力评估结果显示，绝大多数木材均属于曲颚乳白蚁敏感类型，只有少数几种植物木材在中度抗性之上。

2）防白蚁人工板材

木材因其美学价值、性能和可用性功能而成为人类不可或缺的工具。然而，木材会被微生物或白蚁降解。在抗白蚁、抗腐烂、抗菌和化学浸出方面，有许多关于木材保护的研究。例如，木材也用无机杀生物剂（铜基复合物与铬或砷酸盐）处理，但是它们的释放可能会对环境造成污染。马来西亚在防白蚁人工板材的处理研究领域相较印度尼西亚更倾向于环保无害的新型材料。一方面，传统化学药物处理研究发现，高浓度氯氰菊酯和氯菊酯浸渍马来西亚硬木及橡胶木材能达到防治曲颚乳白蚁的效果。另一方面，对环境友好的有机杀生物剂（如有机杀生物剂和铜盐的乳液）以及工程纳米材料的处理方式研究结果显示，通过真空浸渍将生成的二氧化钛纳米颗粒浸渍在 *Dyera costulata*（Jelutong）木块内可以较好地控制浸出率。另外，酚醛树脂、酚醛树脂与椰子壳粉末混合使用均能够提高油棕榈的抗白蚁能力。

3）防白蚁植物次生代谢物

对马来西亚高良姜 *Alpinia galanga* 精油中的 1, 8-桉油醇、*Madhuca utilis*（Bitis）和 *Neobalanocarpus heimii*（Chengal）中提取的抗甾体物质均显示对防治地下白蚁种群有显著的效果。其中，多种植物精油的防白蚁实验结果表明，精油是用于白蚁防治的新型化学品（驱虫剂或拒食剂）。

4）饵剂研发

马来西亚槟城理工大学针对饵剂野外使用的效果，对不同主成分的饵剂在蚁巢中的传播扩散力进行了分析研究，涉及的化学药剂包括以氯氟脲、氟虫腈、吡虫啉和茚虫威为主成分的饵剂，并采用GC-MS的方法检测了暗黄大白蚁巢穴之间氯氟脲的转移情况。白蚁饵剂的基质能够影响白蚁对饵剂的取食喜好。马来西亚研究人员对几种不同的基质添加剂

（如酪蛋白、木糖、木薯等）进行了格斯特乳白蚁与曲颚乳白蚁取食量的实验室和田间试验。不同白蚁对不同的基质添加剂表现出了差异性的喜好，利用优化成本合理的诱饵制剂，可以实现对地下白蚁群落的更广泛的控制。除了饵剂成分，环境水分也是白蚁取食量的重要决定性因素，大锯白蚁和格斯特乳白蚁的实验室内取食分析发现，取食环境水分的高低对这两种白蚁的分布与木材取食量的影响是不同的。

5）野外与城市白蚁危害调查

棕榈油产业是马来西亚和印度尼西亚农业的重要经济组成部分。马来西亚围绕油棕榈种植与白蚁危害情况进行了多年的调查研究。白蚁物种的多样性反映了整个生态系统的生产以及种植在泥炭土壤上油棕榈的健康状况。不同种植年龄的油棕榈种植区域白蚁多样性研究结果表明，一共发现7个白蚁亚科，其中木食性白蚁是油棕榈的主要危害种群，随着油棕榈的年龄增加，不同白蚁聚集形式与丰富度显著增加。油棕榈种植园内白蚁活跃与丰富度也受到时间、环境温度及湿度的影响。同时，对马来西亚沙巴省的原始森林和邻近油棕榈种植园中白蚁存在与环境变量之间的关系研究结果显示，修剪过的堆积叶和死亡植物对油棕榈种植园中白蚁组合的恢复具有重要作用。鉴于油棕榈受到曲颚乳白蚁侵害的广泛性，研究人员从马来西亚砂拉越州不同地理位置的油棕榈种植园采集的曲颚乳白蚁中，筛选出10个高度多态性的微卫星位点，可用于调查曲颚乳白蚁群体和群体遗传结构。除了油棕榈种植区域，加里曼丹的热带雨林是生物多样性的热点区域之一，白蚁在热带森林中发挥着重要的生态作用，其功能或物种组成随着栖息地的变化而变化。通过对沙巴几个原始林白蚁的物种组成、筑巢行为等的研究分析，提出了重新种植的森林和种植园的一些白蚁控制措施。

4.3.3 菲律宾

菲律宾的白蚁防治应用研究内容主要包括防白蚁人工板材/天然木材、防白蚁植物次生代谢物、饵剂开发及物理防御。其中，火山灰碎屑的物理防御系统是菲律宾白蚁物理防御的特色之一。

1）防白蚁天然木材

关于干木白蚁 *Cryptotermes dudleyi* 对菲律宾5种快速生长的工业树种——云南石梓、马占相思树、*Paraserianthes falcataria*、*Swietenia macrophylla* 和桉树 *Eucalyptus deglupta* 在野外的取食偏好的研究结果表明，该白蚁最喜食 *Paraserianthes falcataria*，最不喜食桉树。

2）防白蚁人工板材

中低等密度的椰子板在实验室及野外条件下对菲律宾地下白蚁 *Microcerotermes losbañosensis* 与干木白蚁 *Cryptotermes dudleyi* 均表现出显著的抗性，适作建筑工地材料。相比传统胶合板，用蕉麻纤维增强的再生聚丙烯复合材料对 *Cryptotermes dudleyi* 的抗性更强，但是防御效果小于水泥黏合板。研究表明，白蚁抗性与纤维负载量成反比，添加偶联剂可以减少白蚁造成的损害，在确定复合材料的最佳配方时应考虑多种参数。含有至少25％/50％烟草茎的合成板材在对格斯特乳白蚁在实验室/野外条件下表现出优异的白蚁抗性。含有烟草茎的颗粒板的白蚁抗性很可能是由于样品中残留的尼古丁的存在。烟草杆可以单独使用或与木材颗粒结合使用，用于制造复合板材，对处理垃圾和废物生物质的有效利用有直接、积极的影响。

3）防白蚁植物次生代谢物

分别提取来自菲律宾本土植物 *Anamirta cocculus*、腰果壳 *Anacardium occidentale* 以及赤桉 *Eucalyptus camaldulensis* 的毒性物质，它们对地下白蚁 *Microcerotermes losbañosensis*、格斯特乳白蚁和 *Cryptotermes dudleyi* 的毒性作用有所不同，其配制产品显示出白蚁灭治剂的潜力，但具体毒性有效成分待研究。研究了番荔枝科的三种热带水果番荔枝、刺槐和 *Rollinia mucosa* Baill 的粗籽提取物对格斯特乳白蚁的趋避作用。格斯特乳白蚁对这三种植物的提取物处理的滤纸显示出显著的回避行为，其中，番荔枝提取物能够限制格斯特乳白蚁在实验室隧道测试中的渗透，有望成为天然杀虫剂来源。

4）饵剂研发

不同白蚁群体之间对食物的争夺以及格斗对饵剂的实际作用效果有着非常大的影响。菲律宾暗黄大白蚁高度侵略性行为可能限制了格斯特乳白蚁，象白蚁 *Nasutitermes luzonicus* 和 *Microcerotermes losbanosensis* 在地下诱饵站周围的觅食活动，导致菲律宾含有几丁质合成抑制剂的白蚁诱饵成功率低。

5）物理防御

近年来，由于传统白蚁控制处理的固有风险和热带气候下诱饵产品的不稳定性，使用物理屏障进行可持续的白蚁管理得到了普及。常利用火山灰碎屑预防菲律宾地下白蚁穿孔渗透木质结构。由混合火山灰颗粒组成的保护屏障安装在地板和混凝土基础墙下，在五年期内木板结构保持良好状态，内部没有白蚁损坏的迹象。火山灰屏障可用于保护木结构免于进入地下白蚁，并提供商业上可获得的杀白蚁剂的非化学替代品。

4.3.4　泰国

泰国的白蚁防治研究体量较小，但研究内容较为丰富。

1）防白蚁人工板材

以纳米 SiO_2 颗粒添加变性淀粉为黏合剂，制造东部红蔷薇面板的田间试验发现，该板材对地下白蚁的破坏具有一定程度的抵抗力。

2）饵剂研发

对泰国 11 种原木材及 1 种商业木材进行实验室及野外的抗白蚁测试发现，芒果树和橡胶木具有更高的白蚁饲喂率和木材重量损失率。这些木材可优先用于白蚁木颗粒毒饵。

3）防白蚁植物次生代谢物

椰子壳被认为是未经有效利用的椰子产品的废物。利用椰子壳生产的木醋可能是杀白蚁剂和杀虫剂的替代品。

4.3.5　越南

越南白蚁防治主要研究内容如下所示。

1）新型防治方法

利用合适浓度的氯菊酯、溴氰菊酯注射和杀虫剂浸泡的棉布包裹覆盖干木白蚁 *Cryptotermes domesticus* 侵害的植物部位，5天完全消除该白蚁，并且3个月内没有白蚁活动的迹象。

2）饵剂研发

2016年首次证实了越南白蚁诱饵对建筑的保护功能，在觅食18周后白蚁群落数逐渐下降。含有真菌培养基、甘蔗渣粉、树皮粉、糖和六氟脲（0.75％）粉末的压制长条棒状饵剂显示了良好的乳白蚁防治效果且易于加工制作，17天白蚁灭治率达到100％，乳白蚁（0.3g / 300只）的LT_{50}（半致死剂量时间）为198h，所有田间试验无白蚁再感染率。

3）防白蚁植物次生代谢物

尾叶桉和金合欢胶合板用二羟甲基二羟基亚乙基脲（DMDHEU）和腰果壳油（CNSL）浸渍，对台湾乳白蚁的抗性测试表明，经过DMDHEU、CNSL处理过的木材显著提高了对乳白蚁的耐受性。

4）白蚁危害调查

咖啡种植是越南的特色经济产业，咖啡种植园中使用的集约化对无脊椎动物的生物多样性产生了深远的影响。相关研究者调查越南中部高地不同年份咖啡农场的白蚁多样性，并根据咖啡农场的原生态条件对其进行评估。白蚁物种丰富度并没有随着老咖啡农场特有的生物量增加（植物凋落物）而线性增加；相反，白蚁物种的丰富度和发生率与农场管理的强度有关。河内市区主要绿色植物破坏性白蚁为乳白蚁、土白蚁、堆砂白蚁以及原鼻白蚁。老旧街区是白蚁攻击的主要对象，白蚁与其他植物害虫一般不共容。

5 东南亚白蚁防治运行

概述

东盟各国由于气候条件适宜白蚁活动，白蚁危害较普遍，因而白蚁防治行业有很大的市场空间，但由于东盟各国经济水平差异较大，发达富裕一些的国家，例如新加坡、马来西亚、泰国，这些国家人们会选用专业公司进行白蚁防治服务，白蚁防治服务公司也较多。经济落后一些的国家，例如老挝、柬埔寨、越南，选用专业公司比较少，白蚁防治服务公司也相对较少。

东盟各国只有个别国家生产加工农药制剂产品，如缅甸、菲律宾、新加坡，另一部分国家完全不生产农药，如老挝、泰国、越南、柬埔寨。有农药生产加工的国家农药产量也有限，仍需要大量进口农药产品，不生产农药的国家，农药产品完全依靠进口，中国就是东盟重要的农药进口商之一。在农药产品消费方面，东盟国家中，泰国、越南、柬埔寨、菲律宾农药消耗量较高，缅甸、新加坡农药消耗量相对较少。在白蚁防治方面，东盟各国白蚁的防治技术和产品基本都是依靠国外进口。

白蚁防治机构

东盟在白蚁防治方面没有具体的管理协议，各国都只采用自己国内的管理方式，有的国家甚至没有专门的白蚁防治管理机构，只进行农药方面的相关管理。

5.2.1 白蚁防治管理机构

1）印度尼西亚

印度尼西亚白蚁防治主要管理机构是印度尼西亚害虫防治协会（ASPPHAMI）（http：//www.aspphami-jatim.org）。ASPPHAMI致力于为客户提供优质防治服务，解决有害生物困扰。目前协会的客户满意度达到90％。ASPPHAMI还参与相关标准、条例的修订。

目前，ASPPHAMI在印度尼西亚6个地区共有213间会员公司，覆盖了印度尼西亚80％的地区，互联网市场占全国的60％。ASPPHAMI开设的培训课程主要是防治公司主管和技师的培训。

2）马来西亚

马来西亚的白蚁防治管理机构主要是马来西亚农业部和马来西亚虫害控制协会（PCAM）。

前者是马来西亚政府部门，根据相关规定采用颁发许可证的形式对白蚁防治机构进行规范管理。主要颁发两个许可证：一个是针对机构害虫防治人员的害虫控制操作员许可证（Pest Control Operator License）；另一个是针对机构药物管理的农药销售和存储许可证（Pesticide Sales & Storage License）。

马来西亚虫害控制协会成立于1994年，是一个由害虫防治机构组织起来的行业协会。PCAM的主要作用是规范虫害控制市场，也有一定的管理和监督职能，并代表本行业机构与政府部门沟通协调，以及为行业机构会员提供市场信息和政府政策信息。作为有害生物控制行业唯一的官方协会，PCAM是害虫控制运营商之间的官方通信链接，也是害虫防治公司管理者、监管者。

PCAM会员包括了马来西亚、新加坡和文莱三个国家的害虫防治公司，共有200家公司，其中，马来西亚199家，新加坡1家。PCAM不定期为会员公司提供一些信息。例如，组织政府对中小企业的补贴介绍会议等；组织培训课程，如食品安全、城市害虫管理者的全球创新和现代技术课程等，提高会员在食品安全和虫害管理要求方面的专业知识；组织农药施药人员和农药施药人助理许可证的培训和考试；不定期出版有害生物信息期刊，提供相关领域的最新资讯。

3）菲律宾

菲律宾的白蚁防治管理机构主要是菲律宾化肥和农药管理局（FPA）（http：//fpa.da.gov.ph）和菲律宾害虫控制协会（PCAP）（http：//www.pcaponline.com）。前者是政府机构，代表政府对害虫防治公司和害虫防治操作人员进行管控和监督；后者是政府官方认可的唯一行业协会，是菲律宾害虫控制行业的主要管理者，协助FPA协调和解决行业问题，并提高害虫控制运营商的服务质量。

PCAP成立于1962年3月8日，是一个非营利组织，通过推广最高标准的专业性和优质的害虫管理服务，成为菲律宾害虫控制行业的主要管理者。PCAP现已进入第54个年头，目前有会员单位142个，通过继续与政府机构合作、推动虫害控制实践标准来履行其使命。通过菲律宾害虫管理委员会（PMCP）和菲律宾害虫管理运营商协会联合会（PFPMOA）等伞式组织与其他协会合作，PCAP定期为害虫防治专业人员举办培训、研讨会和讲习班。PCAP是政府唯一认可的行业协会。它一方面是菲律宾害虫控制行业的主要管理者；另一方面能够协调和协助协会成员解决行业问题，并提高害虫控制服务的质量。

4）新加坡

新加坡的白蚁防治管理机构主要是新加坡环境部（NEA）和新加坡有害生物管理协会（SPMA）（http：//pma.org.sg）。

NEA 是政府机构。新加坡所有从事虫害控制服务的人员和公司都必须在 NEA 登记，所有从事害虫防治工作的人员都必须获得 NEA 的许可和认证。对于针对白蚁的土壤处理，需在 NEA 获得土壤处理通知书，以通知有关部门使用杀白蚁剂（受控危险物质）进行土壤处理，通知书要在第一次土壤处理日前 3 个工作日之前发出。

SPMA 是行业协会，是代表新加坡有害生物管理行业的机构，对害虫防治市场有监督和管理的职能。前身是 1987 年 2 月 4 日成立的害虫控制协会（PCA），于 2001 年 9 月 7 日更名为新加坡害虫管理协会（SPMA）。协会为所有害虫控制操作员制定了道德准则。随着行业竞争的加剧，协会将重点放在联合害虫控制运营商，以便通过合作实现增长。协会为所有害虫控制操作员制定了道德准则。随着行业竞争的加剧，协会将重点放在联合害虫控制运营商，以便通过合作实现增长。截至 2018 年 9 月 19 日，SPMA 共有会员 78 个（包括企业和个人），其中有 66 家新加坡本地的害虫防治公司、2 家斯里兰卡公司和 1 家越南公司。

5）泰国

泰国白蚁防治管理机构主要是泰国食品和药物管理局和泰国害虫防治协会（TPMA）（http：//www.tpma.net）。前者是政府部门，进行准入管理，对符合条件的单位颁发许可证，只有获得许可证才能在泰国开展白蚁防治业务；后者是行业协会，有一定的市场监督管理职能。

TPMA 成立于 1985 年 12 月，是泰国杀虫剂经营者一起建立的协会，致力于提高泰国的杀虫剂业务标准。协会的主要工作是按照国际标准规范会员企业的活动，完成当地的有害生物预防和灭治活动，保护人类健康和促进环境的可持续发展。

TPMA 不定期的举办培训课程，内容如控制危险物质的使用、昆虫防治的基本知识、有害物质的使用、有关操作人员的雇用和培训等。

6）越南

越南消毒协会（VAF）（https：//vaf.vn）于 2016 年 8 月 27 日成立。VAF 是一个在熏蒸消毒和虫害控制领域开展业务的非营利组织，目的是团结其成员，相互支持，有效运作，并保护其成员的合法利益，促进国家的社会经济发展。协会会发布国内或国际的行业新闻、化学品清单、防治工程的器械工具与有害生物清单，也举办一些培训和活动，如一些消毒技术、防治技术的培训。

7）其他国家

文莱和缅甸没有全国性的白蚁防治管理协会。

文莱也没有专门的政府部门对防治公司进行管理。

缅甸目前没有政府性质的白蚁防治管理机构，国内有一些做白蚁防治的害虫防治公司，都是通过取得国际认证或加入邻国新加坡、马来西亚的虫害协会的形式来证明自己的资格。

从资料看，越南也没有政府性质的白蚁防治管理机构，国内的白蚁防治公司都比较小，不成规模。

柬埔寨没有全国性的有害生物防治行业协会，白蚁防治管理采用政府部门颁发许可证的形式进行。主要管理机构是柬埔寨农业、林业和渔业部，柬埔寨要进行白蚁防治都需要该部门颁发的许可证。

与柬埔寨类似，老挝也没有全国性的有害生物防治行业协会。老挝的白蚁防治管理机构主要是卫生部、农业部和商务部，白蚁防治公司需要获得这些部门颁发的许可才可以开展相关业务。

5.2.2 白蚁防治管理模式

东盟没有具体针对白蚁防治的管理规定，各个国家都是按各自的模式进行白蚁防治管理。但也有些相似之处，大多是政府部门按相关规定，对符合条件的机构颁发许可证、资质证等基本准入证照，并定期监督审查，对不符合条件的机构限期整改甚至吊销相应证照，再由各国行业协会对白蚁防治机构的市场行为进行规范管理。

据目前的资料分析，文莱、缅甸没有具体的白蚁管理模式，国内的白蚁防治公司规模都较小，基本是通过取得国际认证的形式来证明自己的资格。

柬埔寨白蚁防治管理采用政府部门颁发许可证的形式进行，由柬埔寨农业、林业和渔业部颁发许可证，就可以开展白蚁防治服务。

印度尼西亚没有具体的白蚁防治管理的政府部门，主要由印度尼西亚害虫防治协会进行白蚁防治行业市场管理。

老挝与柬埔寨类似，白蚁防治管理采用政府部门颁发许可证的形式进行，由老挝卫生部、农业部和商务部颁发许可证，获得许可证就可以开展白蚁防治服务。

马来西亚主要采用政府部门（农业部）根据相关规定，对符合条件的公司颁发许可证的形式进行准入管理。再由马来西亚虫害控制协会规范虫害控制市场，对虫害控制公司进行管理和监督。

菲律宾的白蚁防治管理模式为由菲律宾化肥和农药管理局对害虫防治公司的害虫防治操作人员进行管控和监督，菲律宾害虫控制协会进行具体的行业市场规范和管理。

新加坡的《媒介控制和农药法》于1998年9月1日生效。根据该法，所有从事提供虫害控制服务的人员和公司都必须在环境部登记。此外，所有从事害虫防治工作的人员都必须获得环境部的许可和认证。

泰国白蚁防治管理模式为由政府机构泰国食品和药物管理局进行准入管理，泰国害虫防治协会对行业市场进行规范和管理。

越南的白蚁防治公司，由越南消毒协会根据协会章程对其进行管理。

白蚁防治药械

东盟各国主要使用几家跨国公司的产品，因为更安全、有效、可靠，少数采用泰国生产的产品。土壤处理是常用的防治手段之一；另一种是通过诱饵系统来防控白蚁。

5.3.1 白蚁防治药剂

（1）Agenda®。非驱避性杀白蚁剂，是Bayer公司产品，活性成分为氟虫腈（2.9%），施工前后土壤的液体处理，防治效果可持续5年。应用在居住、市政、工业、公共、商业建筑以及种植前后等。

（2）Premise® 200SC。Bayer公司产品，非驱避性内吸杀虫剂，活性成分为吡虫啉Imidacloprid（18.3%w/w），可在建筑物和其他结构中提供有效的白蚁控制。

（3）Cislin®。Bayer公司产品，一种可乳化的浓缩物，活性成分为溴氰菊酯Deltamethrin（2.8%w/w），可防治白蚁、蟑螂等，具有广谱杀虫活性。

（4）Termidor® SC。BASF公司的产品，有效成分是9.1%的氟虫腈。

（5）Altriset® Termiticide。Syngenta公司产品，活性成分是18.4%氯虫苯甲酰胺Chlorantraniliprole，主要针对地下白蚁（散白蚁属、乳白蚁属、异白蚁属）使用。

（6）Wazary® 10FL。住友化学株式会社白蚁防治剂，活性成分为10%氰戊菊酯，白色乳脂状液体，低刺激性，无异味。建议稀释度为1：40，可获得至少5年的保护，较低的1：80稀释度效果可长达3年。Wazary®10FL主要活性异构体含量已确定为Koc值为630，597，并被归类为"非常强烈"地从水中吸附到土壤中的有机物质中。这表明活性物质比其他杀白蚁剂的处理能更好地结合到土壤上，使土壤成为抗白蚁屏障，并且极大地延长了产品的剩余寿命，因此能长效残留，具有强趋避效果。

（7）MAXXTHOR、PROTHOR、ULTRATHOR产品。均为Ensystex公司产品。MAXX-THOR活性成分为10%联苯菊酯，PROTHOR活性成分为20%吡虫啉，ULTRATHOR活性成分为10%氟虫腈。

（8）Taurus 50 SC。新加坡Asiatic Agricultural Industries公司产品，有效成分是氟虫腈，主要用于土壤处理防治白蚁，产品获得了新加坡环保部的绿色标签。

（9）Dominion 200 SC。新加坡Asiatic Agricultural Industries公司产品，有效成分是吡虫啉，产品获得了新加坡环保部的绿色标签。

（10）Sopot、Lotto。泰国曼谷公司产品。Sopot的活性成分为氟虫腈，Lotto的活性成分为仲丁威。用于土壤、建筑物地基、地下管道的喷洒处理，防止白蚁进入。

（11）Chaindrite系列产品。由Sherwood Chemicals公司生产，包括杀白蚁剂和木材防腐剂。Chaindrite 1的有效成分为高效氯氰菊酯和联苯菊酯，杀白蚁气雾剂，可用于裂纹和缝隙，效果持续4～6周，使用方便，可消灭白蚁、蟑螂、蚂蚁和其他爬行昆虫。Chaindrite 1 WP CL、Chaindrite 1 WP DB和Chaindrite 1 WP LB为即用型油性木材防腐剂，用于保护木材免受真菌、木材蛀虫、阳光、雨水和湿气的影响，同时提供美观的表面处理，适用于木结构框架、门和家具。Chaindrite Stedfast 30 SC为白蚁防治液剂，无味，略微黏稠，易溶于水，能与土壤颗粒紧密结合，效果持续时间可超过6年。Chaindrite Stedfast 8 SC为悬浮浓缩液，白蚁防治剂，无味，微黏，易溶于水，与土壤颗粒紧密结合，持续时间超过6年。Chaindrite Stedfast 40 EC用于土壤处理，保护木结构免受白蚁、甲虫和其他土壤昆虫的侵害。Chaindrite Powder 为含有氯氰菊酯活性成分的家用裂缝和缝隙杀虫剂粉末，易使用，可消除白蚁、蟑螂、蚂蚁和其他爬行昆虫。Chaindrite Teak Oil 用于保护户外家具的木材表面免受真菌、木材蛀虫、潮湿和阳光的侵害。Chaindrite Woodstain SG 为即用型木材防腐剂，在木材表面提供透明保护膜，增强木纹特征，同时保护木材免受真菌、阳光和木材破坏性昆虫（如白蚁和象鼻虫）的侵害。Zypertac 15 MC 为一种水基型杀虫剂，其活性成分分散在水中，为微乳液，半透明无臭液体，略微黏稠，与水混溶形成透明液体。

（12）AZOTA 25 TC、BITHRIN 50 TC、PROFINA 5 TC、SPECTA 50 TC 和 TERMINA。均为泰国 Fourthchem Trading 公司产品。AZOTA 25 TC 的活性成分为氟虫腈，白蚁通过取食和触碰后感染致死，能灭整个蚁巢，对土壤有良好的附着力，低浓度（0.05%）使用即可获得长时间的保护，对用户安全，对环境没有影响，无刺激性气味。BITHRIN 50 TC 的活性成分为联苯菊酯，分子结构中不含氰基，含有天然油的混合物，白蚁通过取食和触摸后感染致死，使用浓度低（0.025%），但能有效预防和消除白蚁，不会损伤皮肤，对用户安全可靠，无异味，对环境没有影响。PROFINA 5 TC 的活性成分为氟虫腈，使用方便，无异味，保护用户和环境，能杀灭白蚁甚至整个巢穴，土壤黏附性很强，在酸性和碱性土壤中均有良好的使用效果，保护效果持续 3 年以上，是一种高安全性的产品，可用于医院、餐馆、市场和工厂。SPECTA 50 TC 的活性成分为吡虫啉，能杀灭白蚁甚至整个巢穴，白蚁通过取食和触摸后感染致死，使用低浓度（0.05%）成分就能获得较长时间的保护，对用户安全可靠，无刺激性气味，对环境没有影响。TERMINA 的活性成分为吡虫啉，对白蚁无趋避性，能在白蚁群体中有效传播感染，有良好的土壤附着力，耐浸渍，使用浓度低（0.05%），安全性高，对环境没有影响。

（13）Athena SC、Norton、Scutum pesticide extract。泰国 Expert Pest System 公司的产品。Athena SC 的 FDA 注册号为 492/2056，有效成分为氟虫腈。Norton 的 FDA 注册号为 644/2553，有效成分为吡虫啉。Scutum pesticide extract 的 FDA 注册号为 300/2559，有效成分为氟虫腈。它们对白蚁的神经系统有毒性作用，用于防治土壤中的白蚁和其他昆虫。

（14）COMPACT、CYKARA。泰国 ICP Ladda 公司销售的产品。COMPACT 的有效成分为氟虫腈。CYKARA 的有效成分为苯丙氨酸。都用于建筑前后的土壤处理。

5.3.2　白蚁诱饵系统

（1）Xterm®。住友化学株式会社白蚁诱饵系统（https：//www.xterm.com），无须钻孔或注射化学药品，可有效消灭蚁群，安装简单，含有独特的、吸引力强的压缩纤维素配方。该系统包括地上诱饵站 Xterm™ AG 和地下诱饵站 Xterm™ IG。该系统的工作原理见图 4-14。

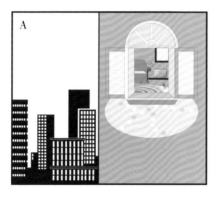
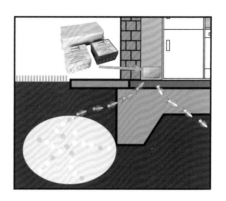

多层建筑中的地下白蚁被诱入 Xterm™AG 诱饵站,然后返回巢穴与伙伴分享诱饵

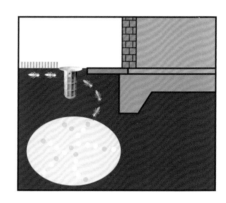

活跃在土地周围土壤中的地下白蚁被 Xterm™IG 诱饵站拦截并喂食,然后返回巢穴与伙伴分享诱饵

图4-14　Xterm®白蚁诱饵系统工作原理
A. 地上诱饵站;B. 地下诱饵站

（2）Termatrix Termite Baiting System。新加坡 Asiatic Agricultural Industries 公司产品,饵剂成分是生长调节剂氟啶脲。

（3）EXTERRA Termite Interception and Baiting System（艾氏白蚁拦截及饵剂系统）。Ensystex公司产品,诱饵LABYRINTH™ Termite Bait 的活性成分是0.25％的除虫脲。

（4）Sentricon System。Dow Chemical 公司专利产品,有地上型饵站和地下型饵站两种,并配有专用饵剂。

（5）Advance Termite Bait System Kit。BASF 公司的产品,包括 Advance Termite Bait Station、Advance Termite Spider Station Access Tool 和 Trelona Compressed Termite Bait 三部分。

5.3.3　白蚁检测设备

白蚁检测的相关设备有澳大利亚 Termatrac 公司的 Termatrac T3i SOLO、Termatrac T3i All Sensor 检测仪,TermiCam Australia 公司的红外热像仪等。

白蚁防治市场

东盟各国白蚁种类繁多，白蚁危害普遍，白蚁防治市场前景广阔。但由于东盟各国经济水平差异较大，在发达一些的国家（如新加坡、马来西亚、泰国），人们大多会选择专业公司进行白蚁防治服务，白蚁防治服务公司也较多，市场较为繁荣；经济落后一些的国家（如老挝、越南），人们比较少会选用专业公司，白蚁防治服务公司也相对较少，市场也较为萧条。

5.4.1　白蚁防治服务公司

东盟各国白蚁防治服务公司大部分是综合性的有害生物防治公司，都有做白蚁防治业务。

1）在东盟国家有分公司的跨国集团公司

（1）Anticimex 公司。1934 年在瑞典成立（http：//www.anticimex.com），通过年度合同以固定价格向客户提供臭虫防治服务，服务非常成功，很快扩大服务范围，包括了其他害虫。

（2）Rentokil Initial 公司。1927 年成立于英国的有害生物防治公司，1964 年在新加坡成立公司（https：//www.rentokil.com）。

（3）ISS。ISS 集团于 1901 年在哥本哈根成立（https：//www.issworld.com），现已发展成为世界领先的设施服务公司之一，在文莱、印度尼西亚、马来西亚、菲律宾、新加坡、泰国都有分公司。白蚁防治服务包括饵剂系统白蚁防治、新建房屋地基土壤处理、房屋土壤改造防治白蚁。

2）文莱

从已有资料看，文莱没有全国性的虫害协会，政府也没有专门的部门对防治公司进行管理，只有几家小型私人公司提供白蚁防治服务。

（1）ADC BORNEO WHITESTONE SDN BHD 公司。文莱本地一家害虫防治公司，提供新建房屋白蚁预防、房屋白蚁防治；蟑螂、蚂蚁防治；蚊虫防治；一般害虫防治；蜜蜂、黄蜂防治；啮齿动物防治；蛇、猫、狗、猴子和蜥蜴监测控制服务。

（2）B-MAS JAYA Services。文莱本地的害虫防治公司，提供新建房屋地基土壤处理、已建房屋钻孔泵药土壤纠止处理、害虫防治。

（3）Bustermite Pest Control 公司。文莱本地的害虫防治公司，提供预约免费虫害现场和房屋检查，私人和政府的防白蚁土壤处理，已建的家庭、商店、仓库白蚁防治服务。

3）柬埔寨

（1）BPS 公司。成立于 2008 年（http://www.bpscambodia.com），是柬埔寨规模较大的一家害虫防治公司，为各行业、非政府组织、政府客户提供服务。主要业务是保洁、害虫防治、白蚁防治。是 Exsystex 公司授权经销商，白蚁防治主要采用该公司产品，结合饵剂系统、新建房屋土壤处理、已建房屋钻孔泵药处理进行白蚁防治。

（2）Jamson Pest Management（Cambodia）公司。2009年在柬埔寨成立（http://www.jamsonpest.com），一直提供有害生物控制服务和清洁服务。在2011年取得由柬埔寨农业、林业和渔业部颁发的许可证，可进行有害生物管理服务。是柬埔寨第一家正式注册并获得政府认可的公司。公司销售通过进口提供来自世界著名供应商，如Bayer、Ensystex、Sherwood、Exterminex、Delchem等公司的高品质害虫控制产品。

（3）Pestokill Services Pte公司。1994年在柬埔寨成立，是一家专业的害虫防治公司（http://gdistributioncambodia.com）。公司除提供高质量和低成本的害虫防治服务外，还开展了以下服务：清洁服务，石材护理服务，洗衣用品、洗碗用品、大多数行业的化学品供应。2010年，Pestokill Services Pte公司进行了重组，Pestokill成为G Distribution公司的品牌名称。白蚁防治采用新建房屋地基土壤处理、房屋钻孔泵药土壤改造、白蚁饵剂系统和土壤泵药管道系统进行。

4）印度尼西亚

（1）Shield Pest Control公司。是印度尼西亚本地的害虫防治服务公司，成立于2008年（http://www.shieldantirayap.com），提供医院、学校、公寓、写字楼、仓库、工厂、餐馆和住宅等的病虫害咨询和防治服务，尤其是白蚁、蚊子、蟑螂、苍蝇和蜘蛛的防治服务。公司获得HACCP证书。公司用于防治白蚁的产品有两种：Baiting Termite和Cat Trap；防治注射和喷涂两种方式。

（2）Beckjorindo Paryaweksana公司。是印度尼西亚一家从事调查、货物监管服务和虫害控制、货物熏蒸的公司（http://www.beckjorindocargosurveyor.com），成立于1980年。在印度尼西亚主要港口及城市均开设分支机构。

（3）Insekta公司。是一家害虫防治服务公司（http://insekta.co.id），使用的设备均获得农药委员会等部门的许可，主要提供白蚁、蚊子、蟑螂、苍蝇、大鼠等病虫害的防治服务。白蚁的防治服务主要使用Sentricon系统。

（4）PROTON GUMILANG公司。公司于1995年成立（https://protonpest.com），在印度尼西亚各地设立分公司，并获得HACCP、ISO等认证。公司员工会参加各种培训，除了公司内部的培训，还接受ASPPHAMI和政府举办的培训。主要提供灭鼠、熏蒸、灭蟑螂、灭白蚁等服务。公司主要应用虫害综合管理（IPM）控制系统，优先考虑监测、检查和非化学处理。非化学处理如安装监测控制装置等。如果需要进行化学处理，一般选择在建筑物的外部区域进行。服务期间会定期进行监测和报告，确定害虫的类型和数量，根据IPM计划程序进行分析，评估防治效果。白蚁服务主要有2种：①TERMITE CONTROL SNI服务（https://protonpest.com/jasa-layanan/termite-control-sni），即根据SNI标准，对建筑物、公共设施进行白蚁预防，如商场、住宅、工厂等建筑和管道系统前期和后期的白蚁预防和维护，提供3～5年的保修服务；②TERMISTOP服务，即通过综合处理，在各种设施中消灭白蚁，主要使用杀白蚁剂、木材防腐剂、室外诱饵监测控制装置等方法，保修期3年。

（5）SATELIT JAYA公司。是印度尼西亚一家专门提供白蚁防治服务的公司（http://

ahlirayap.com）。

（6）CV. SQUAD公司。印度尼西亚本地的害虫防治公司，主要业务是白蚁防治和卫生害虫防治（https://squadtermite.com）。公司一直致力于解决由害虫袭击引起的问题并逐步控制害虫。服务范围非常广泛，包括办公室、仓库、住宅等。在进行害虫防治的同时，公司也注重环境安全性，致力于使用完全无害的化学品和对环境友好的消杀方案。使用的化学药物都有世界卫生组织的批准和印度尼西亚卫生部的许可。

5）老挝

从已有资料看，老挝没有全国性的害虫防治协会，只有几家小的私人害虫防治企业，需要获得卫生部、农业部和商务部的许可。

All Purpose Service公司。老挝本地的害虫防治公司（http://apslaos.wixsite.com），成立于1997年，获得老挝卫生部、农业部、商务部的许可。主要提供卫生害虫、鼠类、白蚁、蚂蚁、蜜蜂的防治服务，其他业务还有保洁、熏蒸服务。

6）马来西亚

（1）Innopest Solutions公司。马来西亚本地的害虫控制服务公司（http://innopest.my/pest-control-johor），2015年被评为亚洲诚信企业。分别对企业和家庭提供针对性的服务：企业服务主要针对食品行业；对家庭主要是提供白蚁防治服务。公司提供免费的害虫问题检查。获得马来西亚农业部认证。符合行业标准的害虫管理系统、ISO 22000食品安全管理、货物制造规范和危害分析关键控制点要求。业务范围：工厂、餐厅、家庭。防治对象：卫生害虫、鼠类、白蚁和鸟类。白蚁防治不钻孔，不采用化学喷涂的方式，而采用白蚁控制系统，有效地消除整个白蚁群落，并在最短的时间内确保环境中没有白蚁。公司承诺如果诱饵系统在进行白蚁防治120天内不起作用，则全额退款。

（2）Envirocon Pest Management Sdn Bhd公司。1996年12月27日在马来西亚注册成立（http://www.envirocon.com.my），是一家获得许可的害虫控制操作公司，是Bayer公司的合作伙伴。防治对象包括卫生害虫、鼠类、白蚁。白蚁防治主要使用钻孔灌药预防、饵剂系统。

（3）Ridpest Sdn Bhd公司。于1985年成立（http://www.ridpest.com），业务范围涵盖马来西亚全境。防治对象包括卫生害虫、白蚁，白蚁为主要防治对象，使用最新的创新监测和诱饵系统来消灭整个白蚁巢穴。业务包括害虫防治服务、药械销售（公司自产的白蚁饵剂系统、灭虫灯、驱蚊器等）。白蚁防治主要采用自产白蚁饵剂系统，饵剂成分为生长调节剂。使用最先进的热像仪进行白蚁检查。

（4）Pestaid Services Sdn Bhd公司。是一家较具特色的害虫控制服务公司，提供可扩展的个性化和综合性服务，以满足从个体家庭到大型企业客户的独特需求（http://www.pestaid.com.my）。公司业务包括城市其他有害生物与白蚁防治、杀菌消毒。此外，销售卫生杀虫剂、灭蚊灯、灭蝇灯、空气过滤器、冷冻展示网等药械。白蚁防治主要使用饵剂系统、新建房屋地基土壤处理防治白蚁、已有房屋钻孔泵药土壤改造防治白蚁，主要采用Exterra公司的Exterminex饵剂系统进行防治。

（5）Stopest（M）Sdn Bhd 公司。成立于 1991 年 1 月 2 日（http://www.stopest.com.my），主要为商业、工业建筑和住宅提供控制有害生物服务。资质认证包括杀虫剂和熏蒸许可证（该许可证由马来西亚农业部农药委员会批准，仅颁发给具有可靠记录的有毒化学品责任和安全处理的害虫控制操作员）。防治对象包括卫生害虫、白蚁。业务种类包括熏蒸杀虫（飞机、船舶）、卫生害虫防治、白蚁防治。白蚁防治采用热像仪检测白蚁危害，地基钻孔灌药白蚁防治。

（6）Entopest Environmental Services Sdn Bhd 公司。2016 年，公司被 Ancom Crop Care Sdn Bhd 收购，现为其子公司（http://www.entopest.com.my）。Ancom Crop Care Sdn Bhd 是一家杀虫剂和除草剂生产商，在全球拥有庞大的分销网络，拥有超过 39 年的农药生产经验，为一家在吉隆坡证券交易所上市的公司。业务范围在马来西亚。防治对象包括卫生害虫、鼠类、鸟类、白蚁。业务类别包括害虫防治服务、熏蒸杀虫服务（船舶熏蒸、集装箱熏蒸、烟囱和商品熏蒸、工厂熏蒸、土壤熏蒸、飞机熏蒸、建筑熏蒸等）。白蚁防治包括饵剂系统和钻孔泵药。钻孔和泵送化学药剂技术适用于已铺设或部分建造混凝土板的建筑物，把液体化学药物泵入混凝土板下面的土壤，形成一个屏障，防止地下白蚁进入建筑物。

（7）NLC General Pest Control Sdn Bhd 公司。成立于 1974 年，旨在为所有客户提供优质、有效、环保的害虫控制和管理服务。业务范围涵盖马来西亚全境。防治对象包括卫生害虫、鼠类、蚂蚁、白蚁。白蚁防治包括饵剂系统、土壤屏障处理。白蚁卫士周界和渗透网络白蚁防治系统，专门设计用于在整个建筑物内持续提供白蚁防治药剂，Termguard 网络系统能为建筑物提供不间断的最大保护，防治地下白蚁。

（8）Pestarrest Enterprise Sdn Bhd 公司。成立于 1996 年 8 月，为沙巴州害虫控制公司（http://www.pestarrestenterprise.com）。业务设及害虫防治和白蚁防治。专门从事城市白蚁预防系统、仓库和商品熏蒸以及根除害虫计划。公司为马来西亚害虫控制协会的会员、马来西亚农药委员会持牌害虫控制公司，获马来西亚财政部颁发的许可证、马来西亚建造业发展委员会许可证。白蚁防治包括建房前地基土壤处理、已建房屋纠正土壤处理（钻孔泵药）、饵剂系统。

7）缅甸

（1）Competitive Pest Control Services 公司。成立于 1992 年（https://myanmar.cpests.com），现在三个国家设有办事处，为缅甸全资公司。多次为著名的 Telstra、Cumberland、True Local 商业奖奖项的入围者。业务区域仅在缅甸。防治对象包括卫生害虫、仓储害虫、白蚁、鼠类、鸟类。白蚁防治服务包括白蚁检查、土壤处理。

（2）Javelin Services 公司。仰光一家年轻但发展迅速的害虫管理公司（http://www.javelinservices.com）。提供一种有害生物防治的替代方法——智能害虫防治方法。公司所有的虫害控制计划都是从对客户害虫问题原因的全面检查和分析开始，然后针对问题根源采用最佳的治疗方法，实现快速消除，并尽可能使用最少量的化学品。业务区域仅在缅甸。防治对象包括卫生害虫、仓储害虫、白蚁、鼠类、鸟类。白蚁防治服务包括热成像系统白蚁检查、铒剂系统白蚁防治、新建房屋地基土壤处理、房屋钻孔泵药土壤改造防治白蚁。

（3）Environmental Essentials 公司。成立于 2010 年（http://www.environessentials.com），提供各种先进的环境和害虫管理产品。业务区域仅在缅甸。防治对象包括卫生害虫、白蚁、鼠类。白蚁防治服务包括新建房屋地基土壤处理、房屋钻孔泵药土壤改造防治白蚁。

8）菲律宾

Termaxpro Pest Control Services 公司。菲律宾一家家族企业，位于马尼拉，是一家专业害虫防治公司（http://www.termaxpro.com）。公司已经为菲律宾多个地区的数千户家庭和商业客户提供服务。

9）新加坡

（1）Aardwolf Pestkare 公司。1997年4月8日成立（https://aardwolfpestkare.com），是新加坡第一家有害生物管理公司，致力于通过提供最佳的害虫管理服务而不损害环境。公司采用积极主动的方法，将传统的害虫控制替换为害虫管理，准确识别有害生物问题，并与客户达成可持续解决方案。是东盟地区第一个现场向客户提交计算机生成报告的公司。业务区域包括新加坡、印度尼西亚、中国。防治对象包括卫生害虫、仓储害虫、蚂蚁、白蚁、鼠类、蜥蜴、蛇、蝙蝠。白蚁防治主要采用 TermiCam Australia 公司的热成像白蚁检查仪进行白蚁检查，精确定位白蚁危害位置。公司是亚洲第一家采用热成像技术检测白蚁感染的公司。白蚁防治主要采用诱饵系统、注入液体杀白蚁剂进行土壤处理。

（2）ABJ 公司。一家害虫控制服务公司（https://www.abj.com.sg），为客户提供包括工业建筑、住宅、商业建筑、食品企业、建筑工地等的害虫防治服务。业务区域仅在新加坡。防治对象包括卫生害虫、园林（花园）害虫、白蚁。白蚁防治采用 Termite Cam 热成像相机和白蚁检测系统进行白蚁检查，Xterm® 白蚁诱饵系统、土壤化学药物处理防治白蚁。

（3）Asiatic Agricultural Industries 公司。成立于 2005 年（http://www.asiaticsp.com.sg），是一家有害生物防治公司，既提供有害生物防治服务，又从事白蚁防治药物产品生产、销售工作。公司有自己的生产设施和研究实验室，是新加坡唯一一家拥有化学制造工厂的本地公司，致力于创新，探索开发和利用关系到人类福祉和大自然的生态意识技术、流程和产品。业务范围包括有害生物防治、药物产品生产销售。防治对象包括卫生害虫、鼠类、白蚁。白蚁防治包括土壤处理、铒剂系统，有自己生产的土壤处理药剂和铒剂系统。

（4）Q-Vector Pest Management 公司。成立于 2007 年，专门从事一般害虫管理和白蚁防治。业务范围包括住宅、商业建筑、工业建筑、公共建筑、陆地和海上运输设施。公司获得新加坡环保部认证，以及 ISO 9001 和 OHSAS 18001 认证。业务区域仅在新加坡。防治对象包括卫生害虫、白蚁、蜜蜂。白蚁防治包括土壤处理、铒剂系统。

10）泰国

（1）King Service 中心。成立于 1977 年，是提供科学的虫害控制咨询和服务的机构

（http：//kingservice.co.th），是泰国害虫控制行业的领导者之一。中心以安全和质量为重点，为客户提供的服务基于国际通用的IPM（病虫害综合治理）理念，强调有效和细致的检查、规划、执行、监测和报告。中心是第一个注册并获得泰国公共卫生部、食品药品管理局颁发的害虫防治经营许可证的机构。白蚁管理控制系统（http://kingservice.co.th/en/service/termite-management-control）的操作程序分为两种类型：建筑物内白蚁管理和控制服务、建成后的白蚁管理和控制服务。

（2）Advance Tising Service 公司。公司成立于1998年7月14日，提供白蚁和各种昆虫控制服务。

（3）Firstclass Pest Control 公司。是一家提供害虫防治服务的公司（http://www.fpc.co.th）。主要业务内容是防止和消灭白蚁、蚂蚁、蟑螂、爬行昆虫和各种媒介害虫。在泰国提供白蚁控制服务，拥有超过10年的经验。通过详细的实地调查，确定昆虫和媒介的危害问题和程度，评估情况，并为客户提供最优质的服务。白蚁预防主要通过地下管道和土壤处理。

（4）Fourthchem Trading 公司。成立于2003年2月（http://www.fourthchem.com），主要生产和销售用于公共卫生的化学产品，在泰国建有工厂，从国外进口原材料，生产符合ISO和GMP标准的高品质产品，并进行销售，未来计划出口产品到国外。公司获得政府机构和组织的认证和许可。

（5）Expert Pest System 公司。是泰国专业的杀虫和害虫防治设备供应商，还分销Syngenta、BASF和Goizper等外国公司和一些本地公司药剂（http://www.expertpestsystem.com）。杀虫剂产品有拟除虫菊酯类，如氯氰菊酯、溴氰菊酯、联苯菊酯等，用于喷雾处理；灭鼠剂有溴敌隆和flucoumafen；杀螨剂有氟虫腈和吡虫啉。还有适用于GMP系统的Temper Resistance Rat Bait Station、昆虫Light Traps、工业用喷雾器、ULV雾化机和热雾机等产品。除此之外，公司拥有自己制造的橡胶油胶，无味，非常坚固和有弹性，黏性极佳，能捕捉任何大小的大鼠。公司服务对象是工厂、家禽养殖场、政府机构。公司针对白蚁危害，提供2种解决方案。①物理防护：在基座和木结构之间的支柱或接头使用金属（如铝板）阻挡白蚁从地面进入，也可使用石屑、碎玻璃或金属格栅做地面覆盖物。②化学防护：喷洒趋避剂，防止白蚁进入；或者使用毒饵杀灭白蚁，对于木材可以用喷涂、浸渍防腐剂的方式进行处理。

（6）ICP Ladda 公司。ICP Ladda 公司是泰国农用化学品领域的领先公司（http://www.icpladda.com），开展农药、化肥和植物激素等的生产、进口和分销。公司重视产品的质量控制，并关心环境保护，已经通过质量管理体系ISO 9001和环境管理体系ISO 14001的认证，也获得GMP、食品药品监督管理局和公共卫生部的认证。公司依照泰国法律和国际行业标准生产优质产品。产品必须含有标签上规定的有效成分，按照《有害物质法》的规定进行产品注册，获得政府批准。产品也必须符合泰国农业部、联合国粮食和农业组织的标准。质量公式（制剂的质量）和外表（物理外观）依照国际行业标准执行。销售的白蚁防治产品有COMPACT、CYKARA。

11）越南

从目前的资料分析，越南白蚁防治服务公司规模都不大，有一些大的跨国公司在越南本地建立了分公司来开展害虫防治业务，例如成立于1944年的ATALIAN集团公司（https://atalian.vn）、成立于1900年的OCS集团公司（https://www.ocs.com/vn-en）。

5.4.2 白蚁防治服务流程

东盟国家白蚁防治服务公司服务流程大致相同，只是在具体检查、防治过程中应用的器械、药剂有所区别。服务流程基本如下。

（1）接到需求。获取现场有何特征、地理位置、防治预算等基本信息。

（2）识别害虫。白蚁，也被称为"白蚂蚁"，经常被误认为是蚂蚁。白蚁和蚂蚁之间的区别在于白蚁的腰部比蚂蚁要厚得多。因此，需要确定是白蚁在攻击你的家或建筑物，而不是蚂蚁，因为白蚁从里面往外面吃，所以发现时通常为时已晚。虽然不太可能看到活的白蚁从它的蚁巢中爬出来，但是可以使用专业的仪器检测到在内部进食的白蚁，例如在门框、家具、屋顶梁等位置。

（3）选择方法。采取主动措施进行白蚁控制。对于新建房屋，可以预防白蚁，例如在房屋基础的土壤设置防白蚁屏障，具体可以采用药物处理法、饵剂系统法、埋设地下管道定期泵药法等。对于已建好的房屋，可以通过白蚁保护计划消除虫害，防止进一步的白蚁损害。例如在房屋周围设置饵剂系统，进行土壤改造，在房屋周围钻孔泵注药水、形成药物屏障等。

（4）防治实施。由专业人员进行，按照选定好的最佳方法，严格按照操作守则来实施防治工作。

（5）定期检查。如果不能进行彻底的预防性防治，建议进行定期检查。早期检查到白蚁危害对最大限度地减少白蚁侵袭造成的损害和修复至关重要。由专业人员采用专用的白蚁检查设备，以识别地下白蚁的侵染区域和入口点，再使用诱饵系统或钻孔泵药进行土壤改造处理。

5.4.3 白蚁防治新技术

Ensystex公司独特的Thermo-compression Technology™技术（https://www.trithor.com.au）为：将溴氰菊酯锁定在橡皮布中，然后将其顶部和底部与塑料薄膜压在一起，这对人无危害。溴氰菊酯对恒温动物的毒性低，但对白蚁和其他昆虫具有毒性。TRITHOR系统上部塑料层较厚，并且通过用作防潮层而提供额外的益处，底部黄色塑料层可防止溴氰菊酯浸入环境中，从而确保远离地下水和土壤中的生物。测试表明，TRITHOR系统能够保持有效白蚁防保护超过50年。

新加坡ABJ公司使用的Termite Cam是一款高性能热成像相机（https://www.abj.com.sg/termite-control），具有最强大的传感器，可提供质量一流的图像。这种用于白蚁检测的技术取代了目视检查，并通过减少猜测来提高准确性。与传统方法相比，红外技术具有非破坏性、非侵入性和环保性等特点，能够检测建筑物和白蚁之间的温差。

新加坡ABJ公司采用白蚁检测系统进行白蚁检查。系统由一个连接到空气泵的二氧化碳便携式检测器组成。该空气泵是一个过滤探头，用于刺穿建筑物内部的板岩墙，并且抽出空气样本，传递给二氧化碳检测器。在检测过程中使用了一种创新的红外吸收传感单元，可以即时显示白蚁的存在。任何高于对照的读数都表明有活跃的白蚁侵袭（https://www.abj.com.sg/termite-control）。

此外，还有泰国King Service中心的白蚁管理控制系统，操作程序分为两种类型，包括建筑物内白蚁管理和控制服务、建成后的白蚁管理和控制服务。

中国与东南亚白蚁防治技术及管理的比较

6

白蚁发生及分布

我国与东南亚各国白蚁种类构成存在较大差异，我国白蚁有东南亚无分布的古北区成分，但东洋区成分却不如东南亚丰富。东南亚位于亚洲东南部纬度最低的地区，部分区域穿过赤道，气候类型以热带季风气候和热带雨林气候为主，高温多雨，具有适合白蚁生存所需的温度和湿度条件，因此白蚁种类较为丰富，其中，印度尼西亚种类最多，多达240种。我国位于亚洲东部，地跨寒温带、温带、亚热带和热带（台湾南部、海南南部、云南南部），我国白蚁物种多样性明显高于东南亚各国。

东南亚地区散白蚁较少。我国白蚁古北区成分中散（异）白蚁为优势类群，约占我国全部已知种的近1/4，而东南亚10个国家中只有4个有散（异）白蚁的分布记录。白蚁种类最多的印度尼西亚，散（异）白蚁也只有3种，仅占全部已知种类的1/80；而位于中南半岛，与我国广西、云南接壤的越南，虽然白蚁种类构成与中国有更多相似性，但其全部44种白蚁中也只有3种是散（异）白蚁。

东南亚地区乳白蚁优势种与我国不同。同为东洋区，我国白蚁的东洋区成分与东南亚各国也存在较大差异。以乳白蚁为例，东南亚各国的优势种主要是格斯特乳白蚁和曲颚乳白蚁，而我国的乳白蚁优势种却是台湾乳白蚁，它对环境温、湿度的要求通常低于格斯特乳白蚁和曲颚乳白蚁。

东南亚地区白蚁科的优势种有许多我国无分布。东南亚国家，特别是不与我国接壤、并且地理位置更靠近赤道的马来半岛上的国家，如印度尼西亚、马来西亚，其白蚁科优势类群却存在差异，有许多我国无分布的热带种属。我国白蚁科共有29属225种，其中种类最多的3个属是土白蚁属、大白蚁属和象白蚁属；而印度尼西亚和马来西亚白蚁科分别有36属176种和35属173种，其中，土白蚁属、象白蚁属、须白蚁属和瓢白蚁属是优势属。此外，东南亚还有很多属，如针白蚁属、怒白蚁属、前扭白蚁属、突扭白蚁属、白脉白蚁属等在我国无分布。由此可见，就东洋区成分的多样性而言，东南亚优于我国。

白蚁危害

东南亚地区白蚁危害报道最多的是对房屋建筑的破坏，主要危害种是包括曲颚乳白蚁、格斯特乳白蚁、暗黄大白蚁、大锯白蚁、黄球白蚁等的地下白蚁。这些有害白蚁有些是单独危害，有些可同时危害，常使建筑遭受非常严重的破坏。曲颚乳白蚁是最主要的危害种之一，这种白蚁在印度尼西亚、马来西亚、菲律宾、泰国、新加坡、越南和缅甸7个国家都有广泛分布，对这些国家城市房屋建筑破坏力巨大。它还会蛀食农林作物。油棕榈、橡胶等经济作物种植业发达的国家，如印度尼西亚、马来西亚、泰国、越南等国均受到曲颚乳白蚁危害，它们可以说是东南亚遭受白蚁危害最严重的国家。格斯特乳白蚁是另一种重要的城市害蚁，在印度尼西亚、马来西亚、菲律宾、泰国和缅甸广布，除了危害城市建筑，对乡村房屋的木结构也能造成巨大破坏。在这两种害蚁都有分布的印度尼西亚、马来西亚、菲律宾、泰国和缅甸，不论城市还是乡村，房屋建筑都深受白蚁蛀蚀危害，由此造成的经济损失相对其他几个国家也更为严重。

我国的有害白蚁主要包括鼻白蚁科乳白蚁属和散白蚁属、白蚁科土白蚁属和大白蚁属、木白蚁科的一些种类，危害范围覆盖北纬辽宁—北京以南的25个省（自治区、直辖市），且越往南方危害越重。与东南亚国家相比，我国有害白蚁中增加了散白蚁这一大类群，危害领域和危害程度也都更加广泛和严重。我国白蚁危害除了对房屋建筑、农林作物的破坏以外，还包括对文物古迹、水利设施、通信电缆等多方面的破坏。危害房屋建筑的主要类群与东南亚相似，也是地下白蚁，但种类不同。

东南亚最重要的城市害虫之一曲颚乳白蚁虽然在我国多个口岸多次截获，但目前暂无建群和分布记录。格斯特乳白蚁虽已在云南省和海南省部分地区定殖生活，但分布范围不广，还没有造成严重破坏。我国破坏房屋建筑最重要的害蚁是台湾乳白蚁，该种在安徽—江苏以南各地都有分布，危害范围广、程度深；台湾乳白蚁还可破坏文物古迹、城市绿化和通信电缆设施，是我国主要的有害白蚁之一。除此之外，多种散白蚁、黄翅大白蚁和黑翅土白蚁也是我国主要的害蚁，会对房屋建筑、农林业、通信和水利设施等造成不同程度的破坏。

白蚁防治管理

虽然东南亚各国白蚁危害普遍，但尚未针对白蚁建立法律法规，对白蚁防治药物的管理参考农药和环境的管理。而标准方面，仅印度尼西亚有建筑物防治白蚁的标准，其余国家可能是参考现行的国际标准，或参考国内一些关联行业或产品的标准进行协同管理。在我国，白蚁防治药物也纳入农药系统管理，《农药管理条例》中包括农药登记制度、农药生产许可制度和农药品质标准制度，《城市房屋白蚁管理规定》《房屋白蚁预防技术规程》中也制定了一系列技术标准。因此，我国与东南亚各国相比，在标准方面更完善。东南亚具体防治管理特点如下。

（1）东南亚法规和农药登记。各国都建立了若干法规和农药登记系统，以控制农药的质量和使用，限定农药残留量。农药管理的各个方面存在许多国际准则，最广泛遵循的准则是FAO关于农药良好标签做法的准则和WTO建议的危害农药分类，所有国家都签署了蒙特利尔议定书。部分国家针对性地制定了单独的法律，特别是用于公共卫生或兽医的农药。立法和法规通常涵盖农药生命周期中的所有过程，从农药的进口或制造、运输、储存、标签、广告、质量、销售、应用到处置等多个过程。所有国家都对进口、储存、标签、包装和零售进行了监管；少数国家没有规范监管过程中的运输、信息共享和公众参与。

（2）东南亚国家农药管理方式。大部分国家的农药由多个部门进行管理。如柬埔寨、印度尼西亚、马来西亚、菲律宾、泰国、缅甸、越南由农业、林业、卫生、畜牧、渔业多个部门管理农药，仍需进一步协调国内的农药管理工作。而老挝、新加坡主要由农业部进行统一管理。单一和多个登记机构各有利弊，单一机构在安全政策和标准方面更具成本效益和一致性。

（3）东南亚国家农药登记注册量大。从申请到最终公布注册决定，所有国家或多或少都遵循相同的注册程序，但实施水平差别很大。在老挝，大多数步骤尚未完全实施。在线提交注册申请仅在新加坡实行。大多数国家都保护商业机密信息和专有数据；但是，保护期的长度差异很大，从2年到永久都有。少数国家向公众提供不受保护的数据；大多数国家分享健康和安全数据。各国登记注册的农药产品从73种到3900种，注册量大可能是因为许多相同的产品在不同的许可下进行了重复注册，这也导致重复审查注册数据。此外，相同产品的多次注册可能也会使用户感到困惑，难以选择合适的产品。

（4）东南亚各国需要登记的有害生物防治剂类别有很大差异，各国对杀虫剂的定义也不同。所有国家的立法都管制了化学农药、植物药（柬埔寨除外）、生物化学和微生物化学农药，但是很多国家没有管理畜牧业和渔业的农药，非化学害虫防治剂的登记也仅在一些国家得到部分实施，各国对植物结合保护剂、非农药活性成分和农业中使用的其他化学试剂的监管也存在差异。无脊椎动物生物防治剂也受到多个国家主管部门的监管，但与检疫法规而非农药登记更为相关，一些国家可能缺乏评估这些产品所需的专业知识和经验，因此仍使用与化学农药相同的登记文件和方式去管理生物害虫防治剂。例如，泰国不要求提供生化害虫防治剂的毒性数据，一般认为它们是无毒的。几乎所有国家都存在针对剧毒产品、持久性有机污染物和甲基溴的特殊立法或法规，并符合相关的国际条约和公约。禁止或限制使用的危险农药每个国家登记26种到170种不等。

（5）东南亚大部分国家很重视综合虫害管理（IPM）。IPM作为农业生产的重要战略之一，成为作物管理的标准方法。不过东南亚各国由于发展水平不同，国内产业结构也不同，在农药的需求和管理上也有差异。虽然各国都有农药登记管理，并提倡IPM，但是部分国家执行较好，如新加坡，部分国家执行不好，如菲律宾。

白蚁防治技术研究

白蚁防治技术研究的开展与其特殊的气候、农业与经济产业密切相关。东南亚白蚁防治技术研究较中国有以下几个特点。

（1）白蚁基础研究体量较小，多集中在少数国家。开展白蚁基础研究的国家主要是印度尼西亚和马来西亚，涉及十多个研究机构；其次是泰国及越南。研究内容大多为群落的行为、环境生态学，水解酶活性的共生微生物的筛选利用。而老挝、柬埔寨、文莱及缅甸鲜有白蚁各类研究的报道。东南亚各国在基础研究领域的涉猎及研究深度较我国存在一定的差距。

（2）研究的目的白蚁种群具有东南亚特色。研究绝大多数针对东南亚区域建筑和农林危害最大的几个白蚁种，它们均属于地下白蚁，包括暗黄大白蚁、曲颚乳白蚁、格斯特乳白蚁等。对在中国危害最大的黑翅土白蚁、黄胸散白蚁以及台湾乳白蚁则少有涉猎。

（3）植物次生代谢物研究活跃。大量研究为从东南亚地区独有的各种热带植物（如石梓、南洋楹树、石栗、马占相思、高良姜及苦楝等）中提取白蚁趋避物质、灭杀活性物质，来代替化学农药。这和我国着重于研究植物次生代谢物的来源物种有较大差异。

（4）重视热带经济作物白蚁防治研究。例如，针对各地油棕榈、橡胶种植园进行了大量的白蚁危害调查以及化学药剂、饵剂防治效果的测定评估。

（5）对抗白蚁木材的开发应用研究较多。例如，使用蕉麻纤维、椰子壳等热带植物材料改进人工板材的防白蚁效果；从天然热带植物中筛选抗白蚁的物种。

白蚁防治行业

（1）东南亚国家中，白蚁防治市场比较繁荣的主要是几个较为发达、富裕的国家，例如新加坡、马来西亚、泰国，这些国家白蚁防治服务公司比较多，甚至已经有一些做产品研发的公司出现了。而一些经济欠发达国家的白蚁防治市场则相对比较萧条，例如柬埔寨、老挝、越南几乎没有本地的白蚁防治公司。

（2）在东南亚白蚁防治市场繁荣的国家中，很多白蚁防治服务公司使用跨国集团公司的成熟产品，例如Bayer公司、Ensystex公司的产品，甚至还有一些比较先进的产品，例如Termatrac公司的Termatrac T3i虫害检查仪、Ensystex公司的TRITHOR防治白蚁药毯、泰国King Service中心的SwingJet地基管道持续注药系统。而我国在这方面相对薄弱，由于防治成本、利润率等因素的影响，白蚁防治服务公司直接用跨国公司产品的也还比较少。

（3）在东南亚这些发达国家中，马来西亚、泰国、新加坡白蚁危害都比较严重，大部分害虫防治服务公司都做白蚁防治，而且把白蚁防治作为一个独立的重点业务，且很懂得进行商业包装，网站做得很漂亮，服务承诺也很好。反观我国白蚁防治公司网站，相比之下内容比较简单，技术介绍、专业性都欠缺。

（4）白蚁防治技术服务方面，我国和东南亚国家有一些区别和联系。对于新建房屋预防，都是在地基上用化学药剂进行土壤处理，形成屏障，以避免白蚁的危害；对于已建房屋，东南亚各国白蚁防治服务公司较多采用在硬化地面钻孔泵药的方式让药物渗透进土壤的方式来防治白蚁，这种方法在国内用得比较少。这种钻孔泵药的方法可以持续不断地注入新的药剂，可以保持对白蚁的持续控制。东南亚各国大多还采用各种监控诱杀方法进行白蚁防治，与我国的主要区别是：他们直接采用国际大公司的产品比较多，例如 Ensystex 公司的 Exterra 系统、Dow Chemical 公司的 Sentricon 系统等。

（5）东南亚很多国家均有全国性的害虫防治行业协会。协会会员包括了大部分的国内害虫防治公司（包括白蚁），一些国家的行业协会历史都比较久，例如菲律宾是 1959 年成立，新加坡是 1987 年成立，马来西亚是 1994 年成立。行业协会代表了本行业的集体利益，起着规范行业市场和对其会员市场行为进行监督管理的作用，也有着服务于会员，为行业会员提供人员培训、市场信息、政策信息等职能，还可以就本行业的诉求和利益与本国政府部门协商，有着非常积极的作用。而我国情况特殊，因为地域和历史原因，没有全国性的白蚁防治行业协会，市场化程度不高。

白蚁防治技术及管理的发展趋势

（1）东盟及东盟各国的白蚁相关法规体系与标准将进一步完善。东盟多参考国际法规与标准，市场化程度较高，但缺乏一体化的管理体系，目前已开始逐渐提出自己的法规与标准体系。相比较而言，我国在白蚁防治方面形成了国务院部门规章、地方性法规、地方性政府规章等多层次政策法规与标准体系。

（2）发展不平衡的问题将继续长期存在。东南亚发达国家的白蚁防治技术与管理体系已与国际接轨，而不发达国家短期内难以在白蚁防治研究、白蚁防治管理体系、白蚁防治服务体系等方面赶超东南亚发达国家。

（3）木材抗白蚁特性及处理评价技术仍然是研究与应用的重要方面。

（4）植物次生代谢物的研究仍将活跃。东南亚地区植被极其丰富，植物次生代谢物的研究仍将是未来研究的重要内容。

（5）房屋建筑与热带经济作物的白蚁预防与防治仍是未来东南亚各国面临的重要问题。

（6）随着一带一路的大力推进，东南亚与我国日益频繁的经济往来，必然导致东南亚白蚁入侵风险提高，这是我国需要面临的问题。此外，进一步了解东南亚地区白蚁的发生防治与管理水平，是我国白蚁防治走出去的必然要求。

参考文献

黄复生, 朱世模, 平正明, 等. 中国动物志·昆虫纲 第十七卷 等翅目. 北京: 科学出版社, 2000.

李栋, 徐兴新. 中、越白蚁研究与防治——赴越南访问学术交流. 白蚁科技, 2000, 17(3): 8-11.

余道坚, 陈志粦, 金显忠. 深圳口岸进口原木截获的白蚁. 昆虫分类学报, 2002, 24(1): 3-15.

ABDULLAH F, SUBRAMANIAN P, IBRAHIM H, et al. Chemical composition, antifeedant, repellent, and toxicity activities of the rhizomes of galangal, Alpinia galanga against Asian subterranean termites, Coptotermes gestroi and Coptotermes curvignathus (Isoptera: Rhinotermitidae). Journal of Insect Science, 2015, 15(1): 1-7.

ACDA M N, CABANGON R J. Termite resistance and physico-mechanical properties of particleboard using waste tobacco stalk and wood particles. International Biodeterioration & Biodegradation, 2013, 85(7): 354-358.

ACDA M N. Economically important termites (Isoptera) of the Philippine and their control. Sociobiology, 2004, 43 (2): 159-168.

ACDA M N. Evaluation of Lahar barrier to protect wood structures from Philippine subterranean termites. Philippine Journal of Science, 2013, 142(1): 21-25.

ACDA M N. Geographical distribution of subterranean termites (Isoptera) in economically important regions of Luzon, Philippines. Philippine Agriculturalentist, 2013, 96(2): 205-209.

ACDA M N. Repellent effects of annona crude seed extract on the Asian subterranean termite Coptotermes gestroi Wasmann (Isoptera: Rhinotermitidae). Sociobiology, 2014, 61(3): 332-337.

ADFA M, SANUSI A, MANAF S, et al. Antitermitic activity of Cinnamomum Parthenoxylon leaves against Coptotermes curvignathus. Oriental journal of chemistry, 2017, 33(6): 3063-3068.

AHMAD M. Termites (Isoptera) of Thailand. Bulletin of the American Museum of National History, 1965, 131: 3-113.

AIMAN H J, ABU H A, NURITA A T, et al. Community structure of termites in a hill dipterocarp forest of Belum-Temengor Forest Complex, Malaysia: emergence of pest species. Raffles Bulletin of Zoology, 2014, 62: 3-11.

AMRAN A, AHMAD I, PUTRA R E, et al. Aplikasi campuran serbuk kayu pinus dan fipronil sebagai umpan rayap tanah Macrotermes gilvus (Hagen) (Isoptera: Termitidae) di Bandung. Jurnal Entomologi Indonesia, 2016, 12(2): 73-79.

ARINANA A R, NANDIKA D, RAUF A, et al. Termite diversity in urban landscape, South Jakarta, Indonesia. Insects, 2016, 7(2): 1-18.

ARINANA A R, ALDINA R, NANDIKA D, et al. Termite diversity in urban landscape, South Jakarta, Indonesia. Insects, 2016, 7(2): 1-20.

ARINANA P I, KOESMARYONO Y, NANDIKA D, et al. Coptotermes curvignathus Holmgren (Isoptera: Rhinotermitidae) capability to maintain the temperature inside its nests. Journal of Entomology, 2016, 13(5): 199-202.

ARINANA P I, TSUNODA K, HERLIYANA E N, et al. Termite- susceptible species of wood for inclusion as a reference in Indonesian standardized laboratory testing. Insects, 2012, 3(2): 396–401.

BELIAEVA N V, TIUNOV A V. Termites (Isoptera) in forest ecosystems of Cat Tien National Park (Southern Vietnam). Biology Bulletin, 2010, 37(4): 374–381.

BONG J C F, KING P J H, ONG K H, et al. Termites assemblages in oil palm plantation in Sarawak, Malaysia. Journal of Entomology, 2012, 9(2): 68–78.

BORDEREAU C, ROBERT A, TUYEN V V, et al. Suicidal defensive behaviour by frontal gland dehiscence in *Globitermes sulphureus* Haviland soldiers (Isoptera). Insectes Sociaux, 1997, 44(3), 289–297.

BOURGUIGNON T, DAHLSJO C A L, JACQUEMIN J, et al. Ant and termite communities in isolated and continuous forest fragments in Singapore. Insectes Sociaux, 2017, 64(4): 505–514.

BOURGUIGNON T, DAHLSJO C A L, SALIM K A, et al. Termite diversity and species composition in heath forests, mixed dipterocarp forests, and pristine and selectively logged tropical peat swamp forests in Brunei. Insectes Sociaux, 2018, 65: 439–444.

BOURGUIGNON T, DROUET T, SOBOTNIK J, et al. Influence of soil properties on soldierless termite distribution. PLoS one, 2015, 10(8): e0135341.

CASTILLO V P, SAJAP A S, SAHRI M H, et al. Feeding response of subterranean termites *Coptotermes curvignathus* and *Coptotermes gestroi* (Blattodea: Rhinotermitidae) to baits supplemented with sugars, amino acids, and cassava. Journal of Economic Entomology, 2013, 106(4): 1794–1801.

CHAIJAK P, LERTWORAPREECHA M, SUKKASEM C, et al. Screening of laccase producing fungi from mound building termite in Phatthalung province, Southern of Thailand. Research Journal of Biotechnology, 2017, 12(10): 70–72.

CHAN S P, BONG C F J, WEIHONG L. Damage pattern and nesting characteristic of *Coptotermes curvignathus* (Isoptera: Rhinotermitidae) in oil palm on peat. American Journal of Applied Sciences, 2011, 8 (5): 420–427.

CHATTERJEE P N, SEN-SARMA P K. *Odontotermes parlatigula*, a new species of termite from Burma (Isoptera: Termitidae: Macrotermitinae). Journal of the Bombay Natural History Society, 1962, 59(3): 822–826.

CHE KU ALAM C K A, JAWAID M, SHAWKATALY A K, et al. Termite and borer resistance of oil palm wood treated with phenol formaldehyde resin. Journal of Industrial Research & Technology, 2013, 3 (1): 41–46.

CHOOSAI C, MATHIEU J, HANBOONSONG Y, et al. Termite mounds and dykes are biodiversity refuges in paddy fields in north-eastern Thailand. Environmental Conservation, 2009, 36(1): 71–79.

CHOOTOH G T, CHAW S L, CHAN C E Z, et al. A survey of termites in the Singapore Botanic Gardens rain forest. Gardens Bulletin, 1998, 50(2): 171–183.

CHOTIKHUN A, HIZIROGLU S, KARD B, et al. Measurement of termite resistance of particleboard panels made from eastern redcedar using nano particle added modified starch as binder. Measurement, 2018, 120: 169–174.

CHUNG A Y C, CHEY V K, UNCHI S, et al. Edible insects and entomophagy in Sabah, Malaysia. The Malayan Nature Journal, 2002, 56: 131–144.

COLLINS N M. The termites (Isoptera) of the Gunung Mulu National Park, with a key to the genera known from Sarawak. Sarawak Museum Journal, 1984, 30: 65-87.

DAVIES R G. Termite species richness in fire-prone and fire-protected dry deciduous dipterocarp forest in Doi Suthep-pui National Park, northern Thailand. Journal of Tropical Ecology, 1997, 13(1): 153-160.

DE GERENYU V O, ANICHKIN A E, AVILOV V K, et al. Termites as a factor of spatial differentiation of CO_2 fluxes from the soils of monsoon tropical forests in southern Vietnam. Eurasian Soil Science, 2015, 48(2): 208-217.

DO T H, NGUYEN T T, NGUYEN T N, et al. Mining biomass-degrading genes through Illumina-based de novo sequencing and metagenomic analysis of free-living bacteria in the gut of the lower termite *Coptotermes gestroi* harvested in Vietnam. Journal of Bioscience and Bioengineering, 2014, 118(6): 665-671.

DUNNGANI R, BHAT I U, KHALIL H P, et al. Evaluation of antitermitic activity of different extracts obtained from indonesian teakwood (Tectona grandis Lf). Bioresources, 2012, 7(2): 1452-1461.

DURST P B, JOHNSON D V, LESLIE R N, et al. Forest insects as food: humans bite back. Thailand: Food and Agriculture Organization of the United Nations, 2010: 173-182.

EGGLETON P, HOMATHEVI R, JONES D T, et al. Termite assemblages, forest disturbance and greenhouse gas fluxes in Sabah, East Malaysia. Philosophical Transactions of the Royal Society of London. Series B: Biological Sciences, 1999, 354: 1791-1802.

EGGLETON P. The species richness and composition of termites (Isoptera) in primary and regerating lowland depterocarp forest in Sabah, East Malaysia. Ecotropica, 1997, 3: 119-128.

FADILLAH A M, HADI Y S, MASSIJAYA M Y, et al. Resistance of preservative treated mahogany wood to subterranean termite attack. Journal of the Indian Academy of Wood Science, 2014, 11(2): 140-143.

FEBRIANTO F, PRANATA A Z, SEPTIANA D, et al. Termite resistance of the less known tropical woods species grown in West Java, Indonesia. Journal of the Korean wood science and technology, 2015, 43(2): 248-257.

FERBIYANTO A, RUSMANA I, RAFFIUDIN R, et al. Characterization and identification of cellulolytic bacteria from gut of worker Macrotermes gilvus. Hayati Journal of Biosciences, 2015, 22(4): 197-200.

FOO F, OTHMAN A S, LEE C, et al. Morphology and development of a termite endoparasitoid *Misotermes mindeni* (Diptera: Phoridae). Annals of The Entomological Society of America, 2011, 104(2): 233-240.

FOO F, OTHMAN A S, LEE C. Longevity, trophallaxis, and allogrooming in *Macrotermes gilvus* soldiers infected by the parasitoid fly *Misotermes mindeni*. Entomologia Experimentalis et Applicata, 2015, 155(2): 154-161.

GARCIA C M, EUSEBIO D A, SAN M P, et al. Resistance of wood wool cement board to the attack of Philippine termites. Insects, 2012, 3(1): 18-24.

GATHORNE-HARDY F J, JONES D T. The recolonization of the Krakatau islands by termites (Isoptera), and their biogeographical origins. Biological Journal of the Linnean Society, 2000, 71: 251-267.

GATHORNE-HARDY F J, SYAUKANI, EGGLETON P. The effects of altitude and rainfall on the composition of the termites (Isoptera) of the leuser ecosystem (Sumatra, Indonesia). Journal of Tropical Ecology, 2001, 17: 379–393.

GATHORNE–HARDY F J. The termites of Sundaland: a taxonomic review. Sarawak Museum Journal, 2004, 60(81): 89–133.

GERENYU V O L D, ANICHKIN A E, AVILOV V K, et al. Termites as a factor of spatial differentiation of CO_2, fluxes from the soils of monsoon tropical forests in southern Vietnam. Eurasian Soil Science, 2015, 48 (2): 208–217.

GIANG N M, HAI T N. In silico mining for alkaline enzymes from metagenomic dna data of gut microbes of the lower termite *Coptotermes gestroi* in Vietnam. Tap Chi Sinh Hoc, 2016, 38(3): 374–383.

HADI Y S, MASSIJAYA M Y, HERMAWAN D, et al. Feeding rate of termites in wood treated with borax, acetylation, polystyrene, and smoke. Journal of the Indian Academy of Wood Science, 2015, 12(1): 74–80.

HADI Y S, NURHAYATI T, JASNI, et al. Resistance of smoked wood to subterranean and dry–wood termite attack. International Biodeterioration & Biodegradation, 2012, 70: 79–81.

HADI Y S, MASSIJAYA M Y, ARINANA A. Subterranean termite resistance of polystyrene–treated wood from three tropical wood species. Insects, 2016, 7(3): 1–37.

HAGEN H A. Monographie der Termiten. Part II. Linnaea Entomologica, 1958, 12(2): 1–342.

HANDRU A, HERWINA H, DAHELMI. Termite species diversity at four nature reserves in West Sumatra, Indonesia. Journal of Entomology and Zoology Studies, 2016, 4(5): 682–688.

HARRIS V W. Isoptera from Vietnam, Cambodia and Thailand. Opuscula Entomogica, 1968, 33: 143–154.

HARUN I, JAHIM J M, ANUAR N, et al. Hydrogen production performance by Enterobacter cloacae KBH3 isolated from termite guts. International Journal of Hydrogen Energy, 2012, 37(20): 15052–15061.

HAVILAND G D. Observations on termites; with descriptions of new species. Zoological Journal of the Linnean Society, 1898, 26(169): 358–442.

HERMAWAN D, HADI Y S, FAJRIANI E, et al. Resistance of particleboards made from fast–growing wood species to subterranean termite attack. Insects, 2012, 3(2): 532–537.

HIMMI S K, TARMADI D, ISMAYATI M, et al. Bioefficacy performance of neem–based formulation on wood protection and soil barrier against subterranean termite, *Coptotermes gestroi* Wasmann (Isoptera: Rhinotermitidae). Procedia environmental sciences, 2013, 17: 135–141.

HOLMGREN N. Termiten aus Java und Sumatra, gesammelt von Edward Jacobson. Tijdschrift voor Entomologie, 1913, 56: 13–28.

HOLMGREN N. Termitenstudien. 4. Versuch einer systematischen Monographie der Termiten der orientalischen Region. Kungliga Svenska Vetenskapsakademiens Handlingar, 1913, 50(2): 1–276.

HOLMGREN N. Wissenschaftliche Ergebnisse einer Forschungsreise nach Ostindien, ausgefurt im Auftrag der Kgl. Preuss. Akademie der Wissenschaften zu Berlin von H. v. Buttel–Reepen. 3. Termiten aus Sumatra, Java, Malacca und Ceylon. Gesammelt von Herrn Prof. Dr. v. Buttel–Reepen in den Jahren 1911–1912. Zoologische Jahrbucher, Abteilungen Systematik, 1914, 36(2–3): 229–290.

INOUE T, TAKEMATSU Y, HYODO F, et al. The abundance and biomass of subterranean termites (Isoptera) in a dry evergreen forest of northeast Thailand. Sociobiology, 2001, 37(1): 41–52.

INOUE T, TAKEMATSU Y, YAMADA A, et al. Diversity and abundance of termites along an altitudinal gradient in Khao Kitchagoot National Park, Thailand. Journal of Tropical Ecology, 2006, 22(5): 609-612.

JAMIL N, ISMAIL W N W, ABIDIN S S, et al. A preliminary survey of species composition of termites (Insecta: Isoptera) in Samunsam wildlife sanctuary, Sarawak. Tropical life sciences research, 2017, 28(2): 201-213.

JOHN O. Termiten von Ceylon, der Malayischen Halbinsel, Sumatra, Java und den Aru-Inseln. Treubia, 1925, 6(3-4): 360-419.

JONES D T, BAKHTIAR Y. Maliau Basin scientific expedition. Kota Kinabalu: University Malaysia Sabah, 1998: 95-112.

JONES D T, PRASETYO A H. A survey of the termites (Insecta: Isoptera) of Tabalong District, South Kalimantan, Indonesia. The Raffles Bulletin of Zoology, 2002, 50(1): 117-128.

JONES D T. The termite (Insecta: Isoptera) fauna of Pasoh Forest Reserve, Malaysia. Raffles Bulletin of Zoology, 1998, 46: 79-91.

KADIR R, ALI N M, SOITZ, et al. Anti-termitic potential of heartwood and bark extract and chemical compounds isolated from Madhuca utilis Ridl H J Lam and Neobalanocarpus heimii King P S Ashton. Holzforschung, 2014, 68(6): 713-720.

KADIR R, HALE M D. Comparative termite resistance of 12 Malaysian timber species in laboratory tests. Holzforschung, 2012, 66: 127-130.

KAMSANI N, SALLEH M M, YAHYA A, et al. Production of lignocellulolytic enzymes by microorganisms isolated from *Bulbitermes* sp. termite gut in solid-state fermentation. Waste and Biomass Valorization, 2016, 7(2): 357-371.

KEMNER N A. Fauna Sumatrensis. (Beidrag Nr. 66). Termitidae. Tijdschrift voor Entomologie, 1930, 73(3-4): 298-324.

KENG W M, RAHMAN H. Logistic regression to predict termite occurrences with environmental variables in primary forest and oil palm ecosystem: the case study in Sabah, Malaysia. Apcbee Procedia, 2012, 4: 53-57.

KHAN M A, AHMAD W. Termites and sustainable management. Berlin: Springer, 2018.

KIRTON L G, AZMI M. Patterns in the relative incidence of subterranean termite species infesting buildings in Peninsular Malaysia. Sociobiology, 2005, 46(1): 1-15.

KIRTON L G, BROWN V K. The taxonomic status of pest species of Coptotermes in Southeast Asia: resolving the paradox in the pest status of the termites, *Coptotermes gestroi, C. havillandi* and *C. travians* (Isoptera: Rhinotermitidae). Sociobiology, 2003, 42: 43-63.

KIRTON L G. Malayan forest records No. 36. Kepong: Forest Research Institute Malaysia, 1992: 1-224.

KLANGKAEW C, INOUE T, ABE T, et al. The diversity and abundance of termites (Isoptera) in the urban area of Bangkok, Thailand. Sociobiology, 2002, 39(3): 485-493. KRISHNA K, EMERSON A E. New species of the genus Glyptotermes Froggatt from the Papuan, Oriental, Ethiopian and neotropical regions (Isoptera: Kalotermitidae). American Museum novitates, 1962, 2089: 1-65.

KRISHNA K. Termites (Isoptera) of Burma. American Museum Novitates, 1965: 1-34.

KRISHNA K, GRIMALDI D A, KRISHNA V, et al. Treatise on the isoptera of the world. Bulletin of the American Museum of Natural History, 2013, 377(1): 205–2436.

LEE C C, LEE C Y. A laboratory maintenance regime for a fungus–growing termite *Macrotermes gilvus* (Blattodea: Termitidae). Journal of Economic Entomology, 2015, 108(3): 1243–1250.

LEE C C, MAN C N, NOOR N M, et al. A simple and sensitive assay using GC–MS for determination of chlorfluazuron in termites. Journal of Pesticide Science, 2013, 38(4): 208–213.

LEE C C, NEOH K, LEE C Y, et al. Caste composition and mound size of the subterranean termite *Macrotermes gilvus* (Isoptera: Termitidae: Macrotermitinae). Annals of the Entomological Society of America, 2012, 105(3): 427–433.

LEE C C, NEOH K, LEE CY, et al. Colony size affects the efficacy of bait containing chlorfluazuron against the fungus– growing termite *Macrotermes gilvus* (Blattodea: Termitidae). Journal of Economic Entomology, 2014, 107(6): 2154–2162.

LEE C Y. Subterranean termite pests and their control in the urban environment in Malaysia. Sociobiology, 2002, 40(1): 3–9.

LEE C Y, VONGKALUANG C, LENZ M. Challenges to subterranean termite management of multi–genera faunas in Southeast Asia and Australia. Sociobiology, 2007, 50: 213–221.

LI H, YANG M, CHEN Y, et al. Investigation of age polyethism in food processing of the fungus–growing termite *Odontotermes formosanus* (Blattodea: Termitidae) using a laboratory artificial rearing system. Journal of Economic Entomology, 2015, 108(1): 266–273.

LIGHT S F. A collection of termites from Ceylon and Java. The Pan–Pacific Entomologist, 1937, 13 (1–2): 15–24.

LIGHT S F. Notes of Philippine Termites II. The Philippine Journal of Science, 1921, 19 (1): 23–63.

LIGHT S F. Notes of Philippine Termites III. The Philippine Journal of Science, 1929, 40: 421–452.

LIOTTA G, Megna B. Termite infestation on the bearing wooden elements of the roof. Phnom Penh: National Museum, 2012: 18.

MAITI P K. A taxonomic monograph on the world species of termites of the family Rhinotermitidae (Isoptera: Insecta). Zoological Survey of India, 2006, 20: 32–88.

MAJID A H A, AHMAD A H, GURBEL S S. Laboratory evaluation of transfer effect of termiticides as a slow–acting treatment against subterranean termite *Coptotermes gestroi* (Isoptera: Rhinotermitidae). International Journal of Entomological Research, 2013, 1(1): 32–41.

MAJID A H A, AHMAD A H. Termites infection selected from premises in Penang, Seberang Prai & Sungai Petani, Malaysia. Malaysian Applied Biology, 2009, 38(2): 37–48.

MATHUR R N, THAPA R S. A revised catalogue of Isoptera (white ants) of the Entomological Reference Collection at the Forest Research Institute, Dehradun. Indian Forest Leaflet, 1962, 167: 1–122.

MIYAGAWA S, KOYAMA Y, KOKUBO M, et al. Indigenous utilization of termite mounds and their sustainability in a rice growing village of the central plain of Laos. Journal of Ethnobiology and Ethnomedicine, 2011, 7(1): 24.

MORIMOTO K. Termite from Thailand. Bull. Government Forest Explain Station, 1973, 257: 57–80.

MUBIN N, HARARAP I S, GIYANTO G, et al. Kekerabatan rayap tanah *Macrotermes gilvus* Hagen (Blattodea: Termitidae) dari dua habitat di Bogor. Jurnal Entomologi Indonesia, 2016, 12(3): 115–122.

NEOH K B, BONG L J, NGUYEN M T, et al. Termite diversity and complexity in Vietnamese agroecosystems along a gradient of increasing disturbance. Journal of Insect Conservation, 2015, 19 (6): 1129-1139.

NEOH K B, INDIRAN Y, LENZ M, et al. Does lack of intraspecific aggression or absence of nymphs determine acceptance of foreign reproductives in Macrotermes. Insectes Sociaux, 2012a, 59(2): 223-230.

NEOH K B, JALALUDIN N A, LEE C Y . Elimination of field colonies of a mound-building termite *Globitermes sulphureus* (isoptera: termitidae) by bistrifluron bait. Journal of Economic Entomology, 2011, 104 (2): 607-613.

NEOH K B, NGUYEN M T, NGUYEN V T, et al. Intermediate disturbance promotes termite functional diversity in intensively managed Vietnamese coffee agroecosystems. Journal of Insect Conservation, 2018, 22 (5): 1-12.

NEOH K B, YEAP B K, TSUNODA K, et al. Do termites avoid carcasses? Behavioral responses depend on the nature of the carcasses. PLoS One, 2012b, 7(4): e36375.

NGEE P S, YOSHIMURA T, LEE C Y. Foraging populations and control strategies of subterranean termites in the urban environment, with special reference to baiting. Japanese Journal of Environmental Entomology and Zoology, 2004, 15(3): 197-215.

NGUYEN D K. Termite (Isoptera) from the northern part of Vietnam. Hanoi: Science and Techniques Publishing House, 1976: 219.

NGUYEN M D, BUI T L, TNA D O, et al. Data on species composition of Termites (Insecta: Isoptera) in Bac Huong Hoa Nature Reserve, Quang Tri Province. VNU Journal of Science: Natural Sciences and Technology, 2016, 32(1S): 18-25.

NGUYEN T, DO T H, DUONG T H, et al. Identification of Vietnamese *Coptotermes* pest species based on the sequencing of two regions of 16S rRNA gene. Bulletin of Insectology, 2014, 67(1): 131-136.

NIMCHUA T, THONGARAM T, UENGWETWANIT T, et al. Metagenomic analysis of novel lignocellulose-degrading enzymes from higher termite guts inhabiting microbes. Journal of Microbiology and Biotechnology, 2012, 22(4): 462-469.

OSHIMA M. Notes on a collection of termites from the East Indian Archipelago. Annotationes Zoologicae Japonenses, 1914, 8: 553-585.

OSHIMA M. Philippine termites collected by R C McGregor, with descriptions of one new genus and nine species. The Philippine Journal of Science, 1920, 17 (8): 489-516.

OSHIMA M. Two species of termites from Singapore. Philippine Journal of Science, 1913, 8: 283-286.

PRASHAD B, SEN S. Revision of the termite genus *Hospitalitermes* Holmgren (Isoptera, Termitidae, Nasutitermitinae) from the Indian region. Indian Council of Agricultural Research Entomological Monograph, 1960: 1-32.

ROHMAN M S, PAMULATSIH E, KUSNADI Y, et al. An active of extracellular cellulose degrading enzyme from termite Bacterial endosimbiont. Indonesian Journal of Biotechnology, 2016, 20(1): 62-68.

ROJO M J A, ACDA M N. Interspecific agonistic behavior of *Macrotermes gilvus* (Isoptera: Termitidae): implication on termite baiting in the Philippines. Journal of Insect Behavior, 2016, 29(3): 273-282.

ROMANO A D, ACDA M N. Feeding preference of the drywood termite *Cryptotermes cynocephalus* (Kalotermitidae) against industrial tree plantation species in the Philippines. Journal of Asia-Pacific

Entomology, 2017, 20(4): 1161-1164.

ROONWAL M L, CHHOTANI O B. The termite *Macrotermes gilvus* malayanus (Haviland) (Termitidae) in Burma. Proceedings of the National Institute of Sciences of India, Part B: Biological Sciences, 1961, 27(5): 308-316.

ROONWAL M L, MAITI P K. Termites from Indonesia including West Irian. Treubia, 1966, 27: 63-140.

ROONWAL M L, PANT G D. A systematic catalogue of the main identified entomological collection at the Forest Research Institute, Dehradun. Pt. 9, order Isoptera. Indian Forest Leaflet, 1953, 121: 40-60.

ROONWAL M L, SEN S. Contributions to the systematics of oriental termites. Indian Council of Agricultural Research Entomological Monograph, 1960, 1: 1-407.

ROONWAL M L, SEN-SARMA P K. Systematics of oriental termites (Isoptera). No. 3. Zoological survey of India collections from India and Burma, with new termites of the genera *Parrhinotermes*, *Macrotermee*, *Hupotermes* and *Hoepitalitermes*. Indian Journal of Agricultural Sciences, 1956, 26(1): 1-38.

ROSZAINI K, AZAH M A, MAILINA J, et al. Toxicity and antitermite activity of the essential oils from *Cinnamomum camphora*, *Cymbopogon nardus*, *Melaleuca cajuputi* and *Dipterocarpus* sp. against *Coptotermes curvignathus*. Wood Science and Technology, 2013, 47(6): 1273-1284.

ROSZAINI K, SALMIAH U, RAHIM S, et al. Qualitative and quantitative determination of resistance of twenty-two Malaysian commercial timbers through subterranean termite feeding behavior. Forestry Research and Engineering: International Journal, 2017, 1(2): 52-60.

SAJAP A S, AMIT S, WELKER J. Evaluation of hexaflumuron for controlling the subterranean termite *Coptotermes curvignathus* (Isoptera: Rhinotermitidae) in Malaysia. Journal of economic entomology, 2000, 93 (2): 429-433.

SAJAP A S, WAHAB Y A. Termites from selected building premises in Selangor, Peninsular Malaysia. The Malaysian Forester, 1997, 60(4): 203-215.

SAPUTRA A, HALIM M, JALALUDIN N A, et al. Effects of day time sampling on the activities of termites in oil palm plantation at Malaysia-Indonesia. Serangga, 2018, 22(1): 23-32.

SCHEFFRAHN R H, SU N Y. Asian subterranean termite, *Coptotermes gestroi* (= havilandi) (Wasmann) (Insecta: Isoptera: Rhinotermitidae). University of Florida IFAS Extension document. 2000, EENY128: 1-4.

SENEESRISAKU K, GURALP S A, GULARI E, et al. *Escherichia coli*, expressing endoglucanase gene from Thai higher termite bacteria for enzymatic and microbial hydrolysis of cellulosic materials. Electronic Journal of Biotechnology, 2017, 27(C): 70-79.

SINGHAM G V, OTHMAN A S, LEE C Y. Phylogeography of the termite *Macrotermes gilvus* and insight into ancient dispersal corridors in Pleistocene Southeast Asia. PLoS one, 2017, 12(11): e0186690.

SNYDER T E, FRANCIA F C. A summary of Philippine termites with supplementary biological notes. The Philippine Journal of Science, 1960, 89 (1): 63-77.

SNYDER T E. Catalog of the termites (Isoptera) of the world. Smithsonian Miscellaneous Collections, 1949, 112: 1-490.

SORNNUWAT Y, VONGKALUANG C, TAKEMATSU Y. A systematic key to the termites of Thailand. Kasetsart Journal (Natural Science), 2004, 38 (3): 349-368.

SORNNUWAT Y. Studies on damage of constructions caused by subterranean termites and its control in Thailand. Wood Research Bulletin of the Wood Research Institute Kyoto University, 1996, 83: 59−139.

SUBEKTI N, PRIYONO B, AISYAH A N. Biodiversity of termites and damage building in Semarang, Indonesia. Journal of Biology & Biology Education, 2018, 10(1): 176−182.

SUBEKTI N, YOSHIMURA T, ROKHMAN F, et al. Potential for subterranean termite attack against five bamboo speciesin correlation with chemical components. Procedia Environmental Sciences, 2015, 28: 783−788.

SUHASMAN S, HADI Y S, MASSIJAYA A M, et al. Binderless particleboard resistance to termite attack. Forest Products Journal, 2012, 62(5): 412−415.

SUJADA N, SUNGTHONG R, LUMYONG S. Termite nests as an abundant source of cultivable actinobacteria for biotechnological purposes. Microbes and environments, 2014, 29(2): 211−219.

TAKEMATSU Y, VONGKALUANG C. A taxonomic review of the *Rhinotermitidae* (Isoptera) of Thailand. Journal of Natural History, 2012, 46(17−18): 1079−1109.

TAMPOEBOLON B I, BACHRUDDIN Z, YUSIATI L M, et al. Isolation and lignocellulolytic activities of fiber−digesting bacteria from digestive tract of termite (*Cryptothermes* sp.). Journal of the Indonesian Tropical Animal Agriculture, 2014, 39(4): 224−234.

TAY B, LOKESH B E, LEE C, et al. Polyhydroxyalkanoate (PHA) accumulating bacteria from the gut of higher termite *Macrotermes carbonarius* (Blattodea: Termitidae). World Journal of Microbiology & Biotechnology, 2010, 26(6): 1015−1024.

THAPA R S. Termites of Sabah. Sabah Forest Record, 1981, 12: 1−374.

THIAN−WOEI K, BONG C F J, KING J H P, et al. Biodiversity of termite (Insecta: Isoptera) in tropical peat land cultivated with oil palms. Pakistan Journal of Biological Sciences, 2012, 15(3): 108−120.

THO Y P. The termite problem in plantation forestry in Peninsular Malaysia. Malaysian Forester, 1974, 37: 278−283.

TOXOPEUS L J. Over de pionier−fauna van Anak Krakatau, met enige beschouwingen over het onstaan van de Krakatau−fauna. Chronica Naturae, 1950, 106 (1): 27−34.

TSAI C C, CHEN C S. First record of *Coptotermes gestroi* (Isoptera: Rhinotermitidae) from Taiwan. Formosan Entomology, 2003, 23: 157−161.

VONGKAIUANG C. A review of insecticides used for the prevention of subterranean termites in Thailand. Sociobiology, 1990, 17(1): 95−101.

VU Q M, NGUYEN H H, SMITH R L. The termites (Isoptera) of Xuan Son National Park, northern Vietnam. The Pan−Pacific Entomologist, 2007, 83: 85−94.

WEI K S, TEOH T C, KOSHY P, et al. Cloning, expression and characterization of the endoglucanase gene from Bacillus subtilis UMC7 isolated from the gut of the indigenous termite *Macrotermes malaccensis* in *Escherichia coli*. Electronic Journal of Biotechnology, 2015, 18(2): 103−109.

WITITSIRIL S. Production of wood vinegars from coconut shells and additional materials for control of termite workers, *Odontotermes* sp. and striped mealy bugs, Ferrisia virgata. Songklanakarin Journal of Science & Technology, 2011, 33(3): 349−354.

WONG N, LEE C Y. Influence of different substrate moistures on wood consumption and movement patterns of *Microcerotermes crassus* and *Coptotermes gestroi* (Blattodea: Termitidae, Rhinotermitidae). Journal of Economic Entomology, 2010, 103(2): 437-42.

WONG N, LEE C Y. Intra-and interspecific agonistic behavior of the subterranean termite *Microcerotermes crassus* (Isoptera: Termitidae). Journal of Economic Entomology, 2010, 103(5): 1754-1760.

WONG W Z, HNG P S, CHIN K L, et al. Preferential use of carbon sources in culturable aerobic mesophilic bacteria of *Coptotermes curvignathus's* (Isoptera: Rhinotermitidae) gut and its foraging area. Environmental Entomology, 2015, 44(5): 1367-1374.

YEAP B, SOFIMAN OTHMAN A, SANGHIRAN LEE V, et al. Genetic relationship between *Coptotermes gestroi* and *Coptotermes vastator* (Isoptera: Rhinotermitidae). Journal of Economic Entomology, 2014, 100(2): 467-474.

YUDIN L. Termites of Mariana Islands and Philippines: damage and control. Sociobiology, 2002, 40 (1): 71-74.

ZHANG M, EVANS T A. Determining urban exploiter status of a termite using genetic analysis. Urban Ecosystems, 2016, 20(3): 1-11.

白蚁防治技术概述

1 蚁情调查

概述

　　白蚁防治是一项专业性很强的工作，在采取具体的防治措施前，对危害的白蚁进行系统的调查，明确危害的白蚁种类、危害范围和危害程度，有助于制定合理的白蚁防治方案，选择合适的白蚁防治措施，从而最大限度地减少白蚁的危害和白蚁防治中有毒化学品的使用。

　　蚁情调查通常分全面调查和典型调查。全面调查也就是普遍调查，是指对调查对象中所包含的检查单元全部进行检查。通过全面调查，可全面、系统地收集调查区域内反映白蚁危害情况的统计数据，为白蚁防治决策提供详细的综合信息。典型调查是指根据调查目的和要求，在对调查对象进行初步分析的基础上，选取具有代表性的检查单元进行调查。典型调查是一种通过从总体中选择个别对象进行调查从而推判总体情况的调查方法。为了确保典型调查结果的正确性，所选择的样本必须具有代表性，在具体调查的实施中应根据调查对象的类型特征和白蚁活动的自然规律，科学、合理地选择调查单元。通过典型调查，获得调查区域内白蚁危害的整体情况，从而为白蚁危害的综合治理提供决策依据。

现场调查

1.2.1　调查方法

　　白蚁危害现场调查是白蚁防治工作的首要步骤，是白蚁防治工作能否取得令人满意的效果的关键。一般而言，白蚁危害现场调查包括客户问询、现场检查、白蚁标本采集和鉴定、查勘报告撰写等几个步骤。客户问询就是了解客户所在现场的环境条件、白蚁危害历史和以往白蚁防治工作开展情况，以掌握最基础的背景信息，为下一步的现场检查打下良好的基础。现场检查就是按客户的需要进行白蚁危害检查，以了解该区域内不同区块的白蚁危害情况，以便为不同区块制定针对性的白蚁防治方案提供必需的基础信息。在现场检查过程中，采集发现的白蚁活体标本和危害现状标本，通过现场或室内鉴定，明确危害的白蚁种类，为防治方案的制定提供可靠的依据。

由于白蚁具有特殊的生物学、生态学特性，它们的活动存在季节性，它们的危害存在隐蔽性。为了确保调查结果的准确性，蚁情调查应在白蚁活跃期，如白蚁的分飞期和白蚁巢群取食旺期等进行。此外，由于白蚁活动外露迹象的不确定性，蚁情调查的统计应根据一定时期的检查结果，以便全面、准确查清白蚁危害情况。

蚁情调查的准备工作主要包括下列几个方面：①收集调查对象的相关资料，包括调查对象的类型、功能、区域环境等。②收集白蚁危害的相关历史资料，包括已发现的主要危害白蚁种类、分布地点和曾发生的危害状况等。③根据调查对象的具体情况确定调查的地点、范围和调查路线等。④根据主要白蚁危害种类、发生时间确定调查的时间和调查的方法。⑤应准备相关的调查工具，如白蚁危害检查工具，白蚁标本采集、制作工具及保存设施，蚁情蚁害现场拍摄工具（如数码相机等）、调查现场定位工具（如GPS、海拔仪等）。⑥应采集一定数量的兵蚁品级，尽量采集其他品级标本。采集的标本时应拍摄白蚁危害状及相应环境照片，拍摄的照片应注明编号、采集和拍摄地点信息（包括详细地址、经度、纬度、海拔等）、采集和拍摄日期、采集和拍摄人姓名。采集的标本应进行整理、鉴定和保存；调查的记录、数据、照片等技术资料应进行整理和归档。

1）房屋建筑白蚁危害的现场调查

房屋建筑白蚁危害的现场调查可采用现场查勘、白蚁装置监测和仪器探测等方法。现场调查范围包括房屋建筑构造组成部分、装饰装修部分、家具物品和房屋建筑外围环境。

现场查勘时，首先询问业主或房屋建筑使用者，了解白蚁危害部位和分飞时间、白蚁治理历史、房屋建筑装修情况等，掌握白蚁危害的大致情况；然后检查房屋建筑构造组成部分、装饰装修部分、家具物品、房屋建筑外围环境白蚁活动迹象与破坏情况；采集白蚁标本或判断危害白蚁种类。

装置监测是在房屋建筑周围或室内适当位置安装引诱白蚁的监测装置，定期检查装置以获取白蚁危害和白蚁种类信息。

仪器探测是用白蚁探测仪器检测白蚁可能危害的构件，确定构件是否遭受白蚁危害或是否存在白蚁活体。

现场调查时，当房屋建筑的自然间面积不大于15m²时，以1间自然间为1个检查单元；当房屋建筑的自然间面积大于15m²时，按顺序进行分割，每15m²为1个检查单元，不足15m²时记作1个检查单元。检查单元内任一部位发现白蚁危害或白蚁活动迹象，则记为1个白蚁危害单元。

对于单幢的小型房屋建筑，应对每个检查单元进行全面的检查；对于单幢的中型或大型房屋建筑，其底层房屋应对每个检查单元进行全面的检查，其他楼层则可采用典型调查的方式进行检查，但检查单元的总数应不少于50个。

对于区域内具有多幢房屋建筑的，当区域内房屋建筑的总数不大于50幢时，应对所有房屋建筑进行调查；当区域内房屋建筑的总数大于50幢时，可采用抽样调查的方式进行调查，但调查房屋建筑的数量应不少于50幢且比例不小于10%。对区域内列入调查的小型建筑、中型建筑、大型建筑的现场调查，则按照单幢房屋建筑的调查方式对白蚁危害进行检查。

进行房屋建筑的白蚁危害检查时，可采取下列几种措施：一是查看房屋建筑的各个部位，重点检查卫生间、厨房等易受潮的部位。主要观察室内木构件或木配件、插线盒等有无白蚁活动的外露迹象，如蚁路、分飞孔、通气孔、排泄物等。如外露迹象不明显，则需注意检查固定壁柜，尤其是衣柜等部位。二是用探测仪器探测白蚁可能危害的木构件或木配件，如木柱、木地板、踢脚线、墙裙、门窗框是否遭受白蚁危害或存在活体白蚁。三是用检查工具敲击白蚁可能危害的木构件或木配件，如木柱、木梁、木楼板、踢脚线、门窗框等，如能听到空洞的声音，则有可能存在白蚁蛀蚀过的部位。四是用检查工具撬开无明显的蛀蚀迹象的部位，查找和核实有无白蚁活动。五是翻开或搬动检查久未搬动的衣柜、书柜等竹木家具和地面长期堆放品等。

房屋建筑外围环境的重点检查部位为：①相邻的房屋建筑；②树木及草坪；③地面堆放的木材及其他纤维制品；④其他易孳生白蚁的部位。如房屋建筑外围环境中存在乳白蚁、土白蚁、大白蚁和散白蚁等成熟巢群，它们有可能在较短时间内通过蔓延的方式入室危害。

现场调查结束后，应撰写白蚁危害调查报告。白蚁危害调查报告应至少包含客户单位环境条件情况，房屋建筑概况，白蚁危害种类、危害面积、危害程度情况，不同区块遭受白蚁危害等级情况，综合治理建议等内容。调查报告撰写过程中，在评估房屋建筑遭受白蚁危害的程度时，应考虑房屋建筑构造组成部分白蚁危害情况及因白蚁危害造成损坏的程度，房屋建筑装饰装修部分、家具物品等白蚁危害情况，不同种类白蚁对房屋建筑的危害特性，房屋建筑外围环境中白蚁入侵房屋建筑的可能性和潜在风险等因素。

2）园林植被白蚁危害的现场调查

园林植被白蚁危害现场调查可采用现场查勘、装置监测和仪器探测等方法。现场调查范围包括古树名木、行道树、其他林木、草坪及周围环境。现场调查时，古树名木、行道树和其他林木的检查单元为自然株，草坪的检查单元为5m×5m的面积。调查过程中，古树名木应调查每株树木及以自然株为中心、半径为10m的周围环境；行道树株数不大于50株时应全面检查，超过时可抽样调查；其他林木株数不大于50株时应全面检查，超过时可抽样调查；草坪面积不大于1250m²时应全面检查，超过时可抽样调查。

全面检查是指对每株树木或每单元草坪检查有否白蚁危害；抽样调查是从全部调查研究对象中，抽选一部分进行调查，并以此对全部调查研究对象做出估计和推断的一种调查方法。抽样调查时，行道树采用隔株（排）取样法或等距取样法确定调查株样本，样本数不少于50且不少于总体的10%；其他林木采用对角线取样法或五点取样法确定调查株样本，样本数不少于50且不少于总体的10%；草坪采用网格法随机选取50个以上检查单元，且检查单元累计面积不小于被调查草坪总面积的10%；草坪白蚁危害也可采用五点法取样法进行抽查，具体方法是以草坪对角线的中点作为中心抽样点，再在对角线上选择四个与中心抽样点距离相等的点作为样点取样。常见取样法见附图1。

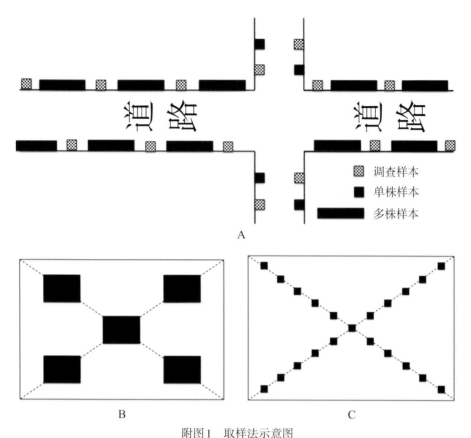

附图1　取样法示意图
A. 行道树隔株（排）取样法示例；B. 草坪五点取样法示例；C. 林木对角线取样法示例

　　园林植被遭受白蚁危害后的症状表现有：一是韧皮部和木质部受破坏。白蚁取食韧皮部时，影响树木体内有机物质正常运输，植物不能正常生长发育，重者树皮剥落、树势衰弱；白蚁危害木质部时，根系吸收水分和无机盐、光合作用受到影响，枝叶枯黄凋零。二是形成层受破坏。白蚁蛀蚀形成层后，树体再生细胞减少，甚至停滞，影响树干增粗，甚至死亡。三是木纤维和韧皮纤维受破坏。木纤维和韧皮纤维被白蚁蛀蚀，影响树干强度，枝桠易折断。园林植被所处的环境对白蚁的行为也有重大影响，如温度、湿度、气压、海拔、光照、土壤等因素，以及树种、病死木、共生菌等其他因素。不同类型的白蚁对不同园林树种的喜好也不尽相同，其中，樟树、杉木、桉树等受危害最烈。生长健壮而旺盛的植株不易受白蚁危害，而病木及幼年植株容易遭受白蚁危害。

　　现场查勘时，首先询问业主或园林管理人员，了解白蚁危害分布情况、白蚁治理历史等；然后检查园林树木的树干根基部、草坪及土壤，观察是否有白蚁活动迹象和破坏痕迹；最后采集白蚁标本（甚至可采用挖巢的方式），判断危害白蚁种类。

　　装置监测是在地下土壤或其他适当位置安装监测装置引诱白蚁，定期检查以获取白蚁危害情况和白蚁危害种类的有关信息。对白蚁有翅成虫，可在每年白蚁分飞期来临之前在园林内择地架设黑光灯进行诱集；对乳白蚁、散白蚁，可在白蚁危害林地内安装白蚁监测装置进行观察。

仪器探测是用白蚁探测仪器检测园林植被是否有白蚁危害。常用仪器有声波探测仪、材质检测仪等。

不同的白蚁种类有不同的活动迹象和危害特征，即使是同一种白蚁，对不同的危害对象也表现出不同的危害特征；同样的，同一危害对象遭受不同种类的白蚁危害时外露迹象有时也有差异。因此，在实际的检查过程中应根据具体的调查对象和白蚁危害种类，合理确定检查内容，以确保调查结果的准确性。

白蚁对树木的危害迹象主要包括蚁害上树高度、树心蛀空程度、树枝脱落程度、树皮剥落程度等；白蚁对草本植物的危害迹象主要包括泥线、泥被等；白蚁的活动迹象主要有蚁路、分飞孔、排泄物、通气孔等；白蚁的真菌指示物包括活巢和死亡巢分别在地面上长出的蚁巢伞属和炭角菌属真菌。

现场调查结束后，应撰写白蚁危害调查报告。白蚁危害调查报告应至少包含委托单位概况，古树名木、行道树、其他林木及草坪概况，白蚁危害种类、危害面积、危害程度情况，古树名木、行道树、其他林木及草坪遭受白蚁危害等级情况，综合治理建议等内容。调查报告撰写过程中，在评估古树名木、行道树、其他林木及草坪遭受白蚁危害的程度时，需考虑白蚁对古树名木、行道树、其他林木、草坪等的危害程度，因白蚁对古树名木、行道树、其他林木等危害而可能造成的安全隐患，不同白蚁种类对古树名木、行道树、其他林木、草坪的危害特性，周围环境中白蚁入侵古树名木、行道树、其他林木、草坪等的可能性和潜在风险等因素。

3）水利工程白蚁危害的现场调查

水利工程白蚁危害现场调查可采用人工踏勘法、引诱法、挖巢法等方法。现场调查范围包括蚁患区和蚁源区。

水利工程白蚁防治的主体是蚁患区，但蚁源区白蚁存在向蚁患区扩散的可能，因此两个区域都要检查。水利工程体量较大，白蚁对水利工程的危害有一个由表及里、由浅入深的过程，所以应分步骤、分层次进行检查。水利工程白蚁分布情况的调查属于水利系统常称的"初步检查"，只有在发现水利工程存在土白蚁属、大白蚁属白蚁危害时才需要进行水利工程白蚁危害程度的调查，即水利系统惯称的"深入检查"。

由于土栖白蚁群体的活动具有隐蔽性，在一些水利工程中通常较难在短时间内准确发现或预测白蚁危害的情况，必须经过一定时间周期才能对白蚁的危害进行定性判断。根据水利工程白蚁防治的实践经验，检查周期应不少于3年时间。

对已建水利工程的白蚁危害现场调查可结合工程管理人员的日常维护进行，也可专门组织相关人员进行全面检查，检查周期不少于3年。现场调查工作在每年4—11月单独或结合工程日常维护不定期进行，每年春、秋两季各进行1次。白蚁分飞季节可增加夜间检查项目，记录白蚁分飞情况。

白蚁具有极强的生存能力，在水利工程的建设过程中可通过多种途径给水利工程带来隐患。一是水利工程新建（或改建、扩建）时，原地基（工程主体）中可能已存有白蚁；

二是从其他地方取土时，土方中可能存有白蚁，因工程加高培厚，这些隐患被深埋在工程内部，一旦这些白蚁存活下来，形成的隐患更难以根除，后期防治成本十分巨大。因此，在工程建设初期进行白蚁危害全面检查（水利系统称为"专项检查"），可以有效排除白蚁隐患，防治施工更简单，防治成本更低廉，防治效果更明显。对于新建、改建、扩建水利工程的白蚁危害现场调查，应结合新建、改建、扩建等水利工程的建设情况专门组织相关人员进行全面检查。现场调查工作宜在水利工程新建、改建、扩建项目主体工程初步设计前和施工过程中进行。

对于水库土石坝，以单坝为检查单元；对于有桩号的土质堤防和土质高填方渠道，以2个连续整数桩号之间的范围为1个检查单元；对于没有桩号的土质堤防和土质高填方渠道，则以开始检查部位为起始，从上游往下游方向每1km为1个检查单元，不足1km时记作1个检查单元。

人工踏勘法适用于水利工程白蚁危害的初步检查。虽然土白蚁和大白蚁具有隐蔽性和无法预见性，但由于白蚁群体在其活动过程中总会留下一些地表迹象（如泥线、泥被、分飞孔、真菌等），可将其作为判断白蚁活动的依据。泥线、泥被是白蚁修筑于树木或地面等暴露之处呈条状（或片状）的蚁路。它是判定水利工程是否存在土栖白蚁的重要依据，其数量的多少及面积的大小也是反映水利工程内土栖白蚁群体分布密度和群体大小的主要外露表征。有时可通过对泥线、泥被的追踪挖掘找到白蚁的巢腔。分飞孔是成熟白蚁群体内有翅成虫飞离原群体的孔状结构。不同的白蚁种类的分飞孔的形状有较明显的差异。水利工程上根据分飞孔的结构及数量，可直接判断白蚁的种类及白蚁群体的大小。

引诱法适用于白蚁活动迹象不明显的水利工程白蚁危害检查。当地表迹象难以发现白蚁时，可利用不同白蚁种类的喜食物对其进行引诱。实践证明，配料适宜的引诱物对白蚁具有较好的引诱效果。根据引诱的时效性及成本因素，可采取简便实用的引诱桩、引诱堆和引诱坑，也可以安装白蚁监测装置，进行引诱式检查。采用引诱堆进行检查时，将饵料直接放在地表，加盖遮光，堆间隔为5～10m；采用引诱坑进行检查时，则在土壤中开挖长50cm、宽40cm、深30cm的坑，把饵料放置其中并加盖，坑间隔为5～10m；采用引诱桩进行检查时，则把白蚁喜食的木料削制成长25cm、宽5cm、高5cm的桩，直接插入土壤中约20cm，桩间隔为5～10m；采用动态监测方式进行检查时，则安装白蚁监测装置，定期检查装置内饵料的取食情况。检查过程中如发现饵料或引诱桩缺失、霉变等情况需及时补充或更换。

挖巢法适用于初步检查判断是否存在较大蚁巢。开挖土白蚁和大白蚁巢穴是判断白蚁对水利工程危害程度的重要方法。挖巢的方式主要有下列几种。一是追挖蚁道挖巢。根据白蚁地表活动痕迹或采取开沟截道等方式确定蚁道并追踪开挖，直至挖出蚁巢。二是定位挖巢。先对白蚁巢所处位置进行初步判断，然后定位开挖。

仪器探测法适用于可能存在较大蚁巢但不宜采用挖巢法确定蚁巢位置及大小程度时。常见的探测仪基于雷达和电阻率理论设计，根据白蚁巢穴对雷达的反射规律及电阻率变化规律，可将雷达或电阻信号转换成色谱图像呈现出来。探测仪的探测效果受制于设备的精度，目前尚无完全可靠的探测仪，探测结果仅供参考。

检查时应在有白蚁活动痕迹或仪器探测到有白蚁隐患的位置做好记录，并设置明显的标记。填写的检查记录表应包括工程名称、工程地址、隐患具体位置、痕迹范围、检查时间、检查人员以及平面示意图。为方便与简洁，在平面示意图中宜统一使用图例和标识，如附图2所示。

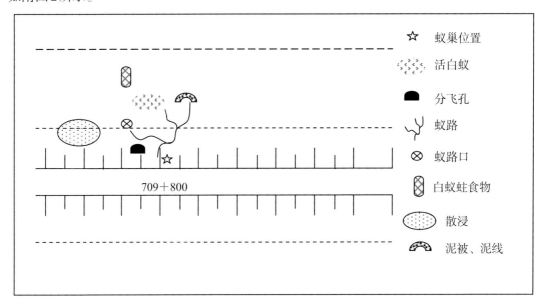

附图2　白蚁活动痕迹和隐患位置示意图

1.2.2　调查内容

现场查勘时，主要是检查活动的白蚁和它们活动留下的痕迹。一般来说，不同种类的白蚁，在不同的场所有不同的危害特征。

1）乳白蚁的危害特征

台湾乳白蚁是乳白蚁属中最具典型危害特征的种类。台湾乳白蚁危害房屋建筑时，会在房屋建筑内留下许多可供识别的危害特征。在许多情况下，侵入室内的台湾乳白蚁会将巢筑在卫生间吊顶与楼板（水泥预制板）之间，然后以此中心向外修筑蚁路，危害房屋内的其他木质结构和贮藏物（如书籍、衣物等）。有时侵入室内的台湾乳白蚁将巢筑在墙壁的夹层里，然后通过墙壁的缝隙向外修筑蚁路进行危害。有时，台湾乳白蚁将巢筑在离危害处几米甚至十几米远的邻居家里，但邻居家可能并未发现有白蚁危害，此时需要到邻居家检查才能判断巢是否筑在室内。此外，台湾乳白蚁有时仅从外面侵入室内危害，并不把巢筑在室内。在这种情况下，台湾乳白蚁的巢通常筑在房屋建筑周围的大树内，对大树主干（2.5m高处以下部分）进行仔细检查，即可判断巢的位置。由于台湾乳白蚁离巢活动最远可达150m，因此其筑巢的大树可能并不靠近其所危害的房屋建筑，而可能离所危害的房屋建筑较远。此时，如在房屋建筑周围较近范围内未发现台湾乳白蚁巢，则应对受害房屋建筑较远处（离房屋建筑150m）的所有大树进行检查，以确定巢的具体位置。

在室内危害的台湾乳白蚁，其蚁路可出现在横梁、椽子、墙壁和地面等处。在有翅成虫分飞季节（4—6月，越往南，分飞时间越早），可在墙壁上或门框附近找到形状各异的分飞孔和有翅成虫分飞后留下的尸体。在严重受害的房屋内，还可发现被台湾乳白蚁危害的横梁、立柱、墙裙和门框等。检查这些部位，就可很快地对室内是否有台湾乳白蚁危害做出判断。

当台湾乳白蚁危害林木时，即使它在树干内危害，在大多数情况下，它会在树干表面留下蚁路、分飞孔、排泄物等外露特征。因此，在树木表面寻找这些特征，就可判断树干内是否有台湾乳白蚁危害。

台湾乳白蚁危害树木时，喜欢危害表皮不完整的树木。但如果树木的表皮完整，它们通常只危害直径大于40cm的大树和古树。因此，在城市和乡村的房前屋后、公路和街道两旁、寺庙庭院和公园绿地等处，可发现大量的大树或古树被台湾乳白蚁危害。受台湾乳白蚁危害的树木，在白蚁活动季节，其树干表面会有白蚁留下的排泄物。这些排泄物就是判别树内是否有台湾乳白蚁危害的最重要特征。检查时，用手或螺丝刀去掉排泄物，即可见到大量的白蚁在树干内活动。

有时在树干瘤突处只能看到少量的白蚁排泄物，但用螺丝刀撬开此处树皮时，可见到树干内有一些白蚁特别是兵蚁在活动。此外，排泄物会出现在树干表面的裂缝、旧伤口和凹陷处等部位。根据这些部位白蚁排泄物的有无，就可容易地判断此树内是否有台湾乳白蚁危害。

在道路和街道两旁，许多树木的枝干因各种原因被截去，从而留下大小不一的截面。这些截面即是分飞繁殖蚁的入侵口，也是我们了解这类树木是否已遭台湾乳白蚁危害的重要检查部位。因为如果树内有台湾乳白蚁危害，在树干截枝断面处，我们通常可见到白蚁的排泄物。有的截枝断面上排泄物较多，覆盖了整个截面；有的则较少，只能在截枝断面边缘找到少量的排泄物。在有些城市，人们还会用水泥封堵截枝后留下的伤口。如果主干内有台湾乳白蚁危害，在封堵的水泥边上则只能看到少量的排泄物，只要仔细观察即可发现。

除排泄物外，在一些受台湾乳白蚁危害的树木主干表面还可找到工蚁修筑的蚁路。这些蚁路既可出现在树干基部，也可出现在树干中部或上部。出现在树干基部的蚁路，通常一端连接土壤，另一端伸入树木主干内（在蚁路修筑初期，这一端并不伸入主干内）。这种蚁路长的几米，短的20～30cm。出现在树干中部或上部的蚁路，其一端从主干中部表面的瘤突、伤口或截枝断面等处钻出，另一端则伸入主干上部的瘤突、伤口或截枝断面内（在蚁路修筑初期，这一端并不伸入主干内）。这种蚁路长的4～5m，短的则只有50～80cm。在有这种蚁路的树上，其主干基部有时根本找不到任何白蚁危害的迹象，检查时需仔细观察才能发现蚁路的存在。

　　2）散白蚁的危害特征
　　危害房屋建筑的散白蚁主要是黄胸散白蚁、黑胸散白蚁、栖北散白蚁、尖唇散白蚁、圆唇散白蚁和柠黄散白蚁等。散白蚁大多通过与地面接触的木结构侵入室内，在木结构表面留下的蚁路通常较少。因此，即使室内有散白蚁危害，人们一般都不会意识到。只有当大量的有翅成虫从危害处或其附近分出时，人们才发现自己的房屋内已有白蚁危害。因此，房屋建筑内散白蚁危害大多通过散白蚁有翅成虫的分飞来确定。

当散白蚁危害林木时，除了在危害严重的主干处利用螺丝刀撬开表面木材可发现一些在内部取食危害的白蚁外，通常只能在受危害的主干和枝桠处找到一些排泄物、蛀道等危害症状。因此，树内是否有散白蚁活体危害通常不易判别。目前，判别树内是否有散白蚁危害的最有效的方法是在白蚁活动季节，在树干基部附近土壤中（离干基不超过50cm）设置引诱箱或白蚁监测控制装置，一两个月后，检查引诱箱或监测控制装置内是否有白蚁侵入。如有，则说明树干内极可能有散白蚁危害。

3）堆砂白蚁的危害特征

堆砂白蚁是一类比较原始的白蚁，若群体中缺工蚁，由若蚁（拟工蚁）发挥工蚁功能。堆砂白蚁的群体较小，每个群体通常只有数百头个体，因此，在一根横梁上可同时存在许多群体。堆砂白蚁活动隐蔽，通常不外出活动，也不筑外露蚁路，只有当有翅成虫分群时才离开巢居。但这种白蚁在危害过程中会排出砂粒状的粪便，这些粪便或堆放在木材内的隧道内，或通过表面蛀孔推出巢外，在其下方物体上形成砂粒状小堆。因此，根据有翅成虫分飞在室内横梁、墙壁、窗口等处留下的尸体或通过留在木材内或排出木材外的砂粒状粪便，即可判断室内是否有堆砂白蚁的危害。

4）土栖白蚁的危害特征

危害绿化植被和水利工程的主要是黑翅土白蚁的黄翅大白蚁。现场检查时，要知道树木是否已遭受它们的危害，只要看树木表面是否有新鲜的泥被即可。如有，则说明树木正遭受这类白蚁危害。至于危害的是黑翅土白蚁还是黄翅大白蚁，根据兵蚁、工蚁或泥被的泥粒粗细（粗泥粒多且泥粒大小差异较大的为黄翅大白蚁，粗泥粒少且泥粒大小基本一致的为黑翅土白蚁）即可分辨。

在黑翅土白蚁活动的季节，特别是8月底至11月上旬，在林地内可见大量的枯枝被泥被包裹。此时，掀开包裹枯枝的泥被，可见到大量正在取食枯枝的黑翅土白蚁工蚁和少量保卫工蚁的兵蚁。这些被白蚁取食的枯枝有的只剩外壳，有的则刚被食掉表层。在枯枝下，易找到黑翅土白蚁的蚁道口，从这些蚁道口开始追挖，可挖到黑翅土白蚁的主巢和培养真菌的菌圃。

除了林内枯枝，黑翅土白蚁也会取食房前屋后的旧木料。旧木料取食完后，在某些地区，它们还会进一步向室内入侵，危害房屋的立柱、木质楼梯、地板和壁板等。

在黑翅土白蚁密度较大的绿化带里，除了可见被泥被包裹的枯枝外，还可在局部区域的地表和树干表面见到大量泥被和泥线。一般来说，地表泥被、泥线较多的区域，就是黑翅土白蚁巢群分布的区域。这是防治工作中需要重点关注的区域，即需投放更多的饵剂或安装更多的诱杀装置。此外，扒开泥被，可见到大量的黑翅土白蚁工蚁和少量的兵蚁。

黑翅土白蚁泥线与台湾乳白蚁蚁路的区别是：前者的泥线分支多且泥线上端浮在树干

表面，不会侵入树干内；而台湾乳白蚁的蚁路一般不分支，即使分支也较少，且各分支会彼此连接形成闭合的蚁路，蚁路的上端还会侵入树干内。

在林地内，除了黑翅土白蚁外，黄翅大白蚁也会危害树木。不像黑翅土白蚁（它的工蚁和兵蚁无大小之分），黄翅大白蚁的工蚁和兵蚁有大小之分，其修筑泥被、泥线的土壤和碎石颗粒也比黑翅土白蚁的要大。此外，黑翅土白蚁工蚁的头壳呈淡黄色，黄翅大白蚁工蚁的头壳呈红褐色、棕褐色至黑褐色。因此，在野外这两种白蚁比较容易区分、识别。此外，黄翅大白蚁在地表构建的觅食口也比黑翅土白蚁的要大许多。

4月下旬至7月上旬这段时间里，在黑翅土白蚁或黄翅大白蚁分布的绿化带里，有时可找到供有翅成虫分飞的分飞孔群。分飞孔一般离巢群较近，常修建在灌木和杂草缺乏的裸露处（杂草多而高的地方不会有分飞孔）。分飞孔既有单个的，也有两个或多个分布在一起的，且巢龄越大，分飞孔越多。有翅成虫分飞前，分飞孔通常被白蚁用泥封住。挑开孔口封泥，可见到大量的兵蚁守在孔内离孔口不远处。干扰停止后，许多白蚁会衔泥将孔口重新封住。

在堤防和大坝上，白蚁主要在常水位的浸润线以上的堤体或坝体内筑巢，并以巢为中心向堤坝迎水面和背水面修筑蚁路，去获取生长发育所需的食物和水分。因此，在堤坝上检查白蚁危害，主要是检查堤坝的迎水面和背水面是否有白蚁危害迹象，如分飞孔、泥被、泥线等。如果在堤坝上发现泥被、泥线和分飞孔，则说明堤坝内有白蚁危害，且泥被、泥线和分飞孔越多，白蚁危害就越严重。另外还要检查堤坝附近山上是否有白蚁活动，有的话也要考虑它们对堤坝安全的影响，因为这些白蚁既可通过与山体连接的坝体侵入堤坝内危害，也可通过有翅成虫分飞侵入堤坝内建筑新巢，成为新的危害源。

在高温季节，土白蚁和大白蚁一般不到地表活动，因此，堤坝白蚁危害的检查应在4—6月和9—10月进行。另外，土白蚁和大白蚁有翅成虫的分飞期在5—7月，如果有挖巢需要，应在有翅成虫分飞期，通过分飞孔的查找，确定巢群所处的大体位置，可节省大量挖巢人力。

在分飞孔难以找到的情况下，还可以通过鸡枞菌的分布来确定巢群的大体位置。在高温多雨的6—8月，黑翅土白蚁和黄翅大白蚁的菌圃上方地表常常会长出鸡枞菌。根据鸡枞菌的分布范围，就可圈定巢群所处的大致位置。

白蚁对绿地的危害，主要体现在两方面。一是外出觅食形成的泥被引起草地失绿、缺失；二是草的根部被白蚁取食，导致成片的绿地枯萎、死亡。目前，国内许多高尔夫球场因建造场所靠近山边，常遭黑翅土白蚁和黄翅大白蚁的严重危害。同时，庭院绿化也因黑翅土白蚁和黄翅大白蚁的危害而毁损严重。因此，经常对绿地进行白蚁危害检查，并根据检查结果及时采取防治措施，可大幅度地减少白蚁对绿地的危害。当绿地遭受土白蚁或大白蚁危害时，在草地上常可见到白蚁外出觅食形成的泥被和泥线，根据这些泥被、泥线的分布，就可大致确定绿地遭受白蚁危害的程度。

在调查过程中，对于房屋建筑来说，需调查危害的白蚁种类、白蚁危害的部位及损坏程度、白蚁活动迹象及分布情况、白蚁分飞和筑巢情况、外围环境白蚁的分布情况等信息。

对于园林植被来说，需调查危害的白蚁种类、白蚁的活动迹象、园林植被遭受白蚁危害的程度、白蚁的真菌指示物、白蚁巢位的外露迹象、周围环境白蚁的分布及危害情况等信息。

对于水利工程来说，需调查水利工程白蚁的分布情况、白蚁的种类、白蚁危害的范围与程度等信息。采用人工踏勘法进行调查时，还需调查蚁患区发生湿坡、散浸、漏水、跌窝、滑坡等现象的部位是否存在白蚁活动的地表迹象，蚁患区与蚁源区白蚁活动的地表迹象，蚁源区与蚁患区内树木、植被和建筑物等遭受白蚁危害的情况，堤坝迎水坡是否存在白蚁汲水线，浪渣中是否有白蚁蛀食物，蚁患区与蚁源区地面白蚁真菌指示物生长与分布情况，工程断面上蚁道和巢腔等存在与否，堤坝背水坡上枯草下是否有白蚁活体及蚁路等活动迹象等。

1.2.3 注意事项

（1）调查过程中，要注意安全。室内登高检查时，要用人字梯作为登高工具，且需有人协助扶住人字梯，以防滑倒。野外调查时，要注意防蛇、防蜂、防蜱虫，以免发生意外。

（2）无论是房屋建筑白蚁危害的现场调查，还是园林植被或水利工程白蚁危害的现场调查，需认真、仔细地把每一个部位都检查到，仔细查看不太明显的痕迹，用白蚁探测仪探查木结构内可能有白蚁活动的地方。

（3）检查过程中，要与客户多沟通，尽可能多地了解调查区域白蚁危害的历史、以往采取的防治措施与效果情况，科普白蚁基本知识，以获得客户的支持。

仪器核查的主要方法

1.3.1 高密度电法

高密度电法即高密度电阻率法，是一种阵列勘测方法。这种方法的主要优点是有以下几点。

（1）电极布设一次性完成，减少了电极布置引起的干扰与由此带来的测量误差。

（2）可有效地进行多种电极排列方式测量，从而可以获得比较丰富的反映地电结构状态的信息。

（3）数据的采集与收录全部实现自动化或半自动化，不仅采集速度快，而且避免了人工操作带来的误差和错误。

（4）可实现资料的现场实时处理与脱机处理，根据需要可以自动绘制与打印成果图件，大大地提高了智能化程度。

由此可见，高密度电法是一种效率高、成本低、信息丰富、解释方便并且探测能力显著提高的电法勘测新方法。

作用原理：高密度电法是基于垂向直流电测深、电测剖面和电阻率层析成像的物探方法。它的作用原理是利用天然或人工电场，通过分析不同土层的电性差异引起的电场异常来查明土层和构造等问题。高密度电法探测土栖白蚁蚁巢的工作原理是利用白蚁巢体与周围介质土壤存在的物理性差异进行探巢定位。

在蚁巢探测中，高密度电法的蚁巢探测主要表现为：对于均质地层，电阻率的变化比较平缓均匀；而对于蚁巢，则表现为局部电阻异常。当探测到巢腔或菌圃腔时，表现为高电阻；当巢腔或菌圃腔内充水或者充泥时，则表现为低电阻。

适用范围：基于高密度电法原理研制的白蚁隐患探测仪，主要对土壤中巢腔径20cm以上、巢深5m以内的土栖白蚁巢进行准确探测定位。

使用方法：蚁巢探测仪由两部分构成，分别为野外数据采集系统与资料实时处理系统。野外数据采集系统包括电极系、程控式电极转换开关与微机工程电测仪。测量时将全部电极布设在一定间距（电极距）的测点上，然后用多芯电缆将其连接上程控式电极转换开关。测量信号通过转换开关被送入微机工程电测仪，并且将测量结果依次存到随机存储器，从而实现数据的快速和自动采集。具体做法是：将电极布设在地表土壤中，连接在测线上的几十根（或者上百根）电极通过多芯电缆同电极转换器连接，在主机的控制下实现电极极距、排列方式及测点的扫描，不断改变供电电极位置，测得相关位置电位分布，对不同深度进行探测。根据电位图，对所测之处的土壤中是否存在土栖白蚁巢进行判别。

注意事项：探测时，要集中所有的电极到测点上，借助电测仪或者程控电极转换器进行相关数据的采集。这样做工作效率非常高，且可以针对电极装置进行多次测量，获取所需的各种地电断面信息。

1.3.2　探地雷达

探地雷达技术是近十年来迅速发展的一种无损地层勘测新技术。探地雷达的探测图像是对地下介质的物质构成、结构密度、空隙率、含水率等特征的综合反映，因此可用它来探测土壤中的隐患。目前，探地雷达作为一种快速、非破坏性和可重复的地下目标成像探测工具，已在地质、水文、考古、工程、生态、农业、林业以及法学等众多领域中广泛应用。

作用原理：探地雷达技术是一项非破坏性地收集和记录浅层地下目标影像的地球物理探测技术。它通过向地下发射一个高频电磁波的短脉冲（一般在10~2500MHz），产生1个向下传播的波形，其中部分能量被地下具有电性差异的界面反射到地表，在地表使用1个接收器检测反射能量与接收延时的比值。向地下发射能量到接收机接收到脉冲的地下延时，是电磁波在地下介质中的传播速度和地下反射体深度的函数。电磁波在介质中传播时，其路径、电磁场强度与波形将随所通过介质的电性质及几何形态的变化而变化。因此，根据接收到波的旅行时间、幅度与波形等资料，可探测地下介质的结构、构造及地下目标体的埋藏深度等。探地雷达接收到的信号通过模数转换，经滤波、增益恢复等一系列数据处理后形成雷达探测图像。探地雷达图像是资料解释的基础图件，只要地下介质中存在电性差异，就可在雷达图像剖面中反映出来，通过同相轴追踪可以测定各介质反射层的反射波旅行时间。根据地下介质的电磁波速度和反射波旅行时间可计算目的层深度。存在于土壤中的蚁巢、蚁道与周围土壤介电常数存在较大的差异，根据电磁波反射原理，在分界面会对地质雷达发射的电磁波产生反射，就是应用探地雷达技术探测土栖白蚁蚁巢的依据。

适用范围：美国地球物理勘探设备公司生产的SIR System-10型地质雷达，选用500MHz和300MHz频率天线，探测深度分别为2.5m和3.1m；2.5m深度以内成年蚁巢探出率可达100%。美国地球物理勘探设备公司生产的SIR-3000雷达探测系统能够直接生成地下目标影像，具有快速高效、省时省力、不破坏目标和环境、重复性强的特点。SIR-3000雷达探测系统的400MHz天线在砂质土壤中有效探测深度可达3.15m，而在黏土中，有效探测深度只有0.53m。土栖白蚁的蚁巢可深达2m以下，在黏土中已远远超出了雷达遥感探测的有效范围。

注意事项：雷达信号的穿透能力取决于土壤介质的信号衰减特征和雷达天线发射的中心频率，由于较高的黏土含量或土壤含水量会使雷达信号严重衰减，雷达地下遥感探测的理想条件是土壤中黏土和水分含量低。因此，雷达技术以在砂土中应用为好。此外，探地雷达技术对影像解读人员的技术和经验要求较高。同时，目前的雷达探测技术在黏土中的有效探测深度十分有限，加上设备价格较昂贵等因素，在一定程度上限制了探地雷达技术在白蚁蚁巢探测领域的应用。但应用探地雷达探测土壤白蚁巢工作效率高，可精确确定蚁巢的地下空间位置并可确定蚁巢的规模大小，是监测和灭治土栖白蚁的有效辅助技术。

1.3.3 红外线探测

红外线是可见光谱外面的眼睛看不见的辐射线，是一种波长0.7～760μm的电磁波。众所周知，自然界中的任何物体，只要温度高于绝对零度（-273.15℃），就会以电磁辐射的形式在非常宽的波长范围内发射能量，产生电磁波（辐射能）。根据热辐射的原理，任何单位面积的物体，在单位时间内辐射的总能量与该物体的绝对温度及其表面性质（包括材质、颜色、形状）有关系。一般来说，物体的温度越高，其表面的红外辐射越强。通过测量红外辐射的强度，就可以知道物体表面的温度高低。红外线探测仪（红外热像仪）就是根据这一原理制成的。一般而言，红外热像仪的工作波段通常为8～14μm的长波波段，检测的温度范围一般为-20～100℃。

作用原理：红外热像仪由光学器件和探测器两个基本部分组成。光学器件将物体发出的红外辐射聚集到探测器上，探测器把入射的辐射转换成电信号，进而被处理成可见图像。当白蚁在木结构或土壤内活动时，其散发的热量被探测器探测到，然后在视屏上显示出来，从而实现红外热像仪对白蚁活动的探测功能。

适用范围：适用于有白蚁危害的门框、窗框、地板、踢脚线、墙板、墙体、地面等场所白蚁活动的探测。

使用方法：手持红外探测仪对准需探测的部位，观察显示屏，看是否有热成像反映。由于白蚁活动或蚁巢的热容量与热传导系数正常建筑材料不一致，因此，可以方便地通过温差对白蚁的活动或蚁巢进行定位。

注意事项：①了解探测仪的性能，选择合适的探测仪。要想准确地分辨目标，通过热像仪光学系统的目标图像必须占到9个像素，或者更多。如果仪器距离目标过远，目标将会很小，测温结果将无法正确反映目标物体的真实温度，因为红外热像仪此时测量的温度平均了目标物体以及周围环境的温度。为了得到最精确的测量读数，请将目标物体尽量充满仪器的视场，显示足够的景物。与目标的距离不要小于热像仪光学系统的最小焦距，否则不能聚焦成清晰的图像。②保证测量过程中仪器平稳。现在所有的长波红外热像仪都可以达到60Hz帧频速率，因此在图像拍摄过程中，仪器移动可能会引起图像模糊。为了达到最好的效果，在冻结和记录图像的时候，应尽可能保证仪器平稳。当按下存储按钮时，应尽量保证轻缓和平滑。即使是轻微的仪器晃动，也可能会导致图像不清晰。推荐在胳膊下用支撑物来稳固，或将仪器放置在物体表面，或使用三脚架，尽量保持稳定。③避免误判。潮湿的部分由于表面的水分蒸发形成温差，热像仪也会产生热成像反应，此时需通过现场检查予以确认。

1.3.4　声频探测

声频探测是一项比较成熟的探测技术，它是利用声频传感器来感知声音，并传出电信号，经放大后显示声频图谱的技术。因此项技术具有无破坏、快速、准确的特点，目前在很多行业都有了广泛的应用。白蚁在进行取食活动时会发出微弱的声音，利用声频传感器就能感受到白蚁在取食或活动时发出的声音，然后将其放大转化成电信号或数字信息，电信号放大后通过耳机发音，数字信号经处理后通过输出设备显示波形，从而判断是否有白蚁等昆虫的存在。自1995年以来，国内外有白蚁防治学家逐步将这项技术应用到对蛀木害虫的检测中，并开发了专门用于白蚁探测的相关仪器，如美国DECI公司开发的TERMITE TRACKER SYSTEM（白蚁追踪系统）、日本京都大学森林与木材科学研究所开发的AE探测仪、武汉市白蚁防治研究所开发的BS-I型白蚁声频探测仪等。

作用原理：声频探测器主要由传感器系统、微处理器和输出设备构成，最重要的部分是传感器系统和微处理器。当传感器接触到被传感物体时，被传感物体中被白蚁蛀食的木材引起的声波会被传感器接收并传向信号整形器。经过整形后的信号通过A/D转换，变成数字信号，进入处理器，并通过输出设备显示波形。

适用范围：适用于木构件、薄石板、石膏和几乎所有墙面涂料下白蚁危害的探测。

使用方法：将声频探测器的传感部分接触被探测物体，在输出设备上即会显示该位置的声频峰图。如附近有白蚁或其他蛀木害虫取食，会产生取食活动引起的声频峰图。记录该点在5min内达到峰值的次数后，再对被探测物体其他位置的探测点采集峰图，并记录在5min内达到峰值的次数。根据对多点探测点的峰值记录，绘制峰值次数与探测点分布的关系图。由发生峰值次数及集中程度来确定白蚁分布的位置。同时，将探测点采集的声频峰图与常见白蚁危害取食活动发生声频范围的频率谱图比较，确定是否为白蚁危害。

注意事项：①声频探测仪不能在振动强烈的环境下进行工作，否则检测结果会受到很大的影响。②声频探测仪只能探测20cm深度以内的白蚁活动，对更深处白蚁的活动难以探测。③只适合在白蚁活动季节用来探测目标物内白蚁的活动，不适合在白蚁不活动的季节或无白蚁活动的危害场所探测。④声频探测器不仅能截获并放大暴露的木构件内白蚁的活动，还能探测到木工蚁、甲虫和其他蛀木害虫噬咬木纤维时发出的声音。因此；当探测到目标物内有昆虫活动的声音时，需进一步检查该声音是由白蚁活动引起的，还是由其他昆虫引起的，以免发生误判。

蚁情监测

蚁情监测是指对特定区域内的白蚁，尤其是对白蚁危害种类的分布、发生及危害动态进行监测的活动。蚁情监测强调对某一特定区域范围内起危害作用的白蚁虫情进行连续、长期的动态监测，其目的主要在于掌握白蚁危害的历史、现状及预测未来，为进一步采取白蚁防治措施提供科学依据。目前，蚁情监测主要采用监测装置进行。

监测装置是指装有饵料、用于监测白蚁活动的装置，它具有特定的大小和形状，根据使用的部位不同，一般可分为地上型和地下型两种类型。

作用原理：白蚁是一类以木质纤维素作为食物的社会性昆虫。它们以巢为中心，修筑狭窄、蜿蜒曲折、四通八达的蚁路去寻找木质纤维素类物质作为自己的食物，将监测装置安装在可能有白蚁危害的地方，当外出觅食的工蚁进入监测装置取食时，就可发现白蚁的危害，从而达到早发现、早治理、最大限度地减轻白蚁危害的目的。

适用范围：适用于乳白蚁、散白蚁、土白蚁和大白蚁等类群白蚁的危害监测。

使用方法：

（1）地上型白蚁监测装置。地上型监测装置必须安装在有白蚁活动踪迹或可能有白蚁活动的地方，如白蚁取食点、地面和墙面有白蚁爬出的裂缝处、有白蚁活动的蚁路上或蚁路开始的地方、白蚁蛀破处、白蚁透气孔、内部仍有白蚁活动的分飞孔处、柱与梁相接处，柱与地面相接处等，但最好安装在白蚁取食点和白蚁活动频繁的蚁路上。在墙面、横梁等悬空处安装时，先用手托住监测装置，将其底面紧靠木结构表面，然后用胶带纸将监测装置固定好。在地面、墙角等处安装监测装置时，将监测装置底面和有孔的侧面紧靠地面和墙面，然后用胶带纸固定好。检查时，先用手扶住监测装置，然后用工具打开监测装置的盖子，观察监测装置内的饵木表面和饵木内是否有白蚁活动痕迹或正在取食的白蚁。若有，做好相应的记录（时间、地点、位置、监测装置号、白蚁种类等），进行下一步处理；若没有，则盖上盖子，恢复原状。

（2）地下型白蚁监测装置。地下型监测装置安装在房屋建筑周围离外墙基0.5～1m处，彼此间距为5m。在绿化带内安装时，装置的间距为10m。在土质堤坝上安装时，根据堤坝坡面护坡情况，迎水坡和背水坡按8～10m的间距安装，坝顶则安装在距挡浪墙或迎水坡0.5m处，堤坝两端山坡按5m的间距安装。安装时，坝顶、迎水坡、背水坡的装置彼此交错，呈等边三角形排列。在绿化植被处安装时，安装的间距纵向为5～10m，横向为20～50m，主要安装在草坪、树木、木栏、路灯等处土壤中。检查时，先查找到白蚁监测装置的具体位置，然后打开装置的盖子，观察装置内是否有白蚁活体或白蚁取食痕迹。如发现白蚁活体或白蚁取食痕迹，则在记录单上做好相应记录。记录内容包括检查时间，装置的地点、位置、序号、入侵白蚁种类，大致的白蚁数量等，然后做进一步处理。

注意事项：①向客户做好宣传教育工作。在现场安装过程中，利用与客户接触的机会，向客户介绍使用监测装置监测白蚁活动的优点、白蚁的生物学与生态学习性、白蚁监测过程中客户需注意的事项等。②监测装置的运输和储放。监测装置不含任何有毒化学品，可按一般产品的方式进行运输和储存。但由于监测装置内含有一定量的木质纤维材料，运输和储存过程中，应配备通风设备和防火设备，以免发生不必要的安全事故。储存时，避免与易挥发的化学品存放在一起，以免影响监测装置对白蚁活动的监测效果。③操作与施工安全。在室内安装监测装置时，有时需登高安装，应注意安全，避免摔伤；在野外安装监测装置时，需去草坪、树木等处，应注意防蛇，避免被毒蛇咬伤。④检查监测装置时，若发现监测装置壳体外表没有紧贴墙面、木质结构表面、土壤内部表面，则需用材料或泥土将漏空部位填实；若发现安装在野外的监测装置周围积水，则应移位重新安装；若发现蚂蚁、蜈蚣等天敌入侵监测装置内，则应将整个装置取出，去除蚂蚁、蜈蚣等天敌后，重新对其进行安装。

2 植物检疫

概述

白蚁是一种重要的世界性害虫，自身扩散能力较差，但可随木材等进行传播、扩散。国际贸易往来的增加和便利的交通为白蚁远距离传播提供了极为有利的条件。白蚁一旦侵入某地，成功地在该地筑巢建群、发育成熟，会对当地的农林业、环境资源以及社会生活等造成危害，造成难以估量的损失。因此，控制白蚁入侵是一项艰巨又长远的任务。

近几十年来，白蚁的入侵行为也越来越受到世界的关注。据统计，1969—2013年，全球范围记录的入侵白蚁物种数量从1969年的17种增加至2013年的28种，期间共增加14个种，其中，10个种扩大了分布区域，4个种的分布没有变化，在1969年的白蚁入侵物种名单中有3个物种不再被认为具有入侵性，分别为木白蚁科的 *Neotermes insularis*、鼻白蚁科的 *Coptotermes heimi* 和 *Coptotermes frenchi*。这28个入侵白蚁种主要属于澳白蚁科、胄白蚁科、木白蚁科、鼻白蚁科和白蚁科（见附表1），其中，木白蚁科和鼻白蚁科的种类最多，约占总数的80％。其中，*Incisitermes minor*、*Cryptotermes domesticus*、*Coptotermes curvignathus* 已入侵我国部分地区。

附表1　世界入侵白蚁物种名录

科名	属名	种名
澳白蚁科 Mastotermitidae	澳白蚁属 *Mastotermes*	达尔文澳白蚁 *Mastotermes darwiniensis* Froggatt
胄白蚁科 Stolotermitidae	洞白蚁属 *Porotermes*	亚当森洞白蚁 *Porotermes adamsoni*（Froggatt）
	动白蚁属 *Zootermopsis*	狭颈动白蚁 *Zootermopsis angusticollis*（Hagen）
		内华达动白蚁 *Zootermopsis nevadensis*（Hagen）
木白蚁科 Kalotermitidae	堆砂白蚁属 *Cryptotermes*	麻头堆砂白蚁 *Cryptotermes brevis*（Walker）
		犬头堆砂白蚁 *Cryptotermes cynocephalus* Light
		截头堆砂白蚁 *Cryptotermes domesticus*（Haviland）
		长颚堆砂白蚁 *Cryptotermes dudleyi* Banks
		叶额堆砂白蚁 *Cryptotermes havilandi*（Sjöstedt）
	树白蚁属 *Glyptotermes*	短角树白蚁 *Glyptotermes breviconis* Froggatt

（续表）

科名	属名	种名
木白蚁科 Kalotermitidae	楹白蚁属 *Incisitermes*	移境楹白蚁 *Incisitermes immigrans* Snyder
		小楹白蚁 *Incisitermes minor*（Hagen）
	木白蚁属 *Kalotermes*	山龙眼木白蚁 *Kalotermes banksiae* Hill
鼻白蚁科 Rhinotermitidae	异白蚁属 *Heterotermes*	显凸异白蚁 *Heterotermes convexinotatus*（Sbyder）
		危险异白蚁 *Heterotermes perfidus* Silvestri
		菲律宾异白蚁 *Heterotermes philippinensis* Light
		细瘦异白蚁 *Heterotermes tenuis*（Hagen）
		Heterotermes sp. nov.（一新种）
	散白蚁属 *Reticulitermes*	北美散白蚁 *Reticulitermes flavipes*（Kollar）
		格拉塞散白蚁 *Reticulitermes grassei*（Clément）
	乳白蚁属 *Coptotermes*	短刀乳白蚁 *Coptotermes acinaciformis*（Froggatt）
		曲颚乳白蚁 *Coptotermes curvignathus* Holmgren
		舍斯泰特乳白蚁 *Coptotermes sjostedti*（Holmgren）
		切割乳白蚁 *Coptotermes truncatus* Wasmann
		台湾乳白蚁 *Coptotermes formosanus* Shiraki
		格斯特乳白蚁 *Coptotermes gestroi*（Wasmann）
白蚁科 Termitidae	象白蚁属 *Nasutitermes*	具角象白蚁 *Nasutitermes corniger*（Motschulsky）
	白蚁属 *Termes*	伊斯帕尼奥拉白蚁 *Termes hispaniolae* Banks

据统计，入侵白蚁物种的来源较广，其中来源于南亚和东南亚（印度—马来西亚）的入侵白蚁物种数量最多，依次为南美洲、澳大利亚、非洲、北美洲、加勒比海群岛、东亚和欧洲。这与各地区间的贸易往来和历史文化有密切的关系。白蚁以木材或纤维素为食，地区间的木材交易（如原木、枕木或其他木制品）为多种白蚁入侵提供了可能性。

为了控制白蚁入侵，各国政府主要是通过对进出口货物进行检疫来控制白蚁在地区间的传播。从我国检疫的实际工作情况来看，白蚁侵入我国主要是通过进口的原木、木质包装箱和进口树木等途径。目前，被列入我国进境植物检疫性有害生物名录中的白蚁检疫性种类主要是乳白蚁属的非中国种、麻头堆砂白蚁、小楹白蚁和欧洲散白蚁等。

我国入侵白蚁的检疫工作由国家海关总署下属的动植物检疫司负责管理。近年来，我国各地动植物检验检疫部门在进口商品检疫过程中截获了多批次白蚁，有效阻止了多种危险性白蚁的入侵。平正明等人对我国截获的白蚁物种进行了整理，截至2010年，《植物检疫》等刊物已发表和待发表的截获的白蚁物种包含了原白蚁科、木白蚁科、鼻白蚁科、白蚁科等4科8亚科，共计97种白蚁的拉丁名等（含同种异名及无效名）。

植物检疫方法

在检疫工作中，对采集的白蚁标本主要采用传统的形态分类和分子鉴定相结合的方式进行鉴定。传统的白蚁分类是以有翅成虫和兵蚁的形态特征为基础来区分。随着现代分子生物技术的发展，分子诊断技术也逐渐应用到入侵白蚁的鉴定中，不断积累的基因序列是其应用的基础。2002年，Jenkins等人首次利用DNA序列数据推断出入侵物种台湾乳白蚁的来源，通过细胞色素氧化酶Ⅱ基因序列确定了横跨整个美国东南部、夏威夷和中国的14个地理位置的台湾乳白蚁有八个特殊的支系，而所有的亚特兰大和新奥尔良种群都有一个母系血统，表明这些地区的台湾乳白蚁有一个共同的母系祖先。分子诊断技术的快速、灵敏和可靠，以及少量样本量的特性，使其更易被推广应用。同时，用于白蚁物种鉴定的表皮碳氢化合物分析技术也可应用到入侵白蚁的检疫鉴定中。昆虫表皮碳氢化合物主要存在于昆虫表皮蜡层，指表皮中的一类长链烃类。研究表明，昆虫表皮碳氢化合物的组分和含量在种之间存在差异，即使在亲缘关系很近的种之间也有明显差异，可通过气-质联用（GC-MS）技术进行分析，在检疫鉴定中具有较好的应用前景。

生物防治

3

生物防治的概念及原理

生物防治是利用自然的或经过改造的生物、基因或基因产物来减少有害生物，使其有利于有益生物（如作物、树木、动物、益虫及微生物等）的一种害虫防治方法。白蚁综合治理最核心的思想就是创造不利于白蚁生长的环境，抑制白蚁种群发展，达到减少白蚁危害的目的。

白蚁的生物防治是利用白蚁的捕食者、病原性微生物和寄生物等天敌与白蚁相互对立、相互争斗，抑制白蚁的发生和发展，控制白蚁种群的数量在可接受的经济水平内，以减少白蚁危害造成的各类经济损失。白蚁的生物防治涉及寄生物、捕食者和病原性微生物三个方面。目前，研究和应用的白蚁寄生物主要是寄生性螨类，捕食者主要是蜈蚣、蚂蚁、鸟类、蛙类、穿山甲、蜥蜴等食蚁动物，病原性微生物主要是病毒、细菌、真菌和线虫。生物防治的优点是对环境安全，缺点是见效较慢。

生物防治技术可供选择范围广、种类多、作用机制独特、具备环境友好性，受到业界和大众的广泛关注。目前人们对利用生物防治技术防治白蚁做了不少研究，取得了许多重要的成果。

生物防治的研究现状

3.2.1　捕食性天敌

在无脊椎动物中，随机性捕食白蚁的种类很多，主要有下述三大类节肢动物，即唇足纲，蛛形纲的蝎目、避日目、蜱螨目、盲蛛目、蜘蛛目，昆虫纲的蜻蜓目、螳螂目、脉翅目、膜翅目等。据观察，黑翅土白蚁巢外无脊椎动物天敌中，仅蜘蛛就有19科46种，其中优势种有6科12种。在室内观察，天敌对黑翅土白蚁工蚁、兵蚁的捕食量，以翘尾隐翅虫最大，12小时捕食白蚁150只以上，其次为步甲，12小时捕食白蚁100只以上。然而，在各种节肢动物中，膜翅目蚂蚁始终是白蚁最大的天敌。许多蚂蚁，包括蚁亚科两个最大属——弓背蚁属和大头蚁属的一些种类都是白蚁的随机捕食者。林木白蚁的专性捕食者主要是一些膜翅目蚁科昆虫。如猛蚁亚科细颚猛蚁属、中盲猛蚁属、*Termitopone* 属和 *Megaponera* 属的部分种类以及切叶蚁亚科大头蚁属的 *Pheidole titanis* 都是白蚁的专性捕食者。据文献记载，生活于热带地区以白蚁为食的蚂蚁能够破坏并涌入通往白蚁地下通道的每一个入口或裂隙，捕捉一只或几只白蚁到地面上来，然后返回地下通道去捕捉更多的猎物，直至它们搬不动为止。在坦桑尼亚海岸的干燥森林中生活的 *Pachycondyla analis* 以土白蚁属的白蚁为食，可以进攻白蚁巢，但更多的时候是捕捉蚁路中外出觅食的白蚁。研究显示，大头蚁可以捕食欧洲散白蚁，从而对限制该种害蚁的种群数量起到一定的积极作用。另外，脊红蚁属的 *Myrmicaria opaciventris* 利用其足前跗节及腹末尾刺的特化结构，能迅速制服守卫在蚁巢通道入口处的可可大白蚁兵蚁，进而攻击蚁路内的工蚁，用这种蚂蚁对白蚁进行生物防治具有一定的可行性。有人研究了猛蚁亚科和蚁亚科的几种蚂蚁对台湾乳白蚁的攻击行为，并在野外观察到了毗邻黑翅土白蚁巢而建的蚂蚁巢穴及蚂蚁对白蚁的捕食行为。东方食植蚂蚁是黑翅土白蚁和黄翅大白蚁的重要天敌，白蚁分飞的繁殖蚁落地以后，许多被蚂蚁捕食。散白蚁的群体在自然界中的扩散与其群体内的兵蚁比例和林间黑蚂蚁的活动有关，而乳白蚁群体中兵蚁的比例较散白蚁的群体要高得多，所以对捕食者的防卫能力也较强。蝎、蜘蛛、蜈蚣、蜻蜓、蟑螂、蟋蟀、甲虫、蝇与黄蜂等无脊椎动物也对白蚁的分飞繁殖蚁具有很强的捕杀能力。林木白蚁的专性捕食者通过捕食林木白蚁而间接地对易被白蚁危害的树种起到了一定的保护作用，从而对保护森林树种的多样性也做出了贡献。

在脊椎动物中，包括两栖类、爬行类、鸟类和哺乳类，都对白蚁具有较大的捕食限制作用。例如，在几内亚的家禽肠胃中曾发现5100只白蚁工蚁，在博茨瓦纳也曾发现高达15种哺乳类的消化道内有工蚁的存在。专性捕食白蚁的脊椎动物均为哺乳动物，具有典型的捕食白蚁的形态特征和适应性，能钻洞挖穴捣毁蚁巢而舐食白蚁，对白蚁巢具有很强的破坏性。这些巢群的专性捕食者包括非洲、印度和中国分布的穿山甲，非洲的土狼、土豚，美国德克萨斯州的犰狳，南美的食蚁兽，印度的懒熊，澳大利亚的袋食蚁兽和针鼹等。中国鲮鲤靠嗅觉找食白蚁，掘到主巢时，马上扒碎白蚁菌圃，舐食蚁群，在严寒季节，每只中国鲮鲤平均每日可掘出0.76个蚁巢。室内饲养时，每只中国鲮鲤每天食白蚁418～716g。刘源智等人在四川珙县林区观察，黑翅土白蚁有翅成虫在分飞和降落到地面求偶配对的这段时间里，常受到鱼类、蟾蜍、蛙类、蜥蜴类、鸟类等天敌的捕杀，死亡率相当高。非洲、印度、中国的穿山甲，非洲的土狼、土豚和黑猩猩，美国德克萨斯州的犰狳，南美洲的食蚁兽，印度的懒熊，澳大利亚的袋食蚁兽和针鼹等不仅捕杀白蚁，而且破坏蚁巢，更喜欢取食蚁巢内的工蚁、兵蚁、若蚁、幼蚁等各个品级的个体。分飞的有翅成虫数量虽大，而实际能配对入土的极少数。有科学家认为，某些食虫候鸟的存活率可能与白蚁分飞的繁殖蚁数量呈正比。白蚁群体每年能产生数量可观的分飞繁殖蚁，其中大部分都会被动物捕食和由其他因素致死，死亡率相当高，这样大大地降低了白蚁繁殖蚁配对和建立新巢群的概率。因此，保护好青蛙、蟾蜍、益鸟、穿山甲等动物对消灭白蚁的有翅成虫和降低虫口密度有十分积极的意义。过去曾有许多人试图通过增加或驯养这些动物来防治白蚁，但面临的技术困难很多。

3.2.2　寄生性天敌

白蚁寄生物可分为白蚁个体寄生物和白蚁巢寄生物两类。

寄生性螨类很早就已被发现出现在白蚁群体中以及寄生在白蚁附肢上，在白蚁巢中发现螨类也有报道。室内试验发现，利用螨类防治黑胸散白蚁有一定的效果，但要等待螨的繁殖生长，防治效果较慢。利用螨类防治白蚁，8月比9月以后效果好。8月防治，白蚁的室外死亡率至少为50%，而室内达100%，这可能与螨类的繁殖速度和数量有关，室内的条件比较稳定，白蚁的活动范围受到限制，使螨类侵袭的概率高。国外有人在实验室内用极大数量的寄生性螨类接种北美散白蚁群体，结果证明对白蚁的取食和生存没有明显的负效应。

另一类研究较多的白蚁拟寄生物是蚤蝇。近期，一种名为 *Misotermes mindeni* 的蚤蝇科寄生蝇被发现寄生于暗黄大白蚁大兵蚁的头壳中直至幼虫期结束，蛹期又会转移到白蚁腹部，最终导致白蚁死亡。然而，这种拟寄生现象主要发生在蚁丘上杂草过度发展的蚁巢和蚁丘曾遭到破坏的蚁巢中，因而对白蚁的控制作用并不显著。对于白蚁巢内的其他多种生物体，现一般将它们列为白蚁共生物，至于它们对白蚁群体的生存影响暂时还不是很清楚，有待进一步研究。

白蚁个体内和蚁巢菌圃内的共生生物是白蚁赖以生存的共生物。低等白蚁的后肠内发现各种各样的共生生物，如纤毛虫、鞭毛虫和变形虫等。丰富的原生动物能提供消化纤维必需的酶，帮助白蚁把纤维素分解为可利用吸收的物质。干扰这些肠道共生微生物，有利于白蚁种群的控制。孢子虫经白蚁取食摄入后，可侵袭中肠组织，最终导致白蚁死亡，但野外应用的潜力有待进一步研究评价。白蚁巢的菌圃中生长多种真菌，如鸡枞菌、三踏菌、鹿角菌、黑炭菌、炭角菌等。人们可通过调控这些共生物的生长来实施对白蚁种群的控制。

3.2.3　昆虫线虫

病原线虫具有寄生性，能侵入健康白蚁不同品级的虫体，并将其杀死。目前新线虫属、斯氏线虫属和异小杆线虫属研究较多。线虫作为一种防治白蚁的生物杀虫剂，目前世界上多家公司均在生产，但关于利用线虫防治白蚁的效果，国内外均存在不同的看法。

国外有人认为，利用病原线虫对危害森林和作物的白蚁进行生物防治已经取得了一些成果，具有一定的实际应用价值。室内研究显示，含共生菌的新线虫DD-136能侵染黑翅土白蚁工蚁并使其在1周内死亡。利用新线虫防治黑翅土白蚁，每只白蚁接种线虫200只，经过44～68小时，白蚁死亡率可达80%～100%；但是防治台湾白蚁，每只白蚁接种200只线虫，经过53～125小时，白蚁死亡率仅达8%～34%。室内把乳白蚁25或50只放入有1.4万或2万条的新线虫的染色碟内，经过120～192小时，乳白蚁死亡率是100%。在野外的2个乳白蚁树巢内，使用新线虫，1个树巢1年后发现无白蚁活动，而另外1个树巢的试验结果不理想。美国农业部林业试验站 Gulfport 实验室在进行了野外试验后也认为，虽然新线虫在美国已注册作为生物杀白蚁剂，但用其对防治白蚁野外群体几乎无效。

国内，朱建华室内测定了斯氏线虫属的 *Steinernema carpocapsae* BJ 品系、*S. feltiae* Dtio 品系、*S. longicadam* D-4-3 品系与异小杆属 *Heterorhabditis bacteriophora* E-6-7 品系控制黑翅土白蚁的效果，结果表明，7 天后 BJ-1、BJ-2、Dtio、D-4-3、E-6-7 线虫寄生的白蚁死亡率分别为 60%、92.5%、27.5%、25%、45%；利用 BJ-2 品系对白蚁进行处理，12 天后白蚁死亡率可达 100%。林间采用 BJ-1、BJ-2 线虫防治白蚁，15 天后，白蚁死亡率为 33.8%、72.1%，说明 BJ-2 线虫在室内外对林木白蚁均有较高的侵染力，用该品系防治桉树白蚁是行之有效的，可作为桉树白蚁治理中一种生物防治的新途径。胡学难等人利用 400、500 只/ml 剂量的斯氏线虫悬浮液防治乳白蚁，白蚁死亡率分别为 92.5% 和 97.5%；剂量为 400 只/ml 感染 14 天后，白蚁死亡率为 100%；剂量 500 只/ml 感染 11 天后，白蚁死亡率为 100%；室内防治试验，白蚁死亡率为 75.15%。广东省昆虫研究所已经具有规模化生产线虫技术并获得了国家专利。然而，也有一些研究认为线虫仅能在室内可控的条件下对白蚁产生作用，真正应用于野外白蚁的生物防治尚不可行。白蚁防治研究者在室内检测了斯氏线虫属和异小杆线虫属各 2 种线虫对台湾乳白蚁和北美散白蚁的侵染性及毒力，结果表明，4 种线虫侵染白蚁均可导致 2 种白蚁死亡，但线虫有限的活动性和在死白蚁体内的低繁殖率使它们无法达到足够大的密度来消灭野外的整巢白蚁。

总之，要想使昆虫病原线虫在林木白蚁综合管理系统工程中发挥更大的作用，今后还需要进行更多的林间试验，并对其使用方法、剂量及大批量生产等问题进行更深入的探索。

3.2.4　昆虫细菌

用细菌作白蚁防治剂的研究报道较少。目前，大多数的研究仍集中在苏云金芽孢杆菌。有报道表明，在实验室中将欧美散白蚁和另外一种散白蚁的实验种群暴露在苏云金芽孢杆菌内毒素、芽孢、孢子囊的混合物中，6 天后可致 95% 以上的白蚁死亡。商业生产的苏云金芽孢杆菌菌株对白蚁也具有感染性。通过白蚁的交哺行为，苏云金芽孢杆菌能在白蚁个体间传递；活的白蚁个体也能从处理过的白蚁尸体上获得感染菌。但对于不同的白蚁物种，苏云金芽孢杆菌的感染性存在差别。此外，其他一些细菌，如黏质沙雷氏菌和铜绿假单孢菌也对多种白蚁具有较强的致病性。尽管实验室试验结果不错，但林间条件下细菌对白蚁种群的控制效果却未得到证实。尤其是苏云金芽孢杆菌，在土壤中存活能力差，限制了其在土栖白蚁防治上的使用。但近来用 DNA 重组技术获得具有白蚁特异性内毒素的苏云金芽孢杆菌品系，并与微胶囊技术结合，在白蚁防治方面呈现较好的前景。

3.2.5　昆虫真菌

昆虫病原真菌是微生物防治白蚁研究的焦点，目前已发现 20 多种真菌与白蚁有不同程度的寄生关系。真菌寄生白蚁的报道最早见于 20 世纪 60 年代，此后一直受到比较多的关注，特别是在一些化学杀虫剂被禁用以后，越来越多的研究者开始涉足该领域。国外有报道从大白蚁 *Macrotermes subhyalinus* 中分离出了病原真菌 *Cordycepioideus bisporus* 菌株，并在实验室内评价了它和 *Paecilomyces fumosoroseus* 菌株防治 *M. subhyalinus* 的效果。也有人从土壤中分离出了冠状耳霉，并研究了这种病原真菌对曲颚乳白蚁的作用效果。我国的李雄生等人在饲养台湾乳白蚁的过程中发现一种虫霉菌 *Entomophthora* sp.，在室内对台湾乳白蚁具有相当高的致病力。然而，目前国内利用真菌防治白蚁大多还处于实验室阶段，筛选出的毒力较高的主要有白僵菌、绿僵菌和黄曲菌。在这三类真菌中，关于球孢白僵菌和金龟子绿僵菌的研究较多，已呈现出一定的应用前景。

研究发现，对台湾乳白蚁致病力高的菌种有从松毛线虫尸体分离出的白僵菌。其在室内实验的结果比较理想，但在野外的效果不佳，原因是白蚁巢体的二氧化碳浓度较高，对白僵菌的生长有抑制作用。单纯白僵菌处理巢群的死亡率仅为28.6%，而添加增效剂的白僵菌药剂的死亡率最低是66.7%，最高达87.5%，平均为73.1%；利用白僵菌灭治乳白蚁野外试验结果证明，单纯的白僵菌粉不足以破坏巢群的抵御能力，除了添加对白蚁有破坏性的增效剂外，还需添加一定量的引诱剂，如松花粉之类。室内对黑翅土白蚁具有很强的毒杀作用，在林间防治效果不理想，白僵菌处理的白蚁死亡率仅达32.1%。

室内测定结果显示，用绿僵菌粉感染白蚁，4～9天能使供试白蚁全部死亡，而大量死亡发生在第3～4天。绿僵菌对黑翅土白蚁室内具有很强的毒杀作用，但在野外未表现出防效。华中农业大学首先在野外分离了金龟子绿僵菌新变种武汉株Lj01，通过白蚁取食将Lj01带入蚁巢，Lj01在巢内大量繁殖、流行，最后使整巢白蚁死亡。广东省昆虫研究所利用金龟子绿僵菌等病原真菌治理家白蚁，效果显著，并于2003年申请了国家专利。

研究发现，室内培养的一种虫霉菌 *Entomophthora* sp.对乳白蚁具有相当高的致病力，但两年的现场试验结果表明，培养的虫霉菌在野外不能有效地使白蚁发病。

在国外，大家最为关注的仍然是金龟子绿僵菌和球孢白僵菌，相关研究主要涉及以下三方面。一是绿僵菌和白僵菌（不同菌株）对不同种白蚁的致病力及防治效果的测定与评价。通过三种不同的感染方法用绿僵菌和白僵菌处理黑翅土白蚁成虫，均取得了比较好的室内毒力测定结果，但将这两种真菌应用于林业生产中防治黑翅土白蚁仍有许多难题需要进一步研究与克服。

尽管利用致病性真菌防治白蚁的研究资料相当丰富，但到目前为止，除了使用大量的金龟子绿僵菌分生孢子处理土垅白蚁比较成功外，在真菌防治白蚁的研究和应用方面仍然缺少足够的野外有效数据。成功而广泛地应用病原真菌来防治白蚁仍有一些问题需要探讨和解决。

3.2.6　昆虫病毒

昆虫病毒就是以昆虫作为宿主并在宿主种群中引发流行病的病毒。它能在昆虫体内进行从一个细胞进入另一个细胞或从一个个体进入另一个个体的水平传播，也能进行病毒核酸自我复制的垂直传播。因为病毒是昆虫的特异性病原，可视为昆虫的天敌，故在日本文献中称昆虫的病原病毒为天敌病毒。

据资料统计，1949 年可感染昆虫的病毒约 100 种；1960 年增加到 200 种；1975 年 David 列出昆虫与螨类的病毒为 721 种；1977 年 Martignoin 和 Iwai 列出感染昆虫和螨类的病毒达 1000 多种；1979 年福原敏彦归纳为 849 种；1984 年刘岱岳先生编写的《无脊椎动物病毒名录》中，记载了国内外从 11 目 900 多种昆虫中发现的 1300 多种病毒和病毒样粒子。

核型多角体病毒（NPV）是一类在昆虫细胞核内增殖的、具有蛋白质包涵体的杆状病毒。它的数量在昆虫病毒中占首位。例如，在我国已报道的 290 余种昆虫病毒中，NPV 占 212 种。质型多角体病毒（CPV）是指一类在昆虫细胞质内增殖的、具有蛋白质包涵体的球状病毒。全世界记载的 CPV 宿主已超过 200 种。在我国，已报道的有 20 种，其中研究得最多的是家蚕 CPV。此外还有马尾松毛虫 CPV、油松毛虫 CPV、茶毛虫 CPV、棉铃虫 CPV、舞毒蛾 CPV、小地老虎 CPV 和黄地老虎 CPV 等。

目前，白蚁防治专家对一些昆虫病毒致死白蚁的效果进行了研究。谢鸣荣等人从死亡的黑翅土白蚁体内分离到了一种属于微核糖核酸科的昆虫病毒，将该病毒提纯液（浓度为 10^9 个/ml）配制成诱饵供白蚁取食时，所有供试白蚁均在 7 天后得病死亡。对得病死亡白蚁所做的电镜检查结果表明，虫体内含有供试的病毒颗粒，证明白蚁是被该病毒感染致死。在国外，从鼻白蚁科乳白蚁属的白蚁 *Coptotermes lacteus*（Froggatt）体内分离到了一种可致该种白蚁染病的病毒，这种病毒与导致蜜蜂急性麻痹的病毒相似。从灰翅夜蛾体内分离得到的一种核型多角体病毒对欧洲木白蚁的室内巢群具有较强的感染性，被病毒感染的白蚁会在 2～10 天内死亡。进一步的组织形态学研究结果表明，该种病毒主要感染欧洲木白蚁的前肠、贲门瓣、幽门瓣、后肠、肠道肌肉、脂肪体、神经组织、肌肉、输卵管、有翅芽的若蚁、气管皮膜组织、马氏管和真皮等，对中肠的感染能力有限。不过，当白蚁被病毒严重感染时，其中肠上皮细胞会脱落到肠腔液中。因此，可利用这种核型多角体病毒在现场防治欧洲木白蚁，但现场防治效果有待进一步研究。

菜青虫颗粒体病毒分属杆状病毒科颗粒体病毒属，是一种双链 DNA 包涵体病毒。病毒包涵体对自然环境有较高的抵抗力，可以通过菜青虫幼虫活体增殖大量获得，经过适当的制剂加工，生产出菜青虫颗粒体病毒杀虫剂，用于田间菜青虫的防治，效果非常显著。质型多角体病毒属呼肠孤病毒科质型多角体病毒属，能专一性地感染昆虫中肠上皮细胞。马尾松毛虫质型多角体病毒是我国特有的种类，其防治松毛虫效果显著，为松毛虫综合管理做出了巨大的贡献。研究结果表明，不同种类的昆虫病毒提取液甚至同种昆虫病毒的不同浓度，对台湾乳白蚁的致死效果差别很大。其中，以菜青虫颗粒体病毒的致死效果最好，尤其是稀释至 100 倍和 10000 倍时，对白蚁的致死率可达到 100%。同时，松毛虫核型多角体病毒对白蚁也有一定的致死效果，但致死白蚁所需的时间相对较长，不能快速灭治。另外三种病毒（棉铃虫核型多角体病毒、茶尺蠖核型多角体病毒、甜菜夜蛾核型多角体病毒）对白蚁的致死效果极差。奥绿 1 号悬浮剂是新型的生物杀虫剂，有效成分由苜蓿银纹夜蛾核型多角体病毒。已有的研究发现，奥绿 1 号制剂能有效地防治多种农业害虫，且对环境友好。室内试验结果表明，奥绿 1 号制剂的 500 倍、1000 倍和 1500 倍液对台湾乳白蚁有良好的致死效果。虽然菜青虫颗粒体病毒、松毛虫核型多角体病毒和苜蓿银纹夜蛾核型多角体病毒在室内对白蚁有一定的致死效果，但由于白蚁巢群具有很强的防疫机制，它们在现场条件下是否对白蚁具有致死效果，仍有待进一步研究。另外，病毒对白蚁的致死作用较慢，如果要将其用于白蚁防治，还需提高其作用速度。

Fazairy 和 Hassan 利用从灰翅夜蛾蛹中分离出的一种核型多角体病毒成功地感染了欧洲木白蚁。谢鸣荣等人利用一种呈二十面体对称结构的白蚁病毒及其与虫生真菌的复合制剂感染黑翅土白蚁，在室内外均取得了比较理想的结果。但他们认为，这种病毒复合制剂仅能在实验室和野外小范围内进行试用，若要批量生产，尚需进一步研究。能否入侵靶标害虫是影响病毒防治效果的主要因子，用病毒感染生活在隐蔽环境的白蚁较感染直接取食寄主植物叶片的害虫要困难得多。

目前，国内外有关病毒防治白蚁的研究比较少。到目前为止，病毒防治白蚁的研究仍局限于室内试验，野外试验尚未开展，因为病毒本身的一些缺陷（如靶标害虫死亡较慢、病毒持效性受环境因子影响大、病毒大量复制受活体寄主昆虫或组织培养的限制、成本较高等）限制它的开发和应用。在今后的研究工作中，应加强病毒产品（如病毒饵剂）的研究，以便为生产上的白蚁防治工作提供新的手段。

应用前景分析

尽管生物防治的研究较为活跃，但是同类制剂的室内试验和野外试验结果差异较大，因此白蚁生物制剂的开发仍处于试验阶段。究其原因，主要有以下几点。

（1）室内试验与野外试验环境因素的差异影响。室内试验无法完全模拟野外环境，不同环境中的温湿度、pH值、光照都影响着试验结果。一般的生物实验室均配备了良好的空调、通风、除湿等设备，具有相对恒定的环境状态；而野外试验场地多设在树林、灌木丛中，受天气影响较大，环境因素不稳定。如室内培养的散白蚁的最适温度为24～28℃，乳白蚁为26～30℃，一般室内试验过程可以保持温度恒定。但是在野外试验中，试验制剂一般暴露在自然环境下，与化学试剂不同，无论是细菌、病毒、线虫，还是真菌，长时间暴露在自然环境中势必其致病性受到影响。

（2）室内试验与野外试验空间因素的差异影响。室内试验的白蚁居住空间较小，现在的白蚁室内试验一般以使用培养皿、培养箱为主。一般室内的培养箱仅有100cm×50cm×50cm，即使是药剂的最低致死浓度，也很容易感染每只目标白蚁个体。过小的空间使白蚁没有远离致病源的可能性，更有利于病原体的传播。

（3）生物制剂本身的制约。较之化学制剂，生物制剂更容易受外界条件的影响而分解。绿僵菌产生具有杀虫活动的代谢毒素，其小分子毒素的产量受温度、光照、辐射和pH值的影响较大，而高分子毒素之间互相作用较为复杂，因此在野外土壤环境中表现不稳定。而且，真菌在完全黑暗条件下很少产孢子，限制其在实际防治中的应用。

（4）白蚁群体防御行为机制的影响。白蚁的生活环境较农业害虫更加隐蔽，因此一般农业害虫的防治方法并不完全适合用于防治白蚁。病原体在外界环境下一般不易被隔离，且对整个受害区域可以用喷洒的方式全面散播。但是白蚁巢结构较复杂，空间及群体均较大，仅依靠白蚁个体的相互传染达到病原体在白蚁巢中的全面传播基本不可实现。白蚁较为复杂的社会组织方式也加大了病原体传播的难度，在野外环境下，白蚁可以更好地发挥抵御机制。在线虫防治白蚁的试验中，如果白蚁巢的子巢较多，白蚁会很快转移到没有被感染的巢区，并将感染区隔离开。绿僵菌的试验中，用致死浓度的孢子悬浮液处理不同数量的白蚁群体时，其存活率会随着个体数量的增加而上升。除非将病原体直接施放到蚁巢内部，否则很难在野外条件下用真菌或真菌制剂持续有效地控制白蚁种群。

目前的研究表明，白蚁的生物防治如果要达到既定目标，所需要的技术应比预期更加复杂，这就需要在今后的研究中进行诸多改变。具体策略主要有：

（1）设计更合理的试验方案。目前的室内试验仅能反映生物制剂的部分效果，如何减少室内试验与野外试验的差异，是今后白蚁试验方案设计中考虑的方向。针对每种生物制剂的特性，结合对象白蚁的生存环境、习性、生理等生物生态学特点，尽量减少试验的不准确性。

（2）加大微观研究。随着生物学研究的不断深入，传统技术已经不能完全适应研究的需要。近年来，有关白蚁的分子生物学研究逐渐兴起。一种转基因的阴沟肠杆菌的室内试验结果显示，菌株能够在白蚁肠道中存在11周，并建立1个稳固的群落，转基因大大提高了菌株的存活时间。今后白蚁生物研究的技术手段也应从分子层面入手。如目前有关白蚁病原真菌菌株的筛选进展迟缓，目标主要集中在现有的病原真菌种类上，而忽视了白蚁共生菌种。如何对白蚁菌圃中的优势真菌种类加以改造利用，应是今后菌株筛选的方向之一。

尽管白蚁生物防治的实际应用研究进展缓慢，但是对人居环境的日益重视要求未来白蚁防治技术必须朝着环保的方向发展。2012年出台的《全国白蚁防治事业"十二五"发展规划纲要》指出，在未来，我国的白蚁防治事业中要减少污染，保护生态环境。因此，加大白蚁生物防治技术的研究力度、保证在实际应用中发挥更为环境友好的效果、继续筛选高效的病原体株系、根据白蚁的行为机制设计更加合适的防治方案是今后生物防治研究的重点工作。

尽管多数白蚁生物防治的工作目前还处于实验室研究阶段，野外测验结果不太理想，但环保、无公害的特点决定其必将成为未来白蚁防治工作的一个重要发展方向。在今后的研究中，有必要在以下几方面进行改进。

（1）白僵菌、绿僵菌可使感染害虫产生独特的硬化病变体。但对于白蚁，在硬化病早期，群体内白蚁对病菌的存在变得高度敏感，强烈的逃避本能使白蚁丢弃被感染的蚁路和食物源，这种行为阻碍了致病真菌在白蚁防治上的使用。

（2）对于细菌，如苏云金芽孢杆菌，当工蚁吞食含内毒素的食物时，它能杀死大多数直接接触的个体。但白蚁不能通过交哺作用把活的内毒素或晶体从感染个体上传递给其他白蚁个体，所以兵蚁和其他品级白蚁大部分不被影响。同时，苏云金芽孢杆菌感染后死亡的尸体很快会化脓腐烂，未被感染的工蚁移走这些尸体；如果某地点工蚁尸体太多，会产生大量的驱避性腐烂物，从而使同巢其他白蚁放弃这个活动场所。另外，食料中剩下的大量苏云金芽孢杆菌因为经过一定时间已失去活力，所以它对重新占用已被放弃的活动场所的白蚁几乎是无效或无威胁的。尽管苏云金芽孢杆菌作为单剂单独使用防治白蚁的效果较差，但是不同的苏云金芽孢杆菌菌株与其他生物制剂混合使用可以获得很好的效果，特别是当接种到特殊设计的白蚁监测站中时。例如，苏云金芽孢杆菌与病毒、苏云金芽孢杆菌与线虫混合使用时会有增效作用。同样，苏云金芽孢杆菌与无毒或毒性低的化合药物（如硼酸、硼酸盐、氯化钾和柠檬酸钠等）混合使用时有增效作用。

（3）病毒是寄主专一性的寄生菌，不能在寄主体外繁殖。在寄主体内，当病毒破坏寄主细胞时，它能利用每个细胞的遗传物质来复制自己，这样就能使寄主体内液化。当感染生物死亡时，它们的尸体变得很脆弱，一旦被其他生物体碰触，就会破裂。尸体内部的液体包含着大量被复制的病毒，这些液体会溅出来，使其他个体也被感染。病毒用于白蚁防治中，唯一的缺陷就是其毒力有限。

（4）线虫在接种的蚁群中的毒力足以导致100％的死亡率，但如果在白蚁监测站中只接种一次，线虫的毒杀效果会受到限制，从而不能消灭整个蚁群。因为线虫不能寄生于白蚁危害目标的结构和植物中，例如活的树和灌木，所以只有在4个月内达到12～20次重复接种才能消灭整个蚁群。缓慢地发病和死亡是线虫感染的一个重要特征。一旦白蚁被感染，它会在数小时到数天内继续在蚁群中活动，这样线虫的传播范围将远远大于接种点。当被感染白蚁死亡后，其尸体不化脓，因此不会因产生化学物质而被其他未被感染的工蚁搬运和移除。相反，保留在蚁道或蚁巢内的白蚁尸体会变成超大个体，里面培育了一批新的线虫，随后会被释放出来感染蚁群内的其他白蚁个体。由于蚁群内超大个体的尸体会释放出一批批新的传染性线虫幼虫，其周围附近的白蚁包括繁殖蚁和兵蚁将会成为新的感染目标。线虫不会刺激白蚁产生复杂的本能的躲避行为。即使被感染的白蚁个体数量比较少，在蚁群内重复接种线虫，久而久之将会令蚁群根除。与其他生物制剂一样，用线虫制剂来防治白蚁也是有缺点的。这几年困扰白蚁生物学家的难题是如何使线虫在土里与在培养皿中起同样好的效果。使用线虫防治白蚁需要克服以下困难：①确保宿主（白蚁）与寄生物（线虫）接触；②使宿主（白蚁）不能逃跑；③确保线虫感染白蚁的环境条件（如温度、湿度及光照等）是最佳的；④解决行为和环境障碍，这些障碍会限制宿主范围、破坏感染过程、对防治效果有害无益以及导致杀虫活性范围变窄。在建筑物周围的土壤中常采用药饵法来控制白蚁，但由于不能克服上述的障碍，所以在土壤中使用线虫防治白蚁是不可行的。一种用线虫防治白蚁的有效方法是接种。向白蚁接种有毒物始于20世纪80年代后期，先令大量工蚁染上有毒物，再把它们释放回蚁群中。

随着环境友好、绿色健康等环保意识的增强和相关防止持久性有机污染物公约的出台，世界各国的白蚁防治人员都在积极寻求效力持久且环境污染最少的白蚁绿色防治技术。充分利用现代信息技术和生物技术，以最小的环境代价来防治白蚁，将是努力的方向，相信在不久的将来，生物防治技术会在白蚁防治工作中得到广泛的应用。

4　物理防治

物理防治的概念、原理及应用现状

物理防治是指利用光、高温、冷冻、高压、物理材料、人工手段等物理方法来防治白蚁。物理防治包括物理预防和物理灭治两个方面。物理预防是指利用砂粒、金属和塑料材料等构筑物理屏障来阻止白蚁侵入的方法。物理灭治是指利用光、高温、低温、电流、人工挖巢等手段来灭杀白蚁的方法。随着人们对环境安全的日益关心，寻求非化学方法来防治白蚁成为趋势，物理防治白蚁技术已得到越来越多的重视。

近年来，物理防治技术在白蚁防治方面的研究与应用取得了一些突破和创新。在研究上，基于白蚁自身上颚和头部宽度限制的形态学特性，在物理屏障预防方法和预防屏障材料上做了深入的研究，验证了物理防治白蚁的可行性；在应用方面，利用各种物理材料开展了广泛的白蚁防治实践，大大减少了白蚁对房屋建筑和水利工程的危害。

据报道，Ebeling 等人于1957年在美国加利福尼亚州首先研究利用砂粒预防散白蚁试验，这是有关物理屏障预防白蚁的最早研究报道，但当时并未得到足够的重视。他们的研究结果表明，砂粒规格可以影响白蚁穿透能力，并得到三种效果较好的物理屏障材料：砂粒、火山岩粒、矿渣粒。后续的研究结果证实，砂粒屏障的确对白蚁入侵具有良好的预防效果。据报道，不锈钢网也能100%阻止白蚁的侵入。

物理屏障预防白蚁技术在全球占有重要的市场份额。在过去的20多年里，澳大利亚、美国夏威夷和加拿大多伦多等地的一些公司先后开发了具商业用途的物理屏障技术。物理屏障预防白蚁在澳大利亚占到房屋建筑预防白蚁市场份额的1/3，在加拿大、美国等地的推广效果也较好。物理屏障成本取决于墙基的周长和进入建筑物的管道的多少，在澳大利亚，费用大约为房屋造价的1%。近年来，澳大利亚、加拿大、美国等国先后开发了具商业用途的物理屏障技术。为了规范物理屏障技术在白蚁防治行业中的应用，澳大利亚政府已颁布了物理屏障法防治白蚁的技术标准——《房屋预防地下白蚁规程》[*Protection of Buildings from Subterranean termites（AS3660）*]，对分级处理的固体颗粒屏障和片状材料屏障的使用提出了具体要求。加拿大某公司推出了采用砂粒屏障预防白蚁的环保住宅，非常受客户欢迎。美国夏威夷大学具有玄武岩抗白蚁屏障生产资格证书，并且能进行大规模生产。

　　我国白蚁防治工作者也开展了大量的固体颗粒屏障预防白蚁技术的研究。李栋教授等人从20世纪60年代开始在荆江大堤开展物理屏障预防白蚁的工作，70年代在广东做了小规模试验，80年代在广东的水库大坝上做了推广应用试验，经过预防处理的大坝8年内未发现白蚁侵入。90年代，李栋教授等人又对乳白蚁做了砂粒阻隔入侵的预防试验，并获得专利。然而，物理屏障成本昂贵、操作上有一定难度，因此，物理屏障预防白蚁技术目前尚未在我国大规模推广应用。近年来，随着人们对环境保护的重视，物理屏障预防白蚁有逐渐为顾客接受的趋势。广东省白蚁学会认为瓷砖是一种较好的物理屏障材料，将瓷砖合理铺设在墙脚线上，能大大减少建筑物内白蚁危害发生的概率；广东省部分水利工程通过高处放水冲积作业、堆积砂质坝基来进行白蚁预防。

　　物理防治技术，特别是物理屏障防治白蚁技术具有预防性好、防御时间长、研发成本低廉、材料安全无污染等优点。物理屏障法中有的方法一次施工有效期特别长，所有花费低于化学屏障法，且没有环境污染，故这种防治方法越来越受到用户的青睐。在实际应用中，有的公司往往综合应用几种方法来预防白蚁，如不锈钢网法、砂粒屏障法、玄武岩屏障法、防护板法、防水薄膜法等。物理防治技术，特别是物理屏障预防白蚁技术在堤坝、建筑物内的伸缩缝、洗手间、厨房、管线等白蚁危害敏感部位应用具有十分可观的前景，在目前作为白蚁综合治理的一部分，可与化学防治、房屋设计、绿化种植等措施结合，实现使用最少剂量的化学药剂而达到有效地保护建筑物的目的。

　　在现阶段，利用物理方法防治白蚁还具有一些缺陷。例如，人工挖巢法对房屋建筑和堤坝破坏性大，需要耗费大量的人力物力，操作难度较大且不易掌握，防治效果不如化学防治方法明显；物理屏障法一次性投入成本高，铺设操作专业性强，需日常维护和检查，而且物理屏障原理是将白蚁和食物隔开，并不能减少白蚁种群数量。但物理防治技术的应用可大大减少化学药物对人类居住和生活环境的污染。因此，物理防治技术是一项绿色环保的、具有广阔应用前景的白蚁防治技术。

物理屏障技术

　　白蚁的工蚁能用口器搬走泥土粒，用来修筑蚁路、蚁巢，或通过混凝土地坪缝隙进入室内危害，而将白蚁口器搬不动的材料（如砂粒、金属网、PVC板、防水薄膜等）设置在建筑物的基础和墙基外缘，把白蚁与食物隔开，或影响白蚁的聚集，使之改变觅食的方向，从而防止白蚁侵入。

　　物理屏障是以砂粒、金属网（套）、PVC护板等材料作为阻止白蚁进入保护对象危害的屏障。物理屏障预防白蚁技术就是利用砂粒、金属网（套）或PVC护板等作为物理或机械屏障来防止白蚁侵入房屋建筑或水利工程内危害的一种白蚁预防技术。该技术是用白蚁难以穿越的物理材料将白蚁与食物隔开，使建筑物免遭白蚁危害，从而达到保护建筑物的目的。该技术不是将接近建筑物的白蚁杀死或驱走，而是让白蚁无法进入或通过，因而是一种与自然更加相融的白蚁预防方法。物理屏障预防技术具有有效期长和对环境无污染的特点，是当前最环保的白蚁预防方法。

目前，应用较为成功的物理屏障预防白蚁技术主要有砂粒屏障法、不锈钢网法、防护板法、防水薄膜法等。

4.2.1 砂粒屏障法

作用原理：白蚁工蚁由于受到自身上颚和头部宽度的限制，穿透屏障的能力与屏障颗粒的粒径有直接关系。当屏障粒径＜1mm时，白蚁可通过口器搬运颗粒而穿透屏障；当1mm＜粒径＜3mm时，由于直径太大或颗粒太重，白蚁无法穿透屏障；当粒径＞3mm时，颗粒间形成的空隙足以让白蚁通过屏障。因此，经过分级处理直径在1～3mm的固体颗粒可以用作白蚁预防的屏障。因此，砂粒屏障法就是一种用砂粒作为阻隔材料来阻止白蚁侵入，从而达到预防白蚁危害效果的白蚁预防方法。

适用范围：房屋建筑地基和一层基础墙内外两侧，水利工程迎水坡、背水坡和坡顶表面，堤坝与山体相接处。

使用方法：将粒径大小合适的砂粒铺在地基四周沟渠、墙基空隙、墙体空腔、围栏地基、廊柱下、护墙底和装饰板里面，形成一道砂粒屏障，就能有效地阻止地下白蚁的侵入。在紧靠墙基的土壤表面或壕沟内，用16目大小的砂粒或火山灰铺成50cm宽的砂带。墙基上砂带的厚度应不小于10cm，且其边缘应与壕沟内的砂带相连。铺砂粒的壕沟，其深为10cm，宽为15cm。砂粒铺好后，还需将砂粒夯紧，以增加砂粒屏障抗白蚁穿透的强度。由于白蚁很容易从窄至0.8mm宽的缝隙中通过，而混凝土墙基中往往存在这样的缝隙，因此，在设置混凝土砂粒屏障时，应在混凝土浇灌前将砂粒或火山灰按要求铺好。

在有混凝土贴地板结构、楼梯、管道、条形基础的新建房屋中，使用混凝土贴地板结构时，砂粒应在板下及在板的周边使用以形成一个屏障，并横跨所有构件连接缝、控制缝和穿过板的入户管道的周围。砂粒屏障在安装时应压紧，使其可以盖住所有的基础区域。在混凝土板下的砂粒，条件允许的情况下应使用电动盘形振荡器进行压实，无法使用机械时，可以使用手动捣棒。在砂粒的深度超过150mm的地方，应分层设置，每层压实后的厚度为100mm。

当砂粒在架空板下使用时，在悬空区域的砂粒的最小厚度为100mm。木柱和杆应完全包在100mm厚的砂粒中。在铺设砂粒屏障的悬空区域，砂粒层应用砌砖、钢制品、铝制品、纤维水泥板围住，或者用柱基和金属丝网围住，有一个安全分隔门，以防止砂粒被污染和防止屏障遭到破坏。

在建筑物周围邻接建筑物的沟中放置砂粒。这个屏障应延伸到地表水平面以下，从基梁的顶端向下至少100mm深，宽度至少有100mm，并在其上进行密封或覆盖。入户管道或类似的穿透物都穿过一个圆孔，圆孔围绕穿透物，与穿透物之间最小间隙通常为25mm。这个圆孔必须用砂粒填实，压实的石块最小深度应为75mm，在下面应用一个用不锈钢或PVC或类似的耐久性、抗腐蚀和抗白蚁的材料制成的密封圈将砂石挡住，密封圈应插入板的下部。

在砂石柱环的顶部应加覆盖物，以免砂石损失或受污染。在混凝土板接缝和伸缩缝部位，都应在其底部铺上一层砂粒屏障或在邻近接缝处的空腔用填实的砂粒进行保护。这个空腔要用压紧后深度至少为75mm、宽度至少为50mm的砂粒填充。在组合砂粒屏障的顶部、底部和末端应用耐久性的连接材料进行覆盖，保证屏障的完整性并防止砂粒外漏。在砂石下的接缝应使用有足够弹性的密封材料进行密封，以确保石块保存在空腔中。连接材料与构件接缝或控制缝的边缘不能分离。在使用砂粒保护安放在地下的木柱或支杆的地方，木柱或支杆的入地部分应用压实的砂粒完全包围起来，砂粒层的宽度为100mm，在木杆或标杆下的深度为100mm。砂粒应延伸到完成的地表水平面以上50mm。

用砂粒代替碎石作混凝土下的基础材料时，所铺砂粒的厚度为15cm，但立柱下不能铺砂粒，因为立柱必须安放在坚实而未遭扰动的土壤上。屏障砂粒还可用作墙基周围的回填土，也可用于地表排水沟。在屋檐与屋顶排水管、房屋四周的排水沟、地表水导流渠的建设中，均可使用屏障砂粒，以减少地表水向壕沟内的渗入。砂粒作为回填土使用时为防止以后沉降，回填过程中应将砂粒夯紧，但不能造成墙基开裂。一栋12.2m×12.2m的房子，如果铺15cm厚的砂粒屏障，其四周壕沟深2.4m的话，砂粒铺在混凝土下作为基础材料时需40m³，铺在壕沟内时则只需18m³。

屋墩和梁柱下面、混凝土墙基下、地基与混凝土走廊、阳台、天井和台阶之间，可用砂粒填塞小缝隙形成屏障。其他可应用砂粒屏障的地方包括围栏柱下面、地下电缆、水管和煤气管道、电话和电线杆、中空瓷砖和挡土墙等处。房屋四周的砂粒屏障带的上面可以不覆盖东西，也可以覆盖石板、砖块或浇灌混凝土，形成人行道。

用于堤坝白蚁预防时，用过筛的粗炉煤渣作坝体表层覆盖物，厚度500mm，按施工要求碾实，然后在煤渣层上覆盖200mm厚的土层，再在土层上贴上草皮。在堤坝与山体连接处挖一条壕沟，然后将粒状材料回填壕沟内，铺成深度5m、宽度0.5m的屏障。

注意事项：预防效果较好的材料类型有砂粒、火山岩粒、玄武岩粒、花岗岩粒、粗煤炉渣、玻璃碎粒等。一些用爆炸方法获得的碎石可用作砂粒屏障。磨碎的火山灰，只要尺寸大小合适，也可用于砂粒屏障。砂粒大小是这种方法能否有效的关键。砂粒太大时，砂粒之间的空隙会成为白蚁爬行的通道；砂粒太小时，白蚁会将砂粒搬走。大量的研究结果表明（见附表2），砂粒的直径须在1~3mm。从诸多试验结果看来，分级处理的固体颗粒屏障试验预防效果非常理想，完全可以阻抗白蚁入侵和创建新的白蚁巢群。其屏障效果与白蚁种类、体型、头部宽度、上颚长度有关；对于同一物理屏障，由于自然件下白蚁体型跨度比室内种群更大，野外种群穿透屏障的能力比室内种群更强。因此，要特别注意固体颗粒的直径大小范围。

商业化应用现状及前景：用于白蚁预防的砂粒在美国和澳大利亚已有商业化生产。Granitgard是澳大利亚财富科学与工业研究组织所属的林业与林产品部研制成功的一种砂粒屏障。用作这种屏障的砂粒具有固定的大小、形状和组成。每批产品均经严格检测，都能顺利通过国家有关实验室的质量测试。按照标准规格生产的Granitgard具有流动性，既可用于混凝土路面，又可用于管道周围。在混凝土路面下和树桩周围，通常铺75mm或

附表2　对不同白蚁种类有效的屏障砂粒大小

地点	白蚁种类	砂粒类型	砂粒大小(mm)
加利福尼亚	*Reticulitermes hesperus*	砂	1～3
		火山灰	6～16目筛
		火山岩渣	6～16目筛
		砂	1.6～2.5
		砂	6～16目筛
		碎砂	12～16目筛
夏威夷	*Coptotermes formosanus*	花岗岩	0.84～2.36
		玄武岩砾石	1.7～2.4
		碎砂	1.40～2.36
		砾石	1.40～2.36
		碎砂	0.18～0.22
澳大利亚	*Coptotermes acinaciformes*	玄武岩或花岗岩	1.6～2.4
	Coptotermes lacteus	玄武岩或花岗岩	1.6～2.4
	Subterranean termite	花岗岩	100%过2.4mm筛 0%～6%过1.7mm筛
德国	*Reticulitermes santonensis*	玻璃碎片	0.5～3.5
		玻璃小球	0.8～3.0
	Hererotermes indicola	玻璃碎片	0.5～3.0
		玻璃小球	0.5～3.0
佛罗里达	*Coptotermes formosanus*	化石珊瑚虫	1.70～2.36
		化石珊瑚虫	1.18～2.80(混合物)
	Reticulitermes flavipes	化石珊瑚虫	1.00～2.36
		化石珊瑚虫	1.18～2.80(混合物)
亚里桑那	*Hererotermes aureus*	园艺沙	1.18～1.70
		玄武岩屏障	1.18～2.36
	Paraneotermes simplicicornis	灰泥沙	2.0～4.0
加拿大	*Reticulitermes flavipes*	水族馆沙	1.40～2.35
		沙滩沙等	2.00～3.35或1～2

100mm厚。检测结果表明,Granitgard作为一种流动的液体屏障,不受土壤类型、温度、湿度和侵蚀的影响,可与其他已批准的白蚁屏障联合使用。

玄武岩是另一种商业化的白蚁屏障砂粒材料。在建筑物与地面之间,铺10cm厚的玄武岩颗粒可构成玄武岩白蚁屏障。屏障中60%以上砂粒的直径应为1.7～2.4mm。玄武岩砂粒很硬,将其均匀地铺在地基上,白蚁既搬不走,又咬不烂,当白蚁遇到这种屏障时,由于不能从中通过,只好避开,这样就起到了阻止白蚁侵入的目的。对于新房子,在建筑的时候,可先将玄武岩砂粒铺在地面形成一道屏障,然后在其上面浇灌混凝土。对已建好的房子,则可先在其四周挖一条壕沟,然后将玄武岩砂粒回填在壕沟内,形成砂粒屏障。对单独的木桩和立柱也可采用这一办法来预防白蚁。目前在美国夏威夷,已有大规模的玄武岩砂粒生产。

砂粒屏障法在许多地方已经得到广泛的应用。美国加利福尼亚的害虫防治人员测试发现砂粒屏障防白蚁的效果比化学预防要好15%以上。研究结果还显示，直径1.4～2.8mm的砂粒多于50%、1.4mm以下的砂粒少于25%时，粗砂对白蚁也具有较好的屏障作用。澳大利亚标准中规定作为白蚁屏障而使用的砂粒应满足以下条件：砂粒的成分为火成岩或变质岩；取自可靠的石料来源，其干湿度变化不超过35%；石粒尺寸统一在直径1.7～2.4mm，可以100%通过2.36mm筛，通过1.18mm筛的少于10%。

随着砂粒材料加工技术的提升和砂粒屏障法应用示范工作的推进，砂粒屏障法将在白蚁防治工作中得到越来越多的应用。

优缺点：优点是持效长，对环境无污染；缺点是材料成本较高，施工较复杂，只适用于预防通过土壤穿透进入的白蚁。目前国内无砂粒屏障法的施工技术规范或标准。

4.2.2　不锈钢网法

作用原理：这是一种以不锈钢网作为阻隔材料来预防白蚁入侵建筑物危害的白蚁预防方法。因为白蚁只能从直径为1mm以上的孔隙中穿过，因此当不锈钢网的网孔直径小于1mm（通常为0.5mm）时，就可阻止白蚁通过，从而达到预防白蚁危害的目的。

适用范围：房屋建筑地基和一层基础墙内外两侧，水利工程迎水坡、背水坡和坡顶表面，堤坝与山体相接处。

使用方法：不锈钢网可以在贴地的混凝土板结构、悬空板或柱结构中使用。不锈钢网的规格应符合下列条件：网的类型为丝织机编织完好的金属网；不锈钢的等级应是304或316；钢丝的直径最小为0.18mm；最大的孔径尺寸为0.66mm×0.45mm。不锈钢网应重点安装在建筑物中白蚁可能进入的位置。不锈钢网带应黏贴在混凝土板上（垂直槽口表面、叶饰下的表面、墙架上），在通过中空部位（假如有的话）时应向下悬垂，同外砖石墙结合在一起，并与其外表面齐平，保证形成一个完整的抵抗白蚁进入的系统。

在贯穿部位安装时，有折边的50mm宽环形不锈钢网应用不锈钢管夹固定在贯穿板的入户管道上，并且埋入混凝土板中。在构件接缝和伸缩缝安装时，应在两块板间的构件接缝或混凝土板伸缩缝下防潮屏障膜之上放置一条与房屋四周保护屏障相连的不锈钢网，在缝下应有15mm宽的Z字形折叠。网缘应折起25mm并浇铸入混凝土板中，同时在网的上部放置防潮屏障膜或类似材料，以防止混凝土浆和网折叠处粘连。使用这种方式形成的不锈钢网屏障应延伸到接合处的全长和边缘，和保护房屋周边的白蚁屏障共同发挥作用。在管道和服务设施都完工后，不锈钢网应紧密地铺在准备好的区域的防潮屏障上，并形成一个联合的屏障，完成对内梁和外墙梁的保护。

注意事项：应选择网孔小于5mm的不锈钢网作为屏障材料。安装时，应将不锈钢网紧贴在被保护的部位，折边处应密接，不留下任何可供白蚁进入的缝隙。安装好后，任何后续施工不得破坏不锈钢网的连续性，以免给白蚁入侵造成机会。

商业化应用现状及前景：住宅和商用建筑中的白蚁防治很容易通过不锈钢网来实现。

目前，澳大利亚的 Termi-Mesh 有限公司研制了用于建筑物白蚁防治的不锈钢网。制作 Termi-Mesh 材料的是优质的 316 造船舶用等级不锈钢，它们不仅非常坚硬，而且还抗氧化和侵蚀，白蚁既不能穿透，也不能吃掉和损坏。

Termi-Mesh 的网孔非常小，直径只有 0.5mm。这样小的孔足以阻止白蚁从中穿过。它们与混凝土结合在一起使用。建房时，先将不锈钢网铺在地基上，然后在其上面浇灌混凝土。白蚁能从直径为 1mm 的孔隙中挤过去。既然白蚁屏障的目的是阻止白蚁的侵入，那么屏障材料适合不同类型的建筑物就十分关键。Termi-Mesh 系统具有相当大的灵活性，能有效地封住建筑内所有的白蚁侵入点。

在澳大利亚做的加速侵蚀实验和野外试验结果表明，Termi-Mesh 系统对白蚁的预防效果可达 50 年以上。埋在地基中的 Termi-Mesh 材料损坏后，不需修补也不需替换。Termi-Mesh 系统材料的价格取决于墙基的周长和进入建筑物的管道的多少，但总的费用通常低于房屋造价的 1%。这种系统虽然在美国本土使用的时间还不长，但在澳大利亚和夏威夷，已被白蚁防治公司使用了许多年。目前 22 个国家批准了 Termi-Mesh 公司对 Termi-Mesh 系统的专利申请，新加坡、日本和美国的一些建筑业者，在建造房屋时，已使用这种系统来预防白蚁危害。

不锈钢网屏障的构筑，对白蚁的阻抗效能可达 100%，预防时限能超过 50 年以上，且埋在地基中的不锈钢网具有抗氧化、抗腐蚀、坚固等特点，既不需修补又不需替换。其工程费用与房屋造价之比和楼层高低成反比。一般而言，对于低层建筑，其比值低于 1%；对于 15 层以上高层建筑，其比值可低于 0.1%。

优缺点：优点是预防白蚁的持效时间长，材料对环境无污染、对人安全无害；缺点是施工较复杂，目前国内尚无不锈钢网预防白蚁的技术规范或标准，并且一次性投入的材料与施工成本较高。

4.2.3　防护板法

作用原理：这是一种以金属板或 PVC 板作为阻隔材料来预防白蚁入侵建筑物危害的白蚁预防方法。处理时，将金属板和 PVC 板铺在墙基、柱墩、树桩等部位，将建筑物上部与地基隔开，起到预防白蚁侵入的作用。有时挡板还具有白蚁探测装置的功能，当白蚁到达挡板处时，不得不改变入侵路线，从隐蔽处通向明处，便于人们及时发现。金属板和 PVC 板还可隔离土壤中的湿气，使与地面接触的木结构不易受潮和腐烂，这样就减少了白蚁和其他害虫的机会。

适用范围：通常承受墙体重量的挡板用金属板；贴脚线的挡板用 PVC 板。金属板屏障必须焊接密实，不能有缝隙存在，且只能用于新建建筑；PVC 板可用于新建建筑或已建成的建筑。

使用方法：挡板与混凝土或条石结合使用时，先将薄挡板铺在墙基上，然后将边缘弯成 45° 角。挡板的安装必须牢固，所有部位应仔细封好，不留空隙，并定期进行检查。

注意事项：金属板虽然耐腐蚀、耐氧化，但易生锈；而 PVC 板安装方便，省工省力，但容易老化、变脆而失去预防效果。

商业化应用现状及前景：目前，生产上用来预防白蚁入侵的金属板和PVC板主要有以下三种。

（1）薄片型白蚁屏障。这种白蚁屏障由坚硬的PVC、铝、不锈钢或机制不锈钢网制成。将抗白蚁的薄片型材料铺在混凝土板与外墙的外表面间，形成一道连续的屏障。不过，它们不能保护空心墙砖的基础。也就是说，如果白蚁从未受保护的这些部位侵入的话，仍能对建筑物造成危害。

（2）铜质白蚁挡板。这种薄片型挡板由铜板制成，每块大小为305cm×46cm。挡板的折边长305cm、宽0.64cm，折边向下弯与板面呈45°角。这种挡板是加拿大多伦多地区最早用于房屋白蚁防治的物理屏障，该地区的土壤含砂量高，渗水性强。为了完全阻挡白蚁侵入，安装时应根据需要对铜质薄片进行切割和焊接。在墩、柱、管道等处，可将铜片制成帽状、裙状等，以使其完全覆盖。但要注意的是，挡板与管道、柱、墩相接处应紧紧扎牢，不留空隙，并定期进行检查。不过使用一段时间后，铜片表面会形成一层绿色的铜锈。在铜片生锈的情况下，人们仍选择铜作挡板材料的原因，一是其与不锈钢相比更易切割、弯曲和焊接，二是它比电镀金属片更耐腐蚀和氧化。

（3）Red Stop白蚁挡板。它是预防白蚁侵入最有效的物理屏障，不仅安装简便，而且省工省力。

另外，P. I. M. Development公司开发了一种可拆卸墙脚板，并注册了商标。该板由PVC材料制成，形状类似木贴脚线板，可以随时拆下，检查有无白蚁活动，一旦发现白蚁，可以及时采取措施而不损伤原有建筑。该板使墙体与地板之间形成了一个8cm的屏障。该板可以用于新建建筑和已建建筑的白蚁预防。

此外，澳大利亚还建立了金属板和PVC板用于白蚁预防的技术标准，在该标准中，对用于白蚁预防的挡板材料及其规格提出了具体的要求：镀锌钢板，最小厚度为0.50mm；锌钢板，最小厚度为0.50mm；薄铜板，最小厚度为0.40mm；不锈钢板，最小厚度为0.40mm；铝合金板，最小厚度为0.50mm；铜锌合金板，最小厚度为0.50mm。

优缺点：优点是持效时间较长、施工简单、对环境无污染；缺点是只适用于柱基础、地基和墙体等处，不适合大面积的应用，同时使用材料的成本较高。

4.2.4　防水薄膜法

作用原理：这是一种以防水薄膜作为阻隔材料来预防白蚁入侵建筑物危害的白蚁预防方法。用于外墙基防水的橡胶沥青薄膜和其他含沥青的薄膜，都具有一定的抗白蚁穿透的能力，如果铺设合理，这些薄膜可起到阻止白蚁侵入的屏障作用。

适用范围：新建房屋建筑的墙基和房顶。

使用方法：先将地面和楼顶面弄平，铺上防水薄膜，再浇上混凝土。铺设时，每片之间衔接好，四周留出50cm宽的褶边，使其上折，结合进墙体中，形成连续、一体化的防白蚁屏障。

注意事项：使用防水薄膜时，要与地面或顶楼面紧密结合，并形成连续的屏障，否则达不到预防白蚁的效果。

商业化应用现状及前景：防水薄膜法在澳大利亚、加拿大已有一定的应用。在加拿大多伦多，市场上有两种类型的防水薄膜。一种是通常用于屋顶防水的黏贴型沥青膜；另一种是填埋型橡胶沥青膜。黏贴型沥青膜使用起来十分方便，特别是对用量较小的缝隙而言更是适宜；填埋型橡胶沥青膜由于能与混凝土表面紧密结合，因此密封性可能更好。

优缺点：优点是沥青薄膜取材方便，操作简单，成本低廉，污染小，阻抗白蚁的效果明显；缺点是只适合房屋建筑部分部位的白蚁预防，且对白蚁的预防效果会随着时间的推移下降，因为经历较长的时间后，橡胶沥青膜会逐渐老化而出现裂缝，这些裂缝就会成为白蚁入侵的通道。

物理灭治技术

4.3.1 高温处理法

作用原理：昆虫在45℃及以上高温环境中易失水死亡，通过加热，使白蚁所处的环境温度达到45℃及以上，并持续一段时间，导致该环境中的白蚁失水而死亡。

适用范围：小型建筑物、家具及其他木制品。

使用方法：先用尼龙布罩住整座建筑物，移开建筑物内不耐热的物品，用水流对塑料自来水管进行保护，然后用鼓风机将45～50℃的热空气吹入建筑物内，持续处理35～60min，即可100%杀死建筑物内的白蚁。

这种方法的关键在于热气要到达白蚁危害区域并持续一定的时间，因此处理环境要密封好，鼓风机吹入的热气不能外泄；热处理时间与环境中的物体数量有关，物体数量多时，为了使环境中的物体能吸收到足够的热量，需处理较长的时间，特别是物体较大时，处理的时间需更长。

注意事项：在高温条件下，塑料制品容易损坏，处理前需特别注意；高温对人体皮肤有伤害作用，处理时人不得进入处理环境，检查人员需等处理环境的温度下降到与周围环境一样后才能进入。

优缺点：优点是处理时间短，一般不超过6小时；不使用化学药剂，处理后不久即可住人。缺点是对木材或室内热敏物品可能有损害，同时不能保证建筑物以后不遭白蚁危害。

4.3.2 微波处理法

作用原理：微波处理法是将多个微波发生器对着有白蚁的墙面或物体，利用遥控开关控制微波发生器，利用微波产生的热量来杀死干木白蚁，是防治干木白蚁的一种新方法。微波是一种波长较短的高频电磁波，其波长范围为1mm～1m，主要利用微波所产生的热效应和生物效应起作用。热效应是指在微波能量场的作用下，极性高度变化，物体内部电子激烈运动后产生热量，由于白蚁体内的水分含量较高，受到电磁波辐射后，白蚁体温的升高速度比木材要快，当升至一定温度时，白蚁即死亡。生物效应则是由于分子的激烈振动，体内细胞的正负极向发生改变而破坏了内部结构，引起白蚁不育、胚胎畸形或死亡。

适用范围：房屋建筑内干木白蚁危害的处理。

使用方法：将多个微波发生器对着有干木白蚁危害的木结构进行处理。处理完一块木结构后，将可移动的微波发生器移至另一块木结构再继续处理。此法一次能处理0.3～1.2m长的范围，处理时间为10～30min，杀虫效率为89％～98％。尽可能将微波发生器靠近需处理的木结构，使木结构尽可能在短时间内吸收到足够多的热量，从而达到100％地杀死木结构内白蚁的目的。

注意事项：根据被处理木块的厚度和微波的功率大小，确定处理时间。如果处理时间不够，木结构吸收的热量会达不到致死白蚁的温度。另外，微波对人和动物的健康有害，处理时微波发生器不能对准人和动物，以免影响人和动物的健康。

优缺点：优点是不需钻孔，微波就能到达白蚁危害的地方杀死白蚁；缺点是在封闭或狭小的地方，这种方法缺乏可操作性。此外，这种处理方法会消耗较多的能源，一般只将这种方法用于处理干木白蚁危害程度较轻的木材。

4.3.3　冷冻处理法

作用原理：冷冻处理法是运用液态氮将白蚁危害区域的温度迅速降到-29℃，使白蚁体内的细胞迅速结冰而失去活性，从而达到冻死干木白蚁的目的。

适用范围：适用于干木白蚁危害的处理。

使用方法：冷冻处理法的使用方法与高温处理法基本相同。处理时，先用尼龙布罩住整座建筑物，移开建筑物内不耐冻的物品，然后通过输送管将液氮释放进建筑物内，持续处理35～60min，即可100％杀死建筑物内的白蚁。冷冻处理法的关键在于保持环境温度处于白蚁致死温度一段时间，使白蚁体内的细胞处于结冰状态，从而达到使白蚁体内细胞失去活性的目的。

注意事项：冷冻处理法对体积较小且耐低温的物体具有较好的应用效果，但是对较大建筑物或有玻璃的建筑无实用价值，并且低温会导致玻璃冻碎。处理完后，人进入处理场所前，需通过开门窗等措施将处理区的温度调整到与周围环境的温度一致。

优缺点：优点是灭杀白蚁速度快，对环境污染小；缺点是成本高、操作麻烦，处理不当存在安全风险。

4.3.4　电击处理法

作用原理：电枪能释放90000V高压、60000Hz高频的低强度（约0.5A）电流，将木材内的白蚁杀死。

适用范围：适用于干木白蚁危害的处理。

使用方法：处理时，将电枪头放在需处理的木块表面或木板内，释放电流，持续处理

2～30min。处理的木板白蚁死亡率为44%～98%，一次可处理1.0～1.3m长的木板。需将电枪头放进木板内，每隔1.0m电击处理一次，每点处理时间根据木板厚度而定，木板厚，处理的时间长，木板薄，处理的时间可略短。

注意事项：电枪在工作过程中会释放高压，使用电枪时，电枪头不得与人和宠物接触。同时，操作过程要小心，以免发生误触电的安全事故。

优缺点：优点是设备可移动，便于携带，不会破坏建筑物，对人也不会造成危害。缺点是作用面积较小，操作麻烦，施工效率低。

4.3.5 挖巢法

作用原理：挖巢法是指采用人工的方式直接挖除白蚁的巢穴，从而达到防治白蚁的一种方法。一些白蚁（如乳白蚁、土白蚁、大白蚁等）会建造大型的巢穴供自己居住。采用人工方法将巢挖开，去除蚁王、蚁后，就可以完全消灭群体内无补充繁殖蚁的土白蚁和大白蚁巢群；但对于群体内有补充繁殖蚁的乳白蚁巢群，则只能暂时降低其种群密度。

适用范围：适用于筑大型巢的白蚁危害处理，特别是适用于堤坝上大型土栖白蚁巢的处理。

使用方法：人工挖巢时，主要是循白蚁的蚁道来追踪白蚁主巢。土栖白蚁挖巢的具体做法有：

（1）从泥被、泥线找蚁道。在发现泥被、泥线的地方，铲去1m²左右的草皮，然后用小刀不断切削泥皮，找到半月形小蚁道后，先用喷粉器将白色滑石粉喷进去，或用细草茎插入小蚁道内，再沿着白粉或细草茎追挖出拱形的主蚁道。只要做到耐心细致，在均质黄黏土的堤坝上一般都能追挖出主蚁道。但是，堤坝的土质若为风化土或砂壤土，则从泥被、泥线追踪主蚁道就相当困难，在追挖过程中，往往会由于土质松散而迷失方向。还有一种情况，即大坝表层的一定厚度是用代替料（砂石、泥土的混合物）覆盖的，它与风化土、砂壤土类似，在追踪蚁道时要特别细心，因为常常追挖一段后突然土质松散，塌下一堆泥土，或遇到石头阻碍而失掉蚁道的去向。所以，在开挖过程中，除做好跟踪追挖标记外，还不能用锄头猛击土壤，必须轻轻下锄，锄土要少量，才能避免塌土和迷失方向。

（2）从分飞孔找蚁道。在分飞孔密集处或从最大的分飞孔开挖，顺着半月形的孔道追挖20～30cm距离时，即会出现许多宽扁的半圆形薄腔室（候飞室），再随候飞室挖进几十厘米就可找到主蚁道。通常，根据分飞孔追挖主蚁道是一种多快好省的方法，但受到季节的限制，所以必须在白蚁分飞季节进行。从分飞孔找主蚁道，最好是在白蚁有翅成虫出飞前。假如在分飞以后，蚁道内无白蚁作引导，判断就困难了。从分飞孔追挖主蚁道时，尤其要注意顺堤坝中轴线有一条较大较粗的蚁道。只要在追挖中找到这条较大型蚁道，就比较容易发现主蚁道。一般是从分飞孔密集处开挖，但若遇到两片状或多片状分飞孔分布图像垂直于堤坝中轴线，就应该从水平位置的最高一片分飞孔图像开挖，图像下就是主巢。

（3）从铲杂草枯蒁找蚁道。有些堤坝的表层，由于管理不善，植被条件很差，常常满布白蚁取食的杂草枯苑。从表面上看似乎无白蚁隐患，但实际上，铲除杂草枯苑后就会发现白蚁的一些小蚁道，跟踪追挖这些白蚁来取食的小蚁道，通常也可到达主蚁道。

（4）开沟截蚁道。通常有两种方法。较常用的一种方法是在泥被、泥线的上方开挖一条深1m、宽0.5m的顺堤坝走向的沟，一般即可截出蚁道。道口粗和白蚁多的一端便是主蚁道方向，可据此追踪。另一种方法是在迎水坡的正常水位附近和背水坡的漏水线附近，开几条贯通坝身的深2m的顺坝走向沟，也可截出不少大蚁道。为了便于开沟和隔水墙，沟应呈梯形，面宽1.2m，底宽0.9m。此法因工程量大和填土时新旧土质的结合度问题，特别是要注意堤坝的安全，因此极少采用。

（5）从引诱物中找蚁道。无论是用挖坑、设堆、置包或打桩等方法引诱白蚁，待诱集到大量白蚁时，就可以仔细地寻找蚁道了。一般从引诱坑和引诱堆中找蚁道比较容易，因为这些设置中食料多，来取食的白蚁数量也多，所以修筑的蚁道就大，找到蚁道跟踪追挖下去，容易找到主蚁道。从引诱包和引诱桩寻找蚁道就不那么方便，因食料少，取食白蚁不多，修筑的蚁道很小，所以必须要非常仔细地追踪小蚁道。

（6）找到主蚁道后，将草条或树枝（如柳树枝）插入分飞孔或蚁道口。开挖前，将草条或树枝尽可能深地插入孔内，然后在其旁边开挖。这样做是为了在开挖过程中为蚁路走向留下清晰的标志，也不致于蚁道口被泥土封住而迷失开挖方向。每挖一段，将草条或树枝向前推进一段，直到挖到主巢为止。如在开挖过程中，草条或树枝被毁坏，则需用新的替换。

（7）主蚁道的判断。通常称底径为2～3cm的蚁道为主蚁道。有些主蚁道直通向主巢，有的有分叉，有的中途有菌圃或空腔。找到主蚁道后，关键的技术是如何去判断哪一条主蚁道是到主巢的。通常蚁道口径大的一端就是巢向。纵切主蚁道，道形高而底窄并继续下扎的，是近巢方向；道形低而底宽的，则是远巢方向。根据以下情况也可判断巢向：工、兵蚁活动频繁，酸腥味浓，蚁道封闭严密或有"重兵"把守；蚁道分叉的锐角方向。有这些情况的一端，可能是近巢方向。有时出现无数条错综复杂的蚁道，难以准确判断巢向，就要结合堤坝白蚁在堤坝上的分布规律和近主巢方向蚁道的特点，进行具体分析研究。否则，主蚁道巢向判断错误，熏灌即无效果，翻挖也白费劳力。

如果不能判断蚁道走向，可向各条蚁道中插入一根草条，约30秒后，抽出草条，比较各草条上兵蚁的数量。一般来说，通向主巢的蚁道内兵蚁的数量要远多于通向副巢的或通向地表的。也就是说，哪条蚁道内草条上的兵蚁数量最多，就朝哪条蚁道追挖。如果草条上的兵蚁数量多寡一时难以判断，只要用草条反复探测几次，就可得到确切的结果，因为通向主巢的蚁道，每次随草条均能拉出许多兵蚁，而通向副巢或其他方向的蚁道，随着插入草条次数的增加，草条上的兵蚁数量会越来越少。

此外，蚁道根据其内有无白蚁活动可分为有蚁道和无蚁道。有蚁道又分取食道和隧道。无蚁道即废道和封闭道。废道内长有白、黄、黑色的像头发丝的菌丝，或者有形如蜘蛛网的棉絮，或者干燥光滑、有细小裂口，或者道底面有类似鸡皮疙瘩样的小颗粒。封闭道则有白蚁用泥土堵塞的一道或几道土墙。往往追挖有蚁道容易获得主蚁道，但追挖无蚁道并非完全不能获得主蚁道。

在寻找蚁道的过程中，如果迷失了方向，可采用两个补救的办法：一是停止追挖，冷静分析周围环境条件，凡是有怀疑的地方都可补挖，找出主蚁道；二是停止追挖，把周围的浮土削干净，等候半天，甚至1～2天，待发现新的地表征象后再重新追挖，仍然可找到主蚁道。采用这两种方法一般都可找到主蚁道，找到主蚁道后继续追挖，就可挖到白蚁的主巢。

不过，为了避免蚁王、蚁后迁走，当开挖工作接近主巢时，不要停止，因为主巢王宫内的蚁王、蚁后在受惊后容易逃逸。找到主巢后，将主巢整体搬出，找到蚁王、蚁后。

（8）巢腔白蚁处理。移去主巢后，可用白蚁防治药剂喷洒巢腔和副巢，灭杀巢内残留的白蚁。当然，也可不用任何药剂处理，待巢内白蚁自然死亡，因为土栖白蚁巢群内无补充繁殖蚁，蚁巢一旦失去蚁王或蚁后，剩余的白蚁均会在寿命到期后死亡。

（9）开挖处回填。移去主巢和用药处理副巢及巢腔后，用土将开挖处填好、夯实，以确保堤坝安全。

白蚁巢的定位要注意以下几点。①看危害，查蚁来方向。3月气温上升到15℃左右，白蚁开始在主巢附近活动。一片林内如受害树不多，且较为集中，则蚁巢就在附近，通常有一条主道通往受害严重树的周围。蚁来的方向就是主巢的方向。一个巢内有4～6条主道，在蚁道上的树一般受害较重，呈带状，根据地表的反应可找出主道。从几十株树的苑部找出多数白蚁上树的同一方向，即蚁来方向。从几条主道的危害线带中缩小可能落窝的位置，这种放射状带称为"四边开花，中间结果"。如果危害树苑都朝一个方向而且偏向一边，同时树排列成弧形，蚁窝可能在弧内；如果蚁来方向都朝一边，且有土埂，蚁窝多落在埂下。②看地形，查外露迹象。白蚁的巢多在山坡、土埂、山坎、山坳、山洼、古树、枯树、死树苑里和坟墓中。可总结为，高山落下坡，平地高处多，不落当风口，多落回风窝，山边危害落土坎，山中危害落凸坡。白蚁的主巢、副巢、主道、支道上都有气孔，是通风和调节气温的孔洞。主巢和副巢上的气孔多呈梅花点排列在主道上，支道上的气孔多呈链珠状排列。主道上气孔比支道上气孔稍大一点。主巢和副巢上有分群孔，是有翅蚁成虫进行分群的道口，有分群孔的地方离主巢不远。③看季节，查土表气候。冬、春两季白蚁多在巢内，巢顶有气孔，放出热气；夏、秋两季由于蚁巢内有排水线和吸水线，下雨后巢顶先干，久晴不雨时反而湿润。在有露水的早晨去观察，巢顶上的露水在草的下边，形成大水珠。露水间有丝状的蜘蛛网相连。如山区白蚁落窝大多有一定的小地形，可见到一窝集中危害的现象，可看危害定地形，校对蚁来方向；丘陵地区比较平坦，常有一处落多窝的现象，蚁道方向交织在一起，应以查外露迹象和综合判断为主；在垦复了的林内看不到外露迹象，就应以地形和蚁来方向为主；在幼林内树矮小、枝条繁茂不便于查蚁来方向时，则应以看地形查气孔结合撩壕抚育找出蚁道，追挖蚁巢。

选好主蚁道后，在蚁道线上或主、副巢附近开一条横切面的沟，一般70cm宽，100cm深。在沟的横切面上用小刀剥出蚁道，不是半月形的蚁道不要追挖。如果切面上出现两个以上的蚁道，要选大丢小；选光滑新鲜的，丢陈旧生霉的；选蚁多的，丢蚁少的。如果蚁道切面两侧都是蚁道，且大小相似，就观察哪一边有落窝的地形，然后在两个道内插入树枝，看哪一边的蚁道出现工蚁堵口或兵蚁较多，就追挖这条道。当蚁道出现多个空腔时，要特别注意蚁道转弯的变化，如果越追越深，越挖越宽，则距离副巢不远，再继续追挖就会找到主巢，全歼白蚁。在采用挖巢法时要注意：冬季挖白蚁，如发现主道新鲜、光滑，下层主道有泥浆，就会挖到主巢，千万不要半途而废；如果挖到菌圃腔，里边没有蚁王、蚁后和卵块，说明不是主巢，仍要继续挖；挖白蚁要一次挖完，以免白蚁迁移；挖到主巢，如土色新鲜，又有少量白蚁来往，就说明可能移到下层或左右不远的地方，一般不超过70cm远，如果主巢有水或陈旧就不要再挖了；不要在主巢顶上开沟，以免把菌圃踏坏，捉不到蚁王、蚁后。

注意事项：黑翅土白蚁和黄翅大白蚁主巢离地表通常达1.0～1.5m，深的可达3～7m，挖巢时不能急躁，需有耐心。同时，地表蚁道口和分飞孔离主巢均有一定的距离，需要花费较多精力才能挖到白蚁主巢。对于具有补充繁殖蚁的乳白蚁巢群，除了展示乳白蚁巢的特征外，不建议采用人工挖巢的方式来灭治乳白蚁巢群。此外，冬季白蚁活动减弱，大量白蚁聚集在巢内，此时挖巢效果最好。

优缺点：优点是直观、有效，能给客户展示白蚁巢的现场情况和白蚁的各个品级特征，特别是王宫和蚁王、蚁后的特征。缺点是只适合巢内无补充繁殖蚁的土栖白蚁类的防治；追挖蚁巢需要丰富的经验，挖巢的劳动强度大且费时较长；会对水利工程的堤体和坝体产生物理性的损坏；受时间和地点的限制较大（例如蚁巢筑在房屋或其他建筑下就不能挖巢、汛期堤坝上也不能挖巢）；对有补充繁殖蚁的乳白蚁巢群挖巢还会造成更多乳白蚁巢的出现。

4.3.6　灯光诱杀法

作用原理：昆虫能通过其视觉器官中的感光细胞对光波产生感应而做出相应的趋向反应。昆虫对光的趋性有正、负两种，趋向光为正趋性，避开光为负趋性。据报道，昆虫对光的感应多偏于电磁波光谱中央附近的短光波，波长为253～700nm，即相当于光谱中的紫外光至红外光内部分区域，也就是说它们不仅能识别色彩光，还能看到人眼不能看到的短波光。昆虫对光的反应因种类而异，在不同性别和发育阶段也有差异。在生产上，可利用昆虫对特定波长的光波具有强烈趋向性的原理，利用诱虫灯来捕杀害虫。

白蚁群体内的工蚁和兵蚁复眼退化或缺失，不能感受到周围环境的光线，但白蚁的有翅成虫具有发育完善的视觉器官。因此，许多白蚁种类的有翅成虫在分飞季节都具有强烈的趋光性。

黑翅土白蚁成虫复眼各小眼晶锥直径约12μm，视杆直径约9μm，有翅成虫每个复眼小眼数为360个左右。Bremer等人报道达尔文澳白蚁复眼各小眼晶锥直径为13.0μm，视杆直径约7.6μm，有翅成虫每个复眼小眼数为200个左右。从形态学来说，昆虫复眼视力受复眼大小、空间位置等多种因素的影响，其中小眼数目是主要因素之一。黑翅土白蚁有翅成虫每个复眼的小眼数多于蛇莓跳甲（每个复眼150个小眼），少于龟纹瓢虫（每个复眼

630个小眼）、家蝇（每个复眼4000个小眼）、蜻蜓（每个复眼10000～28000个小眼）、鳞翅目昆虫（每个复眼12000～27000个小眼），说明其复眼的视力范围及分辨能力优于蛇莓跳甲而差于萤火虫、家蝇、鳞翅目和蜻蜓目昆虫。昆虫的小眼数目与其扩散范围有关，小眼数目越多，扩散范围越远。其发达的视觉能力有助于其在自然界中扩散。如蛇莓跳甲的扩散范围只有几米，黑翅土白蚁的扩散范围可达1074m，家蝇的扩散范围远达6.4km，蜻蜓的扩散范围达700km，君主斑蝶的扩散范围可达4500km。

从结构上看，昆虫的视觉缺少调焦的结构，只能用色素细胞内色素的移动来适应外界环境。日间活动的昆虫，小眼视杆比较短，紧接于晶锥之下，四周包围着色素细胞。光线只有通过角膜和晶锥轴线到达视杆，才能使感觉细胞产生反应，而其他斜行的光线都被色素细胞遮住，所以每一只小眼是一个独立的隔离单元。夜间活动的昆虫，其小眼极度延长，视杆远离晶锥，二者间充满着无伸缩性纤维状介质，色素细胞内的色素颗粒可随光线的强弱而移动。当色素颗粒聚集在小眼的上部时，每一个视杆能同时接收通过其所属小眼和相邻几个小眼的光线；当光线增强时，一部分色素颗粒向后移动，密布于晶锥与视杆间的大部分区域内，每一只小眼只能感受其所属的光线。黑翅土白蚁有翅成虫复眼的屈光器和小网膜色素细胞之间没有明显的透明带，在光适应状态下，色素颗粒主要分布在其视杆部位的上端，暗度适应状态时色素颗粒较均匀地分布于视杆两侧上下。这些结构特点体现了其复眼视觉与其行为特性、周围生存环境等的适应性和协调性。黑翅土白蚁有翅成虫分飞的时间在傍晚19:30左右，界于白天与黑夜之间，因其复眼的色素颗粒可随光线的强弱而移动，有利于调节视力而使分飞扩散范围达到更远。在光、暗适应条件下，雌、雄黑翅土白蚁小眼中色素颗粒的分布没有明显差异，性别因素对其复眼感光能力或视力影响不大。

基于黑翅土白蚁的有翅成虫对光具有很强的趋性，生产上常用诱虫灯来诱杀黑翅土白蚁的有翅成虫，以达到减少黑翅土白蚁有翅成虫在堤坝上或保护区域内建巢定居的目的。

目前，用于害虫或白蚁有翅成虫防治的诱虫灯种类主要有黑光灯、高压汞灯、双波灯、频振式杀虫灯、太阳能风吸式飞虫诱捕器等。

黑光灯是一种特种气体放电灯，利用害虫的趋光性将害虫诱入电网内电死。黑光灯的杀虫能力比白炽灯高几十倍，到现在仍在广泛应用。

高压汞灯从20世纪70年代开始应用于农业害虫的防治，但存在安全性差、操作复杂等缺点。

双波灯利用长波光和短波光的结合，通过长波光将害虫吸引过来，再通过短波光将害虫引诱上灯进行击杀，对害虫具有较好的控制效果。

频振式杀虫灯结合了黑光灯和高压汞灯的优点，具有杀虫谱广、诱杀害虫量大、应用范围广的特点，已广泛应用于农林害虫防治中。该灯虽然对天敌的诱杀效果低于高压灯和黑光灯，但仍会误杀大量无益无害的中性昆虫和有益的天敌，给生物多样性造成一定影响。

太阳能风吸式飞虫诱捕器是以太阳能为能源的新一代害虫诱杀器具。它利用特定波长的灯光将害虫引诱到光源处，然后利用内吸式风机形成的风将害虫吸入集虫室内，最终害虫因缺水而死亡。浙江德清科中杰生物科技有限公司生产的太阳能多用途错层式飞虫诱捕器就是这类产品的典型代表。

适用范围：适用于有翅成虫在傍晚或晚上分飞的乳白蚁、土白蚁、大白蚁等类群白蚁的危害控制。

使用方法：在有白蚁分布危害的绿化植被处或距堤坝50m远处，设置诱虫灯，以诱杀分飞的白蚁有翅成虫。设置时，每隔20m设一盏灯。诱虫灯使用的时间为每年4月上旬至8月下旬。在此期间，每月派人检查、维护诱虫灯1~4次，以保证诱虫灯的正常工作。诱虫灯应安装在附近5m以内无照明光源且无树木遮挡的地方。诱虫灯的光源离地1.8~2.5m。引诱光源的光谱应为360~420nm。

注意事项：诱虫灯的灭杀效果取决于光源，因此需选用光谱合适的诱虫灯来诱杀白蚁的有翅成虫；诱虫灯管的光谱会随着使用时间的延长而衰减，为了保证诱虫灯的诱杀效果，需每年更换诱虫灯的灯管一次；采用风吸式诱虫灯诱杀白蚁有翅成虫时，在分飞的白蚁有翅成虫较多的情况下，集虫袋易被诱捕到的虫子塞满，因此需及时清理集虫袋。

优缺点：优点是直接灭杀分飞的有翅成虫，可大幅度减少白蚁新种群的产生，诱杀掉的白蚁有翅成虫直观可见，客户满意度高。缺点是对于白蚁的危害程度是否已降低，凭诱捕到的有翅成虫的量难以判断，因而这种方法灭治白蚁的直观效果不明显；诱虫灯的价格通常较高，在面积较大的情况下，防治费用较大；这种方法只能消灭白蚁的有翅成虫，对无有翅成虫分飞的成年巢和不产生有翅成虫的幼年巢无灭治作用。

5 化学防治

化学防治的概念、原理及应用现状

化学防治就是利用化学药剂控制白蚁危害的方法。目前，我国白蚁的化学防治一般采用两种策略：一种是白蚁预防处理，另一种是白蚁灭治处理。白蚁预防处理时，使用对白蚁驱避作用较强且杀灭效果较快的药剂；白蚁灭治处理时，用对白蚁无明显的驱避作用且具有慢性作用的药剂，这类药剂可通过白蚁自身的传播而影响整个群体，从而达到灭杀整个巢群的效果。白蚁诱杀技术是白蚁灭治技术中最重要的一项技术措施。

长期以来，我国一直用氯丹、氰戊菊酯、联苯菊酯、氯菊酯、吡虫啉、辛硫磷、毒死蜱、氟虫腈、虫螨腈、伊维菌素等作为土壤和木材的白蚁防治药物。在近十年中，我国仅用于房屋建筑白蚁防治的上述有毒化学品原药用量每年就达500吨以上（制剂达千吨以上）。然而，这些化合物对人的神经系统和内分泌系统有严重的干扰作用，其中，毒死蜱对儿童的生殖系统还有不可逆的损害作用。随着经济的快速发展，人们的环保意识越来越强，害虫防治的理念已逐渐从化学防治转变为绿色控制，环保、高效、可持续控制害虫危害的新技术和产品越来越受人们的欢迎，现已成了国内外害虫防治技术和产品的主要发展方向。

我国的白蚁防治药剂应用有一个历史的发展过程，古代就有相关文献资料记载用石灰、青矾（硫酸亚铁）等防治白蚁的方法。从20世纪30年代前，白蚁防治药剂主要是三氧化二砷、砷酸钠、氟硅酸钠和焦硼酸钠等无机杀虫剂。在20世纪30年代后期到"二战"末期，有机氯类杀虫剂的成功开发，开创了有机合成杀虫剂的新纪元。这类杀虫剂中的一些品种（如艾氏剂、狄氏剂、氯丹、七氯和灭蚁灵等）在白蚁防治上应用，是白蚁防治药剂应用的重大变革。有机氯类杀虫剂因生产成本低廉、防治效果好、有效期长等特点迅速在白蚁防治药剂市场占主导地位，在20世纪50年代以后的40年中，有机氯类杀白蚁剂一直是白蚁防治药剂的主要品种。随着有机氯杀虫剂的大量使用，它的负面影响也日渐暴露，如稳定性强、在环境中不易被降解、可远距离迁移、生物累积性和"三致"（致癌、致畸、致突变）等，对环境污染严重。随着《关于持久性有机污染物的斯德哥尔摩公约》的履行，有机氯类杀虫剂被禁止用于白蚁防治。随后，有机磷类（如毒死蜱、辛硫磷等）、拟除虫菊酯类（氰戊菊酯、联苯菊酯、氯菊酯等）白蚁防治药剂逐渐成为主导产品。

近年来，杂环类新型杀虫剂（如吡虫啉、氟虫腈等）和昆虫生长调节剂也占有了一定的市场份额。

白蚁防治药剂属卫生杀虫剂，根据《中华人民共和国农药管理条例》的有关规定，必须具有农药登记证（防治对象包括白蚁）、农药生产许可证或农药生产批准文件、产品质量技术标准，即"三证"。

白蚁防治药剂

白蚁防治药剂根据用途不同，分为白蚁预防药剂和白蚁灭治药剂两大类。

1）预防药剂

白蚁预防药剂是指为避免保护对象遭受白蚁危害，采取预先处理时所使用的药剂。目前，我国用于白蚁预防的药剂主要包括有机磷类、拟除虫菊酯类、氯代烟碱类、苯基吡唑类、吡咯类、抗生素类、硼酸盐类等几大类。

（1）有机磷类。目前用于白蚁防治的有机磷类药剂主要是毒死蜱。毒死蜱是美国Dow Chemical公司开发的白蚁防治药剂。20世纪80年代有机氯类杀虫剂在一些国家被禁用后，毒死蜱被用作有机氯杀虫剂的替代品用于白蚁防治。2000年6月8日，美国环境保护署宣布：根据美国联邦政府有关法令，于2004年底禁止毒死蜱在新建住宅和建筑物中作为杀白蚁剂的使用。由于毒死蜱对婴幼儿的神经系统和肝脏代谢系统有严重危害，我国今后也可能会禁止毒死蜱在白蚁防治中使用。

（2）拟除虫菊酯类。目前，我国用于白蚁防治的拟除虫菊酯类药剂主要有氰戊菊酯、氯菊酯和联苯菊酯三种。

氰戊菊酯的化学式为$C_{25}H_{22}C_lNO_3$，对雄性小白鼠急性口服LD_{50}为200～300mg/kg。可用于土壤、木材防治白蚁。

氯菊酯的化学式为$C_{21}H_{20}C_{12}O_3$，对雄性小白鼠急性口服LD_{50}为650mg/kg，对大白鼠口服LD_{50}为1200mg/kg。可用于土壤和木材处理。

联苯菊酯对鱼和水生无脊椎动物有很大的毒性，对大白鼠口服LD_{50}为54mg/kg。联苯菊酯可用于建筑物白蚁的预防处理及灭治处理，同时可以有效地控制各种蛀木害虫，是一种很好的木材防护剂。

（3）氯代烟碱类。吡虫啉的化学名称为1-（6-氯-3-吡啶甲基）-N-硝基咪啉-2-亚胺。它安全性好，对哺乳动物的毒性较低，无致畸致癌作用，对大鼠口服LD_{50}为450mg/kg，对皮肤毒性$LD_{50}>5000$mg/kg。吡虫啉既可用于白蚁预防处理，也可用于白蚁灭治处理。

研究发现，在室内，当吡虫啉的浓度为0.05～0.20mg/kg时，48小时内对白蚁的击倒率均在96％以上，死亡率在86％以上；72小时白蚁的死亡率为100％。在野外，土壤中的吡虫啉浓度为60mg/kg时，接触48小时白蚁的死亡率为100％。不同品级的白蚁对吡虫啉的敏感性不同，工蚁的LC_{50}是2.86mg/kg，兵蚁的LC_{50}为49.42mg/kg，有翅成虫对吡虫啉的耐受性比兵蚁和工蚁更强。

（4）苯基吡唑类。氟虫腈是一种苯基吡唑类杀虫剂，它的分子式为$C_{12}H_4C_{12}F_6N_4OS$，大鼠经口LD_{50}为97mg/kg。试验结果表明，白蚁进入氟虫腈含量为45mg/m^3及以上剂量的土层时，其死亡率达100%。氟虫腈具触杀、胃毒作用，属高效、低毒、安全的新型杀白蚁药剂。氟虫腈1994年在我国首次获得登记，2009年因环境问题被限用，目前只允许作为卫生用药和玉米等部分旱田作物种子包衣剂。大量的研究结果表明，氟虫腈对黑翅土白蚁、台湾乳白蚁和散白蚁均具有良好的毒杀作用。

一般在24小时内，氟虫腈就能击倒白蚁，且浓度越高，击倒越快，死亡也越快。96小时内氟虫腈对散白蚁的LC_{50}为2.66mg/L，对乳白蚁的LC_{50}为5.66mg/L。在较高浓度下，氟虫腈对黑胸散白蚁有一定的驱避性。氟虫腈对散白蚁的毒性也比对乳白蚁的要高。12小时内同一浓度的氟虫腈粉剂对乳白蚁的效果比悬浮剂要好。

（5）吡咯类。虫螨腈（又名溴虫腈）是美国氰胺公司1985年从链霉菌、放线菌等毒素中分离、合成的一种新型吡咯类杀虫、杀螨、杀线虫剂。它作用于昆虫体细胞中的线粒体，通过多功能氧化酶转变为具杀虫活性的化合物而起作用，主要抑制二磷酸腺苷向三磷酸腺苷的转化，昆虫细胞因缺少能量而丧失生命功能，中毒昆虫活动开始变弱，继而出现斑点，颜色发生变化，最终活动停止、昏迷、瘫软、死亡。虫螨腈对昆虫具有胃毒和触杀作用，对白蚁具有慢性毒性。从文献报道来看，虫螨腈用于白蚁防治的登记始于2003年。

（6）抗生素类。目前，用于白蚁防治的抗生素类药剂主要是伊维菌素。伊维菌素是一种大环内酯类抗生素阿维菌素的衍生物。有专利报道，伊维菌素可以直接从微生物 *Streptomyces avermitilis* 黑色亚种 NRRL21005 中制备。伊维菌素较阿维菌素具有更高的活性。阿维菌素是日本北里研究所在20世纪70年代后期，从土壤中分离出的一株放线菌的肉汤发酵产物。这种放线菌属于链霉菌属，但在形态上与其他链霉菌不同。阿维菌素已作为杀虫、杀螨剂在农业和畜牧业中广泛使用。

（7）硼酸盐类。长期、大量地使用有机磷类、拟除虫菊酯类、氯代烟碱类、吡咯类和抗生素类这些有机药物会使水体、大气等环境遭受污染，进而影响人类健康。因此，国内外的发展趋势是开发利用对环境友好、对人类健康无害的硼酸盐类无机防虫剂来防治白蚁。

硼酸盐类药剂处理木材时，可以用涂刷法，也可以用扩散法和加压浸渍法。涂刷法只能处理木材表面及浅层处木纤维；扩散法可以把边材完全浸透；加压法则可以使心材浸透。经硼酸盐类药剂处理的木材，其颜色和性质不会改变，配制的水剂也无异味，同时操作安全，对环境无污染。此外，如果配制的溶液的pH值近于中性，则木材的pH值不会被改变，强度也不会受任何影响。不过，硼化物不抗流失。用其处理的木材被雨淋、水冲时，木材中的硼化物会逐渐流失，其防腐、防虫效果就会逐步减小，甚至完全丧失。因此，硼酸盐类药剂处理的木材，只能用于室内且不与水接触的部位；若用于室外，则必须用油漆等进行防水保护。

　　硼酸盐类水剂型产品具有无异味、无刺激性、对人畜毒性低、对环境污染少、对木材渗透性强、不影响木材的理化性能、使用安全方便、持效期长等特点，是室内装饰、装修用材防虫防霉的优良产品。

　　2）灭治药剂

　　白蚁灭治药剂是指对危害保护对象的白蚁进行处理时所使用的药剂。我国目前用于白蚁灭治用药剂主要包括有机氟类和昆虫生长调节剂类。

　　（1）有机氟类。这类药剂中，登记为白蚁防治产品的是氟虫胺，大鼠经口 LD_{50} 为543mg/kg，对皮肤无刺激作用。该杀虫剂于1989年在美国投产，我国江苏常州晔康化学制品有限公司于1999年生产了该种杀虫剂，现在登记用于白蚁防治的产品为0.08%氟虫胺饵片。2009年5月，《关于持久性有机污染物的斯德哥尔摩公约》缔约方大会第四次会议通过修正案，将包括全氟辛基磺酸及其盐类、全氟辛基磺酰氟在内的9种新持久性有机污染物增列入公约受控清单。氟虫胺属于全氟辛基磺酰氟类化合物，根据POPs公约要求，我国的氟虫胺类产品将被禁止生产、销售和使用。

　　氟虫胺对台湾乳白蚁的 LD_{50} 为9.94μg/g，对北美散白蚁的 LD_{50}（半致死剂量）为68.61μg/g。在强迫取食条件下，台湾乳白蚁比北美散白蚁对氟虫胺敏感，但在3～12天两种白蚁的死亡率均可达到90%。点滴处理时，90%的北美散白蚁死亡之前需经过5～15天的时间（对应的剂量范围为100～200μg/g），而台湾乳白蚁在低剂量（14.0～37.5μg/g）作用2～7天后就可达到相似的死亡率。氟虫胺饵剂对黄胸散白蚁有较好的毒杀效果。0.05%和0.08%饵剂在强迫取食条件下对黄胸散白蚁的毒性略有差别，前者致死全部供试白蚁的时间为13天，后者为9天。同时，0.05%和0.08%饵剂对黄胸散白蚁均有一定的引诱效果，它们对供试白蚁的引诱率均在20%以上，取食饵剂的黄胸散白蚁均在4天内死亡。应用含氟虫胺有效成分0.01%的诱饵纸片来灭治散白蚁是一种非常成功的灭治手段，散白蚁普遍取食诱饵纸片，诱杀速度较快，灭治效果好。

　　（2）昆虫生长调节剂类。自20世纪70年代初荷兰Philips-Duphar公司发现苯甲酰脲类化合物具有抑制昆虫幼虫几丁质的合成和沉积以来，已有除虫脲、杀铃脲、氟苯脲、氟虫脲、氟啶脲、氟铃脲、氟螨脲、虱螨脲、氟环脲、双二氟虫脲、双三氟虫脲和多氟脲等十多个苯甲酰脲类杀虫剂投入市场，这些杀虫剂在害虫防治中发挥了极大的作用。苯甲酰脲类杀虫剂的作用机理是抑制昆虫表皮几丁质合成酶的活性，抑制 N-乙酰基氨基葡萄糖在几丁质中的结合。它通过胃毒起作用，使昆虫新表皮形成受阻，延缓发育，或缺乏硬度，不能正常蜕皮而导致死亡或成为畸形蛹死亡。它的杀虫效果相对缓慢，且只对仍需脱皮变态的昆虫具致死效果。它对非甲壳类生物非常安全。对白蚁而言，苯甲酰脲类杀虫剂被制成饵剂，通过工蚁的取食和交哺行为在巢群个体间传播扩散，吸收到足够药量的幼蚁和若蚁蜕皮后不能形成新的表皮，进而死亡。由于巢内没有新的工蚁产生，蚁王和蚁后因没有工蚁喂食，也会饥饿致死，因此，整个白蚁巢群也就完全覆灭了。目前，在我国农业部登记注册的这类产品主要有0.5%氟铃脲饵剂和0.1%氟啶脲浓饵剂。

　　利用饵剂灭治白蚁是我国白蚁防治工作者早在20世纪80年代初就大规模采用的白蚁

防治技术。苯甲酰脲类杀虫剂由于对哺乳动物及人无毒，对环境污染小，因此自它被商品化以来就受到了世界各国白蚁防治工作者的高度重视，许多白蚁防治研究工作者研究了苯甲酰脲类杀虫剂作为有效成分的多种白蚁饵剂在现场防治白蚁的效果。

氟铃脲是一种苯甲酰脲类杀虫剂，它抑制昆虫表皮几丁质的合成，通过抑制蜕皮导致白蚁死亡。它对大白鼠口服 LD_{50} ＞5000mg/kg。美国科研人员对氟铃脲饵剂作用于北美散白蚁和台湾乳白蚁的效果做了室内测定。氟铃脲对台湾乳白蚁和北美散白蚁取食产生阻止作用的最低浓度分别为 $15.6\mu g/g$ 和 $2\mu g/g$。用氟铃脲控制北美散白蚁和台湾乳白蚁在现场取得了成功。研究表明，氟铃脲的4种浓度（500、1000、2500、5000μg/g）对白蚁的诱杀作用均无显著性差异，并且用最高浓度也不对白蚁产生拒食作用。要减少一巢白蚁90%～100%的取食种群需用氟铃脲4～1500mg。试验证明，以100g氟铃脲饵剂处理一巢散白蚁9～10天，白蚁死亡率达100%。我国白蚁专家用氟铃脲饵剂灭治台湾乳白蚁野外巢群，在氟铃脲原药用量达0.3g的情况下，经历24个月，白蚁群体未被消灭。野外试验表明，氟铃脲含量为0.25%时对台湾乳白蚁无拒食作用，消灭一巢台湾乳白蚁要用150g饵剂。

用氟铃脲、氟啶脲、虱螨脲、除虫脲和双三氟虫脲等苯甲酰脲类杀虫剂制作的饵剂对台湾乳白蚁、短刀乳白蚁、曲颚乳白蚁、格斯特乳白蚁、北美散白蚁、西方散白蚁、栖北散白蚁、弗吉尼亚散白蚁、暗黄大白蚁、黑翅土白蚁和黄球白蚁等具有良好的防治效果，施饵后的2～70周白蚁巢群会被消灭。

室内强迫取食和选择取食试验结果表明，在供试浓度下，处理6周后虱螨脲饵剂对台湾乳白蚁的致死效果比氟啶脲和多氟脲饵剂明显要好。现场试验结果表明，在试验的122个台湾乳白蚁巢中，63%的巢在施用0.5%多氟脲饵剂后3个月内死亡，77%的巢在取食2管饵剂后死掉，说明这种饵剂对白蚁具有良好的灭杀效果。在野外对0.1%除虫脲饵剂、0.25%氟啶脲饵剂和0.5%氟铃脲饵剂所做的防治试验结果表明，0.1%除虫脲饵剂对台湾乳白蚁和北美散白蚁巢群无明显影响；0.25%氟啶脲饵剂则显著降低白蚁巢群的个体数量，但先用0.1%除虫脲饵剂处理2年多后再用0.25%氟啶脲饵剂处理同一巢群时，该巢群会在1个月内迅速崩溃，0.5%氟铃脲饵剂对白蚁巢群也有显著的抑制效果。在野外施放0.5%或1%双三氟虫脲丸状饵剂8周后，83%的澳大利亚矛颚乳白蚁巢被消灭或失去繁殖能力，剩下的巢则处于种群下降状态。巢群中毒的早期症状有：施饵3周后巢内温度下降；4周后觅食活动明显减少，供试饵剂消灭澳大利亚矛颚乳白蚁巢群的时间比其他同类饵剂要少一半左右。1%双三氟虫脲饵剂处理黄球白蚁2个月后，巢内白蚁个体变成暗白色，体表被螨寄生，兵蚁所占比例显著增加，巢壁开始剥落，4个月后巢完全死亡。死亡前，每巢白蚁取食饵剂（84.1±16.4）g，143mg的双三氟虫脲足以致死一个黄球白蚁巢群。蜕皮过程的组织形态学观察结果表明，在多氟脲的作用下，台湾乳白蚁工蚁脱皮后不能形成新表皮，在蠕动过程中因血淋巴丧失而死亡。利用氟虫脲、氟铃脲、虱螨脲、多氟脲和双苯氟脲饵剂在室内对北美散白蚁工蚁所做的进一步研究结果表明，工蚁取食饵剂3天后，体内后肠的原生动物减少至少30%。不过，也有研究结果显示，对培菌白蚁来说，由于巢内菌圃上真菌的降解影响，以苯甲酰脲类杀虫剂作为有效成分的饵剂只能消灭这类白蚁的中等或中等以下的巢群，难以杀灭它们的大型巢群。

此外，在室内采用强迫取食法和选择取食法测定了两种新的几丁质酶抑制剂 psamma-plin A（浓度为 0.0375%、0.075%、0.15% 和 0.3%）和己酮可可碱 pentoxifylline（浓度为 0.01%、0.02%、0.04%、0.08% 和 0.21%）对北美散白蚁的毒杀效果，结果显示，在供试浓度下开始取食的 48 小时内两种药物对前来取食的工蚁无驱避性。强迫取食时，取食含有 0.3% 或 0.15% psammaplin A 的食物的白蚁，其取食量分别在 2～5 周和 4～5 周后明显下降；取食含有 0.21% pentoxifylline 的食物的白蚁，其取食量则在 3 周后显著下降。选择取食时，除含有 0.3% psammaplin A 的食物外，白蚁取食其他含有 psammaplin A 或 pentoxifyl-line 的食物的量与对照取食食物的量基本相同。但强迫取食时，白蚁的死亡率比选择取食时要高 50% 以上。这说明这两种新几丁质酶抑制剂具有防治白蚁的潜力。

在日益强调环境保护和开展害虫绿色防控的今天，开发结构新颖、活性高、选择性强且具有较好环境相容性的新型无公害农药，已成为当务之急。在这种新形势下，白蚁防治药剂也正朝着更高效、更安全的方向发展。苯甲酰脲类杀虫剂具有对人畜安全、对天敌无害、选择性强和环境友好等优点，无疑会成为今后研究开发的重点。在今后的研究工作中，如果能进一步加快以苯甲酰脲类杀虫剂为有效成分的白蚁饵剂致死白蚁巢群的速度，解决它们目前仍难以致死大型培菌白蚁巢群的问题，那么这类饵剂产品一定会在我国的白蚁防治工作中发挥更大的作用。

药物屏障技术

5.3.1　概述

药物屏障技术又称化学屏障技术，是指通过对保护对象进行白蚁防治药剂处理后所形成的防止白蚁侵入的屏障。这种屏障通常使用对白蚁具有强烈驱避、触杀等作用的药剂来构建，构建后的药物屏障在一定的时间内可使白蚁不能侵入需要保护的目标物。其技术要求为在需被保护的目标物下面或周围用白蚁预防药物构筑一定宽度和厚度的连续无间隙的药物屏障，阻止白蚁从外面侵入。

该技术适用于房屋筑物、农林作物、水利工程、通信设施、名木古树等。

该技术的优点是操作简单、效果明显、成本低廉；缺点是需要在土壤中施用大量持效期相对较长的药剂，对环境造成较严重的污染。

自 20 世纪 80 年代中期开始，该技术已广泛用于我国房屋建筑白蚁的预防，并在部分地区用于水利工程、林木、通信和市政设施的白蚁预防。

5.3.2　房屋土壤药物屏障技术

1）房屋土壤药物屏障的类型

房屋土壤药物屏障可分为水平屏障和垂直屏障。水平屏障是指为防止白蚁从垂直方向侵入建筑物，通过使用白蚁防治药剂处理建筑物地面和周边水平方向的土壤而形成的药物土壤屏障。垂直屏障是指为防止白蚁从水平方向侵入建筑物，通过使用白蚁防治药剂处理建筑物基础两侧和建筑物周边垂直方向的土壤而形成的药物土壤屏障。

2）技术要求

在房屋建筑建造过程中，根据《房屋白蚁预防技术规程》要求，用专门的喷洒装置将白蚁预防药物稀释液喷洒在房屋内地坪、房屋四周、基础墙两侧、门窗洞、柱基、桩基、变形缝、地下电缆沟、管井等处构筑水平屏障和垂直屏障，以阻止白蚁通过土壤侵入室内危害。房屋建筑各部位设置的屏障类型如附表3所示。

附表3　不同建筑部位的屏障类型

部位	屏障类型
无地下室内地坪或地下室基础埋深≤3m底板下面	全部设置水平屏障
埋设在土壤中的基础墙	两侧设置垂直屏障
房屋四周散水坡下方土壤表层	设置水平屏障
埋设在土壤中的柱基、桩基	四周设置垂直屏障
变形缝	下部设置水平屏障
地下电缆沟	两侧设置垂直屏障，下部设置水平屏障

药物水平屏障和垂直屏障的设置应按以下规定施工。

（1）现浇混凝土结构房屋，在安放防潮材料或浇筑混凝土板前一天进行室内地坪处理。有架空层的房屋，在安放架空板前进行室内地坪处理，施工完成后立即放置架空板。在整个室内地坪采用低压喷洒的方法设置水平屏障。在靠墙15cm的范围内，可采取分层低压喷洒或杆状注射法设置垂直屏障。

（2）室外散水地坪的药土屏障设置应在墙体外围清理后、入户管道安装好等建设过程完成后进行。药土屏障设置完成后，应督促建筑施工单位及时进行室外地坪的施工，避免屏障长时间暴露导致药剂效力降低。室外散水地坪垂直屏障的设置可采用分层低压喷洒或杆状注射法。水平屏障应在地坪回填到位后采用低压喷洒法设置。

（3）伸缩缝、沉降缝、抗震缝等，在密封前沿缝向下灌注药剂进行施药处理。应用药液对所有室内的竖向管道井、电梯井的管井内壁全面喷洒，喷洒应均匀且不得漏喷。电梯井、管缆井等的地坪，用低压喷洒法进行施药处理。

（4）房屋内墙体预留的电源插座和配电箱等空位，用低压喷洒法进行处理。对各类埋地管线出入口周围50cm土壤或管道地沟，在铺埋管线前用低压喷洒法进行施药处理。

（5）砌体墙体处理采用低压喷洒法。墙体药物处理应在墙体砌筑完成后、抹灰层施工前一天进行。遇水容易变形的砌块可在分层抹灰的第一层完成后进行处理。墙体处理必要时可分二次进行，在第一次施药被墙体完全吸收后进行重复处理。建筑施工单位应掌握好施药后砌体的干湿度，及时进行抹灰施工，抹灰前不得再淋水润湿墙面。

（6）改建、扩建、翻建、维修、装饰、装修房屋需对房屋基础进行补防处理时，应采用杆状注射法进行药物处理。根据注药压力和房屋基础实际情况确定注射间距，要求水平屏障注射深度不小于15cm，垂直屏障注射深度不小于50cm。

另外需要注意的是，除非土壤药物屏障有物体保护，否则在中、大雨前后不应进行土壤药物处理。经药物处理的区域，应采取相应措施防止雨水和建筑用水的冲刷和浸泡。土壤药物屏障应尽可能一次设置完成。若工地环境复杂多变，土壤药物屏障不可能一次设置完成，必须依照工地情况分次进行药物处理，每一阶段的药物处理必须和上次很好地交接，保证整个屏障系统的完整性，并在施工平面图上标明每次施药的范围、浓度、时间等。

3）处理方法

（1）可重复施药的方法

目前来讲，可重复施药的方法就是管网系统技术，这种技术就是在房屋建筑基础底板和室外散水坡下层铺设具有进药口和出药口的网状管道系统，通过管道将白蚁防治药液喷洒或渗透到土壤中，形成药物屏障，阻止白蚁入侵。

在房屋建筑周围的土壤中，安装每隔一定距离具有漏水孔的PVC管道，PVC管道的漏水孔与地面紧密接触。将白蚁预防药液通过管道注入口大量注入管道内，药液流经漏水孔时缓慢地从漏水孔流出，渗透进周围的土壤中，在土壤中形成连续无间断的药物屏障。这种方法通过多次施药来弥补白蚁预防药物持效期短的不足，是一种操作简单、效果良好的房屋建筑土壤药物屏障技术。

安装时，管道周围要用土塞紧，如果留有空隙，管道中的药液易从该处管壁上的漏水孔漏出，导致该漏水孔下游的管道内无药液，达不到房屋建筑四周土壤中均有药液渗入、建立连续无间断的药物屏障的目的。另外，安装了管网系统的地方，要做好标记，以免园林作业人员施工时误损坏管网系统。

（2）直接施药的方法

直接施药的方法包括喷洒处理法和泡沫处理法。喷洒处理法是利用器械产生的压力使白蚁防治药液以水流状的形式喷射或洒落到处理部位来建立药物屏障。泡沫法处理法是在白蚁防治药剂中加入发泡剂等成分，利用泡沫作为携带体将白蚁防治药剂散发至处理部位来建立药物屏障。

使用喷洒处理法时，应使用低压力、大流量、雾粒较粗的喷洒设备。目前，白蚁防治单位使用较多的喷洒设备是车载型自动化施工机械。该施工机械具控制智能化、配药精准化、使用简便化等优点。

采用直接施药方法设置垂直屏障时，药物的使用剂量为25～30L/m³，土壤处理范围不小于15cm水平宽度，向下延伸至基础底脚顶端，离地坪深度不小于50cm；施药部位紧贴基础或基础墙，并处理房屋建筑与土壤之间任何白蚁可能入侵的部位。

房屋一层的室内砌体墙应进行药物处理，处理高度为从地面或楼面计应不小于50cm；露出土壤的柱50cm范围内应设药物屏障（见附图3）。墙体的药物处理浓度可参考土壤处理的药物推荐浓度，药剂使用剂量为1.50L/㎡。可视情况进行二次重复处理。应对室内管道竖井、电梯井、管沟的管井内壁自上而下全部进行药物处理，门洞、窗洞、墙体预留的电源插座及配电箱等空位也应进行药物处理。

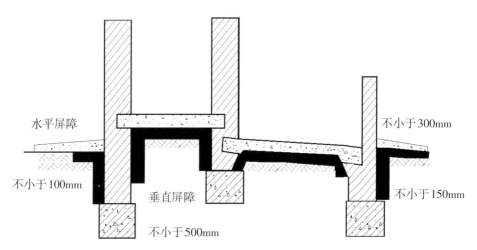

附图3　白蚁预防时非架空层结构房屋的药物屏障

　　采用直接施药的方法设置水平屏障时，药物的使用剂量为3～5L/㎡，土壤处理范围不小于30cm宽度，离地坪深度不小于10cm；散水坡下方土壤表层设置的水平屏障宽度不小于30cm；施药部位紧贴基础墙的两侧面，并处理房屋建筑与土壤连接的所有部位（见附图4～附图6）。穿越房屋的管道入口处的房屋侧墙外侧应沿管道设置不小于30cm宽度、15cm半径宽度的环状药物屏障（见附图7）。距水源6m以内区域、地下水位以下区域或经常遭受水浸区域、有排水沟的地方不应设置土壤药物屏障。

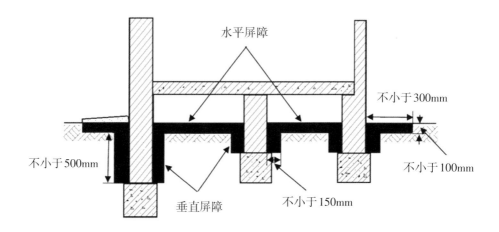

附图4　白蚁预防时架空层结构房屋的药物屏障

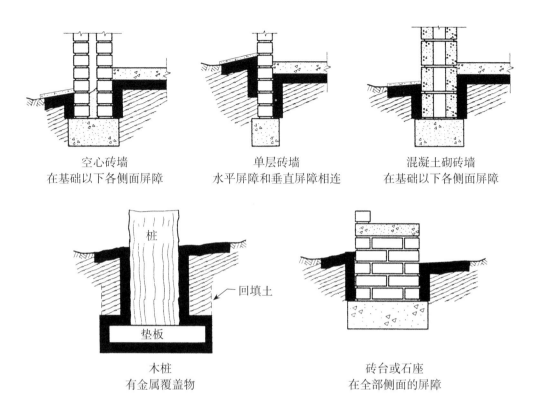

空心砖墙
在基础以下各侧面屏障

单层砖墙
水平屏障和垂直屏障相连

混凝土砌砖墙
在基础以下各侧面屏障

木桩
有金属覆盖物

砖台或石座
在全部侧面的屏障

附图5　白蚁预防时墙、柱部位设置的药物屏障

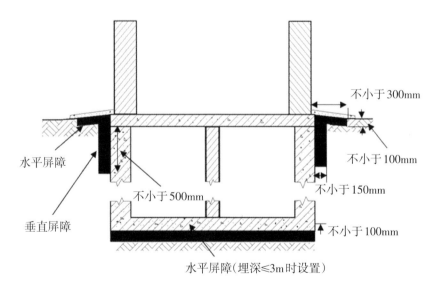

附图6　白蚁预防时地下室结构房屋的药物屏障

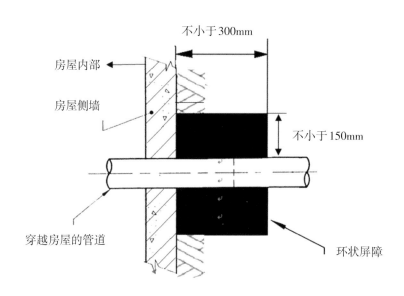

附图7　白蚁预防时入室管道口设置的药物屏障

5.3.3　房屋木构件药物屏障技术

房屋木构件药物屏障即用药物对木构件表面进行处理，以形成具一定厚度的药物屏障来阻止白蚁的危害。经药物处理的木构件，一是可以阻止分飞的有翅成虫在木构件内定居，二是可以阻止通过土壤侵入室内的白蚁对木构件造成损害。因此，在建房时，对房屋内的所有木构件进行药物预防处理，可达到预防白蚁危害的目的。

1）技术要求

现场调查结果表明，房屋建筑内需处理的木构件如附表4所示。对无法拆除的建筑木模板等也应设置药物屏障。

附表4　房屋木构件药物屏障设置部位

构件名称	处理部位
门框、窗框、贴墙板	贴墙周边和贴地周边
木砖、木过梁	整体
木屋架	上、下弦两端各长约1m
木搁棚（楼幅）	入墙端长50cm
檩、椽(桷)、檐	整体
楼板	贴墙长约50cm
木柱脚	贴地端长约1m

设置木构件药物屏障时药液用量不应少于0.20L/m²。用药处理木构件时，应优选环保、安全、高效且保护期较长的硼酸盐类防虫剂、防霉剂。具体施工时，还应根据所用药物的使用说明，严格控制药物使用量。

房屋装饰、装修时，还应对所用的木质装修材料进行药物处理，其中，卫生间和厨房的门框位应作为重点处理对象。装饰、装修用木质材料的处理部位如附表5所示。

附表5　装饰、装修用木质材料药物屏障设置部位

名称	处理部位
木门、窗套	木工板或木档贴墙贴地面
地板	单层木地板的贴地面;双层木地板下层地板的上、下两面和上层地板的朝下面
地板木搁栅、地毯木衬条	整体
木墙裙、踢脚线	贴墙面
木壁橱	木档整体或木工板贴墙贴地面
吊顶木龙骨	整体或近墙端50cm
房屋隔断木龙骨	整体或贴墙贴地面
包柱木档	贴柱面
木屏风	贴墙贴地面
木楼梯	楼搁栅和楼板近墙近地端50cm

2）处理方法

木构件的药物预防处理方法主要有涂刷法、喷洒法和浸渍法。根据不同的木构件和施工条件，可以选用不同的处理方法。当选用涂刷法和喷雾法时，为保证有足够的药物吸收量，应进行二次或三次重复处理。采用浸渍法时，应根据木构件的密度和变形系数、药物的浓度和渗透性、温度等因素来确定浸渍时间，保证达到设计要求的吸收量。药物处理在木构件加工成型后、涂刷防腐剂或涂料（油漆）安装之前进行。凡经过药物处理的木构件，其处理部位在安装施工中需裁切或刨削时，应对创面进行补充药物处理。木材应胶合后进行药剂处理。当采用耐水性胶时，可选用浸渍法或涂刷法处理。若为中等耐水性胶，则宜采用涂刷法。对无法拆除的建筑木模板等，用低压喷洒法进行施药处理。需注意的是，装饰、装修工期通常较短，涉及部位较多，各施工阶段往往重叠。因此，应加强施工安排管理，防止出现漏防现象。

无论是土壤预防还是木结构预防，预防工作完成后，均应进行相关文件的归档工作，以便在工程竣工验收时供有关部门查阅。具体需归档的资料如附表6所示。

附表6　工程竣工验收资料项目和内容

资料项目	资料内容
工程合同	工程合同、附件
施工单位资质证明	资质证明的复印件
施工技术方案	施工方案、设计图、目录摘要、变更联系单
药物质量证明文件	出厂合格证、抽样检测报告
施工记录表	每次施工的详细记录、施工汇总表
隐蔽工程验收记录	隐蔽工程验收,药土、木构件处理检测结果
工程质量事故记录	有关工程质量事故的记录

5.3.4 园林植被药物屏障技术

近二十年来，乳白蚁、散白蚁、土白蚁和大白蚁对道路行道树、公园树木、房前屋后古树和大型经济林木的危害日益严重，许多古树名木因白蚁危害而死亡。林木白蚁危害的预防方法有药泥浸根法、植前喷洒药液法、植后根蔸施药法等。

（1）药泥浸根法。林木根系易受到土白蚁和大白蚁的危害。为了保证苗木的存活，可用药泥对苗木根系进行保护性处理。方法是将药剂按产品推荐浓度稀释后混入泥浆（泥土30%＋水70%）中，将苗木根部浸入泥浆中，使所有的根系均沾上泥浆。药泥浸根预防白蚁的方法一般只适用于较小的苗木。

（2）植前喷洒药液法。对于较大的苗木，在种植坑内喷洒药液可以达到预防白蚁的目的。方法是用水将药剂按产品推荐浓度稀释后喷洒在种植坑内土壤中，每坑喷洒药液2～5L（具体药液量依种植的林木大小而定）。如果用营养袋（钵）苗种植，将药剂淋在营养袋（钵）苗根部周围土壤中，可达到同样的预防白蚁效果。不过需注意的是，无论是种植坑内喷洒药液，还是营养袋（钵）苗根部淋药液，都应考虑药物对苗木的药害问题，因为有些苗木对杀虫剂可能会非常敏感，从而发生药害现象。为避免出现此类问题，建议在大规模喷洒药液或淋药液前，先对少量苗木进行处理，以观察有无药害问题。一般来说，苗木用药处理一个星期后，若未出现黄叶、落叶、枯枝等药害症状，则说明可用该浓度对苗木进行白蚁预防处理。

（3）植后根蔸施药法。因多种原因，有些苗木种植时并未用药进行防白蚁处理，但种植后受白蚁危害严重。此时，可采用根蔸喷施药液的方法进行白蚁危害预防。方法是：将药剂喷淋在树干基部50cm以下主干上及树蔸周围50cm范围内土壤中，每株淋药液2～10L（具体量依树木大小而定）。一般来说，用这种方法处理树木，可在2～5年内使树木免受白蚁的危害。

5.3.5 水利工程药物屏障技术

1）概述

作用原理：白蚁危害是水利工程安全的重要威胁。研究结果表明，白蚁主要通过两种途径侵入坝内危害，即分飞侵入和蔓延侵入。分飞侵入是指白蚁有翅成虫分飞时，受附近灯光和水面反光吸引而飞入大坝上，继而寻找适宜的地方建立新的群体。对大坝而言，这是白蚁入侵的最重要途径。土栖白蚁的有翅成虫具有趋光性，在分飞季节，堤坝周围山坡上蚁巢内飞出的有翅成虫，在堤坝附近灯光或水面反射光的吸引下，飞向堤坝筑窝建巢，进而对堤坝造成危害。蔓延侵入是指分布在堤坝两侧山体上的白蚁，以蚁巢为中心筑路，向四面八方寻找食物。堤坝两侧山坡上有大量的枯死树木、伐桩、树根和枯枝落叶，这些材料为白蚁提供了丰富的食物，白蚁易在这样的环境中大量孳生；迎水坡、坝顶、背水坡生长的灌木和杂草是土栖白蚁喜食的食物。在寻找食物的过程中，白蚁会通过堤坝与山体连接处侵入堤坝，进而在堤坝内活动，并通过蚁巢转移等迁巢活动，在堤坝内建立新的巢群。对堤坝而言，这是一条仅次于分飞的侵入途径。在堤坝表面和堤坝两侧土壤中喷洒药物形成土壤药物屏障，就可阻止白蚁分飞繁殖蚁建立新的巢群，或阻止白蚁从附近山体蔓延侵入、建立新巢群，从而达到保护堤坝免受白蚁危害的目的。因此，利用药物屏障预防白蚁是目前减少堤坝白蚁危害、保障堤坝安全的重要手段。

适用范围：适用于非饮用水源保护区堤坝白蚁危害的预防。

技术要点：采用喷洒方法将药物喷在堤坝表面土壤中预防白蚁定居危害时，$1m^2$喷药液3～5L；在堤坝两侧土壤中喷施药物建立药物屏障时，$1m^2$喷药液5L。无论是堤坝表面喷药还是堤坝内土壤中喷药，所用的药剂均应低毒，且对水生生物无明显影响，同时易被土壤吸附，不易随雨水淋失。

2）处理方法

水利工程药物屏障建立的方法包括分层喷洒法、药物灌浆法和冲抓套井回填法等。

（1）分层喷洒法。即在水利工程修建过程中，往水利工程的堤坝上填筑黏土时，用药液处理回填土，每铺30cm厚的黏土喷药处理一次，处理范围为堤坝迎水坡、背水坡、坡顶和坝体两端1m范围内，$1m^2$的施药量为5L。土层压实后，再填新黏土时，按上述方法重新处理，直到坝顶建成为止。堤坝迎水坡、背水坡和坡顶处的药物屏障层为地面至地下50cm深处，坝体两端1m范围内的药物屏障层为地面至地下5m深处。

（2）药物灌浆法。即用灌浆设备将混有白蚁防治药剂的泥浆灌入堤坝内，将栖息在堤坝内的白蚁杀死的一种水利工程白蚁危害防治方法。如某水利工程采用药物灌浆处理的具体做法有：①在堤坝上造两排孔（一些坝体较宽的堤坝可视情况布三排孔），孔间呈交叉排列，孔径5～6cm，间距2m，深5.5m（允许误差±10cm）。堤坝上有涵洞时，造孔深度控制在距涵洞上壁1m处。②造孔须保持垂直，偏斜不得大于孔深的2%。③浆液浓度按先稀后浓的原则，控制在$1.27～1.47t/m^3$。④注浆管上端压强应不大于$5×10^4Pa$。灌浆时，堤身出现的裂缝应控制在3mm以内。⑤第一次灌浆至浆液升至孔口后，每隔30min复灌三次，最后一次灌浆，1min吃浆量不大于3L，即可终止灌浆。⑥在制浆时，按$1m^2$泥浆1400g 10%吡虫啉悬浮剂的用量，将药剂与泥浆充分搅拌均匀后进行灌浆。⑦采用全孔灌浆封孔法。灌浆结束后，应立即将灌浆孔清理干净，孔口以C25一级配砼填充密实封口。封孔具体要求为：上部30cm用C25细骨料混凝土，下部30cm左右用0～13石粉、瓜子片混合石料填实。⑧灌浆时以50m长的堤坝为一工程单元。⑨检测孔数量约为总灌浆孔数的5%，其中10%由监理单位抽检；一个工程单元内一般设置2个检测孔。⑩认真做好灌浆施工记录，严格控制灌浆施工的工艺设置，防止违规操作。

灌浆预防后，应对预防效果进行检查。检查在白蚁活动的旺季（5—10月）进行。检查时，在堤坝上每隔10m设置一处引诱物，每隔一星期检查一次，连续三次以上未发现白蚁取食迹象，且在堤坝未找到白蚁分飞孔、通气孔、泥被、泥线等白蚁活动迹象，或未发现白蚁个体、白蚁危害迹象和活蚁巢位指示物鸡枞菌，说明堤坝上已无白蚁活动。若不符合以上条件，则视为检查堤段内仍有白蚁活动。

预防效果验收采用抽查的方式进行。抽查时，以100m左右长度的堤坝为一个抽查验收点。在已预防处理的堤坝上划出若干验收点，抽查有无蚁害现象。若无蚁害的堤段占比在80％以上（含80％），则视为合格；否则，视为不合格。

（3）冲抓套井回填法。即先用冲抓机造孔，然后用黏土回填，在回填土中喷施药液后，用夯实锤夯实黏土，在坝体中构筑了一道含白蚁防治药物的黏土防渗墙。

作用原理：利用冲抓式打井机具，在土坝渗漏范围内沿大坝纵向布设井位，井位套井位，相邻井位有效搭接，井位内用黏性土料分层回填，回填过程中分层喷药处理，1m² 喷 0.5％吡虫啉药液5L。喷药液后用重锤夯实，在大坝内沿纵向形成一堵连续的含药黏土防渗墙。同时，在重锤夯击时，对孔壁土层造成挤压，使井孔周围土体密实，有效截断渗漏通道，提高坝体防渗性能，从而达到防渗加固的目的。

适用条件：①适用于均质坝和宽心墙坝。②适用于筑坝土料质量差或填筑质量差，导致浸润线出逸点过高，背水坡出现大面积散浸（渗水）的隐患处理。③适用于坝体分期施工时接合面未处理好，在坝体中形成水平薄弱层面，高水位时成为集中渗漏的隐患处理。④适用于汛后对漏水通道的处理。⑤适用于坝下涵管严重破损而无法修理时对管身进行回填处理。⑥适用于土坝白蚁蚁害处理，掺加药物对蚁路、蚁巢进行毒土回填。该法也有局限性：对于砂砾透水地基的渗漏问题、坝体与两岸山坡接触面的渗漏问题，处理效果不够理想。此外，为保证施工质量，要求井孔垂直，故套井深度不宜超过30m。

化学灭治技术

5.4.1 液剂药杀法

1）概述

作用原理：用喷洒器具将白蚁灭治剂的稀释液喷在白蚁活动处的木材、土壤和树木表面，使白蚁活动环境（木材、土壤、树木等）中都含有毒杀白蚁的药物，当白蚁继续活动和危害时，因接触含药物的土壤或取食含药物的木质纤维材料而中毒死亡。液剂药杀主要针对散白蚁属、土白蚁属和大白蚁属的各种白蚁进行治理，尤其对散白蚁的灭治十分有效。

适用范围：适用于房屋建筑的散白蚁和土栖白蚁、绿化植被和水利工程的土栖白蚁危害防治。

药剂要求：主要是触杀剂（如联苯菊酯、氰戊菊酯、氯菊酯、毒死蜱、吡虫啉、氟虫腈、虫螨腈等），通过对需要防治的部位全面喷洒，使药物滞留在白蚁活动区域的环境中，当白蚁再次活动或危害时，由于接触到或吸收到药物，会死亡或驱避转移。在操作时一定要全面、均匀喷洒，使木材、土壤和树木表面滞留足够的药量。不能留有空隙，以免影响白蚁治理效果。

技术要点：对于重点保护区域或对象，又不适宜采用白蚁监测控制、粉剂药杀或诱杀处理的部位，采用药剂喷施的方法进行蚁害控制。施药时，准确配制规定浓度的药剂，并用专业药物喷洒器械施药。根据处理对象的大小、体积和范围严格控制用量，确保防治效果及环境安全。施工过程中应做好各项记录工作，要求施工记录真实、齐全、清晰、准确。

优缺点：优点有若使用合适的药物，灭治效果十分明显；对白蚁外的其他害虫也能产生效果；操作简单，适合大规模施工且施工时间短，不产生维护费用。缺点有将有毒化学物质带入环境中，可能对人和动物的健康产生潜在危害；需使用大量白蚁防治药剂，费用较高。

2）房屋建筑白蚁液剂药杀

（1）适用白蚁种类

普遍用于房屋建筑内散白蚁和土栖白蚁的灭杀，长期应用实践证明这是一种非常有效的散白蚁和土栖白蚁的灭治方法。乳白蚁群体数量大、活动范围广，一次施药往往不能彻底根除乳白蚁的危害，同时被药剂分隔的工蚁和兵蚁群体易形成新的种群，因此液剂药杀不宜用于乳白蚁的灭治。

（2）施药方法及技术要点

施药方法：液剂药杀房屋建筑内散白蚁和土栖白蚁的方法主要有高压注射、低压注射、喷涂和倒喷等，适用的药剂主要有联苯菊酯、吡虫啉、氟虫腈、虫螨腈等。

①高压注射灭治。高压注射主要用于木柱、门框、窗框、生活用具等木构件及木材白蚁的灭治，使用压强为 $18kg/cm^2$。若木构件裂纹较多，则不宜用高压注射。高压注射时，先在木构件上用电钻钻直径为 5.8mm 的孔，孔深、孔数和孔距因木结构断面和长度而异。然后，用注射枪将药液注入木结构内，使药液由内向外浸润、渗透。最后，用木塞或膏灰填堵注射孔，防止药液溢出。

②低压注射灭治。低压注射主要用于不宜使用高压注射的场合。注射时，自正面向里钻孔（向下斜钻），然后将药液注入孔内，使药液顺墙裙、门、窗框靠墙一面向下淌，使药液覆盖木构件表面，防止白蚁进一步危害。

③喷涂灭治。主要用于木构件及木材表面处理。喷涂时，用喷雾器将药液喷于需处理的木结构表面即可。

④倒喷灭治。倒喷也称反喷，主要用于木地板底面的表面喷涂。在进行前，先在地板上每隔 1～1.5m 的距离，用电钻钻直径 9mm 的反喷孔，将反喷枪插入孔内，打开开关即可对地板底面进行喷涂。喷涂时应反复上下移动和转动反喷枪，以增大喷涂面和覆盖面。喷涂完毕用膏灰填堵孔洞，保持地板美观。倒喷时，机具的工作压强为 $25kg/cm^2$。一般情况下，空心地板房 $1m^2$ 喷药液约 2kg，实铺地板和泥土地喷药液约 1.5kg。

技术要点：液剂药杀白蚁最好是在白蚁分飞前进行，以便减少有翅繁殖蚁的扩散危害。喷药时，操作人员应注意安全，不要将药水喷到家具、衣物上，以防人中毒和损坏家具、衣物等。

3）园林植被白蚁液剂药杀

（1）适用白蚁种类

乳白蚁、散白蚁、土白蚁、大白蚁。主要用于树木表面和草坪表面土栖白蚁危害的治理。

（2）施药方法及技术要点

施药方法：施药时，用喷雾工具将液体药剂（如联苯菊酯、氰戊菊酯、氯菊酯、毒死蜱、吡虫啉、氟虫腈、虫螨腈等）喷施在树干的表面和草坪表面，触杀危害树木和草坪的白蚁。需要注意的是，这些药物虽然可杀死在树木表面或草坪上活动的白蚁，但达不到根除整巢白蚁的目的。

技术要点：用水将白蚁药剂稀释成0.05%～0.10%的浓度，然后用喷雾器将药液喷在树木基部1m及以下的树干表面和草坪表面，1m²用药液200～500ml。如果树干表面和草坪表面有白蚁活动留下的泥被、泥线，需用药液将泥被、泥线喷湿。

4）水利工程白蚁液剂药杀

（1）适用白蚁种类

适用于对水利工程造成危害的土栖白蚁（如黑翅土白蚁、黄翅大白蚁等）的治理。

（2）施药方法及技术要点

施药方法：施药时，用喷雾工具将对水生生物低毒的液体药剂（如吡虫啉、毒死蜱等）喷施在堤坝的迎水坡、背水坡、坡顶、连接堤坝的山坡表面，触杀到地面来活动的土栖白蚁。如果定期喷药，可大幅度减少堤坝内白蚁的种群，减少白蚁危害。

技术要点：喷药时，要使喷药区的所有杂草均被药液喷到，地面上白蚁活动留下的泥被、泥线必须用药液喷湿。所用的白蚁药剂必须对水生生物低毒，且易被土壤吸附，不易随雨水流进水库和江河、沟渠中。

5.4.2 粉剂药杀法

作用原理：粉剂药杀白蚁是用喷粉工具（喷粉球和喷粉机）将药粉喷到在危害处活动的白蚁身上，通过回巢白蚁相互间的清洁、食尸等行为传递给同巢个体，达到整个巢群白蚁中毒死亡的目的。

适用范围：适用于干木白蚁、乳白蚁、散白蚁、土栖白蚁的治理，在乳白蚁危害的治理中效果尤其出色。在防治散白蚁时，由于其群体多而分散，容易产生补充繁殖而建立新群体，以及其放弃、不修补蚁路的习性，防治效果常不够理想，需要较高的施药水平才能达到预期的效果，如蚁害检查要更仔细，喷粉的点要多，喷粉时要做到"深""均""散"等。散白蚁由于在林木内部危害，喷粉灭治时，只有极少数个体能被喷到粉，灭治效果通常较差。为了保证灭治效果，对在树干内危害的散白蚁一般不采用直接喷粉的方式进行灭治。

药剂要求：用于喷粉的药剂对白蚁具有极高的毒性，但其触杀性应较低，且对白蚁无驱避性。以前使用的粉剂是三氧化二砷和灭蚁灵，这两种药物对白蚁均有良好的灭杀效果，在我国城乡白蚁危害控制上发挥了极大的作用。然而，这两种药物对人、畜均有致癌作用，目前已被禁止使用。现在可替代这两种药物用于白蚁喷粉防治的主要是氟虫腈粉剂和伊维菌素粉剂，如0.5%氟虫腈粉剂、3%伊维菌素粉剂等。

使用方法：灭治乳白蚁时，先用螺丝刀撬开分飞孔、排泄物和危害部位等处，然后将灭白蚁粉剂喷在白蚁身上。如果受药白蚁数较多，整个巢群的乳白蚁在7～30天全部死亡。

灭治绿化植被内的土白蚁和大白蚁时，先用螺丝刀轻轻挑开枯枝落叶和林木表面的泥被、泥线，或移开地面上有白蚁取食迹象的粗大枯枝，将灭白蚁粉剂喷在白蚁身上，使尽可能多的白蚁个体受药，即可达到灭杀整巢白蚁的目的。为了保证受药个体顺利回巢，在林木表面泥被处喷药粉时，只能挑开树干基部近地处约10cm长的泥被，然后等在旁边，有白蚁通过此处回巢时，再将药粉喷在它们身上。由于喷的药粉会掩盖白蚁留在蚁路上的气味，如果挑开的泥被较宽，受药白蚁会找不到回巢的路，而不能将药粉带回巢内，这样就达不到喷粉灭治白蚁的目的。在地面上白蚁活动处喷药粉时，也要注意药粉不要把白蚁回巢的路堵住。

灭治堤坝白蚁时，先用螺丝刀挑开泥被、泥线，如有白蚁在泥被、泥线内活动，则将灭白蚁粉剂喷在白蚁身上。若在堤坝上发现有分飞孔，则在白蚁分飞前把粉剂喷在分飞孔内，使在分飞孔内活动的白蚁沾上药粉，并带回巢内，通过白蚁个体间的相互清理行为，将药物传递到整个群体，导致整巢白蚁全部死亡。喷粉时要注意，每次不要喷得太多，以免堵塞蚁路，影响带药粉的白蚁回巢。

喷粉治理白蚁的施工过程中，应做好各项记录工作，认真填写《白蚁喷粉处理情况记录表》，要求施工记录真实、齐全、清晰、准确。

技术要点：喷粉时要掌握少量、多点、均匀的技术要求，以免影响药物在白蚁群体中的传递。将灭白蚁粉剂喷在白蚁主巢、副巢、诱集箱、分飞孔、危害处、蚁路内、监测控制装置内等处，都能达到有效地消灭整巢白蚁的目的。

根据喷粉点的不同，喷粉常可分为蚁被蚁线内喷粉、分飞孔内喷粉、蚁道内喷粉、蚁巢内喷粉和活动危害点喷粉等方法。在实际操作时有以下几个技术要点。①施药的方法。喷粉时应遵循"见蚁施药，多点少施"的原则，即尽量将药喷到白蚁身上，且不影响白蚁的正常活动，这是有效地消灭白蚁群体的关键。如果喷出的药粉过多，药粉会把白蚁活动的蚁道堵塞，影响白蚁来往和相互传递药粉；若喷药时操作动作过大，则会惊扰白蚁的正常活动，白蚁就无法继续按原状活动；若喷药后没有把喷药孔用碎纸塞住，则会造成白蚁活动的蚁道通风透光，降低灭治的效果。在灭治散白蚁时，一定要在喷药时让尽可能多的白蚁个体能够沾上药粉，以便提高灭治的效果。②施药的季节。每年的春末夏初是白蚁群体繁殖和取食旺盛的时节，在白蚁的繁殖蚁分飞前后，常常会有大量的工蚁外出活动，或取食，或修筑活动的蚁路，这是施药的最佳时机，可提高粉剂传播的效果。③施药的部位。用粉剂来灭治白蚁，一定要注意重点对白蚁活动的蚁路、繁殖蚁的分飞孔、危害物等部位施药，这些部位都是白蚁经常出没的地方，也是我们容易发现和找到白蚁的部位。④施药的药量。用粉剂毒杀白蚁最大的优点是用药量少、效果明显，因此在施药时可以采取多点少施的方法。在白蚁的危害物上尽量寻找多处施药点，而在每个施药点上尽可能少用药，避免药粉过多而堵塞白蚁活动的蚁路，影响灭治的效果。如在使用低压喷粉机的情况下，可考虑少点多施，利用压力把药粉渗透到蚁道或危害物中去。⑤施药的效果。一般在粉剂施药后15天左右复查施药的效果。检查时如果原危害物上已没有白蚁个体活动或没有继续危害的迹象，说明该处的白蚁群体已被消灭；如仍有少量的白蚁活动，且活动非常迟缓，说明药效正在发挥作用，可以一周后再去复查；如果原危害物上仍有大量的白蚁在活动，且活动正常，分析是否是漏喷或药粉失效的原因，还是有另外的白蚁群体侵入，并应及时进行再次喷药，来达到灭治白蚁的效果。

注意事项：①喷药时，应尽量使管口朝上或平喷，使喷出的药粉呈雾状，均匀散落在每头白蚁身上；如需向下喷射，喷一两下后，应将喷嘴朝上仰一下，以防止药粉阻塞管口。为了让白蚁能够按原状继续活动，用于喷药的蚁路不要挑开过多。喷药人员要戴好安全防毒口罩，喷药后应及时用肥皂水洗手，并把剩余药物保管好。②施药时将药粉喷在蚁巢内或蚁路、分飞孔和被害物上，喷药点越多越好，但每个喷药点的喷药量不要太多，每点喷一两下即可。

优缺点：优点是操作简单，白蚁巢群死亡速度快，灭治效果好，防治成本低。缺点是喷粉处白蚁个体数量较少时，往往难以达到灭杀整个巢群的效果；同时，喷粉时粉剂易飘浮在空中，对施工人员的身体健康有潜在危害，施工人员在喷粉前需做好保护措施。

5.4.3 饵剂药杀法

作用原理：利用白蚁对食物趋向性的特点，通过提供给白蚁种群含有药物的饵剂，使其工蚁取食饵剂后将药物在白蚁种群内通过食物传播，从而达到杀灭整巢白蚁的目的。采用饵剂灭治白蚁时，应注意不同白蚁种类的适口性及施药的季节、部位等。

适用范围：适用于乳白蚁、散白蚁、土白蚁和大白蚁等白蚁种类的诱杀处理。

药剂要求：饵剂主要由基饵、药剂和辅助剂三部分组成。其中，基饵主要是起到药剂载体和引诱白蚁取食的作用，大都采用木块、木屑、纤维素、树皮等木质纤维素材料。药剂是对白蚁有毒力的药物。辅助剂通常分两类：一类是白蚁取食促进物质；另一类用来提高基饵的防腐性能。施放饵剂防治白蚁时，饵料中的药剂主要通过群体的营养行为和抚育行为（如交哺、食尸等）在群体中扩散。因此，理想的白蚁饵剂，其药剂应是高效、慢性且对人畜低毒的胃毒剂，对白蚁应无驱避性和拒食性，同时药剂还应能由觅食个体传递给非觅食个体。以前，人们主要以灭蚁灵和氟虫胺作为有效成分来配制白蚁饵剂。考虑到灭蚁灵和氟虫胺对人类健康和环境的不利影响，从20世纪80年代开始，世界各国的科学家便开始积极寻找可替代灭蚁灵和氟虫胺的白蚁灭治药物。氟铃脲和氟啶脲是苯甲酰基苯基脲类慢性胃毒杀虫剂。它们的作用靶标是几丁质合成酶，杀虫效果一般在昆虫蜕皮变态时体现。由于人和动物体内没有它们的作用靶标，因此这类杀虫剂对人和非甲壳类生物非常安全。目前，在我国登记注册的药物主要是氟铃脲和氟啶脲，配制的饵剂如0.5%氟铃脲饵剂和0.1%氟啶脲饵剂等。

使用方法：饵剂投放方式主要有投放法、挤入法、塞饵法、挂饵法和埋饵法等多种方法。投放法是指将饵剂直接投放在白蚁危害处或白蚁正在活动的地方，或投放在白蚁修筑的泥被、泥线上。投放在泥被、泥线上时，每处投放饵剂1～2包；对于白蚁危害的木结构或古树木，则根据白蚁危害程度适当增加饵剂的投放数量。

挤入法指先轻挑开蚁道、分飞孔或危害物表层，再将饵剂挤入的方法。挑开的面不宜过大，挤入的饵剂不能把蚁路堵满，挤入饵剂后，应尽量恢复原状。

塞饵法指先轻挑开蚁道、分飞孔或危害物表层，将粉状、块状、条状饵剂塞入后封闭的方法。塞入的饵剂要适量，应考虑白蚁巢群的大小，多了会造成饵剂浪费，少了不足以灭杀整个巢群的白蚁。

挂饵法指将包状或盒状饵剂固定贴挂在白蚁危害处的外层。贴挂好的饵剂要用黑色塑料袋或黑色布覆盖好，确保不露风、不露光。覆盖物最好是湿的，便于引诱白蚁前来取食饵剂。

埋饵法指将饵剂埋入白蚁地下蚁道处的方法，埋放不宜过深，以不超过20cm为宜。埋饵法主要用于土白蚁和大白蚁的灭治，施工时先在白蚁活动处挖一深约20cm的浅坑，将一些枯枝和干草放入坑内，再将饵剂包夹入枯枝和干草内，最后用土将坑盖住，使其外观呈圆锥形。

利用饵剂治理白蚁，也可以采用引诱的方法将白蚁诱集到一起，然后在诱集处投放饵剂进行处理。

诱集白蚁的方法较多，主要有诱集箱法、诱集坑法、诱集桩法和诱集堆法等。其中，应用最广泛、效果最好的是诱集箱法。

诱集箱通常用松木板（诱集乳白蚁和散白蚁）或桉树木板（诱集土白蚁和大白蚁）制成，长、宽、高为30cm、25cm、20cm，底部和四周有较大的缝隙，上部无盖，箱内竖放浸过引诱剂、取食刺激剂和示踪信息素且厚度不超过1cm的松木块或桉树木块。使用时，将诱集箱置于白蚁活动处地面或埋入白蚁活动处附近土壤中。置于地面的诱集箱用纸板等物盖住其上方，以使箱内处于黑暗状态；埋入地下的诱集箱则用塑料薄膜盖住，以防止雨水淋入，造成饵木过湿。盖膜后，还需在膜上覆一层3～5cm厚的泥土。定期开箱检查，诱到白蚁后，在诱集箱内施放饵剂进行处理。需注意的是，对于埋入土中的诱集箱来说，其饵木易受地下水的影响。雨水多的季节，安放在地势较低的地方的诱集箱，因雨水的渗透，饵木通常含水分较多，此时白蚁不会侵入取食，需等一段时间后，饵木中的水分散失一部分，白蚁才会侵入取食。

用诱集箱灭治乳白蚁和散白蚁时，将诱集箱埋在树干基部附近土壤中即可。在雨水多的季节，诱集箱内白蚁检查在埋设后3～4个月后进行，雨水少的季节则在埋设后1个月左右进行。在坡地埋设诱集箱时，雨水多的季节埋设在树的两侧，雨水少的季节则最好埋设在树的上方和下方土壤中。诱集箱埋设处离树干基部越近越好。诱集箱内进入白蚁后，用饵剂进行处理。

土白蚁、大白蚁与乳白蚁、散白蚁不一样，当其觅食处被扰动时，它们会迅速离开此处，并在一段时间内不再返回。为了避免检查对土白蚁和大白蚁的影响，检查时，只需将饵剂放入箱内空处即可。

利用饵剂治理白蚁的施工过程中，应做好各项记录工作，要求施工记录真实、齐全、清晰、准确。

技术要点：利用饵剂灭治白蚁是一种简单易行的白蚁危害治理方法。将慢性药剂混入白蚁喜食的食物之中制成饵剂，投放在白蚁活动的路上，让工蚁取食带回巢内，经交哺行为或取食由其加工而成的菌圃，进而将药剂传播给同巢个体而致整个巢群白蚁全部死亡。这一方法操作简单，适用性广，治理效果好，用药省，环境污染小，近年来备受人们青睐。但是，这一方法要求防治操作人员具有较高的业务素质和丰富的实践经验，对防治对象的巢群结构及生物学、生态学特性有较多了解，在操作中科学选择投放点，确定合适的投放量，才能达到预期的治理效果。饵剂的投放首先要注意投放地点的选择，应投放在有白蚁正在活动的地方，并根据白蚁分布密度和白蚁危害严重情况确定饵剂投放的数量。对于白蚁危害严重的集中片区，采用全面投放和重点投放相结合的方式进行。

注意事项：在自然条件下，白蚁的食物相对充足，如果饵剂的引诱性和适口性比白蚁在野外取食的食物差的话，就难以引诱白蚁前来取食，也就达不到预期的灭治效果。同时，饵剂灭治对药剂种类和剂量的要求较高（药剂需对白蚁无驱避性、作用效果缓慢、化学性质稳定、所施剂量应足以杀灭目标区域内所有白蚁群体）。此外，无论采用哪种饵剂投放方法，都要尽量保持原来的生态环境，尽量不影响白蚁的正常活动，以便白蚁取食。饵剂处理过程中，要及时进行检查，若饵剂被白蚁取食完后白蚁巢仍未被消灭，则需补投饵剂。还需注意的是，饵剂不应与灭白蚁液剂保存在同一环境中，以免影响饵剂对白蚁的灭治效果。

优缺点：优点是环境友好、对人类和动物相对安全，效果突出，适用性广，操作简单。缺点是白蚁巢群死亡较慢，成本较高，同时将饵剂投放在危害处灭治散白蚁时需要较高的施工技术水平，否则难以达到预期的治理效果。

5.4.4 熏蒸法

作用原理：熏蒸法是指在一定条件下应用熏蒸剂来杀灭有害生物的技术。熏蒸剂则是在一定温度和压力条件下，能产生对有害生物具有防治作用的气体的一类化学物质。在常温常压下，它们中有些种类是以气体状态存在的，而有些种类则需经过某些化学反应或增加温度后才能产生这种气体。熏蒸剂具有以下特征：在一定温度和施用条件下，对昆虫具有杀虫活性；一般不易燃，不爆炸；施用方便；与室内物品不发生化学反应，不具腐蚀性；被吸附的量相对较小；能迅速穿透被处理物，发散速度快等。将熏蒸剂释放在密封的空间里，通过白蚁的呼吸系统进入白蚁体内，抑制白蚁的呼吸，从而起到灭杀白蚁的作用。

适用范围：利用熏蒸剂灭治白蚁是一种重要的白蚁防治手段，是目前防治堆砂白蚁类干木白蚁最好的方法。这种方法主要用于可封闭空间内白蚁的灭治，包括利用防水油布封闭起来的建筑、受干木白蚁危害的区域、受危害难以进入的场所或无法移动的物品。用于熏蒸的熏蒸剂是气态的，使用时不需稀释，仅处理正在危害的害虫。熏蒸剂能挥发并产生毒性气体，在空气中扩散并渗透，例如渗透到害虫的栖息地、边角缝隙、木头的虫蛀道等。使用恰当的话，可以杀灭密闭空间里所有的有害生物。

药剂要求：熏蒸剂是由杀虫剂（有效成分）、燃烧剂、助燃剂、发烟剂、阻燃剂、降温剂、稳定剂、防潮剂等多种成分以适当比例混合，经特殊工艺加工而成的药剂。常用的熏蒸剂包括磷化铝、溴甲烷、硫酰氟等。其中，溴甲烷由于具有破坏臭氧层的副作用，现已被禁止使用。磷化铝熏蒸需要至少2个月的时间才能达到预期的效果，因此它不适合用于干木白蚁危害的治理。硫酰氟是一种性能优良的熏蒸剂，它是无色无味的气体，渗透性强，用药量少，用后易消散，不易燃、不易爆、不板结，不腐蚀原料，可在低温时使用，不会渗透到人体表面，易挥发，微溶于水，熏蒸后气体不残留，已广泛用于建筑物的鼠类及白蚁灭治，是美国获准登记作为建筑物熏蒸的仅有的两种熏蒸剂之一，它也被用于仓贮防虫。

使用方法：对于木结构的房子，一般用不透气的薄膜罩盖后熏蒸；对于砖结构的房子，则采用封闭门窗的方法。按照标签上的说明，不同白蚁选择不同的硫酰氟剂量。具体的使用剂量取决于以下几个因素：①密闭空间熏蒸剂浓度；②熏蒸时长；③熏蒸温度。

熏蒸对象要盖严，有漏洞要封堵好，确保在密闭空间达到所需浓度，密封质量很大一部分决定了熏蒸过程的时长。温度越高，所需熏蒸剂量就越小。白蚁是冷血动物，它们的活动直接取决于生活环境的温度，温度越高，它们的呼吸就越快，因为熏蒸剂是随着昆虫的呼吸进入体内，呼吸速率提高会增加对熏蒸剂的吸入，从而降低熏蒸剂的使用量。

具体操作时，用塑料膜罩住整个建筑，再将适量的硫酰氟泵入罩内，使熏蒸气体在罩内停留3天，最后排放掉有毒气体。通过熏蒸不仅能杀死白蚁，而且可杀死建筑物内的蚂蚁、蟑螂、老鼠等有害生物，杀虫效率接近100%。

技术要点：在利用熏蒸法防治房屋内的白蚁前，需将室内所有吸收化学物质的物品和与熏蒸剂发生化学反应的物品移出。用尼龙帐篷罩住整个建筑，再将熏蒸剂泵入帐篷内，使熏蒸气体在帐篷内停留1～2天，最后移掉帐篷，排放掉气体。该方法的关键在于掌握好熏蒸剂的剂量。

注意事项：熏蒸剂对人和动物均有害，如硫酰氟对人和动物具有很高的毒性，故熏蒸剂必须在密闭、无人的条件下使用，若在居民区使用则具有极大的安全风险。根据国家有关规定，操作使用熏蒸剂的人员必须经过专门的技术培训，具备相应的资质证书后才能上岗。由于硫酰氟是无色无味的，它释放到空气中会对人造成毒害。因此，在熏蒸过程中，工作人员应戴好防毒面具，施工场所及附近需张贴警示标志，并派人24小时值守，以防人畜误闯入。排除熏蒸剂时需严格按照熏蒸剂使用技术规程进行。此外，中等剂量的硫酰氟对绿色植物、蔬菜、水果和球茎都有伤害，不能将其用于有活植物的场所。

优缺点：优点是杀白蚁效果好。缺点是操作烦琐，处理时间长，防治成本高，有人居住或出入的环境下不能使用，处理时对熏蒸剂敏感的物品也需搬出建筑物。此外，还存在引起污染甚至中毒的风险，操作不当会危及人和动物的安全。同时，与成虫、幼虫相比，熏蒸剂对卵的作用效果差很多，熏蒸时必须根据不同虫态对熏蒸剂敏感的剂量来调整用药量。熏蒸木结构时，木结构的物理状态改变也会降低气体的渗透性，包括木结构过湿（如硫酰氟微溶于水）、木块厚和人为封堵虫孔。

6 白蚁监测控制

概述

1）作用原理

白蚁监测控制技术是根据白蚁的生物学、生态学和行为学特性设计研发的一种诱杀防治白蚁的技术。它的防治原理是：将监测控制装置安装在白蚁活动的区域，对白蚁进行诱集或监测，然后定期检查。当发现监测控制装置内有白蚁时，投放饵剂，白蚁取食饵剂后通过交哺行为，将饵剂中的杀白蚁有效成分传递至整个白蚁群体，从而导致整个群体死亡；或采用喷粉的方式对白蚁进行处理，白蚁回巢时将药粉带回巢内，通过巢内同伴的清洁行为或食尸行为，将药剂传递给同巢个体，达到消灭整巢白蚁的效果。白蚁监测控制技术的治理目标不是白蚁个体，而是整个白蚁群体。因此，白蚁监测控制技术是一种白蚁种群控制技术，它既可以在白蚁预防中，也可以在白蚁灭治中应用。

白蚁监测控制技术分为监测和控制两部分。监测既包括前期安装诱集装置诱集白蚁，又包括后期进行药物处理后再对白蚁进行监测，即检测白蚁是否被消灭控制。只要监测到一定数量的白蚁，就应进行喷粉或投放饵剂处理，直至监测装置内不再发现白蚁为止。由于监测控制技术在不断地对白蚁进行监测和药物处理，因此可在较长时间内控制一个区域内的白蚁危害。同时，由于只有在监测装置内发现一定数量的白蚁后才进行药物处理，因此大量减少了化学药物的使用，目前在逐步推广应用。

白蚁监测控制技术适用于乳白蚁、散白蚁、土白蚁和大白蚁等土栖白蚁和土木两栖白蚁危害的治理。

2）材料要求

（1）材质要求。大量的研究结果表明，用 ABS 或 ABS 与 PVC 的混合物加工的塑料制品，通常具有良好的耐摔、耐敲打、抗光解和抗微生物降解性能，特别是 ABS 和 PVC 按照 4∶1 的比例进行混合时，加工的塑料制品具有更良好的抗冲击和抗拉伸性能。因此，用 ABS 或 ABS 与 PVC 的混合物来加工白蚁监测装置的塑料外壳时，可确保白蚁监测装置的质量达到生产要求。

（2）规格要求。在室内采用投放饵剂的方式来防治白蚁时，不需要规格太大的白蚁监测装置，从美观和实用的角度考虑，其最小尺寸达到 5cm×5cm×5cm 即可。然而，对用于喷粉处理的白蚁监测装置而言，由于需要引诱尽可能多的白蚁进入监测装置，就需要监测装置内有较大体积的木质纤维素饵料，这就要求白蚁监测装置具有较大的尺寸。因此，喷粉用途的室内用白蚁监测装置的尺寸最小应达到30cm×25cm×20cm，同时装置内放置的木质纤维素饵料的总体积应至少达到7500cm³。对于在野外条件下使用的白蚁监测控制装置，其塑料外壳通常会受紫外线、温度和土壤微生物的影响。按国家规定，房屋建筑白蚁预防的保治期为15年，为了降低应用白蚁监测装置预防白蚁的成本，在15年的保治期内，只需定期更换饵料而不需更换监测装置的壳体。因此，野外使用的白蚁监测控制装置应具有良好的抗光解、抗氧化和抗微生物降解能力，被安装在土壤中后，应具有15年以上的使用寿命。

（3）装置壳体缝隙大小。在常见的四类白蚁（乳白蚁、散白蚁、土白蚁和大白蚁）中，大白蚁的兵蚁头壳最宽，宽度达到5mm。因此，当装置的塑料壳体上缝隙口径大于5mm时，四类白蚁的工蚁和兵蚁均可方便地出入。

（4）装置内诱饵材料。白蚁监测装置主要用来防治乳白蚁、散白蚁、土白蚁和大白蚁等白蚁种类。因此，装置内的诱饵材料应是乳白蚁、散白蚁、土白蚁和大白蚁喜欢取食的，如混合饵料、马尾松木块、桉树木块等。

（5）装置内诱饵数量。大量的现场研究结果表明，白蚁虽然在土壤内距地表一定距离处筑巢生活，但它们外出觅食时，会到地面来活动。同时，在温度适宜时，它们通常在距地面30cm以内的土层中寻找木质纤维素类食物。因此，如果白蚁监测装置的塑料外壳长度达到15cm时，其内放置的木质纤维素饵料就会通过土壤中的水分扩散到周围及其下方土壤中，被在该处活动的白蚁侦测到，进而进入装置内取食。为了有足够数量的木质纤维素饵料成分进入装置周围及其下方土壤中，要求装置内的饵料体积达到一定的数值。从现有的白蚁监测装置使用情况来看，当监测装置的直径达到5cm、其内放置的饵料总体积达到500cm³时，即可在一周的时间里将白蚁引入装置内取食。

3）优缺点

优点是可进行长期监控，避免了化学屏障处理因施药不均匀或药物失效而导致白蚁入侵的弊端；只需在有白蚁入侵时使用极少量药物，释放的有毒化学品量极少，避免了如土壤屏障处理施放大量有毒化学品可能出现的环境污染风险；施工时不需特殊的保护措施，对处理区的人和宠物无影响，极大地减少了常规白蚁防治工作中施工人员、居民和宠物发生药物中毒的可能性。缺点是治理期间需多次检查，投入的人力成本较高；由于白蚁在自然环境中并非在巢周围均匀地活动，使得有些监测装置并不能监测到白蚁的活动。

4）应用现状及趋势

目前市场上销售的白蚁监测控制装置/系统很多，但大多数具有以下不足。

（1）监测控制装置/系统内的诱饵对白蚁的引诱力不强，需以较小的间距进行高密度布设，才能实现有效监控。

（2）监测控制装置/系统太小，不能引诱到较多白蚁。

（3）监测控制装置/系统缺少必需的定位信号，使用时装置/系统上端必须裸露在地表，长期监测过程中容易丢失和遭到破坏。

（4）使用几丁质合成抑制剂作为与监测控制装置/系统配套的白蚁灭治药物，导致全歼防治区域内所有的白蚁需要很长的时间，存在施药后白蚁仍侵入室内危害的风险。

（5）监测控制装置/系统使用过程中，需频繁开盖检查白蚁入侵情况，大大增加了白蚁防治工作的劳动强度和资金投入。

理想的白蚁监测控制装置/系统应完全克服以上缺陷，实现远距离引诱白蚁、聚集数以万计工蚁、白蚁入侵自动报警、人工精确定位和快速灭杀区域内白蚁等目标。可喜的是，一些单位正在研发智能白蚁监测控制系统，这些产品可达到长久地保护房屋建筑免受白蚁危害的目的。

目前，我国白蚁危害控制的理念已逐渐从化学屏障法转变到更加环保、高效、可持续的绿色控制，监测控制技术防治白蚁就是一种绿色控制方法。2007—2011年，江苏、安徽和湖南3个省的白蚁防治单位示范应用了以白蚁防治饵剂系统为核心技术的白蚁综合治理技术，他们在示范区共安装了83万多套白蚁防治饵剂系统。2010—2011年，杭州、南昌、广州、南宁和成都5个省会城市的白蚁防治所（站）开展了监测喷粉技术防治白蚁的技术应用示范，他们在示范区共安装了4.15万套白蚁监测控制系统。这些示范工作取到了良好的白蚁综合治理效果，为我国全面推广以监测控制技术为核心的白蚁综合治理技术打下了良好的基础。随着我国白蚁防治事业的进一步发展，白蚁监测控制技术将会在我国各领域的白蚁防治工作中得到更加广泛的应用。

新建房屋白蚁预防

1）施工操作步骤

（1）白蚁现场调查

现场调查是判断和开展白蚁防治工作的前提，也是正确判断房屋建筑白蚁危害情况的主要依据。现场调查前，应向房屋建筑管理单位或业主了解房屋建筑的结构、建造年份及历史上白蚁危害情况。现场调查时，调查人员需详细了解房屋建筑周边的状况。如对房屋建筑周围不宜安装白蚁监测控制装置的区域以及地下电线、电缆、排污管道、煤气管道、水管等的位置进行详细记载，并把调查场所的具体地貌特征，调查到的白蚁危害密度、面积、范围、程度、种类，不宜安装监测控制装置的位置标注在调查表上。现场调查完毕后，将填好的调查表及时存档。同时，为便于房屋建筑管理部门或业主掌握房屋建筑受白蚁危害情况，应将房屋建筑白蚁调查情况表提交给房屋建筑管理部门或业主。

（2）编制白蚁预防方案

房屋建筑具有木结构、砖木结构和砖混结构等多种类型，不同房屋建筑的周边环境也不一样，因此应用监测控制装置预防白蚁前应根据房屋建筑的具体类型编制白蚁预防方案。方案内容包括建房地基的白蚁危害情况检查，原有白蚁的灭治，地下深埋树根、木桩、棺木等杂物的清理，监测控制装置的设置数量和布置图，日常检查、维护和发现蚁害后的处理方法等。预防方案编好后，应及时将相关资料和防治方案归档。

（3）监测控制装置的安装

对新建房屋进行白蚁预防处理时，监测控制装置安装在房屋周围离外墙基0.5～1m处，间距为5m；在绿化带内安装监测控制装置时，每隔5～10m安装1套，安装在绿化灌木、草地、树木、木栏、路灯等附近土壤中，具体安装位置可根据房屋建筑周边及绿化带的具体情况进行微调。

在墙基和房屋周围混凝土边缘区域，其土壤湿度通常呈梯度分布，白蚁容易沿湿度梯度入侵房屋内危害。同时，房屋周围的土质条件，如砂质土壤、碎石、瓦砾等也适于白蚁修筑蚁路。因此，这些地方安装监测控制装置的最适位置是离外墙基0.5～1m的泥土中。如不想在水泥或其他铺垫上打孔，则应尽可能在靠近铺垫边缘的地方安装监测控制装置。

如墙基周围已铺垫混凝土或沥青，安装白蚁监测控制装置时，需围绕墙基在铺垫上打孔。为达到最佳监测效果，安装的位置不应靠墙基太近，应离墙基0.5m以上。需注意的是，打孔前，需了解地下管线（如水管、电线、电缆等）的铺设情况，避免在打孔时对这些设施造成破坏。

具体安装时，先按照施工图纸进行放样，并确定安装位置，然后用锄、锹或打孔器造孔，将监测控制装置埋入孔中，装置周围用土塞紧，装置的顶盖可以裸露于地面，也可以位于地表下3～5cm处的土壤中。安装后，将位于房屋建筑东南角的白蚁监测控制装置编为1号，顺时针排序其他装置，然后将所有埋设的装置的编号标记在图纸上，并在房屋建筑墙体的相应位置用红色油漆做好标记（装置的编号+墙基到装置的直线距离）。如实际安装的部位与方案计划的位置有出入，应在图纸上标明并更改位置。安装工作完成后，将实际安装图纸归档，以便日后跟踪检查。

（4）装置内入侵白蚁的检查

为了检查蚁害活动情况和获取监测控制装置的监控效果，在每年地下白蚁活动频繁的5—6月和9—10月各检查白蚁监测控制装置一次。检查时，根据图纸标注和墙角标记，找到监测控制装置的准确位置，再用锄、锹移去监测控制装置上方覆盖的草皮或土壤，或除去监测控制装置盖子上覆盖的杂草，旋开监测控制装置的盖子，检查装置内有无白蚁入侵、取食活动痕迹或活体白蚁。检查过程中的所有操作均应小心、快捷。检查后，应将盖子及时复位。检查时，如发现饵木已经被白蚁严重取食而不能发挥监测作用，应更换新的饵木，以便监测控制装置继续发挥监测白蚁活动。

在以下情况下，需特别留意监测控制装置和饵木的维护。

①饵木被白色真菌覆盖。当饵木的一部分或全部被白色真菌覆盖时，会阻碍白蚁对饵木的取食，此时应更换饵木。

②监测控制装置的壳体外表面没有紧贴土壤。在某些情况下，因工作疏漏，安装监

测控制装置时，装置壳体周围没有用土填实，造成漏空，影响白蚁进入装置内取食，降低监测控制装置对白蚁的监测效果。此时，应用泥土将漏空部位填实，使壳体紧贴泥土。

③人为干扰、天敌（如蚂蚁）入侵和装置周围积水。检查时，如发现装置遭人为破坏，应及时补充；如盖子缺损，应及时添加盖子；如装置内发现有蚂蚁、蜈蚣等天敌入侵，则应将整个装置取出，去除蚂蚁、蜈蚣等天敌，再重新进行安装。如装置周围出现积水，则应在附近选择合适位置重新打孔安装。

（5）装置内入侵白蚁的处理

当检查过程中发现有白蚁入侵时，可采取喷粉或者直接投放饵剂的方法杀灭白蚁。喷粉时应使尽可能多的白蚁被药粉喷到，喷粉后装置应恢复原状；投放饵剂的监测装置应及时检查并添加饵剂。

监测到乳白蚁、土白蚁或大白蚁活动时，其后宜每2周检查1次；经喷粉或者投放饵剂处理后，应每月检查1次，直至白蚁群体被灭杀。

监测到散白蚁活动时，其后宜每2～4周检查1次；经喷粉或者投放饵剂处理后，应每月检查1次，直至白蚁群体被灭杀。

（6）白蚁灭治后装置的处理

当一个白蚁群体被灭杀后，应对相关监测装置进行清理，并重新放入饵料或安装新的监测装置。检查维护结束后，按照相关要求填写《房屋白蚁预防工程（监测控制）检查与维护记录表》。

2）技术要点

安装时从房屋建筑的东南角开始安装，将安装的第一套装置标记为该房屋建筑所安装的监测控制装置的第一号装置，并连续编号，且在房屋建筑的墙上做好相应的标记，以便后续检查时查找。安装过程中，装置的四周需用土塞紧，避免装置四周积水和躲藏蚂蚁、蜈蚣等天敌。安装好后，要加强检查和维护，及时补充被园林绿化工作人员和小孩损坏的装置盖子，及时发现白蚁入侵。检查过程中，要根据具体情况及时补充被白蚁取食的饵料，并根据装置内进入的白蚁数量正确选择处理方法，白蚁数量多时可采取喷粉处理，也可采取投放饵剂处理，但数量少时要么不采取处理措施，要么只投放饵剂，而不采取喷粉处理措施。检查后要盖好盖子，使装置尽可能恢复原状，以发挥后续监测和灭杀作用。

3）注意事项

房屋建筑四周通常埋设电线和电缆，安装监测控制装置的过程中，要注意安全，不要挖坏电线和电缆。采取灭治措施时，无论是投放饵剂还是喷施粉剂，均应注意安全，避免药物污染。施工结束后要做好个人清洁卫生工作，并整理好施工记录，及时存档。

白蚁治理

6.3.1 房屋建筑白蚁治理

1）施工操作步骤

利用监测控制装置灭治白蚁时，需先制定灭治方案。方案内容包括被害房屋建筑的位置，发生蚁害的部位、范围和受害程度，蚁害种类，蚁害历史，周围地形地貌，监测控制装置的安装位置和白蚁入侵情况检查、装置内白蚁的灭治、灭治效果检查和后续维护方法等。

具体实施时，室外将监测控制装置安装在室内有白蚁危害的墙基外面0.3～1m范围内土壤中，可同时安装3～5套，每套之间的间距为1m；室内则安装在蚁害处或白蚁正在活动的蚁路上，可沿蚁路连续安装3～5套，每套装置可彼此靠近安装在一起，也可以间隔安装，具体间隔位置视现场情况而定。安装过程中，应详细记录安装位置。安装后的检查、灭治和维护等与监测控制装置用于房屋建筑白蚁预防时的相同。

在德清莫干山古建筑群、杭州胡雪岩故居、绍兴越王陵等许多古建筑场所开展的白蚁灭治工作情况表明，白蚁监测控制装置/系统对古建筑白蚁危害具有极好的控制效果。在受白蚁危害的木结构附近土壤中安装白蚁监测控制装置后，在6—10月这段时间，1个月左右即可将木结构内危害的白蚁诱入装置内，对进入装置内的白蚁进行处理，即可灭杀在木结构内危害的所有白蚁。这种方法由于不需破坏木结构，对需重点保护的古建筑非常适用，因此，很受文物保护单位的欢迎。目前，白蚁监测控制技术除应用于一般房屋建筑的白蚁治理外，还广泛用于我国古建筑和仿古建筑的白蚁治理。

2）技术要点

利用监测控制技术治理房屋建筑白蚁危害前，需认真做好现场勘查，掌握好房屋建筑内及其周围白蚁种群的栖息情况，以便针对性地安装监测控制装置，以提高监测控制装置对白蚁的监测与控制效果，减少施工量和监测控制装置用量。安装时，室外要选择在非积水处安装，避免雨水对白蚁活动的影响；室内要选择在人为干扰较少的地方安装，并用报纸、塑料布等材料将监测控制装置外表覆盖好使其处于黑暗状态，以利于白蚁在内活动、取食。用饵剂或粉剂处理，隔3个月、6个月和12个月各检查一次，以确定治理效果。

3）注意事项

治理工作开展前，与客户沟通好，告知监测控制技术治理白蚁的注意事项，如不得擅自移动白蚁监测控制装置，不得私自打开白蚁监测控制装置查看，不得往监测控制装置内喷施杀虫药剂等。治理过程中要张贴告示，告知客户有关注意事项。治理工作结束后，及时做好回访复查工作，以提高客户对白蚁治理工作的满意度。

6.3.2　园林植被白蚁治理

1）施工操作步骤

（1）白蚁危害现场调查

施工前，需要对施工现场的情况和白蚁危害情况进行调查，以便为施工方案和施工安排提供必需的基础信息。现场调查内容包括施工的具体位置、绿化情况、危害的白蚁种类、蚁害发生的历史和防治情况、白蚁的危害位置和程度情况。

（2）施工方案的制定

在安装白蚁监测控制装置前，应先设计、制定白蚁监测控制装置的布设方案，包括白蚁监测控制装置的用量和安装位置图。一般而言，白蚁监测控制装置的安装间距纵向为5～10m，横向为20～50m，主要安装在草坪、树木、木栏、路灯等处土壤中。

（3）白蚁监测控制的安装和检查维护

当树木内有白蚁危害时，将2～3套监测控制装置埋设在树木基部离主干50cm以内的土壤中。7天后，检查装置内的白蚁入侵情况。当绿化带内有白蚁危害时，在发现白蚁处的土壤中呈梅花形安装5～6套白蚁监测控制装置。

（4）白蚁灭治处理

检查过程中，若发现监测控制装置内有白蚁入侵，则需根据入侵的白蚁数量情况选用粉剂或饵剂进行灭治。侵入装置内的白蚁多时，采用喷粉方式进行灭治；侵入装置内的白蚁少时，采用施放饵剂的方式进行灭治。

（5）灭治效果检查

施药后每月检查一次，直至树干内或未经药剂处理的白蚁监测控制装置内再无白蚁活动为止。

2）技术要点

灭治树干内的白蚁时，监测控制装置要安装在树干基部有白蚁蚁路的地方，且紧靠树干安装；灭治绿化带内的白蚁时，要将装置安装在地面相对较高处，以便装置能监测到更大面积范围内活动的白蚁。

3）注意事项

野外杂草多，行人多，安装监测控制装置后，要做好标记，以便后续容易查找。要根据白蚁种类，选择合适的监测控制装置饵料，使监测控制装置能发挥预期的效果。此外，由于杀虫剂对白蚁活动有较为严重的影响，所以在安装白蚁监测控制装置的区域，不得喷洒杀虫剂来防治园林害虫。

6.3.3　水利工程白蚁治理

1）施工操作步骤

（1）现场踏看

通过现场踏看，获得如下信息。

①堤坝的工程概况。为了获取制定白蚁预防方案所需的基本信息，在对堤坝进行踏看前，需向业主了解水库和堤防的历史、坝长、内外坡护坡设施等情况。对于正在施工的大坝，还需了解施工方案与进度。

②白蚁活动迹象。在大坝坡面上按2m的间隔，从一端向另一端查看。发现白蚁活动迹象后，用木桩或其他材料标记，并在大坝平面图上做好记录。查看时，要重点查看草丛密集、坝山接壤、一级坡心墙顶端、石块缝隙、漂浮浪渣等处。然后把查看到的白蚁情况进行全面分析，预测蚁群在大坝上的分布位置。

③查清蚁种。采集白蚁标本进行鉴定，确定蚁害的种类。在没有见到白蚁活体的情况下，可根据泥被、泥线的泥粒粗细来区分危害堤坝的白蚁种类。黑翅土白蚁的泥被、泥线的泥粒较细，黄翅大白蚁的则较粗。有时，在堤坝上也可见到蚂蚁堆积的松散土粒。

④查找分飞孔和鸡枞菌。在每年的5—6月，在堤坝坡面上寻找白蚁有翅繁殖蚁飞出的分飞孔，分飞孔是确定白蚁主巢位置的重要依据。地下主蚁巢至分飞孔的蚁道蜿蜒曲折，主蚁巢离坝面越深，分飞孔距主蚁巢就越远。一般分飞孔距主蚁巢3～5m，只有在极少数情况下分飞孔距主蚁巢的距离可超过10m，如在黄河小浪底大坝外侧的山坡上曾发现分飞孔距主蚁巢14.5m的情况。鸡枞菌是地下菌圃在高温高湿条件下长出地面的一种菌类，是白蚁菌圃显露在地表的一种迹象。6—8月，在堤坝上或堤坝附近区域，如发现鸡枞菌，则说明该处有土栖白蚁的巢分布。

⑤根据蚁害活动范围、密度，确定危害的轻重程度。在坡面检查时，若坝顶和内、外坡均有黑翅土白蚁或黄翅大白蚁活动形成的泥被、泥线，则表明坝体内蚁路纵横，很可能蚁道已横穿防渗体。如只有一个坡面上有泥被、泥线，且泥被、泥线覆盖面不广，则说明巢群建立时间较短，大坝内、外坡被蚁道贯穿的可能性较小。但要注意的是，有的大坝内、外坡护坡设施不相同，植被只在坝坡的一面生长，此时即使只有一个坡面能查到白蚁危害迹象，也不能完全排除白蚁蚁道已贯穿坝体的可能性。

⑥查堤坝渗漏。水库堤坝渗漏的原因多种多样，如有的水库建成后一蓄水就发生渗漏，有的因工程质量而渗漏（夯土层不够、岩石断层、沉陷裂缝、涵洞空隙等）。一般来说，白蚁危害引起的渗水常呈现晴天少、雨后多的特点，因为黑翅土白蚁和黄翅大白蚁喜欢修筑蚁路到湿润的地方取食活动，一旦蚁道贯穿坝体，就会引起大坝在正常水位时无渗水现象，汛期降雨导致水位上升时出现渗水和管涌。

（2）制定水利工程白蚁治理方案

对于安全坝或者新修建的水库堤坝，首先找业主方了解水库的工程概况，然后制定监测控制技术预防白蚁方案。方案内容包括：

①清除地下深埋的树根、木桩及迎水坡浪渣等杂物的措施。

②根据堤坝的工程概况和堤坝两端或两侧山坡情况，设计、制定白蚁监测控制装置安装预案，包括监测控制装置的用量和安装位置图。

③实际安装时，若安装位置与预案有出入，应在安装过程中根据水库大坝的具体情况

进行调整。安装好后，及时编号，画出安装图纸，记录归档，以便检查时使用。

（3）监测控制装置的安装

按照白蚁监测装置安装预案提供的施工图纸，先确定好具体布设的位置。然后，用锄、锹或打孔器挖孔，将白蚁监测控制装置埋入孔中。埋设时，必须在装置周围用土覆实，盖子上方可不覆土，也可覆3～5cm厚的土。安装时，必须将装置编号标记在图纸上。如实践安装的位置与预案有出入，则需在图纸上进行更改。一般每处安装白蚁监测控制装置4～5套，呈梅花形或三角形安装。

（4）监测控制装置内白蚁入侵情况检查

检查在安装后的15～30天内进行，每月检查一次。检查时，先根据图纸标注，找到监测控制装置的准确位置，再用锄、锹移去装置上方覆盖的草皮或土壤，最后打开盖子，检查装置内有无白蚁入侵。

为了减少检查对已入侵白蚁的干扰，检查过程中的所有操作应小心、快捷，打开盖子的时间要尽量短。如果发现饵木被泥土黏住，可用手或螺丝刀轻轻掰开饵木进行观察。观察后，应将饵木复位，以利白蚁活动和取食，并将观察结果记录在图表上。

检查过程中，如发现饵木被白色真菌覆盖，应更换饵木。当装置壳体外表没有紧贴土壤时，应用泥土将漏空部位填实，使壳体紧贴泥土。当天敌（如蚂蚁、蜈蚣等）入侵装置时，应将整个装置取出，去除蚂蚁等天敌，再重新安装。

（5）入侵白蚁的灭治

当监测控制装置内有大量白蚁取食时，可对其进行喷粉处理。喷粉时，手拿喷粉球，将灭白蚁粉剂喷在白蚁身上。喷药后，将盖子盖上，恢复原状，以利白蚁回巢，将药粉传递给巢内其他个体。当装置内的白蚁数量较少或仅仅有取食迹象时，用饵剂对入侵白蚁进行灭治处理。此外，每次处理时需记录检查日期、灭治日期、被取食装置的数量和位置、喷粉量或投放饵剂量等。

（6）灭治效果检查

灭白蚁粉剂和灭白蚁饵剂致死整巢白蚁的时间有所不同。因此，用喷粉法灭治白蚁时，效果检查在喷粉后的一个月左右时进行；用饵剂灭治白蚁时，效果检查在毒饵施放后的两个月左右时进行。

检查时，需对所有安装的装置进行检查。记录和观察施药后白蚁被灭治的情况。同时，需对周边环境中白蚁的活动情况进行踏查。如上次无白蚁入侵的装置内有白蚁活动，则需补喷药粉或施放饵剂。如连续三个月在已施药处理的装置内无白蚁活动迹象，则需在其附近重新安装装置，以便在下次复查时进一步确认灭治效果。

（7）治理后的预防工作

坝体及周边区域内的白蚁被全部消灭后，喷过药粉的装置需整体取出后用清水清理并补充饵木，再在附近距原安装点20cm以上处挖孔重新安装；对投放有饵剂的装置，则需将剩余的饵剂清除，并更换饵木。监测控制装置继续发挥监测白蚁活动的作用。

2）技术要点

白蚁监测控制装置应安装在有白蚁泥被、泥线、分飞孔和鸡枞菌等外露危害迹象的地方，每处安装的数量可根据白蚁活动情况而定，但一般需间距1~2m安装4~6套，装置之间彼此交错分布。为了提高装置的灭治效果，在白蚁危害十分严重的情况下，可适当减少装置的安装间距，增加装置的安装数量。

3）注意事项

土白蚁和大白蚁是建菌圃的白蚁，采用饵剂灭治时，其效果检查可能持续几个月至1年。同时，幼龄巢的活动距离短，当安装的监测控制装置间距较远时，不一定能监测到它们的活动，因此需要2~3年的时间才能将某一区域内现有的土栖白蚁种群全部消灭。所以，利用监测控制技术治理水利工程白蚁，至少应有3年的治理期。此外，土栖白蚁巢内所有白蚁死亡后，其上方地面通常会出现从巢内菌圃上长出的炭棒菌，施药处理3~4个月后可到处理区查找，看治理区地面是否有炭棒菌出现。若地面上有大面积的炭棒菌出现，则说明白蚁巢已死亡，因为炭棒菌是土栖白蚁巢死亡后长出的地表指示物。例如，在浙江各地，在次年5月就可在当年8—10月灭杀的黑翅土白蚁或黄翅大白蚁巢巢群上方地表找到炭棒菌群。

后　记

　　为使读者和国内外白蚁防治同行了解世界各个白蚁危害国家和地区的白蚁分布、科研、技术、管理等情况，全国白蚁防治中心组织有关机构和专家对美国、欧洲及东南亚等国家与地区的白蚁种类及分布、白蚁防治科研及技术、白蚁防治行业管理、白蚁防治产品等情况进行了专题调研，并认真提炼，汇编成书。

　　本书编写过程中得到了浙江大学、浙江农林大学和广东省生物资源应用研究所等单位的大力支持。研究人员在编写过程中查阅了大量的文献资料，并进行筛选整理，付出了巨大的努力，在此表示感谢。

　　本书主要分为中国篇、美国篇、欧洲篇、东南亚篇及白蚁防治技术概述五个部分。具体分工如下：中国篇由莫建初、阮冠华、郑荣伟编写；美国篇由张大羽、张媚编写；欧洲篇及东南亚篇由李志强、吴文静、葛科编写；白蚁防治技术概述由莫建初、胡寅、钱明辉编写。全书由李志强、胡寅统稿，宋晓钢、葛科、郑荣伟定稿。

图书在版编目（CIP）数据

白蚁防治技术及管理现状：中国、美国、欧洲、
东南亚 / 宋晓钢主编. — 杭州：浙江大学出版社，
2019.11

ISBN 978-7-308-19704-5

Ⅰ.①白… Ⅱ.①宋… Ⅲ.①白蚁防治 Ⅳ.
①S763.33

中国版本图书馆CIP数据核字（2019）第258675号

白蚁防治技术及管理现状

——中国、美国、欧洲、东南亚

宋晓钢　主编

责任编辑　季　峥（really@zju.edu.cn）
责任校对　张　鸽
装帧设计　龚亚如
出版发行　浙江大学出版社
　　　　　（杭州市天目山路148号　邮政编码310007）
　　　　　（网址：http://www.zjupress.com）
排　　版　杭州兴邦电子印务有限公司
印　　刷　浙江省邮电印刷股份有限公司
开　　本　787mm×1092mm　1/16
印　　张　20
字　　数　474千
版 印 次　2019年11月第1版　2019年11月第1次印刷
书　　号　ISBN 978-7-308-19704-5
定　　价　268.00元